Handbuch der Gasindustrie

Herausgegeben von Dr.-Ing. Horst Brückner, Karlsruhe

Band 6

Technische Gase und deren Eigenschaften

München und Berlin 1937

Verlag von R. Oldenbourg

Inhaltsverzeichnis.

1. Teil: Gastafeln
von Dr.-Ing. Horst Brückner.

— V —

2. Teil: Sonstige Technische Gase
von Dr.-Ing. Horst Brückner.

1. Teil

Gastafeln

Physikalische, thermodynamische und brenntechnische Eigenschaften
der Gase und sonstigen Brennstoffe

Von

Dr.-Ing. Horst Brückner

Karlsruhe

A. Physikalische Eigenschaften.

1.) Atomgewichte.

(1936.)

	Symbol	Atom-gewicht		Symbol	Atom-gewicht
Aluminium . . .	Al	26,97	Neon	Ne	20,183
Antimon	Sb	121,76	Nickel	Ni	58,69
Argon	Ar	39,944	Niob	Nb	92,91
Arsen.	As	74,91	Osmium	Os	191,5
Barium	Ba	137,36	Palladium . . .	Pd	106,7
Beryllium . . .	Be	9,02	Phosphor	P	31,02
Blei	Pb	207,22	Platin	Pt	195,23
Bor	B	10,82	Praseodym . . .	Pr	140,92
Brom	Br	79,916	Quecksilber . . .	Hg	200,61
Cadmium	Cd	112,41	Radium.	Ra	225,97
Caesium	Cs	132,91	Radon	Rn	222
Calcium.	Ca	40,08	Rhenium	Re	186,31
Cassiopeium . .	Cp	175,0	Rhodium	Rh	102,91
Cer	Ce	140,13	Rubidium	Rb	85,44
Chlor	Cl	35,457	Ruthenium . . .	Ru	101,7
Chrom	Cr	52,01	Samarium. . . .	Sm	150,43
Dysprosium . . .	Dy	162,46	**Sauerstoff** . . .	**O**	**16,0000**
Eisen.	Fe	55,84	Scandium . . .	Sc	45,10
Erbium	Er	167,64	**Schwefel**	**S**	**32,06**
Europium	Eu	152,0	Selen	Se	78,96
Fluor.	F	19,000	Silber	Ag	107,880
Gadolinium . . .	Gd	157,3	Silicium	Si	28,06
Gallium.	Ga	69,72	**Stickstoff**	**N**	**14,008**
Germanium . . .	Ge	72,60	Strontium. . . .	Sr	87,63
Gold	Au	197,2	Tantal	Ta	181,4
Hafnium	Hf	178,6	Tellur	Te	127,61
Helium	He	4,002	Terbium	Tb	159,2
Holmium	Ho	163,5	Thallium	Tl	204,39
Indium	In	114,76	Thorium	Th	232,12
Iridium	Ir	193,1	Thulium	Tm	169,4
Jod	J	126,92	Titan	Ti	47,90
Kalium	K	39,096	Uran	U	238,14
Kobalt	Co	58,94	Vanadium. . . .	V	50,95
Kohlenstoff . . .	**C**	**12,00**	**Wasserstoff** . . .	**H**	**1,0078**
Krypton	Kr	83,7	Wismut	Bi	209,00
Kupfer	Cu	63,57	Wolfram	W	184,0
Lanthan	La	138,92	Xenon	X	131,3
Lithium	Li	6,940	Ytterbium . . .	Yb	173,04
Magnesium . . .	Mg	24,32	Yttrium	Y	88,92
Mangan	Mn	54,93	Zink	Zn	65,38
Molybdän . . .	Mo	96,0	Zinn	Sn	118,70
Natrium	Na	22,997	Zirkonium . . .	Zr	91,22
Neodym	Nd	144,27			

2. Spezifisches Gewicht (bezogene Dichte).

I. Normkubikmetergewicht und spezifisches Gewicht (bezogene Dichte) von Gasen.

a) Normkubikmetergewicht und bezogene Dichte der Gase.

Das Normkubikmetergewicht (kg/Nm³) stellt das in kg ausgedrückte Gewicht von einem Kubikmeter Gas im Normzustand (760 Torr, 0⁰ C, trocken) dar.

Die bezogene Dichte (spezifisches Gewicht) eines Gases gibt die Zahl an, wievielmal so schwer ein Volumen des Gases ist als das gleiche Volumen trockener und kohlensäurefreier Luft, beide im Normzustand gemessen.

Für die Umrechnung eines bei t ⁰C und p Torr gemessenen Gasvolumens $V_{p,\,t}$ auf Normbedingungen gilt die Gleichung

$$V_N = V_{p,\,t} \cdot \frac{273}{760} \cdot \frac{B_0 + p_{\ddot{u}} - \varphi}{273 + t} \qquad \ldots \ldots \ldots (1\,a)$$

bzw.

$$V_N = V_{p,\,t} \cdot 0{,}359 \cdot \frac{B_0 + p_{\ddot{u}} - \varphi}{273 + t} \qquad \ldots \ldots (1\,b)$$

Darin bedeuten B_0 den reduzierten Barometerstand, $p_{\ddot{u}}$ den Überdruck des Gases (Torr), φ den Wasserdampfteildruck des Gases (Torr) und t die Gastemperatur (⁰C).

Für genaue Berechnungen ist ferner die Abweichung vom idealen Gaszustand zu berücksichtigen, indem die rechte Seite der Gleichungen (1 a) und (1 b) mit dem Korrektionsglied

$$[1 - \varkappa_0 \,(p - 760)]$$

multipliziert wird.

Das Molvolumen V_M eines Gases vom Molgewicht M ist das im Normzustand in Nm³ gemessene Volumen von M kg. Für technische Rechnungen gilt mit genügender Genauigkeit

$$V_M = 22{,}4 \; \text{Nm}^3/\text{kmol}.$$

Für genaue Berechnungen muß auch in diesem Fall die Abweichung von dem idealen Gasgesetz berücksichtigt werden. Dies gilt vor allem für Gase, deren kritische Temperatur oberhalb der durchschnittlichen Raumtemperatur liegt.

Für wärmetechnische Rechnungen ist wichtig der Kohlenstoffgehalt von 1 Nm³ Kohlenstoff enthaltenden Gase. Dieser ist durchschnittlich anzunehmen mit 0,535 kg/Nm³. Für genaue Rechnungen ist dieser jedoch verschieden und beträgt beispielsweise für Kohlenoxyd 0,536, für Kohlendioxyd 0,539, für Methan 0,537, für Azetylen $2 \cdot 0{,}540$ und für Propan $3 \cdot 0{,}550$ kg/Nm³.

Das Normkubikmetergewicht und die bezogene Dichte von Gasgemischen errechnet sich additiv aus den entsprechenden Werten der Einzelgase.

Normkubikmetergewicht und bezogene Dichte der Gase (DIN 1871).

Gas		Molekulargewicht M	Molvolumen bei 0° und 760 Torr Nm³/kmol	Normkubikmetergewicht kg/Nm³	Bezogene Dichte bei 0° und 760 Torr	$x_0 \cdot 10^6$
Luft (CO₂-frei) . .		28,96	22,40	1,2928	1,0000	— 0,8
Helium	He	4,002	22,42	0,1785	0,1381	+ 0,7
Neon	Ne	20,183	22,43	0,8999	0,6961	+ 0,6
Argon	Ar	39,944	22,39	1,7839	1,3799	— 1,3
Wasserstoff	H₂	2,0156	22,43	0,08987	0,06952	+ 0,8
Stickstoff	} N₂	28,016	22,40	1,2505	0,9673	— 0,6
Luftstickstoff . . .				1,2567	0,9721	
Sauerstoff	O₂	32,0000	22,39	1,42895	1,1053	— 1,3
Chlor	Cl₂	70,914	22,02	3,22	2,49	— 22,9
Kohlenoxyd . . .	CO	28,00	22,40	1,2500	0,9669	— 0,6
Stickoxyd	NO	30,008	22,39	1,3402	1,0367	— 1,5
Stickoxydul	N₂O	44,016	22,25	1,9780	1,5300	— 9,7
Kohlendioxyd . . .	CO₂	44,00	22,26	1,9768	1,5291	— 9,2
Schwefeldioxyd . .	SO₂	64,06	21,89	2,9263	2,2635	— 31,2
Methan	CH₄	16,03	22,36	0,7168	0,5545	— 2,9
Azetylen	C₂H₂	26,02	22,22	1,1709	0,9057	— 11,8
Äthylen	C₂H₄	28,03	22,24	1,2605	0,9750	— 10,5
Äthan	C₂H₆	30,05	22,16	1,356	1,049	— 15,5
Propylen	C₃H₆	42,05	21,96	1,915	1,481	— 26,4
Propan	C₃H₈	44,06	21,82	2,019	1,562	— 34,6
Butylen¹)	C₄H₈	56,06	[22,4]	[2,50]	[1,93]	—
Normal-Butan . .	C₄H₁₀	58,08	21,49	2,703	2,091	— 54,0
Iso-Butan . . .	C₄H₁₀	58,08	21,77	2,668	2,064	— 37,6
Benzoldampf²) . .	C₆H₆	78,05	[22,4]	[3,48]	[2,69]	—
Ammoniak	NH₃	17,031	22,08	0,7714	0,5967	— 20,3
Chlorwasserstoff . .	HCl	36,465	22,25	1,6391	1,2679	— 9,8
Schwefelwasserstoff	H₂S	34,08	22,14	1,5392	1,1906	— 13,7
Methylchlorid . . .	CH₃Cl	50,48	21,88	2,307	1,784	— 32,4
Wasserdampf²) . .	H₂O	18,0156	[22,4]	[0,804]	[0,622]	—

¹) Das Normkubikmetergewicht des Butylens ist bisher nicht gemessen worden; die angegebene Zahl, die nur als Anhaltswert gelten soll, wurde ermittelt durch Division des Molekulargewichts durch das Molvolumen: Normkubikmetergewicht $= \dfrac{M}{22,4}$.

²) Dämpfe können nicht in den Normzustand übergeführt werden; für technische Berechnungen genügt als Anhaltswert: Normkubikmetergewicht $= \dfrac{M}{22,4}$.

b) Zusammensetzung der Luft.

Gas	Vol.-°/₀	Gew.-°/₀
Sauerstoff	20,93	23,1
Stickstoff	78,03	75,6
Kohlendioxyd	0,03	0,046
Wasserstoff	5.10^{-5}	$3,5.10^{-6}$
Helium	5.10^{-4}	7.10^{-5}
Neon	$1,5.10^{-3}$	1.10^{-3}
Argon	0,932	1,285
Krypton	1.10^{-4}	3.10^{-4}
Xenon	1.10^{-5}	4.10^{-5}

e) Tafel zur Bestimmung des Reduktionsfaktors von Gasen für die Umrechnung eines bei beliebigen Bedingungen feucht gemessenen Gasvolumens auf Normalbedingungen (0°, 760 Torr, tr.).

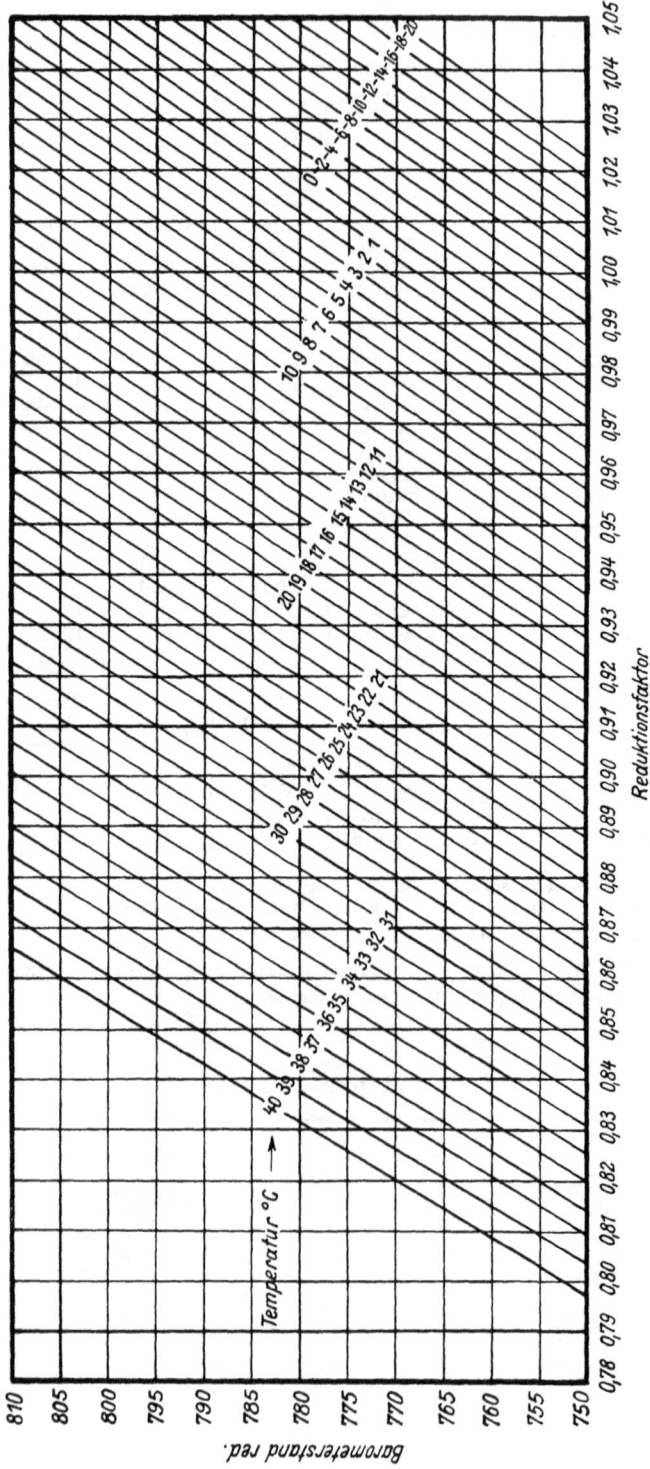

Reduktionsfaktor

Barometerstand red.

Temperatur °C

Für die Ermittlung des Reduktionsfaktors sucht man den Schnittpunkt der entsprechenden Linien für die Temperatur und den reduzierten Barometerstand unter Berücksichtigung eines etwaigen Überdruckes auf, worauf auf der Abszissenachse der gesuchte Reduktionsfaktor abgelesen wird.

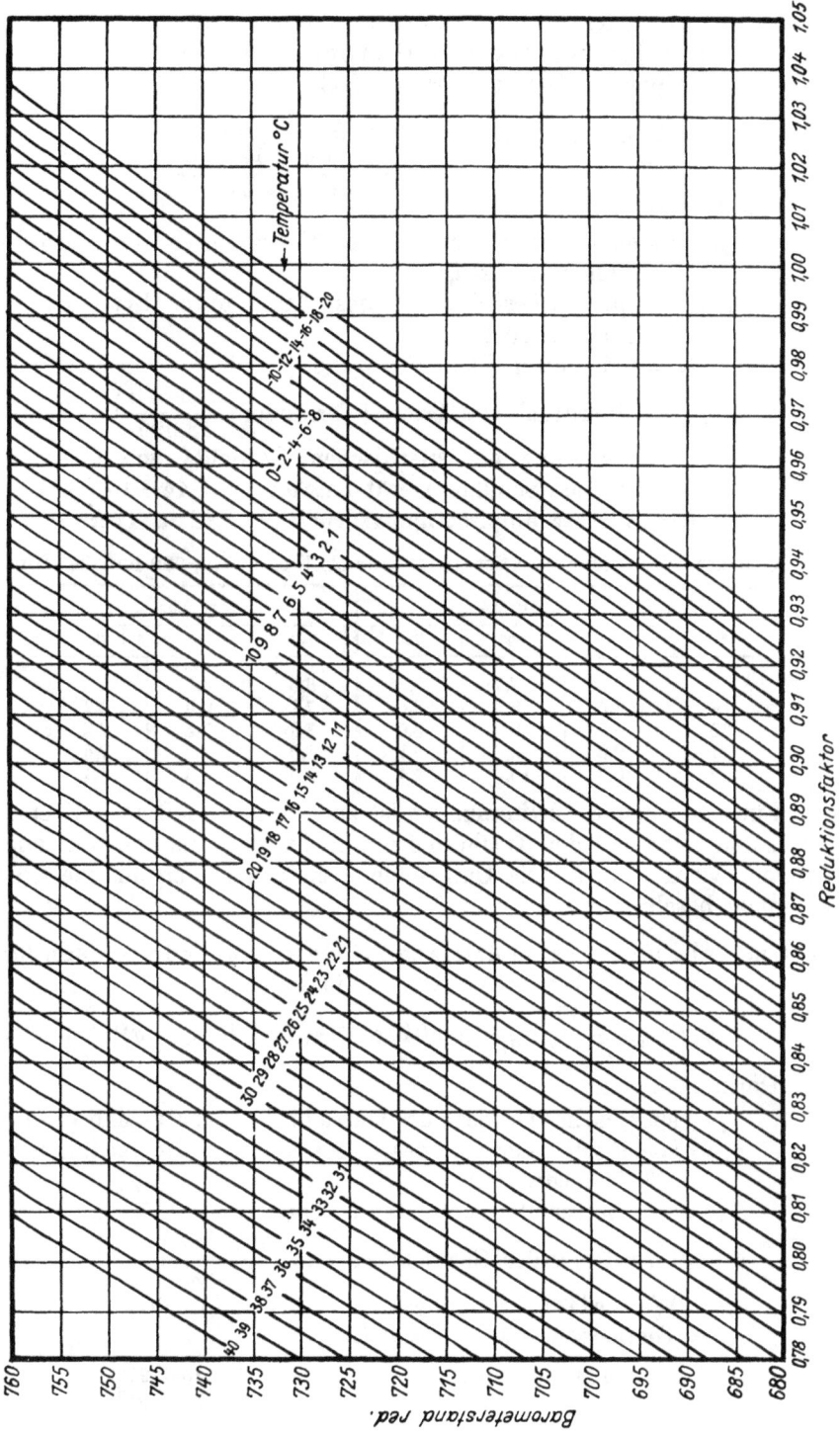

Temperatur °C

Reduktionsfaktor

Barometerstand red.

c) Umrechnung des spezifischen Gewichts von wasserdampf-gesättigten Gasen auf trockenen Zustand.

(Zipperer, Gas- und Wasserfach **75**, 839, 1932.)

$$\gamma_{\text{trocken}} = \gamma_{\text{feucht}} - \underbrace{0,622 \cdot \frac{\varphi \cdot (1 - \gamma_{\text{feucht}})}{B_0 + p_{\ddot{u}} - \varphi}}_{\text{Korrektionsglied.}}$$

Darin bedeuten:

γ_{trocken} = spezifisches Gewicht des Gases unter Betriebsbedin-gungen trocken,

γ_{feucht} = spezifisches Gewicht des Gases unter Betriebsbedin-gungen feucht,

B_0 = reduzierter Barometerstand (Torr),

$p_{\ddot{u}}$ = Überdruck des Gases $\left(\text{Torr oder } \dfrac{\text{mm WS}}{13,595}\right)$. (Bei Be-stimmung des spezifischen Gewichts von Gasen im Bunsen-Schilling-Gerät beträgt $p_{\ddot{u}} = 14 \div 16$ Torr)

φ = Wasserdampfsättigungsdruck bei t °C in Torr.

1000-facher Wert des Korrektionsgliedes für $B_0 + p_{\ddot{u}} = 740$, 760 und 780 Torr.

t °C	$\gamma = 0,4$			$\gamma = 0,5$		
	740	760	780	740	760	780
18	8,0	7,7	7,6	6,6	6,5	6,3
19	8,5	8,3	8,0	7,1	6,9	6,7
20	9,1	8,8	8,6	7,6	7,4	7,2
21	9,6	9,4	9,1	8,0	7,8	7,6
22	10,3	10,0	9,7	8,6	8,3	8,1

Für sehr genaue Bestimmungen ist zu beachten, daß nach Kretsch-mer[1]) und Schiller[2]) der Ausflußbeiwert nicht mehr als konstant ange-nommen werden darf. Die Unterschiede bleiben jedoch auf die dritte Dezimale beschränkt.

d) Umrechnung des spezifischen Gewichts von Gasen auf Betriebszustand (in kg/m³).

$$\gamma_t = \frac{273}{(273 + t) \cdot 760} [0,804 \cdot w + \gamma_0 (B_0 + p_{\ddot{u}} - \varphi)].$$

Darin bedeuten:

γ_t = spezifisches Gewicht des Gases im Betriebszustand (kg/m³),

γ_0 = spezifisches Gewicht des Gases unter Normalbedingungen (0°, 760 Torr, tr.),

B_0 = reduzierter Barometerstand (Torr),

$p_{\ddot{u}}$ = Überdruck des Gases $\left(\text{Torr oder } \dfrac{\text{mm WS}}{13,595}\right)$,

φ = Wasserdampfsättigungsdruck bei $t°$ C in Torr,

t = Temperatur des Gases (° C).

---

[1]) Forschung **3**, 150, 286 (1932). — [2]) Forschung **4**, 225 (1933).

f) Umrechnung von mm Wasserdruck in mm Quecksilberdruck (Torr).

mm	0	1	2	3	4	5	6	7	8	9
					Wasserdruck in mm					
			entsprechender Druck in Torr (mm QS)							
0	0,00	0,07	0,15	0,22	0,29	0,37	0,44	0,51	0,59	0,66
10	0,74	0,81	0,88	0,96	1,03	1,10	1,18	1,25	1,32	1,40
20	1,47	1,54	1,62	1,69	1,77	1,84	1,91	1,99	2,06	2,13
30	2,21	2,28	2,35	2,43	2,50	2,57	2,65	2,72	2,80	2,87
40	2,94	3,02	3,09	3,16	3,24	3,31	3,38	3,46	3,53	3,60
50	3,68	3,75	3,82	3,90	3,97	4,05	4,12	4,19	4,27	4,34
60	4,41	4,49	4,56	4,63	4,71	4,78	8,45	4,93	5,00	5,08
70	5,15	5,22	5,30	5,37	5,44	5,52	5,59	5,66	5,74	5,81
80	5,88	5,96	6,03	6,10	6,18	6,25	6,33	6,40	6,47	6,55
90	6,62	6,69	6,77	6,84	6,91	6,99	7,06	7,13	7,21	7,28
100	7,36	7,43	7,50	7,58	7,65	7,72	7,80	7,87	7,94	8,02
110	8,09	8,16	8,24	8,31	8,39	8,46	8,53	8,61	8,68	8,75
120	8,83	8,90	8,97	9,05	9,12	9,19	9,27	9,34	9,41	9,49
130	9,56	9,64	9,71	9,78	9,86	9,93	10,00	10,08	10,15	10,22
140	10,30	10,37	10,44	10,52	10,59	10,67	10,74	10,81	10,89	10,96
150	11,03	11,11	11,18	11,25	11,33	11,40	11,47	11,55	11,62	11,70
160	11,77	11,84	11,92	11,99	12,06	12,14	12,21	12,28	12,36	12,43
170	12,50	12,58	12,65	12,72	12,80	12,87	12,95	13,02	13,09	13,17
180	13,24	13,31	13,39	13,46	13,53	13,61	13,68	13,75	13,83	13,90
190	13,98	14,05	14,12	14,20	14,27	14,34	14,42	14,49	14,56	14,64
200	14,71	14,78	14,85	14,93	15,00	15,07	15,15	15,22	15,29	15,37

g) Luftfeuchtigkeit.

Der Gehalt der Luft oder eines anderen Gases an Wasserdampf wird angegeben 1. als absolute Feuchtigkeit A in g/m³ Luft (Gas), 2. als spezifische Feuchtigkeit φ in g/kg Luft (Gas) oder 3. als relative Feuchtigkeit, d. h. als das Verhältnis des vorhandenen Wasserdampfes e zum vollen Sättigungsdruck E bei der betreffenden Temperatur: $e : E$. Die letztere wird zumeist in Prozenten angeführt: $r = \dfrac{100\,e}{E}$.

Für die absolute Feuchtigkeit A und die spezifische Feuchtigkeit φ gelten, wenn gleichzeitig $\alpha = \dfrac{1}{273}$ und B_0 den Luftdruck in Torr bedeuten, folgende Beziehungen zum Dampfdruck:

$$A = \frac{1{,}060}{1 + \alpha t} \cdot e$$

$$\varphi = 623 \frac{e}{B_0 + 0{,}377\,e}.$$

Bei gleichem Druck ist feuchte Luft spezifisch leichter als trockene Luft: Raumluft enthält durchschnittlich 50% relative Feuchtigkeit.

Die Bestimmung des Feuchtigkeitsgehaltes eines Gases erfolgt zumeist mit dem Haarhygrometer von Saussure und Klinkerfues. Dieses beruht darauf, daß das Menschenhaar durch den Feuchtigkeitsgehalt eine diesem proportionale Ausdehnung erfährt. Der Feuchtigkeitsgrad wird an einer empirisch geeichten Skala abgelesen.

Genaue Bestimmungen der Luft- oder Gasfeuchtigkeit werden mit dem Augustschen Psychrometer vorgenommen. Bei diesem wird die Kugel eines Quecksilberthermometers mit feuchtem Mull umwickelt und diese zugleich mit einem trockenen Thermometer dem zu unter- suchenden Luft-(Gas-)strom bei der Temperatur t ausgesetzt. Bei dem feuchten Thermometer erhält man dadurch einen Abfall der Tempe- ratur auf diejenige, bei der die von diesem abziehende Luft den gleichen Wärmeinhalt besitzt wie die ungesättigte untersuchte Luft zuzüglich der Verdampfungswärme der zur Sättigung notwendigen Feuchtigkeit. Zwischen den beiden Thermometern entsteht daher ein theoretisch er- rechenbarer Temperaturunterschied Δ. Theoretisch gilt $\Delta = t - f$, der volle Unterschied wird jedoch bei den handelsüblichen Geräten nicht erreicht, so daß $\Delta > t - f$ wird. Die Gütezahl des Gerätes $a = [t - f]/\Delta < 1$ soll folgende Werte aufweisen:

$$t = \quad 20 \qquad 40 \qquad 60 \qquad 90 \qquad 120\,^{\circ}\text{C}$$
$$a = 0{,}995 \quad 0{,}985 \quad 0{,}955 \quad 0{,}95 \quad 0{,}95.$$

Theoretisch ($a = 1{,}00$) ergibt sich der Teildruck p_D des Wasser- dampfes aus der Psychrometerdifferenz Δ zu

$$p_D = \cfrac{B_0}{1 + \cfrac{r_f + (\lambda_t - \lambda_f)}{r_f \cdot p_f\,(B_0 - p_f) - c_p \Delta \dfrac{R_D}{R_L}}} \qquad \ldots \ldots \ldots (1)$$

Darin bedeuten:

$B_0 =$ Barometerstand,
$\quad r =$ Verdampfungswärme,
$\quad \lambda =$ Wärmeinhalt,
$\quad p =$ Sättigungsdruck des Wasserdampfs,
$\quad c_p =$ spezifische Wärme der Luft (kcal/kg),
$\quad R =$ Gaskonstante von Dampf und Luft.

Für Temperaturen bis 40° gilt die Formel von Sprung:

$$p_D = p_f - 0{,}5 \cdot \frac{B_0}{755} \cdot (t - f) \text{ Torr} \quad \ldots \ldots \ldots (2)$$

Psychrometertafel.

$t =$ Temperatur des trockenen Thermometers (°C),
$f =$ Temperatur des feuchten Thermometers (°C),
$\Delta =$ absoluter Feuchtigkeitsgehalt (Torr),
$r =$ relativer Feuchtigkeitsgehalt (%),
$T_p =$ Taupunkt (Sättigungstemperatur) (°C).

t °C	Psychrometrische Differenz $t-f$											
	0°			1°			2°			3°		
	A Torr	r %	T_p °C	A Torr	r %	T_p °C	A Torr	r %	T_p °C	A Torr	r %	T_p °C
0	4,6	100	0	3,7	81	−2,5	2,9	63	−5,5	2,1	45	−9,3
1	4,9	100	1	4,1	82	−1,4	3,2	65	−4,2	2,4	48	−7,7
2	5,3	100	2	4,4	83	−0,4	3,6	68	−3,0	2,7	51	−6,2
3	5,7	100	3	4,8	84	+0,6	3,9	69	−1,9	3,1	54	−4,7
4	6,1	100	4	5,2	85	1,7	4,3	70	−0,8	3,4	56	−3,5
5	6,5	100	5	5,6	86	2,8	4,7	72	+0,3	3,8	58	−2,3
6	7,0	100	6	6,0	86	3,9	5,1	73	1,5	4,2	60	−1,1
7	7,5	100	7	6,5	87	4,9	5,5	74	2,6	4,6	61	+0,1
8	8,0	100	8	7,0	87	6,0	6,0	75	3,7	5,0	63	1,3
9	8,6	100	9	7,5	88	7,0	6,5	76	4,9	5,5	64	2,6
10	9,2	100	10	8,1	88	8,1	7,0	76	6,0	6,0	65	3,8
11	9,8	100	11	8,7	88	9,2	7,6	77	7,2	6,5	66	5,0
12	10,5	100	12	9,3	89	10,2	8,2	78	8,3	7,1	68	6,2
13	11,2	100	13	10,0	89	11,3	8,8	79	9,4	7,7	69	7,4
14	12,0	100	14	10,7	89	12,3	9,5	79	10,5	8,3	70	8,5
15	12,8	100	15	11,5	90	13,4	10,2	80	11,6	9,0	71	9,7
16	13,6	100	16	12,3	90	14,4	11,0	81	12,7	9,7	71	10,8
17	14,5	100	17	13,1	90	15,4	11,8	81	13,7	10,5	72	12,0
18	15,5	100	18	14,0	91	16,5	12,6	82	14,8	11,3	73	13,1
19	16,5	100	19	15,0	91	17,5	13,5	82	15,9	12,1	74	14,2
20	17,5	100	20	16,0	91	18,5	14,5	83	16,9	13,0	74	15,3
21	18,6	100	21	17,1	91	19,5	15,5	83	18,0	14,0	75	16,4
22	19,8	100	22	18,2	92	20,6	16,5	83	19,1	15,0	76	17,5
23	21,1	100	23	19,4	92	21,6	17,6	84	20,1	16,1	76	18,6
24	22,4	100	24	20,6	92	22,6	18,8	84	21,2	17,2	77	19,6
25	23,8	100	25	21,9	92	23,6	20,1	84	22,2	18,4	77	20,7
26	25,2	100	26	23,3	92	24,6	21,4	85	23,2	19,6	78	21,8
27	26,7	100	27	24,7	92	25,7	22,8	85	24,3	20,9	78	22,8
28	28,3	100	28	26,2	93	26,7	24,2	85	25,3	22,3	78	23,9
29	30,0	100	29	27,8	93	27,7	25,7	86	26,4	23,7	79	25,0
30	31,8	100	30	29,5	93	28,7	27,3	86	27,4	25,2	79	26,0

t °C	Psychrometrische Differenz $t-f$											
	4°			5°			6°			7°		
	A Torr	r %	T_p °C	A Torr	r %	T_p °C	A Torr	r %	T_p °C	A Torr	r %	T_p °C
0	1,3	28	14,6	0,5	11	24,2						
1	1,6	32	12,4	0,8	16	19,9						
2	1,9	35	10,4	1,1	20	16,6						
3	2,2	39	8,5	1,4	24	13,8	0,6	10	23,0			
4	2,6	42	6,8	1,7	28	11,4	0,9	14	18,6			
5	2,9	45	5,3	2,1	32	9,3	1,2	19	15,2	0,4	6	27,1
6	3,3	47	3,9	2,4	35	7,5	1,6	23	12,3	0,7	10	20,8
7	3,7	49	2,6	2,8	37	5,9	1,9	26	10,1	1,1	14	16,5
8	4,1	51	1,3	3,2	40	4,3	2,3	29	8,1	1,4	18	13,5
9	4,5	53	0,1	3,6	42	2,9	2,7	31	6,3	1,8	21	11,0
10	5,0	54	1,2	4,0	44	1,5	3,1	34	4,6	2,2	24	8,7

t °C	Psychrometrische Differenz t—f											
	4°			5°			6°			7°		
	A Torr	r %	Tp °C	A Torr	r %	Tp °C	A Torr	r %	Tp °C	A Torr	r %	Tp °C
11	5,5	56	2,6	4,5	46	0,2	3,5	36	3,1	2,6	26	6,7
12	6,0	57	3,9	5,0	48	1,2	4,0	38	1,6	3,0	29	4,9
13	6,6	59	5,1	5,5	49	2,7	4,5	40	0,2	3,5	31	3,2
14	7,2	60	6,4	6,1	51	4,0	5,0	42	1,3	4,0	34	1,6
15	7,8	61	7,6	6,7	52	5,4	5,6	44	2,8	4,5	36	0,1
16	8,5	62	8,8	7,3	54	6,7	6,2	46	4,3	5,1	37	1,5
17	9,2	64	10,0	8,0	55	8,0	6,8	47	5,6	5,7	39	3,1
18	10,0	65	11,2	8,7	56	9,2	7,5	49	7,0	6,3	41	4,6
19	10,8	65	12,4	9,5	58	10,5	8,2	50	8,3	7,0	43	6,0
20	11,6	66	13,5	10,3	59	11,7	9,0	51	9,6	7,7	44	7,4
21	12,5	67	14,7	11,1	60	12,9	9,8	52	10,9	8,5	46	8,8
22	13,5	68	15,8	12,0	61	14,1	10,6	54	12,2	9,3	47	10,1
23	14,5	69	16,9	13,0	61	15,2	11,5	55	13,4	10,1	48	11,4
24	15,5	69	18,1	14,0	62	16,4	12,5	56	14,6	11,0	49	12,7
25	16,7	70	19,2	15,0	63	17,5	13,5	57	15,8	12,0	50	14,0
26	17,8	71	20,3	16,1	64	18,7	14,4	58	17,0	13,0	51	15,2
27	19,1	71	21,4	17,3	65	19,8	15,7	59	18,2	14,0	52	16,5
28	20,4	72	22,4	18,6	65	20,9	16,8	59	19,3	15,2	53	17,7
29	21,8	72	23,5	19,9	66	22,0	18,1	60	20,5	16,3	54	18,9
30	23,3	73	24,6	21,3	67	23,2	19,4	61	21,6	17,6	55	20,0

t °C	Psychrometrische Differenz t—f											
	8°			9°			10°			11°		
	A Torr	r %	Tp °C	A Torr	r %	Tp °C	A Torr	r %	Tp °C	A Torr	r %	Tp °C
11	1,7	17	11,6	0,8	8	19,7						
12	2,1	20	9,1	1,2	11	15,5						
13	2,5	23	7,0	1,6	14	12,2	0,7	6	21,2			
14	3,0	25	5,0	2,0	17	9,5	1,1	9	16,3			
15	3,5	27	3,2	2,5	20	7,1	1,5	12	16,2	0,6	5	22,6
16	4,0	30	1,5	3,0	22	5,0	2,0	15	9,6	1,0	8	16,8
17	4,6	32	0,1	3,5	24	3,1	2,5	17	7,1	1,5	10	12,8
18	5,2	34	1,8	4,1	27	1,3	3,0	20	4,9	2,0	13	9,6
19	5,8	35	3,4	4,7	29	0,4	3,6	22	2,9	2,5	15	6,9
20	6,5	37	5,0	5,3	30	2,1	4,2	24	1,0	3,1	18	4,6
21	7,2	39	6,4	6,0	32	3,8	4,8	26	0,8	3,7	20	2,5
22	8,0	40	7,9	6,7	34	5,4	5,5	28	2,6	4,3	22	0,6
23	8,8	42	9,3	7,5	36	6,9	6,2	30	4,3	5,0	24	1,3
24	9,6	43	10,7	8,3	37	8,4	7,0	31	5,9	5,7	26	3,1
25	10,5	44	12,0	9,1	38	9,9	7,8	33	7,5	6,5	27	4,9
26	11,5	46	13,3	10,0	40	11,3	8,6	34	9,0	7,3	29	6,6
27	12,5	47	14,6	11,0	41	12,7	9,7	36	10,5	8,1	30	8,2
28	13,5	48	15,9	12,0	42	14,0	10,5	37	11,9	9,0	32	9,7
29	14,7	49	17,1	13,0	43	15,3	11,5	38	13,3	10,0	33	11,2
30	15,8	50	18,4	14,1	44	16,6	12,5	39	14,7	11,0	34	12,7

h) Barometerstand und Ortshöhe.

Bei einem Barometerstand nahe 760 Torr entspricht ein Höhenunterschied von 10 m einer Veränderung des Luftdrucks von 0,95 Torr.

Wenn für eine Höhe H in m über dem Meere der korrigierte Barometerstand B_1 und für die Höhe des Meeresspiegels der korrigierte Barometerstand B_0 beträgt, gilt mit genügender Annäherung die Gleichung

$$H = \frac{16000\,(B_0 - B_1)}{B_1 + B_0}.$$

H	B_1	H	B_1	H	B_1	H	B_1
0	760	400	723	800	688	3000	527
100	751	500	714	900	680	5000	417
200	740	600	705	1000	671	10000	229
300	732	700	697	2000	593	15000	124

i) Berechnung des Höhenunterschiedes aus den Barometerständen.

Wenn B_0 den korrigierten Barometerstand an einem unteren Ort der zu bestimmenden Höhe und B_1 zur gleichen Zeit den korrigierten Barometerstand an dem höher gelegenen Ort mit den entsprechenden Temperaturen t_0 und t_1 darstellen, kann der Höhenunterschied H (in m) errechnet werden nach der Formel

$$H = 18420 \cdot (\log B_0 - \log B_1) \cdot \left(1 + \frac{2\,(t_0 + t_1)}{1000}\right).$$

Wenn der untere Ort der Höhe des Meeresspiegels entspricht und die Temperaturen t_0 und t_1 gleich (t) sind, vereinfacht sich die obige Formel zu

$$H = 18420 \cdot (\log B_0 - \log B_1) \cdot \left(1 + \frac{4\,t}{1000}\right).$$

k) Mittlere Luftdruckverteilung in Deutschland[1]).

Über die Höhe des mittleren Luftdruckes in den verschiedenen Gebieten Deutschlands gibt die nachstehende Zusammenstellung, in der die wichtigsten Orte aufgenommen sind, Aufschluß. Es ergibt sich, daß der mittlere Luftdruck in der Norddeutschen Tiefebene und im Rheintal etwa 750—760 Torr, in Mitteldeutschland 735—750 Torr und in Süddeutschland 710—735 Torr beträgt.

---

[1]) Schumacher, Gas- und Wasserfach **74**, 479 (1931).

Stadt	Durch-schnittl. Barometerstand Torr	Stadt	Durch-schnittl. Barometerstand Torr	Stadt	Durch-schnittl. Barometerstand Torr
Aachen	742,8	Göttingen . . .	747,3	Magdeburg . .	756,3
Ansbach	723,8	Halle a. S. . . .	752,2	Mainz	753,3
Augsburg . . .	718,6	Hamburg . . .	759,5	Mannheim . . .	753,5
Bamberg . . .	736,8	Hannover . . .	752,9	Marburg	740,2
Bayreuth . . .	730,0	Heilbronn . . .	745,0	München . . .	716,9
Berlin	755,6	Herford	753,3	Münster i. W. .	755,7
Bremen	759,2	Hof	719,7	Norden	760,1
Chemnitz . . .	731,9	Insterburg . . .	756,8	Nürnberg . . .	734,3
Cleve	756,9	Jena	747,7	Oppeln	746,0
Donaueschingen	701,8	Kaiserslautern .	741,0	Osterode	750,5
Dresden	751,4	Karlsruhe . . .	751,4	Plauen i. V. . .	728,6
Emden	760,0	Kassel	743,5	Ratibor	745,0
Erfurt	742,6	Koblenz	756,2	Regensburg . .	732,1
Erlangen . . .	736,8	Köln	756,5	Rostock	756,2
Essen	751,6	Königsberg . .	758,1	Schwerin i. M. .	755,2
Flensburg . . .	758,6	Konstanz . . .	723,8	Stettin	758,5
Frankfurt a. M. .	751,8	Köslin	756,6	Stuttgart . . .	737,2
Frankfurt a. O. .	757,3	Landsberg a. W.	758,5	Tilsit	759,0
Freiberg	725,5	Landshut . . .	727,7	Trier	748,0
Freiburg i. Br. .	737,7	Leipzig	749,9	Ulm a. D. . . .	718,7
Fürth	735,4	Liegnitz	749,8	Waren	754,7
Glogau	746,9	Lindau	726,8	Würzburg . . .	746,3
Görlitz	742,8	Lübeck	759,2	Zwickau	737,9

l) **Druckzunahme des Stadtgases infolge des Auftriebs für verschiedene Höhenunterschiede (mm Wassersäule).**

Druckunterschied ε . . . . mm WS

Höhenunterschied m . . . . . . m

Gewicht der Luft G . . . . . . kg/m³

spezifisches Gewicht des Gases γ

$$\pm \varepsilon = \pm m \cdot G (1 - \gamma).$$

Spez. Gewicht des Gases	Höhenunterschied in Metern								
	1	2	3	4	5	6	7	8	9
0,38	0,80	1,60	2,41	3,21	4,01	4,81	5,61	6,41	7,22
0,39	0,79	1,58	2,37	3,16	3,94	4,73	5,52	6,31	7,10
0,40	0,78	1,55	2,33	3,10	3,88	4,66	5,43	6,21	6,98
0,41	0,76	1,53	2,29	3,05	3,81	4,58	5,34	6,10	6,87
0,42	0,75	1,50	2,25	3,00	3,75	4,50	5,25	6,00	6,75
0,43	0,74	1,47	2,21	2,95	3,69	4,42	5,16	5,90	6,63
0,44	0,72	1,45	2,17	2,90	3,62	4,34	5,07	5,79	6,52
0,45	0,71	1,42	2,13	2,85	3,56	4,27	4,98	5,69	6,40
0,46	0,70	1,40	2,10	2,79	3,49	4,19	4,89	5,59	6,28
0,47	0,69	1,37	2,06	2,74	3,43	4,11	4,80	5,48	6,17
0,48	0,67	1,35	2,02	2,69	3,36	4,03	4,71	5,38	6,05
0,49	0,66	1,32	1,98	2,64	3,30	3,96	4,62	5,28	5,94
0,50	0,65	1,29	1,94	2,59	3,23	3,88	4,53	5,17	5,82

II. Spezifisches Gewicht (bezogene Dichte) und Schüttgewicht sonstiger Stoffe.

a) Physikalische Eigenschaften der wichtigsten Bestandteile des Steinkohlenteers und sonstiger organischer Stoffe.

Stoff	Formel	Molekulargewicht	Dichte 20/4°	Schmelzpunkt °C	Siedepunkt °C	Verdampfungswärme kcal/kg	bei °C
I. Methanreihe	C_nH_{2n+2}						
Methan	CH_4	16,03	0,415 (-164)	— 184	— 161,4	131,4	— 161,4
Äthan	C_2H_6	30,05	0,546 (-88)	— 172	— 88,3	129	— 88,3
Propan	C_3H_8	44,06	0,585(-44,5)	— 189,9	— 44,5	349	20
n-Butan	C_4H_{10}	58,08	0,600 (0)	— 135	0,6	333	20
i-Butan	C_4H_{10}	58,08	0,603 (0)	— 145	— 10,2	366	20
n-Pentan.	C_5H_{12}	72,09	0,631	— 131,5	36,2	85,8	30
i-Pentan	C_5H_{12}	72,09	0,621	— 159,7	28,0	88,7	28
n-Hexan	C_6H_{14}	86,11	0,660	— 94,3	69,0	79,4	68
n-Heptan	C_7H_{16}	100,12	0,684	— 90,0	98,4	74,0	98
n-Oktan	C_8H_{18}	114,14	0,702	— 56,5	124,6	71,1	125
n-Dekan	$C_{10}H_{22}$	142,17	0,747	— 32,0	174	60,1	160
II. Äthylenreihe	C_nH_{2n}						
Äthylen	C_2H_4	28,03	0,566 (-102)	— 169,4	— 103,8	125	— 103,5
Propylen.	C_3H_6	42,05	0,609 (-47)	— 185,2	— 47,0	109	— 47
n-Butylen	C_4H_8	56,06	0,668 (0)	— 130	+ 1	96	+ 1
i-Butylen	C_4H_8	56,06	—	—	6	96	— 6
n-Amylen	C_5H_{10}	70,08	0,651	— 139	36,4	75,0	12,5
n-Hexylen	C_6H_{12}	84,09	0,683	— 98,5	64,1	92,8	0
III. Cycloparaffine	C_nH_{2n}						
Cyclohexan. . . .	C_6H_{12}	84,09	0,779	6,5	81,4	85,4	81
Methylcyclohexan.	C_7H_{14}	98,11	0,764	— 126,4	100,8	75,7	98
Cycloheptan . . .	C_7H_{14}	98,11	0,811	— 12	118,1	—	—
IV. Acetylenreihe	C_nH_{2n-2}						
Acetylen.	C_2H_2	26,02	0,613 (-80)	— 81,8	— 83,6	198	— 83,6
Allylen.	C_3H_4	40,03	0,660 (-13)	— 104,7	— 27,5	131	— 27,5
Crotonylen	C_4H_6	54,05	0,668 (0)	—	28,9	—	—
V. Tetrahydrobenzolkohlenwasserstoffe	C_nH_{2n-2}						
Tetrahydrobenzol .	C_6H_{10}	82,08	0,810	— 103,7	83	88,6	83
Tetrahydrotoluol .	C_7H_{12}	96,09	0,809	—	111	—	—
VI. Cyclopentadienreihe							
Cyclopentadien . .	C_5H_6	66,05	0,805	—	42,5	—	—
VII. Dihydrobenzolkohlenwasserstoffe	C_nH_{2n-4}						
Dihydrobenzol (1,3)	C_6H_8	80,06	0,830	—	80,5	—	—
Dihydrotoluol (1,3)	C_7H_{10}	94,08	0,835	—	110,1	—	—

— 14 —

Stoff	Formel	Mole-kular-gewicht	Dichte 20/4°	Schmelz-punkt °C	Siede-punkt °C	Verdampfungs-wärme	
						kcal/kg	bei °C
VIII. Benzolreihe C_nH_{2n-6}							
Benzol	C_6H_6	78,05	0,878	5,5	79,6	94,4	80
Toluol	C_7H_8	92,06	0,866	— 95,1	110,5	86,5	110
o-Xylol	C_8H_{10}	106,08	0,879	— 27,1	144	82,5	144
m-Xylol	C_8H_{10}	106,08	0,865	— 53,6	139	81,8	139
p-Xylol	C_8H_{10}	106,08	0,861	13,2	137,7	81,0	138
Äthylbenzol	C_8H_{10}	106,08	0,868	— 92,8	136	76,4	135
Trimethylbenzol (1, 2, 3)	C_9H_{12}·	120,09	0,895	—	176,5	—	—
Trimethylbenzol (1, 2, 4) Pseudocumol	C_9H_{12}	120,09	0,87	— 61,0	169,8	72,8	168
Trimethylbenzol (1, 3, 5) Mesitylen	C_9H_{12}	120,09	0,863	— 52,7	164,6	74,4	165
IX. Benzolkoh-lenwasserstoffe mit unges. Seiten-kette							
Styrol	C_8H_8	104,06	0,903	—	146	—	—
Inden	C_9H_8	116,06	1,006	— 2	182,4	—	—
X. Naphthalin-reihe C_nH_{2n-12}							
Naphthalin	$C_{10}H_8$	128,06	1,145	80,1	217,9	75,4	218
α-Methylnaphthalin	$C_{11}H_{10}$	142,08	1,025	— 22	243	—	—
β-Methylnaphthalin	$C_{11}H_{10}$	142,08	1,029	35,1	245	—	—
XI. Sonstige aro-matische Kohlen-wasserstoffe							
Acenaphthen	$C_{12}H_{10}$	154,08	1,024 (99)	95	277,5	—	—
Diphenyl	$C_{12}H_{10}$	154,08	1,041	69	254,9	74,4	255.
Fluoren	$C_{13}H_{10}$	166,08	—	116	295	—	—
Anthracen	$C_{14}H_{10}$	178,08	1,25 (27)	218	342	—	—
Phenanthren	$C_{14}H_{10}$	178,08	1,025	99,6	340	—	—
Fluoranthren	$C_{15}H_{10}$	190,08	—	110	251 (60)	—	—
Pyren	$C_{16}H_{10}$	202,08	—	150	> 360	—	—
Chrysen	$C_{18}H_{12}$	228,09	—	251	448	—	—
Reten	$C_{18}H_{18}$	234,14	1,13 (16)	98,5	394	—	—
XII. Sauerstoff-haltige Stoffe							
Methanol	CH_4O	32,03	0,792	— 97,8	64,5	263	64,5
Äthylalkohol	C_2H_6O	46,05	0,789	— 117,3	78,5	216	78
Aceton	C_3H_6O	58,05	0,792	— 94,3	56,1	125	56
Äthylmethylketon	C_4H_8O	72,06	0,805	— 86,4	79,6	106	79,6
Phenol	C_6H_6O	94,05	1,071 (25)	41	182	—	—
o-Kresol	C_7H_8O	108,06	1,051	30,1	190,8	—	—
m-Kresol	C_7H_8O	108,06	1,035	10	202,8	101	203
p-Kresol	C_7H_8O	108,06	1,039 (15)	34,8	201,1	—	—
1, 3, 5-Xylenol	$C_8H_{10}O$	122,08	—	68	219,5	—	—
α-Naphthol	$C_{10}H_8O$	144,06	1,224	96	280	—	—
β-Naphthol	$C_{10}H_8O$	144,06	1,217	122	286	—	—
Cumaron	C_8H_6O	118,05	1,091	<—18	175	—	—
Diphenylenoxyd	$C_{12}H_8O$	168,06	—	87	288	—	—

Stoff	Formel	Molekulargewicht	Dichte 20/4°	Schmelzpunkt °C	Siedepunkt °C	Verdampfungswärme kcal/kg	bei °C
XIII. Stickstoffhaltige Stoffe							
Anilin	C_6H_7N	93,06	1,022	— 6,2	184,4	110	184
Pyridin	C_5H_5N	79,05	0,982	— 42	115,3	102	115
α-Picolin	C_6H_7N	93,06	0,950	— 69,9	128	90,75	128
β-Picolin	C_6H_7N	93,06	0,952	—	143,5	—	—
γ-Picolin	C_6H_7N	93,06	0,957	—	143,1	—	—
α-α-Lutidin	C_7H_9N	107,08	0,947 (0)	—	156,5	—	—
Chinolin	C_9H_7N	129,06	1,093	— 19,5	237,7	—	—
Isochinolin	C_9H_7N	129,06	1,099	23	243	—	—
Acridin	$C_{13}H_9N$	179,08	—	108	346	—	—
Pyrrol	C_4H_5N	67,05	0,948	—	131	—	—
Carbazol	$C_{12}H_9N$	167,08	—	244,8	354,8	—	—
XIV. Schwefelhaltige Stoffe							
Kohlenoxysulfid .	COS	64,07	1,24 (— 87)	— 138	— 48	—	—
Schwefelkohlenstoff	CS_2	76,13	1,262	— 111,6	46,3	86,5	46,3
Äthylmerkaptan .	C_2H_6S	62,11	0,840	— 121	34,7	—	—
Thiophen	C_4H_4S	84,10	1,065	— 40	85	—	—
Methylthiophen . .	C_5H_6S	98,12	—	—	114	—	—
α-α-Thioxen . . .	C_6H_8S	112,13	0,976	—	137,5	—	—
Thionaphthen . .	C_8H_6S	134,11	1,165	32	221	—	—

b) Spezifisches Gewicht (bezogene Dichte) fester Stoffe (bei 15—20°).

(Bezogen auf Wasser bei + 4° C = 1,000.)

Metalle und Elemente.

Aluminium, rein 2,703
Aluminiumblech 2,713
Blei, rein . . . 11,32
Brom 3,14
Cadmium . . . 8,64
Calcium 1,54
Cer 6,8
Chrom, rein . . 6,92
Eisen, rein . . 7,86
Gold 19,30
Jod 4,93
Kalium 0,862
Kobalt 8,83
Kohlenstoff:
  Diamant . . 3,51
  Graphit . . 2,2—2,3
  amorpher
  Kohlenstoff 1,7—1,9
Kupfer 8,933
Mangan 7,3
Nickel 8,85
Palladium . . . 11,9
Platin 21,4

Quecksilber s. bes. Tab.
Rhenium . . . 20,5
Rhodium . . . 12,4
Schwefel rhomb. 2,07
Silber 10,51
Silicium, krist. . 2,34
Vanadium . . . 5,8
Wolfram . . . 19,1
Zink 7,1
Zinn 7,28

Legierungen.

Roheisen, grau . 7,04—7,18
   »   , weiß . 7,6 —7,7
Schmiedeeisen . 7,8 —7,85
Flußstahl . . . 7,70
Aluminiumbronze . . . 8,35
Phosphorbronze . 8,8
Rotguß . . . . 8,8—8,9
Messingblech . . 8,5
Schmiedemessing 8,5
Weißmetall . . 7,5—8,5
Silumin 2,6

Sonstige anorganische Stoffe.

Ätzkali 2,1
Ätznatron
  (22,2% H_2O) . 2,0
Asbest . . . . 2,1—2,5
Basalt . . . . . 2,6—3,0
Beton . . . . . 1,8—2,8
Bimsstein, natürlich . . . 0,4—0,9
Bimsstein, Wiener . . . . 2,2—2,5
Bleiglätte, natürlich . . . 7,8—8,0
Bleiglätte, künstlich . . . 9,3—9,4
Bleiweiß 6,7
Calciumkarbid . 2,24
Chlornatrium . 2,16
Dolomit . . . . 2,2—2,8
Eis . . . . . . 0,88—0,92
Erde, gestampft, trocken . . . 1,6—1,9
Erde, gestampft, feucht 2,0

Spezifisches Gewicht (bezogene Dichte) fester Stoffe
(bei 15—20⁰).
(Bezogen auf Wasser bei $+4^0 C = 1,000$.)

Erde, mager,		Sandstein . . .	2,2—2,5	Fichte . 0,4—0,7	0,6—1,0
trocken . . .	1,3—1,4	Schamotte . . .	1,8—2,2	Kiefer . 0,3—0,7	0,5—1,0
Gips, gebrannt .	1,81	Schlacke . . .	2,4—3,0	Rot-	
Glas, Thür. . .	2,4—2,6	Soda, krist. . .	1,45	buche 0,7—0,95	0,85—1,1
» , Kristall- .	2,8—3,0	Steinsalz	2,3—2,4	Tanne . 0,4—0,7	0,8—1,1
Gneis	2,5—2,7	Ton	1,8—2,6	Holzkohle, luft-	
Granit	2,3—2,7	Zement . . .	1,3—1,8	frei	1,4—1,5
Isolierbims . . .	0,38	Ziegel gew. . .	1,4—1,6	Holzkohle, luft-	
Kalk, gebr. . .	0,9—1,3	» , Klinker .	1,6—1,9	erfüllt	0,4
Kalkbrei . . .	1,1—1,3	Ziegelmauerwerk	1,4—1,6	Koks (im Stück)	1,2—1,4
Kalkstein . . .	2,4—2,8			Kork	0,24
Kies	1,8—2,0	Organische Stoffe[1])		Leder, trocken .	0,85
Kieselsäure,krist.	2,6	Anthrazit . . .	1,4—1,7	» , gefettet .	1,0
Kunstsandstein .	2,0—2,1	Asphalt	1,15—1,4	Papier	0,7—1,1
Lava	2,2—3,0	Braunkohle . .	1,2—1,45	Paraffin . . .	0,86—0,92
Lehm, trocken .	1,5—1,6	Fette	0,92—0,95	Pech	1,07—1,12
» , feucht .	1,7—1,8	Gummi, roh . .	0,90—0,95	Preßkohle . . .	1,2—1,3
Magnesit	3,0	» , vulk. .	1,2—2,0	Steinkohle (im	
Marmor	2,5—2,7	Harze	1,0—1,1	Stück)	1,2—1,45
Porzellan . . .	2,3—2,5			Torf	0,6—0,9
Quarz	2,5—2,7	Holzarten.		Torfstreu, gepr..	0,2—0,25
Sand, trocken .	1,4—1,7	lufttrocken frisch		Wachs	0,92—0,97
» , feucht .	1,8—2,0	Eiche . 0,7—1,0	0,9—1,2		
		Esche . 0,6—0,9	0,7—1,1		

[1]) Vgl. ferner Zahlentafel II a auf Seite 13 ff.

c) Schüttgewicht technischer Stoffe (kg/m³).

Ammoniumchlorid	750	Kalkmehl	480—580
Ammonsulfat	750	Kesselschlacke	700—800
Holzscheite, Fichte oder		Kies	1800—2000
Tanne	320—340	Kieselgur, pulv. . . .	250—350
Holzscheite, Buche	400	Reinigungsmasse, frisch .	700—800
» , Eiche	420	» , ausgebr.	1000—1200
Kalk, gebrannt	900—1100	Soda, calc.	700—800

vgl. ferner die nachfolgenden Zahlentafeln.

d) Schüttgewicht von Brennstoffen (kg/m³).

Braunkohle, stückig u. luft-		Zechenkoks	350—550
trocken	650—780	Koksgrus	800—1000
Braunkohlenbriketts:		Steinkohle[2]):	
längliche Form	700—750	Ruhr	730—880
Semmelformat	800—850	Saar	700—820
geschichtet	1000—1050	Oberschlesien	760—820
Holzkohle, hart	200—250	Niederschlesien	760—860
» , weich	150—200	Torf, feucht	550—650
Koks[1])		» , lufttrocken	325—425
Gaskoks	350—550	Torfmull	180—200
Hüttenkoks	500—650		

[1]) Nach Körnung, Art der Ausgangskohle und Entgasungsbedingungen verschieden.
[2]) Nach Zeche und Körnung verschieden.

Unter Schüttgewicht eines festen Stoffes versteht man im Gegensatz zu dem mit genauen Verfahren festzustellenden spezifischen Gewicht des Stoffes ein technisches Raumgewicht, das den wirklichen, praktisch erreichbaren Gewichtswert des geschütteten Stoffes (auf Lagerhalden, in Bunkern oder sonstigen Hohlräumen) darstellt.

Schüttgewicht von Kohlen in Abhängigkeit von der Körnung.
(GWF **78,** 107, 1935.)

Grobe Förder- und Stückkohle . . .	890—800 kg/m³
Gebrochene Förderkohle	855—730 «
zumeist	780—750 «
Mischkohle Grob mit Fein	780—750 «
Gewaschene Nußkohle	735—690 «
Feinkohle und gemahlene Kohle . .	740—655 «

e) **Schüttgewicht von Feinkohle in Horizontalkammeröfen.**
(Nach Koppers und Jenkner, Glückauf **66,** 836, 1930.)

Anlage	Kammerhöhe mm	Körnung <2mm %	Wassergehalt der Kohle %	Raumgehalt naß kg/m³	Raumgehalt trocken kg/m³
A	3500	94	9,4	740	670
B	4000	79	8,5	762	697
C	4000	74	13,1	824	715
D	3300	61	8,5	801	733
E	3500	62	10,7	856	763
F	4000	63	11,6	878	775

Der Einfluß der Kohlekörnung auf das Schüttgewicht ist derart überwiegend, daß er den des Wassergehaltes der Kohle überdeckt.

f) **Natürlicher Böschungswinkel bei loser Schüttung.**
(In Winkelgraden.)

Erde	40—55°	Brechkoks I und II. . . .	36—44°
Erze	45°	» III » IV. . . .	35—39°
Kalkpulver, trocken . . .	50°	Feinkohle, gewaschen . . .	36—43°
Sand, feucht	27°	Nußkohle I und II	35—40°
» , trocken	32°	» III—V	32—36°
Zement	40°	Stückkohle	35—40°

g) **Spezifisches Gewicht (bezogene Dichte) flüssiger Stoffe bei 20°** [1]**.**
(Wasser bei + 4° C = 1,000.)

Äthyläther	0.714	Mineralschmieröl	0,88—0,94
Benzin	0,68—0,76	Petroläther	0,66—0,68
Glyzerin (28° Bé). . . .	1,226	Petroleum	0,78—0,82
Kreosotöl	1,03—1,08	Terpentinöl	0,87
Leinöl, gek.	0,94	Tetrachlorkohlenstoff . .	1,594

h) Spezifisches Gewicht (bezogene Dichte) von verflüssigten Gasen bei t^0[1]).
(Wasser bei $+4^0$ C $= 1,000$.)

Gas	D_4	bei t^0 C	Gas	D_4	bei t^0 C
Ammoniak	0,638	0^0	Schwefeldioxyd . .	1,46	— 10
Helium	0,122	— 269	Schwefelwasserstoff	0,96	— 60
Kohlendioxyd, fest .	0,654	— 79	Stickstoff	0,811	— 196
Kohlenoxyd	0,793	— 190	Wasserstoff	0,0700	— 253
Sauerstoff	1,142	— 183			

[1]) Vgl. ferner Zahlentafel II a auf Seite 13.

i) Wahre Dichte d (g/Ncm³) und Volumen v (Ncm³/g) des reinen Wassers bei verschiedenen Temperaturen (⁰C).

Temp.	Dichte	Volumen	Temp.	Dichte	Volumen	Temp.	Dichte	Volumen
0	0,99987	1,00013	34	0,99440	1,00563	110	0,9510	1,0515
2	0,99997	1,00003	36	0,99371	1,00633	120	0,9435	1,0600
4	1,00000	1,00000	38	0,99299	1,00706	130	0,9351	1,0694
6	0,99997	1,00003	40	0,99224	1,00782	140	0,9263	1,0795
8	0,99988	1,00012	45	0,99024	1,00985	150	0,9172	1,0903
10	0,99973	1,00027	50	0,98807	1,01207	160	0,9076	1,1018
12	0,99952	1,00048	55	0,98573	1,01448	170	0,8973	1,1145
14	0,99927	1,00073	60	0,98324	1,01705	180	0,8866	1,1279
16	0,99897	1,00103	65	0,98059	1,01979	190	0,8750	1,1429
18	0,99862	1,00138	70	0,97781	1,02270	200	0,8628	1,1590
20	0,99823	1,00177	75	0,97489	1,02576	220	0,837	1,195
22	0,99780	1,00221	80	0,97183	1,02899	240	0,809	1,236
24	0,99732	1,00269	85	0,96865	1,03237	260	0,779	1,283
26	0,99681	1,00320	90	0,96534	1,03590	280	0,75	1,34
28	0,99626	1,00375	95	0,96192	1,03959	300	0,70	1,42
30	0,99567	1,00435	100	0,95838	1,04343	320	0,66	1,51
32	0,99505	1,00497						

k) Wahre Dichte d (g/Ncm³) des Quecksilbers.

t^0C	0	1	2	3	4	5	6	7	8	9
— 20	13,6450									
— 10	6202	6226	6251	6276	6301	6326	6350	6375	6400	6425
— 0	5955	5979	6004	6029	6053	6078	6103	6127	6152	6177
+ 0	13,5955	5930	5905	5880	5854	5831	5806	5782	5757	5732
10	5708	5683	5658	5634	5609	5584	5560	5535	5511	5486
20	5461	5437	5412	5388	5363	5339	5314	5290	5265	5241
30	5216	5191	5167	5142	5118	5094	5069	5045	5020	4996
40	4971	4947	4922	4898	4873	4849	4825	4800	4776	4751

t	d	t	d	t	d	t	d
50	13,4727						
60	4484	110	13,328	160	13,208	210	13,089
70	4241	120	304	170	184	220	065
80	3999	130	280	180	160	230	042
90	3757	140	256	190	137	240	018
100	352	150	232	200	113	250	12,994

l) Spezifisches Gewicht von Schwefelsäure.

Spez. Gewicht bei $\frac{15^\circ}{4^\circ}$	Grad Baumé	100 Gewichtsteile entsprechen bei chemisch reiner Säure			1 Liter enthält Kilogramm bei chemisch reiner Säure		
		Proz. SO_3	Proz. H_2SO_4	Proz. 60 gräd. Säure	SO_3	H_2SO_4	60 gräd. Säure
1,00	0	0,07	0,09	0,12	0,001	0,001	0,001
1,01	1,4	1,28	1,57	2,01	0,013	0,016	0,020
1,02	2,7	2,47	3,03	3,88	0,025	0,031	0,040
1,03	4,1	3,67	4,49	5,78	0,038	0,046	0,059
1,04	5,4	4,87	5,96	7,64	0,051	0,062	0,079
1,05	6,7	6,02	7,37	9,44	0,063	0,077	0,099
1,06	8,0	7,16	8,77	11,24	0,076	0,093	0,119
1,07	9,4	8,32	10,19	13,05	0,089	0,109	0,140
1,08	10,6	9,47	11,60	14,87	0,103	0,125	0,161
1,09	11,9	10,60	12,99	16,65	0,116	0,142	0,181
1,10	13,0	11,71	14,35	18,39	0,129	0,158	0,202
1,11	14,2	12,82	15,71	20,13	0,143	0,175	0,223
1,12	15,4	13,89	17,01	21,80	0,156	0,191	0,245
1,13	16,5	14,95	18,31	23,47	0,169	0,207	0,265
1,14	17,7	16,01	19,91	25,13	0,183	0,223	0,287
1,15	18,8	17,07	20,91	26,79	0,196	0,239	0,308
1,16	19,8	18,11	22,19	28,43	0,210	0,257	0,330
1,17	20,9	19,16	23,47	30,07	0,224	0,275	0,352
1,18	22,0	20,21	24,76	31,73	0,238	0,292	0,374
1,19	23,0	21,26	26,04	33,37	0,253	0,310	0,397
1,20	24,0	22,30	27,32	35,01	0,268	0,328	0,420
1,21	25,0	23,33	28,58	36,66	0,282	0,346	0,444
1,22	26,0	24,36	29,84	38,23	0,297	0,364	0,466
1,23	26,9	25,39	31,11	39,86	0,312	0,382	0,490
1,24	27,9	26,35	32,28	41,37	0,327	0,400	0,513
1,25	28,8	27,29	33,43	42,84	0,341	0,418	0,535
1,26	29,7	28,22	34,57	44,30	0,356	0,435	0,558
1,27	30,6	29,15	35,71	45,76	0,370	0,454	0,581
1,28	31,5	30,10	36,87	47,24	0,385	0,472	0,605
1,29	32,4	31,04	38,03	48,73	0,400	0,490	0,629
1,30	33,3	31,99	39,19	50,21	0,416	0,510	0,653
1,31	34,2	32,94	40,35	51,71	0,432	0,529	0,677
1,32	35,0	33,88	41,50	53,18	0,447	0,548	0,702
1,33	35,8	34,80	42,66	54,67	0,462	0,567	0,727
1,34	36,6	35,71	43,74	56,05	0,479	0,586	0,751
1,35	37,4	36,58	44,82	57,43	0,494	0,605	0,775
1,36	38,2	37,45	45,88	58,79	0,509	0,624	0,800
1,37	39,0	38,32	46,94	60,15	0,525	0,643	0,824
1,38	39,8	39,18	48,00	61,51	0,541	0,662	0,849
1,39	40,5	40,05	49,06	62,87	0,557	0,682	0,873
1,40	41,2	40,91	50,11	64,21	0,573	0,702	0,899
1,41	42,0	41,76	51,15	65,55	0,589	0,721	0,924
1,42	42,7	42,57	52,15	66,82	0,604	0,740	0,949
1,43	43,4	43,36	53,11	68,06	0,620	0,759	0,973
1,44	44,1	44,14	54,07	69,29	0,636	0,779	0,998
1,45	44,8	44,92	55,03	70,52	0,651	0,798	1,023
1,46	45,4	45,69	55,97	71,72	0,667	0,817	1,047
1,47	46,1	46,45	56,90	72,91	0,683	0,837	1,072
1,48	46,8	47,21	57,83	74,10	0,699	0,856	1,097
1,49	47,4	47,95	58,74	75,27	0,715	0,876	1,122
1,50	48,1	48,73	59,70	76,50	0,731	0,896	1,147
1,51	48,7	49,51	60,65	77,72	0,748	0,916	1,174
1,52	49,4	50,28	61,59	78,93	0,764	0,936	1,199
1,53	50,0	51,04	62,53	80,13	0,781	0,957	1,226

Spez. Ge-wicht bei $\frac{15°}{4°}$	Grad Baumé	100 Gewichtsteile entsprechen bei chemisch reiner Säure			1 Liter enthält Kilogramm bei chemisch reiner Säure		
		Proz. SO_3	Proz. H_2SO_4	Proz. 60 gräd. Säure	SO_3	H_2SO_4	60 gräd. Säure
1,54	50,6	51,78	63,43	81,28	0,797	0,977	1,252
1,55	51,2	52,46	64,26	82,34	0,813	0,996	1,276
1,56	51,8	53,22	65,20	83,50	0,830	1,017	1,303
1,57	52,4	53,95	66,09	83,64	0,847	1,038	1,329
1,58	53,0	54,65	66,95	85,78	0,864	1,058	1,356
1,59	53,6	55,37	67,83	86,88	0,880	1,078	1,382
1,60	54,1	56,09	68,70	88,00	0,897	1,099	1,409
1,61	54,7	56,79	69,56	89,10	0,914	1,120	1,435
1,62	55,2	57,49	70,42	90,20	0,931	1,141	1,462
1,63	55,8	58,18	71,27	91,29	0,948	1,162	1,489
1,64	56,3	58,88	72,12	92,38	0,966	1,182	1,516
1,65	56,9	59,57	72,96	93,45	0,983	1,204	1,543
1,66	57,4	60,26	73,81	94,54	1,000	1,225	1,570
1,67	57,9	60,95	74,66	95,62	1,017	1,246	1,598
1,68	58,4	61,63	75,50	96,69	1,035	1,268	1,625
1,69	58,9	62,29	76,38	97,77	1,053	1,289	1,652
1,70	59,5	63,00	77,17	98,89	1,071	1,312	1,681
1,71	60,0	63,70	78,04	100,00	1,089	1,334	1,710
1,72	60,4	64,43	78,92	101,13	1,108	1,357	1,739
1,73	60,9	65,14	79,80	102,25	1,127	1,381	1,769
1,74	61,4	65,86	80,86	103,38	1,145	1,404	1,799
1,75	62,8	66,58	81,56	104,52	1,165	1,427	1,829
1,76	62,3	67,30	82,44	105,64	1,185	1,451	1,859
1,77	62,8	68,17	83,51	106,91	1,207	1,478	1,894
1,78	63,2	68,98	84,50	108,27	1,228	1,504	1,928
1,79	63,7	68,96	85,70	109,82	1,252	1,534	1,965
1,80	64,2	70,96	86,92	111,32	1,277	1,564	2,004
1,81	64,6	72,08	88,30	113,15	1,305	1,598	2,048
1,82	65,0	73,51	90,05	115,33	1,338	1,639	2,099
1,825	—	74,29	91,00	116,61	1,356	1,661	2,128
1,830	—	75,19	92,10	118,02	1,376	1,685	2,159
1,835	65,7	76,38	93,56	119,84	1,402	1,717	2,200
1,840	65,9	78,04	95,60	122,51	1,436	1,759	2,254
1,8410	—	78,69	96,38	123,45	1,448	1,774	2,273
1,8415	—	79,47	97,35	124,69	1,463	1,792	2,296
1,8410	—	80,16	98,20	125,84	1,476	1,808	2,317
1,8405	—	80,43	98,52	126,18	1,481	1,814	2,325
1,8400	—	80,59	98,72	126,44	1,483	1,816	2,327
1,8395	—	80,63	98,77	126,50	1,484	1,817	2,328
1,8390	—	80,93	99,12	126,99	1,488	1,823	2,336
1,8385	—	81,08	99,31	127,35	1,490	1,826	2,339

m) Umrechnungsformeln für ° Twaddle und ° Baumé in spezifisches Gewicht.

$$°\text{Twaddle}\quad d = \frac{200 + n}{200} \quad (15{,}55°\,C)$$

$$°\text{Baumé}\quad d = \frac{144{,}3}{144{,}3 + n} \quad (15°\,C) \text{ gültig für Flüssigkeiten leichter als Wasser}$$

$$°\text{Baumé}\quad d = \frac{144{,}3}{144{,}3 - n} \quad (15°\,C) \text{ gültig für Flüssigkeiten schwerer als Wasser.}$$

d = gesuchtes spezifisches Gewicht, n = Wert in °Twaddle bzw. °Baumé.

n) Spezifisches Gewicht von Ammoniaklösungen bei 15° C.
(Nach Lunge und Wiernik.)

Spez. Gewicht bei 15°C	Prozent NH$_3$	1 Liter enthält NH$_3$ bei 15°C g	Korrektion des spez. Gew. für ± 1°C	Spez. Gew. bei 15°C	Prozent NH$_3$	1 Liter enthält NH$_3$ bei g 15°C	Korrektion des spez. Gew. für ± 1°C
1,000	0,00	0,0	0,00018	0,940	15,63	146,9	0,00039
0,998	0,45	4,5	0,00018	0,938	16,22	152,1	0,00040
0,996	0,91	9,1	0,00019	0,936	16,82	157,4	0,00041
0,994	1,37	13,6	0,00019	0,934	17,42	162,7	0,00041
0,992	1,84	18,2	0,00020	0,932	18,03	168,1	0,00042
0,990	2,31	22,9	0,00020	0,930	18,64	173,4	0,00042
0,988	2,80	27,7	0,00021	0,928	19,25	178,6	0,00043
0,986	3,30	32,5	0,00021	0,926	19,87	184,2	0,00044
0,984	3,80	37,4	0,00022	0,924	20,49	189,3	0,00045
0,982	4,30	42,2	0,00022	0,922	21,12	194,7	0,00046
0,980	4,80	47,0	0,00023	0,920	21,75	200,1	0,00047
0,978	5,30	51,8	0,00023	0,918	22,39	205,6	0,00048
0,976	5,80	56,6	0,00024	0,916	23,03	210,9	0,00049
0,974	6,30	61,4	0,00024	0,914	23,68	216,3	0,00050
0,972	6,80	66,1	0,00025	0,912	24,33	221,9	0,00051
0,970	7,31	70,9	0,00025	0,910	24,99	227,4	0,00052
0,968	7,82	75,7	0,00026	0,908	25,65	232,9	0,00053
0,966	8,33	80,5	0,00026	0,906	26,31	238,3	0,00054
0,964	8,84	85,2	0,00027	0,904	26,98	243,9	0,00055
0,962	9,35	89,9	0,00028	0,902	27,65	249,4	0,00056
0,960	9,91	95,1	0,00029	0,900	28,33	255,0	0,00057
0,958	10,47	100,3	0,00030	0,898	29,01	260,5	0,00058
0,956	11,03	105,4	0,00031	0,896	29,69	266,0	0,00059
0,954	11,60	110,7	0,00032	0,894	30,37	271,5	0,00060
0,952	12,17	115,9	0,00033	0,892	31,05	277,0	0,00060
0,950	12,74	121,0	0,00034	0,890	31,75	282,6	0,00061
0,948	13,31	126,2	0,00035	0,888	32,50	288,6	0,00062
0,946	13,88	131,3	0,00036	0,886	33,25	294,6	0,00063
0,944	14,46	136,5	0,00037	0,884	34,10	301,4	0,00064
0,942	15,04	141,7	0,00038	0,882	34,95	308,3	0,00065

o) Spezifisches Gewicht von Natronlauge
bei 15°. (Nach Lunge.)

Spez. Gewicht	°Baumé	Proz. Na$_2$O	Proz. NaOH	1 Liter enthält g Na$_2$O	1 Liter enthält g NaOH
1,007	1	0,46	0,59	4,6	6,0
1,014	2	0,93	1,20	9,4	12,0
1,022	3	1,43	1,85	14,6	18,9
1,029	4	1,94	2,50	20,0	25,7
1,036	5	2,44	3,15	25,3	32,6
1,045	6	2,94	3,79	30,7	39,6
1,052	7	3,49	4,50	36,7	47,3
1,060	8	4,03	5,20	42,7	55,0
1,067	9	4,54	5,86	48,4	62,5
1,075	10	5,10	6,58	54,8	70,7
1,083	11	5,66	7,30	61,3	79,1
1,091	12	6,25	8,07	68,3	88,0

Spez. Gewicht	°Baumé	Proz. Na₂O	Proz. NaOH	1 Liter enthält g NaOH	Na₂O
1,100	13	6,81	8,78	74,9	96,6
1,108	14	7,36	9,50	81,5	105,3
1,116	15	7,98	10,30	89,0	114,9
1,125	16	8,57	11,06	96,4	124,4
1,134	17	9,22	11,90	104,6	134,9
1,142	18	9,84	12,69	112,5	145,0
1,152	19	10,46	13,50	120,5	155,5
1,162	20	11,12	14,35	129,2	166,7
1,171	21	11,74	15,15	137,5	177,4
1,180	22	12,40	16,00	146,3	188,8
1,190	23	13,11	16,91	156,0	201,2
1,200	24	13,80	17,81	165,6	213,7
1,210	25	14,50	18,71	175,5	226,4
1,220	26	15,23	19,65	185,8	239,7
1,231	27	15,97	20,60	196,6	253,6
1,241	28	16,70	21,55	207,2	267,4
1,252	29	17,43	22,50	218,2	281,7
1,263	30	18,21	23,50	230,0	296,8
1,274	31	18,97	24,48	241,7	311,9
1,285	32	19,77	25,50	254,0	327,7
1,297	33	20,60	26,58	267,2	344,7
1,308	34	21,43	27,65	280,0	361,7
1,320	35	22,35	28,03	295,0	380,6
1,332	36	23,25	30,00	309,7	399,6
1,345	37	24,18	31,20	325,2	419,6
1,357	38	25,19	32,50	341,8	441,0
1,370	39	26,14	33,73	358,1	462,1
1,383	40	27,13	35,00	375,2	484,1
1,397	41	28,18	36,36	393,7	507,9
1,410	42	29,18	37,65	411,4	530,9
1,424	43	30,27	39,06	431,0	556,2
1,438	44	31,37	40,47	451,1	582,0
1,453	45	32,57	42,02	473,2	610,6
1,468	46	33,77	43,58	495,7	639,8
1,483	47	35,00	45,16	519,1	669,7
1,498	48	36,22	46,73	542,6	700,0
1,514	49	37,52	48,41	568,1	732,9
1,530	50	38,83	50,10	594,1	766,5

p) Spezifisches Gewicht von Kalkmilch.

Spez. Gewicht	°Baumé	Gehalt an g CaO/l	Spez. Gewicht	°Baumé	Gehalt an g CaO/l	Spez. Gewicht	°Baumé	Gehalt an g CaO/l
1,01	1,4	12	1,09	11,8	113	1,17	21,0	216
1,02	2,8	24	1,10	13,1	126	1,18	22,0	229
1,03	4,1	36	1,11	14,3	139	1,19	23,0	242
1,04	5,4	49	1,12	15,4	152	1,20	24,0	255
1,05	6,8	62	1,13	16,6	266	1,21	24,0	268
1,06	8,0	74	1,14	17,7	279	1,22	25,0	281
1,07	9,3	87	1,15	18,8	291	1,23	26,0	294
1,08	10,6	100	1,16	19,9	203	1,24	27,0	308

q) Spezifisches Gewicht von Alkohol-Wasser-Gemischen.
(Gewichtsprozente.)

Gew.-%	Spez. Gewicht 15/15	Spez. Gewicht 20/15	Gew.-%	Spez. Gewicht 15/15	Spez. Gewicht 20/15	Gew.-%	Spez. Gewicht 15/15	Spez. Gewicht 20/15
1	0,9981	0,9972	35	0,9492	0,9458	85	0,8360	0,8316
2	0,9963	0,9954	40	0,9397	0,9361	90	0,8230	0,8187
3	0,9945	0,9937	45	0,9295	0,9257	95	0,8092	0,8049
4	0,9928	0,9920	50	0,9187	0,9147	96	0,8063	0,8021
5	0,9912	0,9903	55	0,9075	0,9034	97	0,8034	0,7991
10	0,9839	0,9828	60	0,8960	0,8919	98	0,8004	0,7962
15	0,9777	0,9762	65	0,8844	0,8802	99	0,7974	0,7932
20	0,9716	0,9696	70	0,8727	0,8684	100	0,7943	0,7901
25	0,9651	0,9626	75	0,8607	0,8564			
30	0,9564	0,9546	80	0,8485	0,8441			

(Volumenprozente.)

Vol.-%	Spez. Gewicht 15/15	Vol.-%	Spez. Gewicht 15/15	Vol.-%	Spez. Gewicht 15/15	Vol.-%	Spez. Gewicht 15/15
1	0,9985	20	0,9761	55	0,9243	90	0,8339
2	0,9970	25	0,9710	60	0,9135	95	0,8161
3	0,9956	30	0,9654	65	0,9021	96	0,8121
4	0,9942	35	0,9591	70	0,8900	97	0,8079
5	0,9928	40	0,9518	75	0,8773	98	0,8035
10	0,9866	45	0,9436	80	0,8640	99	0,7988
15	0,9811	50	0,9344	85	0,8495	100	0,7938

3. Feuerfeste Ofenbaustoffe.

a) Unterteilung.

Als feuerfeste Baustoffe werden natürliche und künstliche Baustoffe bezeichnet, deren Kegelschmelztemperatur nicht unterhalb 1580° liegt. Die künstlichen feuerfesten Baustoffe, die durch Brennverfahren hergestellt werden, werden unterschieden in 1. (basische) Schamotteerzeugnisse, 2. (halbsaure) Quarzschamotteerzeugnisse, 3. (saure) Silikaerzeugnisse und 4. Sondererzeugnisse.

1. Die Herstellung der Schamotte erfolgt durch Brennen eines Gemisches von feuerfestem vorgebranntem und nicht vorgebranntem Ton. Durch Brennen von nicht vorgebranntem Ton allein werden Tonsteine erhalten.

2. Die Herstellung von Quarzschamotte erfolgt wie unter 1 beschrieben, dem Gemisch wird jedoch noch Quarz zugefügt.

3. Silikaerzeugnisse werden erhalten aus freier mineralischer Kieselsäure mit Kalk oder Ton als Bindemittel.

4. Sondererzeugnisse: Sillimanit (Tonerdesilikat), Magnesit, Chromit, Siliziumkarbid, Korund u. a. m.

Ofenflickmörtel nach Bellingen:

95—98% Silikamehl und 5—2% Natriumaluminat.

Ofenflickmörtel nach Offe:

40% gepulverte Schamotte, 40% Kraterzement, 20% Ton.

b) Eigenschaften feuerfester Baustoffe (nach Koppers).

Stoff	Schamotte (hochbasisch)	Quarzschamotte	Silika (Koksofen)	Silika (Martinofen)	Magnesitstein
Durchschnittliche Zusammensetzung					
Al$_2$O$_3$ . . . . . . %	42—45	15—17	1,8—2	1,2— 1,5	—
SiO$_2$ . . . . . . %	50—54	80—83	94—94,5	95—95,5	—
MgO . . . . . . %	—	—	—	—	93,0
Verhalten gegen Schlacke	bedingt durch die Zusammensetzung der Schlacke	empfindlich gegen Alkali	widerstandsfähig gegen Alkali	beständig gegen saure, empfindlich gegen basische Schlacken	sehr widerstandsfähig gegen basische Schlacken
Verhalten gegen Temperaturwechsel	im gesamten Temperaturbereich gut	unterhalb Rotglut empfindlich, oberhalb Rotglut genügend widerstandsfähig	unterhalb Rotglut sehr empfindlich, oberhalb Rotglut genügend widerstandsfähig	—	wenig beständig
Erweichungsbeginn unter 2 kg/cm² Belastung °C	1250	1350	—	—	—
Grenze der Temperaturbeanspruchung °C	1500	1350	1600	1700	2000
Zusammensinken °C	1650	1450—1500	1550—1650	wenig unterhalb Schmelztemperatur	oberhalb 1750
ungefährer Schmelzpunkt °C	1750	1650—1670	1700	1700	2200
Verwendung	Feuerungen, Kohlenstaubfeuerungen, Winderhitzer, Hochöfen	Industrieöfen, Koksöfen	keramische Öfen, Koksöfen, Gewölbe in Glasschmelzöfen	Gewölbeköpfe und -pfeiler der Siemens-Martinöfen	metallurgische Öfen

4. Festigkeitseigenschaften verschiedener Stoffe.
a) Festigkeit von Eisen und Stahl.

Benennung	DIN-Bezeichnungen	Elastizitätsmodul kg/mm²	Statische Festigkeitswerte					Dynamische Festigkeitswerte		
			Zugfestigkeit kg/mm²	Streckgrenze	δ5	δ10	Brinellhärte kg/mm²	Zug-Wechselfestigkeit kg/mm²	Biegungs-Wechselfestigkeit kg/mm²	Kerbschlagfestigkeit kg/mm²
Gußeisen	Ge 14.91	10000	14*	—	—	—	—	—	—	—
	Ge 22.91	12000	22*	—	—	—	—	—	—	—
	Ge 26.91		26*	—	—	—	—	—	—	—
Temperguß: Handelsübl. Temperguß hochwertiger weißer Temperguß	Te 32.92	—	32*	18*	2*	—	—	—	—	—
hochwert. schwarzer Temperguß. Kurzbez.	Te 38.92	—	38*	21*	4*	—	—	—	—	—
»Schwarzguß«	Te 35.92	—	35*	19*	9*	—	95—120	12	17	—
Maschinenbaustahl	St 34.71		34—42*	19*	30*	25*		—	—	—
	St 37.11		37—45*	—	25*	20*		—	—	—
	St 42.11		42—50*	23*	25*	20*	115—140	15	20	—
	St 50.11		50—60*	27*	22*	18*	140—170	18	25	—
	St 60.11		60—70*	30*	17*	14*	170—210	20	28	—
	St 70.11		70—85*	35*	12*	10*	210—255	25	32	—
Einsatz- und Vergütungsstahl	StC 35.61	rd. 21000	50—60*	28*	23*	19*		—	—	—
			55—65*	33*	22*	18*		—	—	—
	StC 60.61		70—85*	40*	15*	13*		—	—	—
			75—90*	45*	14*	12*		—	—	—
Chromnickelstahl. Einsatzstahl	EN 15		55[3]	65%[4]*	20—10*	18—8*	162[3]*	—	—	16[4]
	ECN 45		83*	75%*	14—7*	10—5*	240*	—	—	8
Vergütungsstahl	VCN 15w		70*	65%*	24—18*	16—13*	206*	23	32	15[2]
	VCN 15h		70*	70%*	22—16*	15—12*	206*	26	36	—
	VCN 45		90*	80%*	15—9*	10—6*	265*	35	46	10
Stahlguß Normalgüte	Stg 38.81	rd. 22000	38*	—	20*	—	—	—	—	—
	Stg 45.81		45*	—	16*	—	—	—	—	—
	Stg 60.81		60*	—	8*	—	—	—	—	—

Die mit * versehenen Werte sind den Normen entnommen. ²) vergütet. ³) geglüht. ⁴) gehärtet bzw. vergütet.

b) Festigkeit von Nichteisenmetallen.

Benennung		Zugfestigkeit σ B kg/mm²	Bruchdehnung δ 10 °/₀	Brinellhärte (P = 10 D²) kg/mm²
a) Knetlegierungen.				
Reinaluminium	weich	7—11	40—30	15—25
	hart	15—20	8—4	35—45
Aluminiumlegierungen (DIN 1713)				
1. Gattung Al-Cu-Mg	weich	16—22	25—15	40—60
(Aludur, Bondur,	ausgehärtet	34—52	24—8	90—140
Dural u. a.)	ausgehärtet u. kalt verfestigt	42—58	15—5	120—150
2. Gattung Al-Cu-Ni	weich	16—22	25—15	40—60
(Duralumin W,	ausgehärtet	33—42	20—8	100—120
Y-Legierung)				
3. Gattung Al-Cu	weich	16—22	25—15	50—60
(Lautal, Allautal)	abgeschreckt	30—36	25—15	70—90
	ausgehärtet	38—42	20—8	100—120
	ausgehärtet u. kalt verfestigt	42—50	10—2	120—140
4. Gattung Al-Mg-Si	weich	11—13	27—15	30—40
(Aldrey, Duralumin K,	abgeschreckt	18—28	25—12	50—70
Korrofestal, Pantal	ausgehärtet	26—35	20—10	60—100
u. a.)	ausgehärtet u. kalt verfestigt	35—42	10—2	100—120
5. Gattung Al-Mg	weich	20—45	25—15	45—90
(BS-Seewasser,	halbhart	25—48	15—10	60—100
Hydronalium)				
6. Gattung Al-Mg-Mn	weich	16—24	25—15	50—60
(KS-Seewasser,	halbhart	20—30	8—4	60—80
Peraluman)	hart	24—38	5—2	70—90
7. Gattung Al-Si	weich	12—15	25—15	40—50
(Silumin)	halbhart	15—20	10—3	50—60
	hart	18—25	5—2	60—80
8. Gattung Al-Mn	weich	10—15	35—20	20—40
(Aluman, Heddal,	halbhart	12—18	15—5	40—50
Mangal u. a.)	hart	18—25	5—2	50—60
Bronze (91% Cu, 9% Sn)		25,4	19,5	76
Walzbronze weich: Stangen		—	—	—
Drähte		40—50	50—70	—
Bleche u. Bänder		40—50	60—70	rd. 77
hart: Stangen		50—52	15—20	rd. 190
Drähte		70—90	1,5—3	1—5
Bleche u. Bänder		75—80	—	rd. 170
Elektron	gepreßt (VI)	34—37	7—9	70
	gepreßt, gehärtet (VIh)	38—42	2—5	85—90
	gepreßt (AZM)	28—32	12—16	55
	gepreßt (Z 1 b)	25—27	15—28	45
Kupfer	weich	21—24	≧ 38	rd. 50
	hart	35—45	2—5	rd. 90

Festigkeit von Nichteisenmetallen.

Benennung		Zugfestigkeit σB kg/mm²	Bruchdehnung $\delta 10$ %	Brinellhärte (P = 10 D²) kg/mm²
Messing (Walz- und Schmiedemessing)		42—45	33—35	90—105
Nickel	weich geglüht	40—45	40—50	80—90
	hart gewalzt	70—80	2	180—220
Zinkblech	längs der Faser	19	18	—
	quer der Faser	25	15	—
b) Gußlegierungen.				
Aluminium-Gußlegierungen (DIN 1713)				
1. Gattung G Al-Cu	Sandguß	12—18	4—0,5	60—90
(Amerik. Legierung)	Kokillenguß	12—20	3—0,5	70—100
2. Gattung G Al-Zn-Cu	Sandguß	12—18	4—0,5	60—90
(Dtsch. Legierung)	Kokillenguß	12—20	3—0,5	70—100
3. Gattung G Al-Si	Sandguß	17—22	8—4	50—60
(Silumin)	Kokillenguß	18—26	5—3	60—80
4. Gattung G Al-Si-Mg	Sandguß	25—29	4—1	80—100
(Silumin-Gamma)	Kokillenguß	26—32	1,5—0,7	90—110
5. Gattung G Al-Mg	Sandguß, hom.	15—20	5—2	60—70
(BS-Seewasser,	» , unbeh.	20—26	8—4	60—70
Hydronalium u. a.)	Kokillenguß	22—26	10—5	70—80
6. Gattung G Al-Mg-Si	Sandguß aus-	17—28	4—1	70—100
(Anticorodal, Pantal	Kokillenguß geh.	20—30	4—1	80—100
u. a.)				
Kupfer	gegossen	15—20	15—25	rd. 50
	normalisiert	21—24	> 38	rd. 50
Rotguß				
(Rg. 5, Rg. 9, Rg. 10 nach DIN 1713)		15—20	6—12	50—70

c) Festigkeit verschiedener Stoffe gegen Zug (Z), Druck (D,) Biegung (B) und Schub (S) (in kg/mm²) [1].

Stoff	Z	D	B	S	Stoff	Z	D	B	S
Blei,					Holz ‖ d. Faser				
gezogen . .	2,1	—	—	—	» Buche .	13	3,5—7	10—18	—
angelassen .	1,8	—	—	—	» Eiche .	5—17	4—7	7—15	0,5
Basalt . . .	—	bis 40	—	—	» Esche .	3—22	4—5	9—10	—
Bronze . . .	18—80	—	—	—	» Tanne .	8,5—11	4—5	9—10	1,5
Ebonit . . .	2,6—5,5	—	5—6	—	Lederriemen .	2—6	—	—	—
Glas	3—9	60—126	—	—	Sandstein . .	—	7—10	0,6	—
Granit . . .	0,5	8—20	0,8	0,8	Seil, Draht- .	140—250	—	—	—
					Ziegelstein . .	—	> 1,5	—	—

[1] Nach Landolt-Börnstein, Phys.-chem. Tabellen, Bd. I, S. 87.

5. Kompressibilität von Flüssigkeiten.

a) Begriff.

Die Kompressibilität (Zusammendrückbarkeit) von Flüssigkeiten ist nur sehr gering und kann bei gleichbleibender Temperatur durch die Gleichung

$$\beta = \frac{1}{v}\left(\frac{\delta v}{\delta p}\right)$$

dargestellt werden. Dieser Kompressibilitätskoeffizient β ist druck- und temperaturabhängig. Mit steigender Temperatur nimmt er im allgemeinen zu, mit steigendem Druck vermindert er sich. Der Kompressibilitätskoeffizient von Wasser dagegen nimmt zunächst von 0 bis 50⁰ ab, durchschreitet bei 50—60⁰ ein Minimum und steigt bei höheren Temperaturen wieder an.

b) Kompressibilitätskoeffizient von Flüssigkeiten.

Stoff	Temp. °C	Druckgrenzen at	$\beta \cdot 10^6$	Stoff	Temp. °C	Druckgrenzen at	$\beta \cdot 10^6$
Alkohol . .	15	1 — 40	100	Paraffinöl .	15	1 — 10	63
Benzol . .	15	1 — 10	75	Pentan . .	20	1 — 30	242
» . .	20	100 — 300	78	Petroleum .	16	1 — 15	77
» . .	20	300 — 500	66,5	Quecksilber	20	0 — 100	3,9
Glycerin .	15	1 — 10	22	Tetrachlor-			
n-Hexan .	18	0 — 8	147	kohlenstoff	20	0 — 100	91,5
Methanol .	0	1 — 500	79	Toluol . .	18	0 — 8	86
» .	0	500 — 1000	58	Xylol . . .	10	1 — 5	74
Nitrobenzol	18	0 — 8	47				

c) Kompressibilitätskoeffizient des Wassers ($\beta \cdot 10^6$).
(Nach Amagat.)

at	0⁰	5⁰	10⁰	15⁰	20⁰	at	0⁰	5⁰	10⁰	15⁰	20⁰
1 — 25	52,5	51,2	50,0	49,5	49,1	100 — 125	49,4	47,7	46,6	45,4	44,9
25 — 50	51,6	49,6	49,2	48,0	47,6	125 — 150	49,1	47,5	46,3	45,4	44,6
50 — 75	50,9	48,5	47,3	46,5	45,6	150 — 175	49,1	47,5	46,3	45,1	44,2
75 — 100	50,2	48,1	47,0	45,7	45,3	175 — 200	48,8	47,2	46,0	44,7	43,8

d) Mittlerer Kompressibilitätskoeffizient des Wassers bei 1—100 at ($\beta \cdot 10^6$).

°C	$\beta \cdot 10^6$	°C	$\beta \cdot 10^6$	°C	$\beta \cdot 10^6$
0	51,1	20	46,8	60	45,5
5	49,3	30	46,0	70	46,2
10	48,3	40	44,9	100	47,8
15	47,3	50	44,9		

6. Löslichkeit von Gasen.

a) Begriff.

Sämtliche Gase sind, wenn zum Teil auch in nur sehr geringem Maße, in Wasser und sonstigen Flüssigkeiten löslich. Die Löslichkeit des Gases ist hierbei proportional dem Druck (Henrysches Absorptionsgesetz) und fernerhin abhängig von der Temperatur. Von Gasgemischen wird jedes Gas seinem Partialdruck entsprechend aufgelöst (Daltonsches Summationsgesetz).

Die Löslichkeit eines Gases wird zumeist angegeben in Form des Bunsenschen Absorptionskoeffizienten α. Dieser gibt das von der Volumeneinheit des Lösungsmittels bei einer gegebenen Temperatur aufgenommene Volumen des Gases (unter Normalbedingungen) an, unter der Voraussetzung, daß der Teildruck des Gases 760 mm Hg beträgt. Zuweilen wird die Löslichkeit (nach Ostwald) als Absorptionskoeffizient α' angeführt, der das Verhältnis der Konzentration des Gases in der Flüssigkeit zu der in der Atmosphäre angibt. α' ist somit bei Gültigkeit des Henry-Daltonschen Gesetzes für eine gegebene Temperatur vom Teildruck des Gases in der Atmosphäre unabhängig.

c) Löslichkeit verschiedener Gase in Benzol bei 20° C.

Gas	α'	Gas	α'	Gas	α'
Wasserstoff . . .	0,071	Schwefelwasser-		Methan	0,568
Stickstoff	0,111	stoff	15,68	Äthan	4,36
Sauerstoff . . .	0,219	Schwefeldioxyd .	84,81	Propan.	16,3
Ammoniak . . .	9,95	Kohlendioxyd .	2,54	Äthylen	3,59
		Kohlenoxyd . .	0,170	Azetylen	5,20

d) Löslichkeit von Azetylen in Azeton.

Temp. °C	α'	Temp. °C	α'	Temp. °C	α'
0	38,6	15	27,3	30	19,8
5	34,4	20	24,5	35	17,9
10	30,7	25	22,0	40	16,2

e) Löslichkeit von Gasen in Wasser bei erhöhtem Druck.
Absorptionskoeffizient α.
(Nach Wiebe und Gaddy, Journ. Amer. chem. Soc. **56**, 77, 1934.)

°C	Wasserstoff at abs 25	50	100	150	200	300	°C	Stickstoff at abs 25	50	100	200	300
0	0,536	1,068	2,130	4,187	4,187	6,139	25°	0,348	0,674	1,264	2,257	3,061
10	0,487	0,969	1,932	2,872	3,796	5,579	50°	0,273	0,533	1,011	1,830	2,572
20	0,450	0,895	1,785	2,649	3,499	5,158	75°	0,254	0,494	0,946	1,732	2,413
30	0,426	0,848	1,689	2,508	3,311	4,897	100°	0,266	0,516	0,986	1,822	2,546
40	0,413	0,822	1,638	2,432	3,210	4,747						
50	0,407	0,809	1,612	2,395	3,165	4,695		Sauerstoff				
75	0,414	0,826	1,643		3,420			Für 0 — 70 at gültig bei $+25°$ C				
100	0,462	0,912	1,805	2,681	3,544	5,220		$\alpha = 0{,}0258 \cdot$ at				

b) Löslichkeit von Gasen in Wasser bei 1 at abs.

(Absorptionskoeffizient α.)

t °C	Luft[1]	Atmosph. Stickstoff[2]	Stickstoff (rein)	Sauerstoff	Wasserstoff	Ammoniak	Schwefelwasserstoff	Schwefeldioxyd[3]	Kohlenoxyd	Kohlendioxyd	Methan	Äthylen	Propylen	Azetylen
0	0,02885	0,02359	0,02319	0,04922	0,02148	1186	4,670	79,79	0,03537	1,713	0,05563	0,226	0,50	1,73
2	0,02742	0,02251		0,04661	0,02105	1125	4,379	74,69	0,03375	1,584	0,05244	0,211	0,41	1,63
4	0,02609	0,02151	0,02068 (5°)	0,04426	0,02064	1067	4,107	69,78	0,03222	1,473	0,04946	0,197	0,365	1,53
6	0,02486	0,02057		0,04214	0,02025	1010	3,852	65,20	0,03078	1,377	0,04669	0,184	0,325	1,45
8	0,02372	0,01972		0,04020	0,01989	957	3,616	60,81	0,02942	1,282	0,04413	0,173	0,295	1,37
10	0,02268	0,01895	0,01863	0,03842	0,01955	903	3,399	56,65	0,02816	1,194	0,04177	0,162	0,27	1,31
12	0,02174	0,01825		0,03679	0,01925	852	3,206	52,72	0,02701	1,117	0,03970	0,152	0,255	1,24
14	0,02088	0,01761	0,01702 (15°)	0,03530	0,01897	807	3,028	49,03	0,02593	1,050	0,03779	0,143	0,24	1,18
16	0,02009	0,01703		0,03391	0,01869	763	2,865	45,58	0,02494	0,985	0,03606	0,136	0,23	1,13
18	0,01937	0,01649		0,03263	0,01844	721	2,717	42,39	0,02402	0,928	0,03448	0,129	0,22	1,08
20	0,01871	0,01598	0,01572	0,03145	0,01819	683	2,582	39,37	0,02319	0,878	0,03308	0,122	0,21	1,03
25	0,01727	0,01489	0,01465	0,02887	0,01754	602	2,282	32,79	0,02142	0,759	0,03006	0,108	—	0,93
30	0,01607	0,01398	0,01375	0,02673	0,01699	539	2,037	27,16	0,01998	0,665	0,02762	0,098	—	0,84
35	0,01504	0,01320	0,01299	0,02492	0,01666	488	1,831	22,49	0,01877	0,592	0,02546	—	—	—
40	0,01419	0,01252	0,01233	0,02340	0,01644	446	1,660	18,77	0,01775	0,530	0,02369	—	—	—
45	0,01352	0,01189	0,01171	0,02211	0,01624	409	1,516	—	0,01690	0,479	0,02238	—	—	—
50	0,01298	0,01133	0,01116	0,02101	0,01608	375	1,392	—	0,01615	0,436	0,02134	—	—	—
60	0,01216	0,01023	—	0,01946	0,01600	314	1,190	—	0,01488	0,359	0,01954	—	—	—
70	0,01156	0,00977	—	0,01833	0,0160	256	1,022	—	0,01440	—	0,01825	—	—	—
80	0,01126	0,00958	—	0,01761	0,0160	203	0,917	—	0,01430	—	0,01770	—	—	—
90	0,0111	0,0095	—	0,0172	0,0160	150	0,84	—	0,0142	0,26	0,01735	—	—	—
100	0,0111	0,0095	—	0,0170	0,0160	98	0,81	—	0,0141		0,0170	—	—	—

[1]) Sauerstoffgehalt der gelösten Luft bei 0° 34,9%, bei 15° 34,2%, bei 30° 33,6%.

[2]) Atmosphärischer Stickstoff, bestehend aus 98,815 Vol.-% N_2 + 1,185 Vol.-% Ar.

[3]) Infolge Nichtgültigkeit des Henry-Daltonschen Gesetzes beträgt nicht der Partialdruck des Schwefeldioxyds, sondern der Gesamtdruck 760 mm.

Löslichkeit von Kohlendioxyd in Wasser unter erhöhtem Druck. (Absorptionskoeffizient α.)

at. abs	25	30	35	40	45	50	60	65	70
20° C	15,9	17,8	19,7	21,6	23,3	25,1	26,9	—	—
35° C	8,1	9,6	11,3	13,0	14,6	16,2	17,9	19,7	21,6
60° C	—	—	—	—	9,0	9,7	10,5	11,4	12,3

Löslichkeit von Ammoniak in Wasser bei erhöhtem Druck.
(Nach Wilson, University of Illinois, Bull. 146.)

1 kg Lösung kann bei dem Druck p folgende Mengen Ammoniak enthalten

p at abs	Temperatur °C							
	0	10	20	30	40	60	80	100
0,2	0,253	0,202	0,155	0,110	0,068			
0,5	0,347	0,294	0,244	0,197	0,152	0,071		
1,0	0,438	0,378	0,325	0,275	0,228	0,140	0,062	
1,5	0,503	0,433	0,384	0,332	0,286	0,198	0,116	0,033
2,0	0,566	0,483	0,418	0,363	0,314	0,225	0,141	0,067
2,5	0,627	0,526	0,454	0,396	0,345	0,255	0,170	0,091
3,0	0,702	0,568	0,487	0,424	0,371	0,280	0,195	0,115
4,0	0,930	0,656	0,547	0,473	0,414	0,318	0,234	0,154
5,0		0,790	0,611	0,520	0,453	0,350	0,265	0,186
6,0		0,971	0,681	0,564	0,490	0,379	0,292	0,214
8,0			0,935	0,670	0,560	0,429	0,336	0,257
10,0				0,824	0,630	0,473	0,372	0,290

f) Löslichkeit von Gasen in Gasöl bei erhöhtem Druck bei 25° C.
Absorptionskoeffizient α.
(Nach Frolich, Tauch, Hogan und Peer, Ind. Eng. Chem. 23, 548, 1931).

Druck at abs	O_2	H_2S	C_2H_4	C_2H_6	C_3H_6
1	0,137	10,0	2,51	17,0	10,6
2	0,274	13,7	5,02	34,0	21,2
3	0,412	17,4	7,53	51,0	31,8
4	0,549	21,0	10,04	68,0	42,4
5	0,686	24,8	12,55	85,0	53,0
6	0,824	28,5	15,06	102,0	63,6
8	1,097	36,0	20,08	136,0	84,8
10	1,372	39,6	25,10	170,0	106,0

g) Löslichkeit verschiedener organischer Stoffe in Wasser bei 20°. g Substanz in 100 g Wasser.

Äther	7,41	m-Kresol	2,18	Resorcin	103
Äthylbenzol	0,020	p-Kresol	1,94	Schwefelkohlen-	
Anilin	3,6	Naphtalin	0,0027	stoff	0,217
Benzol	0,178	Nitrobenzol	0,19	Tetrachlor-	
Chloroform	0,822	Pentan	0,036	kohlenstoff	0,080
Heptan	0,005	Phenol	9,12	Toluol	0,053
Hexan	0,014	Phenolphtalein	0,0175	o-Xylol	0,023
Hydrochinon	7,8	Pikrinsäure (0°)	0,68	m-Xylol	0,019
o-Kresol	2,45	» (20°)	1,11	p-Xylol	0,019

i) Gehalt des Benzolwaschöls und des Gases an Benzolkohlenwasserstoffen in Abhängigkeit von der Temperatur.
(Nach Brückner und Gruber, GWF 77, 897, 1934.)

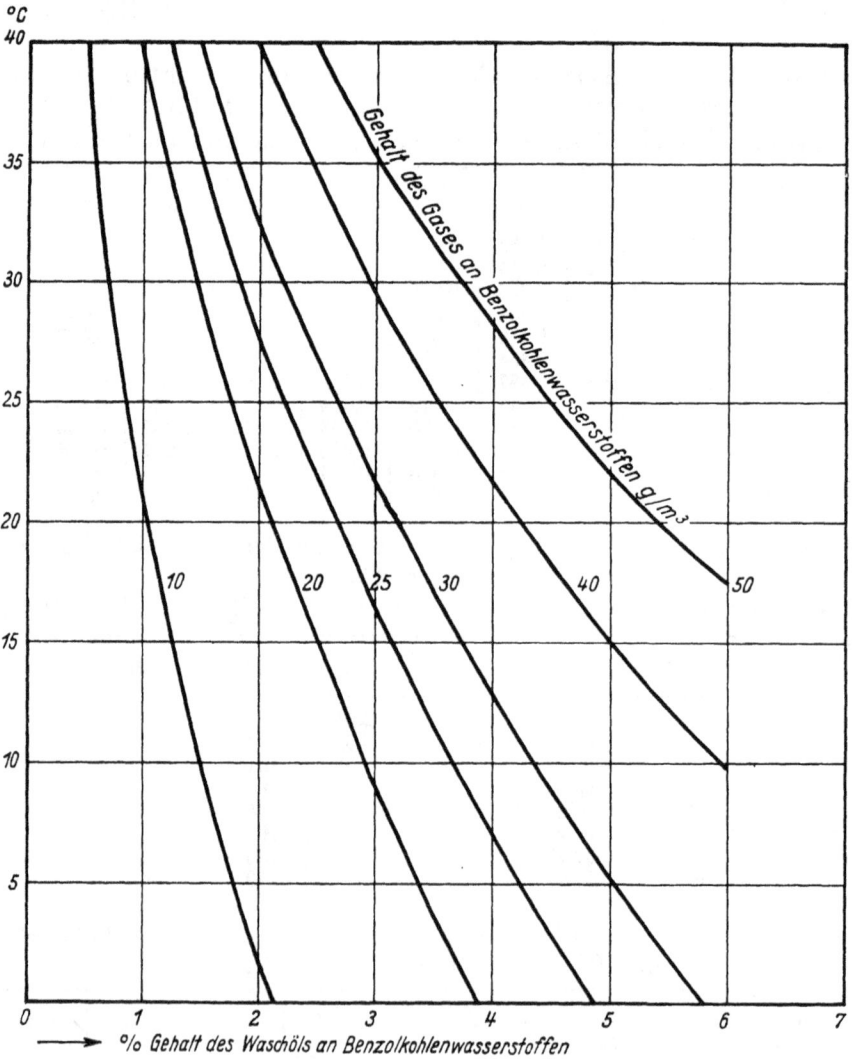

Abb. 1.

k) Gleichgewichtsdrucke zwischen Gehalt von Steinkohlengas und Benzolwaschöl an Benzolkohlenwasserstoffen.

(Nach Brückner und Gruber, GWF 77, 897, 1934.)

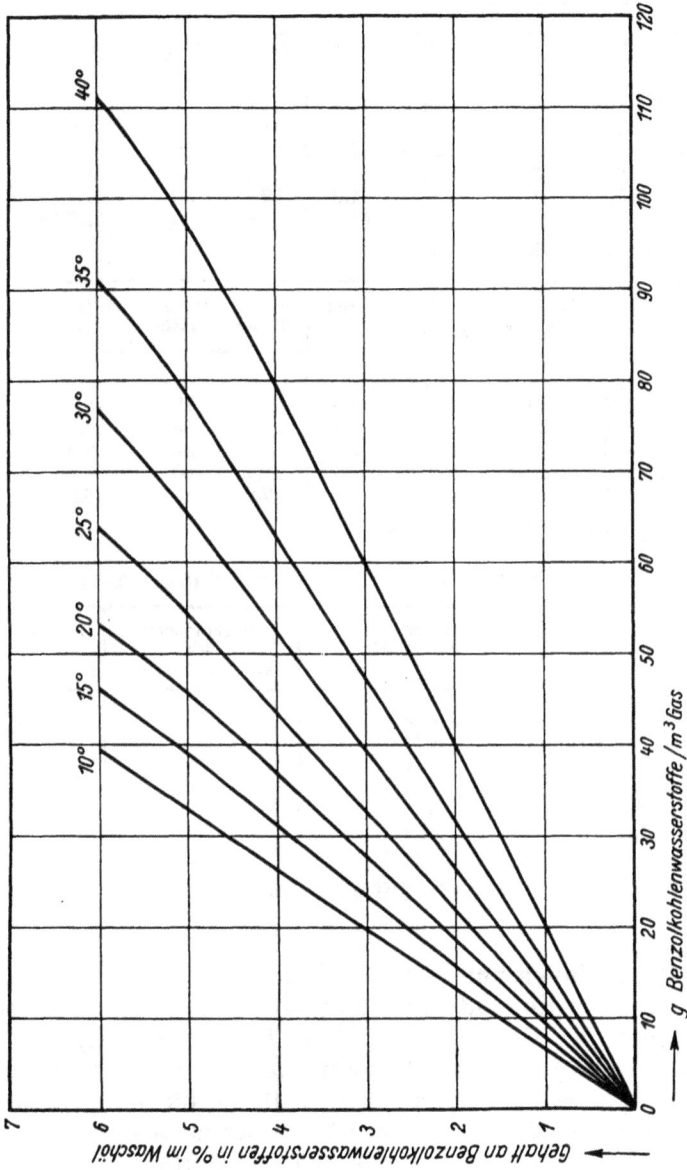

Abb. 2.

h) Löslichkeit von Naphthalin in verschiedenen Lösungs-
mitteln.
(g Naphthalin in 100 g Lösung.)

Temp. °C	Benzol	Toluol	Xylol	Äthyl-benzol	Diäthyl-benzol	Methyl-naphta-lin	Äthyl-naphta-lin	Tetra-lin	Dekalin
−10	—	14,7	10,4	15,5	15,0	7,4	9,3	—	—
0	23,1	18,1	15,9	20,8	18,8	13,0	12,0	12,0	2,9
10	28,4	24,7	22,1	27,3	24,8	20,3	17,5	16,2	10,3
20	36,2	32,0	29,2	35,1	31,9	28,0	24,1	23,2	20,3
30	45,2	40,5	37,5	44,9	39,4	36,3	31,1	31,0	30,4
40	1)	1)	46,4	56,0	47,6	45,9	38,6	—	42,1

1) In jedem Verhältnis löslich.

Temp	Hexan	Solvent-naphta1)	Naph-talin-waschöl	Metha-nol	Butyl-alkohol	Chloro-form	Nitro-benzol	Anilin	Chlor-benzol
−10	3	9,8	16,7	—	—	—	13,8	—	18,4
0	5,5	13,5	20,0	3,8	—	19,5	15,7	9,5	24,6
10	9,0	18,6	24,5	5,4	6,5	25,5	20,0	13,0	31,4
20	14,1	24,6	30,0	7,9	9,1	31,8	26,6	18,4	40,2
30	21,0	32,0	36,6	10,9	12,7	40,1	34,5	26,4	49,3
40	30,8	40,7	44,2	14,9	17,9	49,5	45,0	37,5	58,5

1) Entspricht Handelsbenzol V bis VI.

l) Lösungswärme von Ammoniak.

Prozentgehalt der Ammoniaklösung	Lösungswärme in kcal von 1 kg NH₃ gasf., 15°, 1 at	Prozentgehalt der Ammoniaklösung	Lösungswärme in kcal von 1 kg NH₃ gasf., 15°, 1 at
0	493	30	413
5	483	35	397
10	471	40	379
15	458	45	359
20	444	50	339
25	429	55	319

7. Diffusion von Gasen.

a) Begriff.

Die Diffusion von Gasen, d. h. deren Wanderung im Raum unter Ausgleich von Konzentrationsunterschieden, beruht auf der thermischen Bewegung der Gasmoleküle. Diese Bewegung erfolgt infolge gegenseitiger Behinderung jedoch nur für kurze Strecken geradlinig (mittlere freie Weglänge der Moleküle). Die Maßzahl für die Diffusion bildet der Diffusionskoeffizient δ. Dieser ist von der mittleren Geschwindigkeit c der Gasmoleküle (cm/s bei 0°) und der mittleren freien Weglänge L (cm bei 0° und 760 Torr) wie folgt abhängig:

$$\delta = c \cdot \frac{L}{3}.$$

b) Diffusionskoeffizient von Gasen und Dämpfen.

Gas bzw. Dampf	c cm/s	$L \cdot 10^8$	Gas bzw. Dampf	c cm/s	$L \cdot 10^6$
Äthylalkohol	35440	215	Methylalkohol ...	42490	327
Äthylen	45420	345	Quecksilber	17000	217
Ammoniak.....	58270	441	Sauerstoff	42510	647
Argon	38080	635	Schwefeldioxyd...	30040	290
Benzol.......	27220	138	Schwefelkohlenstoff.	27560	201
Helium	120400	1798	Schwefelwasserstoff.	41190	375
Kohlendioxyd ...	36250	397	Stickstoff	45430	599
Kohlenoxyd	45450	584	Wasserdampf....	56650	404
Luft........	44690	608	Wasserstoff	169200	1123
Methan	60060	493			

8. Zähigkeit von Gasen und Dämpfen.

a) Begriff.

Die absolute Zähigkeit, innere Reibung oder Viskosität η eines Gases oder einer Flüssigkeit bedeutet die Eigenschaft, der gegenseitigen Verschiebung der Moleküle einen Widerstand entgegenzusetzen. Die Zähigkeitszahl (Reibungskoeffizient) η stellt die Kraft dar, die der Bewegung einer Gas- oder Flüssigkeitsschicht von der Flächeneinheit (cm²) dadurch entgegenwirkt, daß diese Schicht sich mit einer gleichbleibenden Geschwindigkeit 1 (cm/s) im Abstand 1 (cm) vor einer gleich großen ruhenden Schicht vorbeibewegt. Die Einheit der absoluten Zähigkeitszahl η ist daher 1 Dyn $\cdot$ cm^{-2} $\cdot$ s = 1 g $\cdot$ cm^{-1} $\cdot$ s^{-1} = 1 Poise (p). Der hundertste Teil der letzteren wird als 1 Zentipoise (cp) bezeichnet. Wasser bei 20° C besitzt eine Zähigkeitszahl 1,005 cp oder angenähert 1 cp. Bei Flüssigkeiten fällt die Zähigkeit mit steigender Temperatur ab, bei Gasen nimmt sie dagegen zu.

Bei Gasen kann die Zähigkeitszahl η aus der kinetischen Gastheorie zu der Gleichung

$$\eta = k \cdot N \cdot c \cdot l \cdot m$$

abgeleitet werden. Darin bedeuten k einen Faktor $k = 0,3503$, N die Molekülzahl je Raumeinheit, c die mittlere Molekülgeschwindigkeit, l die mittlere freie Weglänge und m die Masse der Moleküle.

Bei strömungstechnischen Betrachtungen kommt nicht die absolute sondern die kinematische Zähigkeit v in Betracht, die als Quotient von absoluter Zähigkeit η und Dichte d (g/cm³), $v = \dfrac{\eta}{d}$ erhalten wird. Im einzelnen ergeben sich folgende Dimensionen:

	C-G-S-System	Technisches Maßsystem
Absolute Zähigkeit . . η	g cm^{-1} s^{-1}	kg m^{-2} s
Kinematische Zähigkeit v	cm² s^{-1}	m² s^{-1}
Dichte .... d	g/cm^{-3}	kg m^{-4} s²

3*

und gegenseitigen Beziehungen:

$$\eta_{techn} = \frac{\eta_{abs}}{98,1} \; kg \, m^{-2} \, s$$

$$\nu_{techn} = \frac{\eta_{abs}}{10 \, d}.$$

Für die rechnerische Erfassung der Temperaturabhängigkeit der absoluten Zähigkeit der Gase hat sich die Formel von Sutherland auch für größere Temperaturbereiche gut bewährt. Diese lautet:

$$\eta_t = \eta_0 \sqrt{\frac{T}{273}} \cdot \frac{\left(1 + \frac{C}{273}\right)}{\left(1 + \frac{C}{T}\right)},$$

in der C die Sutherlandsche Konstante darstellt.

Für von der gewöhnlichen nur wenig abweichende Temperaturen (— 10 bis + 40°) besteht bei der absoluten Zähigkeit η eine direkte geradlinige Temperaturabhängigkeit gemäß der Gleichung:

$$\eta_t = \eta_0 (1 + \beta t).$$

Durch Gleichsetzen der beiden letzten Gleichungen läßt sich β bei 30° C aus der Sutherlandschen Konstante C wie folgt errechnen:

$$\beta = \frac{\sqrt{\frac{303}{273}} \cdot \frac{\left(1 + \frac{C}{273}\right)}{\left(1 - \frac{C}{303}\right)} - 1}{30}$$

Für die Temperaturabhängigkeit der kinematischen Zähigkeit zwischen — 10 und 40° gilt mit genügender Genauigkeit:

$$\nu_t = \nu_0 (1 + \vartheta t),$$

worin

$$\vartheta = \beta + \frac{1}{273} + \frac{30 \beta}{273} + 1{,}1099 \, \beta + \frac{1}{273}.$$

Bei Gasgemischen[1]) läßt sich die absolute Zähigkeit im allgemeinen nicht nach der Mischungsregel errechnen, sondern nur die Gemische N_2—O_2, O_2—CO und O_2—CO_2 zeigen eine lineare Abhängigkeit. Für die sonstigen Gemische sind Formeln aufgestellt worden, die jedoch bereits bei Gemischen von nur zwei Gasen sehr umfangreiche Ausdrücke darstellen.

---

[1]) Einzelheiten siehe Zipperer und Müller; GWF **75**, 623, 641, 660 (1932).

Für die Berechnung der kinematischen Zähigkeit ν von Gasgemischen haben Zipperer und Müller (s. o.) folgende Näherungsformel aufgestellt:

$$10^6 \cdot \nu = \frac{100\,\nu_m}{(O_2 + CO + CH_4 + N_2) + 2\,(CO_2 + C_mH_n) + 1/7\,H_2}\ m^2\,s^{-1},$$

in der ν_m den mittleren Wert der kinematischen Zähigkeit der Gase Stickstoff, Methan, Kohlenoxyd und Sauerstoff bei 20°, $\nu_m = 15,28 \cdot 10^{-2}\ cm^2\,s^{-1}$, und die Formeln für die Einzelgase deren Gehalt im Gemisch in Prozent darstellen.

Annäherungsweise kann die kinematische Zähigkeit ν von Gasgemischen mit einem Grenzgehalt der Einzelgase $CO_2 = 3,3$ bis 60,3%, $O_2 = 0,0$ bis 2,0%, $CO = 4,6$ bis 50,3%, $H_2 = 5,1$ bis 87,7%, $CH_4 = 2,2$ bis 20,9 nach Richter[1]) auch aus dem spezifischen Gewicht des Gases γ (Luft $= 1$) wie folgt berechnet werden:

$$10^6 \cdot \nu = 0,755 + \frac{13,82}{\gamma} - \frac{0,775}{\gamma^2}\ m^2\,s^{-1}\ (20°,\ 760\ \text{Torr}).$$

b) Absolute und kinematische Zähigkeit reiner Gase bei Atmosphärendruck[2]).

Gas bezw. Dampf	Abs. Zähigkeit η_j $g\,cm^{-1}\,s^{-1}\cdot 10^7$	Sutherlandsche Konstante C	$\beta \cdot 10^5$	Abs. Zähigkeit η_0 $kg\,m^{-2}\,s\cdot 10^7$	Kinematische Zähigkeit ν_0 $m^2\,s^{-1}\cdot 10^6$	$\vartheta \cdot 10^5$
Azetylen	943	198	—	9,61	8,05	—
Äthan	855	287	—	8,72	6,30	—
Äthylen	933	257	356	9,51	7,46	761
Ammoniak . . .	926	370	—	9,44	12,00	—
Argon	2103	164	283	21,37	11,79	682
Benzoldampf . .	699	380	447	7,13	2,01	862
Butan	841	349	—	8,57	3,11	—
Cyan	940	330	—	9,58	4,02	—
Cyanwasserstoff .	700	901	—	7,14	5,72	—
Helium	1880	78,2	232	19,16	105,3	625
Kohlendioxyd . .	1405	266	359	14,30	7,16	765
Kohlenoxyd . . .	1656	104	277	16,88	13,26	673
Luft	1728	116	285	17,62	13,36	682
Methan	1036	190	318	10,56	14,49	719
Propan	752	324	—	7,67	3,72	—
Propylen	765	322	—	7,80	3,99	—
Sauerstoff	1927	131	295	19,65	13,49	693
Schwefeldioxyd .	1183	416	—	12,06	4,04	—
Schwefelwasserstoff	1175	331	—	11,98	7,63	—
Stickstoff	1673	112	282	17,05	13,31	679
Wasserdampf[3]) .	904	673	—	9,22	11,24	—
Wasserstoff . . .	848	90	260	8,65	94,27	655

[1]) GWF 75, 989 (1932).
[2]) Zähigkeit des Wasserdampfes bis 30 at s. W. Schiller, Forschung a. d. Gebiet d. Ingenieurwesens 5, 71 (1934).
[3]) Zahlenwerte nach Landolt-Börnstein, sowie nach Zipperer und Müller.

c) Absolute und kinematische Zähigkeit verschiedener technischer Gase. (Nach Herning und Zipperer, GWF 79, 49, 1936).

Gas	Raum-gewicht γ_{20} kg/m³	Abs. Zähigkeit η_{20} $g\,cm^{-1}\,s^{-1} \cdot 10^7$	Kin. Zähig-keit ν_{20} $m^2\,s^{-1} \cdot 10^6$	Gaszusammensetzung in Vol.-%						
				CO_2	$C_n H_m$	O_2	CO	H_2	CH_4	N_2
Kokereigas 1 . .	0,4468	1262	28,25	1,7	2,1	0,9	6,0	57,5	24,0	7,8
» 2 . .	0,4987	1304	26,15	2,1	2,3	0,9	5,7	53,0	24,3	11,7
» 3 . .	0,4802	1310	27,28	2,0	2,0	1,4	4,6	54,9	23,5	11,6
Stadtgas 1 . .	0,4919	1332	27,08	3,3	1,4	0,6	3,8	51,3	29,6	10,0
» 2 . .	0,4656	1306	28,05	2,2	1,3	0,6	4,1	53,1	29,5	9,2
» 3 . .	0,4729	1307	27,64	2,2	1,2	1,0	4,0	52,3	29,9	9,4
Mischgas	0,5278	1355	25,67	2,5	1,6	0,8	14,9	53,0	18,1	9,1
Generatorgas 1 .	1,0023	1714	17,10	4,8	0,5	0,3	26,4	17,2	2,6	48,2
» 2 .	1,0184	1712	16,81	3,5	0,8	0,3	27,3	14,4	3,7	50,0
» 3 .	0,9779	1715	17,54	3,1	0,9	0,5	28,6	17,7	4,2	45,0
Gichtgas	1,2052	1749	14,51	8,7	—	—	32,8	1,5	0,2	56,8
Abgas 1	1,2256	1756	14,33	8,6	—	2,3	—	—	—	89,1
» 2	1,2597	1749	13,88	13,3	—	3,9	—	—	—	82,8
» 3	1,2238	1793	14,65	6,2	—	10,7	—	—	—	83,1

d) Absolute Zähigkeit η des Quecksilbers ($cm^{-1}\,g\,s^{-1}$).

Temp. °C	η	Temp. °C	η	Temp. °C	η
0	0,0168	40	0,0148	80	0,0130
20	0,0159	60	0,0137	100	0,0123

e) Absolute Zähigkeit η des Wassers ($cm^{-1}\,g\,s^{-1}$).

Temp. °C	η	Temp. °C	η	Temp. °C	η
0	0,0178	40	0,0067	80	0,0036
20	0,0101	60	0,0047	100	0,0030

f) Absolute Zähigkeit η verschiedener Flüssigkeiten ($cm^{-1}\,gs^{-1}$).

Flüssigkeit	°C	η	Flüssigkeit	°C	η
Äthylalkohol	0	0,0177	Methanol	25	0,0055
»	25	0,0108	»	50	0,0040
»	50	0,0070	Nitrobenzol	25	0,0183
Äthylbenzol	0	0,0087	Oktan	20	0,0054
Äthylsulfid	0	0,0056	Paraffinöl	20	1,02
Ammoniak	— 33,5	0,0025	Pentan	20	0,0024
Anilin	25	0,0374	Phenol	25	0,0850
Benzin	20	0,0052	Schwefelkohlenstoff .	0	0,0044
Benzol	20	0,0065	Terpentinöl	0	0,0225
»	50	0,0042	Tetrachlorkohlenstoff	0	0,0135
Cyclohexan	20	0,0097	Thiophen	0	0,0087
Diäthyläther	0	0,0029	Toluol	0	0,0077
»	25	0,0023	»	20	0,0059
Glycerin	20	10,69	Trichloräthylen . . .	25	0,0055
Hexan	20	0,0033	o-Xylol	0	0,0110
Kohlensäure (flüssig)	20	0,0007	»	20	0,0081
Kresol	45	0,04	m-Xylol	0	0,0081
Merkaptan	25	0,0021	»	20	0,0062
Methanol	0	0,0082	p-Xylol	20	0,0065

B. Thermodynamische Eigenschaften.

9. Temperatur[1]) und Temperaturmessung[2]).

a) Temperaturfixpunkte.

Laut reichsgesetzlicher Regelung gilt in Deutschland für Temperaturangaben ausschließlich die hundertteilige thermodynamische Skale, die die Ausdehnung eines idealen Gases zugrunde legt. Dabei bilden in Übereinstimmung mit internationalen Übereinkommen mehrere bestimmte Festpunkte als Zahlenwerte die Grundlage. Diese sind folgende:

1. **Sauerstoffpunkt.** Siedetemperatur von flüssigem Sauerstoff bei 760 Torr . . . . — 182,97°

   Für etwas abweichende Drucke gilt die Beziehung:

   $$t_p = t_{760} + 0,0126\,(p - 760) - 0,0000065\,(p - 760)^2.$$

2. **Eispunkt.** Gleichgewichtstemperatur zwischen schmelzendem Eis und luftgesättigtem Wasser . . .   ± 0,000°

3. **Dampfpunkt.** Siedetemperatur von Wasser bei 760 Torr . . . . + 100,000°

   $$(t_p = t_{760} + 0,0367\,(p - 760) - 0,000023\,(p - 760)^2)$$

4. **Schwefelpunkt.** Siedetemperatur von Schwefel bei 760 Torr . . . . + 444,60°

   $$(t_p = t_{760} + 0,0909\,(p - 760) - 0,000048\,(p - 760)^2)$$

5. **Silberpunkt.** Schmelzpunkt von reinstem Silber bei 760 Torr . . . . + 960,5°

6. **Goldpunkt.** Schmelzpunkt von reinstem Gold bei 760 Torr . . . . 1063°

Im Temperaturbereich von — 190 bis + 650° wird die Interpolation zwischen den international festgelegten Festpunkten mittels eines Platin-Widerstandsthermometers vorgenommen, zwischen 650 und 1063°

---

[1]) Vgl. Landoldt-Börnstein, 2. Ergänz.-Bd., S. 1149 (1931).

[2]) Für Temperaturmessungen bei Abnahmeversuchen sind im Jahr 1936 »Regeln« erschienen. Bezugsquelle dieser Regeln: VDI-Verlag, Berlin, Preis RM. 2.00.

mittels eines Platin-Platinrhodium-Thermoelementes. Im letzteren Fall soll die elektromotorische Kraft zwischen 1063^0 und einer Bezugstemperatur von 0^0 C $10,30 \pm 0,10$ Millivolt betragen.

Weitere Hilfsfixpunkte sind folgende:

1. Sublimationstemperatur des Kohlendioxyds bei 760 Torr . . . . $- 78,50^0$

$t_p = t_{760} + 0,01595 \, (p - 760) - 0,000011 \, (p - 760)^2$

2. Schmelztemperatur von Quecksilber . . . . . . $- 38,87^0$
3. Umwandlungstemperatur von Natriumsulfat . . . $+ 32,38^0$
4. Siedetemperatur von Naphthalin . . . . $+ 217,96^0$

$t_v = t_{760} + 0,058 \, (p - 760)$ (gültig für $p = 750$ bis 760 Torr)

5. Erstarrungstemperatur von Zinn . . . . $+ 231,85^0$
6. Erstarrungstemperatur von Kadmium . . . . . . $+ 320,9^0$
7. Erstarrungstemperatur von Zink . . . . $+ 419,45^0$
8. Erstarrungstemperatur von Antimon . . . . . . $+ 630,5^0$
9. Erstarrungstemperatur von Kupfer . . . . $+ 1083^0$
10. Schmelztemperatur von Palladium . . . . $+ 1557^0$
11. Schmelztemperatur von Platin . . . . $+ 1770^0$
12. Schmelztemperatur von Wolfram . . . . $+ 3400^0$

Bei Temperaturen oberhalb 1063^0 (Goldpunkt) erfolgt die Temperaturbestimmung durch Messung des Intensitätsverhältnisses J/J_{Au} der Strahlung des bei der Wellenlänge λ sichtbaren Lichtes eines schwarzen Körpers bei der Temperatur t und der Temperatur des Goldpunktes gemäß der Beziehung

$$\log \text{nat} \frac{J}{J_{Au}} = \frac{1,432}{\lambda} \left(\frac{1}{1336} - \frac{1}{t + 273} \right),$$

wobei $\lambda \cdot (t + 273) < 0,3$ cm Grad sein muß.

b) Temperaturmeßgeräte.

1. Flüssigkeitsthermometer.

a) Quecksilberthermometer. Meßbereich von Thermometern aus Jenaer Normalglas von $- 39$ bis $+ 500^0$, aus geschmolzenem Quarzglas bis $+ 750^0$.

Korrektur für den herausragenden Faden bei Quecksilberthermometern.

Wenn bei einem Thermometer aus Jenaer Normalglas, das eine Temperatur von $t_a{}^0$ C anzeigt, n Grade aus dem Gerät herausragen und die Skala eine mittlere Temperatur von $t_b{}^0$ besitzt, so müssen infolge des scheinbaren Ausdehnungskoeffizienten des Quecksilbers in Quarz-glas von $k = 0,00016$ zu der abgelesenen Temperatur $0,00016\ n\ (t_a - t_b)$ Grad hinzugezählt werden, um die wahre Temperatur t zu ermitteln.

$$t = t_a + 0,00016\ n\ (t_a - t_b).$$

b) Für einfache Temperaturmessungen oder sehr tiefe Temperaturen verwendet man häufig Thermometer mit einer Füllung von gefärbtem Alkohol, Toluol (beide bis — 100°), Petroläther oder Pentan (beide bis — 200°).

2. Gasthermometer bestehen aus einem zylindrischen Glas- oder seltener Metallgefäß, das mit Wasserstoff, Helium, Luft oder Stickstoff gefüllt ist, das über eine Kapillare mit einem Quecksilbermanometer in Verbindung steht. Der Druck soll bei 0° 100 cm Quecksilber betragen. Die Eichung erfolgt bei 0 und 100°.

3. Thermoelemente bestehen aus zwei mittels einer Lötstelle verbundenen Drähten aus verschiedenen Metallen. Beim Erhitzen der Lötstelle entsteht eine durch ein Millivoltmeter meßbare Potential-differenz (Thermokraft), indem bei dem geschlossenen Stromkreis die Verbindungen der Drahtenden mit dem Galvanometer (zumeist aus Kupfer) die kalt gehaltenen Nebenlötstellen darstellen. Die Thermo-kraft der einzelnen Metalle wird auf Platin als Normalmetall bezogen. Im einzelnen ergibt sich dabei folgende »thermoelektrische Spannungs-reihe«:

Thermokraft verschiedener Metalle und Legierungen gegen Platin für einen Temperaturabfall von + 100 auf 0° C.

	Millivolt		Millivolt
Konstantan (60 Cu, 40 Ni)	+ 3,5	Platin-Rhodium (90 Pt, 10 Rh)	— 0,6
Nickel	+ 1,7	Manganin (84 Cu, 4 Ni, 12 Mn)	— 0,65
Palladium	+ 0,5	Kupfer	— 0,7
Platin	0	Silber	— 0,75
Blei	— 0,4	Gold	— 0,75
Aluminium	— 0,4	Eisen	— 1,5 bis — 1,9

Für jedes beliebige Leiterpaar ergibt sich die Thermokraft E aus dem Unterschied der oben angeführten Zahlen, beispielsweise für

$$(E_{\text{Konstantan} - \text{Silber}})_0^{100} = 4,25\ \text{Millivolt}.$$

Als eichfähiges Normalthermoelement dient das Platin-Platin-Rhodium-Element (Pt — 90 Pt, 10 Rh), dessen Thermokraft E durch die Gleichung

$$E = -310 + 8,084\ t + 0,00172\ t^2$$

ausgedrückt werden kann und in der t die Temperatur der Lötstelle bedeutet, während die Kaltlötstellen auf 0° gehalten werden.

4. **Pyrometer** in den verschiedensten Ausführungsformen beruhen auf der Messung der Strahlung eines glühenden Körpers, wobei die Messungen streng genommen nur für die Strahlung des »absolut schwarzen Körpers« gelten. Meßgenauigkeit moderner Geräte ± 5 bis 10^0.

Eine Schätzung der Temperatur allein nach der Glühfarbe des erhitzten Körpers ist ziemlich ungenau.

Glühfarben von Stahl.

Temp.-Bereich °C	Glühfarbe	Temp.-Bereich °C	Glühfarbe	Temp.-Bereich °C	Glühfarbe
520—575	schwarzbraun	775— 800	kirschrot	1050—1150	dunkelgelb
575—650	braunrot	800— 825	hellkirschrot	1150—1250	hellgelb
650—750	dunkelrot	825— 875	hellrot	> 1250	weiß
750—775	dunkelkirsch-rot	875—1050	gelbrot		

Anlaßfarben von Stahl.

Temp. °C	Anlaßfarbe	Temp. °C	Anlaßfarbe	Temp. °C	Anlaßfarbe
200	weiß	260	braunviolett	300	hellblau
220	strohgelb	270	purpur	310	graublau
240	ocker	280	violett	320	graugrünlich
250	gelbrot	290	dunkelblau		

5. **Segerkegel** sind kleine dreiseitige Pyramiden von 6 cm Höhe aus Gemischen von Feldspat, Ton und Quarz, deren Zusammenschmelzen beobachtet wird. Als Endtemperatur gilt der Augenblick des Berührens der Kegelspitze auf der Unterlage.

Schmelztemperaturen der Segerkegel (KSP.) in °C
(in möglichst neutraler Ohmatmosphäre).

Sk.-Nr.	022	021	020	019	018	017	016	015a	014a	013a
KSP.	600	650	670	690	710	730	750	790	815	835
Sk.-Nr.	012a	011a	010a	09a	08a	07a	06a	05a	04a	03a
KSP.	855	880	900	920	940	960	980	1000	1020	1040
Sk.-Nr.	02a	01a	1a	2a	3a	4a	5a	6a	7	8
KSP.	1060	1080	1100	1120	1140	1160	1180	1200	1230	1250
Sk.-Nr.	9	10	11	12	13	14	15	16	17	18
KSP.	1280	1300	1320	1350	1380	1410	1435	1460	1480	1500
Sk.-Nr.	19	20	26	27	28	29	30	31	32	33
KSP.	1520	1530	1580	1610	1630	1650	1670	1690	1710	1730
Sk.-Nr.	34	35	36	37	38	39	40	41	42	—
KSP.	1750	1770	1790	1825	1850	1880	1920	1960	2000	—

c) Thermokräfte verschiedener Thermoelemente in Millivolt (nach Heraeus).

Temp. °C	Elementenpaar						
	Kupfer-Konstantan	Silber-Konstantan	Eisen-Konstantan	Chromnickel-Konstantan	Nickel-Nickelchrom	Pallaplat[1]	Platin-Platinrhodium[2]
20	0,00	0,00	0,00	0,00	0,00	0,00	0,00
100	3,45	3,45	4,25	4,40	3,25	2,36	0,53
200	8,35	8,35	9,75	10,60	7,30	6,04	1,31
300	13,80	13,80	15,25	17,40	11,40	10,10	2,20
400	19,75	19,75	20,85	24,90	15,50	14,56	3,14
500	26,15	26,15	26,50	32,50	19,80	19,22	4,10
600	32,95	32,95	32,20	40,10	24,05	24,22	5,11
700	—	—	—	—	28,30	29,36	6,15
800	—	—	—	—	32,20	34,58	7,22
900	—	—	—	—	36,45	39,85	8,32
1000	—	—	—	—	40,65	44,98	9,45
1100	—	—	—	—	44,80	50,03	10,62
1200	—	—	—	—	48,95	54,08	11,81
1300	—	—	—	—	—	59,88	13,00
1400	—	—	—	—	—	—	14,19
1500	—	—	—	—	—	—	15,37
1600	—	—	—	—	—	—	16,55
max. Abweichung vom Normalwert	± 1,5%	± 1,5%	± 1,5%	± 1,5%	± 0,8%	± 0,5%	± 0,3%

[1]) Plusschenkel 95% Platin + 5% Rhodium, Minusschenkel 50% Palladium + 50% Gold.
[2]) Plusschenkel 90% Platin + 10% Rhodium, Minusschenkel Platin.

Mittels Thermoelementen wird nicht die wirkliche Temperatur sondern nur der Temperaturunterschied zwischen der Lötstelle des Elements und seinen freien Enden bzw. seinen Anschlußklemmen gemessen. Diese »Kaltstellen« sollen tunlichst auf 20° gehalten werden. Wenn dies infolge der Kürze des Thermoelements oder aus anderen Gründen unmöglich ist, sind an die Drahtenden entweder Ausgleichsleitungen (aus dem gleichen Metall) anzuschließen oder es sind entsprechende Temperaturberichtigungen erforderlich. Wenn beispielsweise bei einer Temperatur der Lötstelle von 1000° die Klemmentemperatur an Stelle von 20° 80° beträgt, so zeigt das Ablesegerät nicht 1000° sondern 80—20 = 60° weniger, mithin nur 940° an. Zu der abgelesenen Temperatur müssen daher 60° hinzugezählt werden. Das gleiche gilt im umgekehrten Sinne für tiefere Temperaturen als + 20°. Diese Berichtigung kann in Fortfall gebracht werden, wenn das Anzeigegerät vor Beginn der Messung mittels der hierfür angebrachten Stellschraube auf die Temperatur der freien Enden eingestellt wird. Wenn dies unmöglich ist, gilt als Regel, daß bei Edelmetall-Elementen nur der halbe Unterschied, bei Nickel-Chromnickel- und Eisen-Elementen dagegen der gesamte Temperaturunterschied abzuziehen bzw. zuzuzählen ist.

10. Joule-Thomson-Effekt.

a) Begriff.

Die Temperaturänderung, die ein Gas beim Strömen durch eine Drosselstelle ohne Wärmezu- oder -ableitung unter Druckverminderung erfährt, wird als Joule-Thomson-Effekt bezeichnet. Der »differentiale« Joule-Thomson-Effekt a_i bedeutet dabei das Verhältnis von einer unendlich kleinen Temperaturänderung zu einer unendlich kleinen Drucksenkung:

$$a_i = \left(\frac{\Delta t}{\Delta p}\right)$$

unter der Voraussetzung, daß bei der Entspannung durch Drosselung der Wärmeinhalt des Systems gleich bleibt. Unter praktischen Verhältnissen wird mit dem differentialen Joule-Thomson-Effekt die Temperaturänderung in °C ausgedrückt, die bei einer Senkung des Gasdruckes um 1 at eintritt.

Bei einer Entspannung über einen größeren Druckbereich wird die stattfindende Temperaturänderung als »integraler« Joule-Thomson-Effekt bezeichnet.

Rechnerisch läßt sich die Temperaturänderung Δt eines Gases bei bekannter spezifischer Wärme C_p und bekanntem Ausdehnungskoeffizienten v für die Druckänderung Δp aus der Summe von innerer und äußerer Arbeit berechnen. Thermodynamisch gilt:

$$\Delta t = \frac{1}{C_p}\left[T\left(\frac{\delta v}{\delta T}\right)_p - v\right] \cdot \Delta p.$$

Unter Zugrundelegung der van der Waals'schen Zustandsgleichung bei Ersatz der Konstanten a, b und R durch die kritischen Daten erhält man ferner mit genügender Annäherung

$$\Delta t = C_p\left[\frac{9}{2}\left(\frac{T_k}{T}\right)^2 - \frac{1}{4}\right] \cdot v_k \cdot \Delta p.$$

Bei einem differential kleinen Druckabfall ergibt sich ferner die Inversionstemperatur T_i zu $T_i = \sqrt{18 \cdot T_k}$.

b) Joule-Thomson-Effekt verschiedener Gase bei 0° C.
°C/at

	Druck in at						
	0	10	20	40	60	80	100
Luft	0,28	0,27	0,26	0,24	0,23	0,21	0,19
Kohlendioxyd . . .	1,20	1,31	1,43	1,46	—	—	—
Sauerstoff	0,33	0,32	0,31	0,29	0,27	0,26	0,24

Joule-Thomson-Effekt von Luft für — 175 bis + 10° und für 0 bis 210 at siehe H. Hausen, Forschungsarb. VDI 1926, Heft 274.

11. Wärmeausdehnung.

a) Begriff.

Bei der Erwärmung eines Stabes von der Länge l_0 bei 0^0 auf t^0 C erfährt dieser eine Ausdehnung auf l_t.

$$l_t = l_0 (1 + \beta t).$$

Der lineare Ausdehnungskoeffizient β ist für die einzelnen Stoffe verschieden groß.

Für einen Würfel mit der Kantenlänge l_0 beträgt die räumliche Ausdehnung $\qquad l_t^3 = l_0^3 (1 + \beta t)^3$,

oder mit großer Annäherung (da β^2 und β^3 sehr kleine Größen darstellen)

$$l_t^3 = l_0^3 (1 + 3 \beta t)$$

oder allgemein für einen festen oder flüssigen Körper

$$v_t = v_0 (1 + 3 \beta t).$$

b) Lineare Ausdehnung fester Stoffe.

Stoff	Temp.-Bereich ° C	$\beta \cdot 10^6$	Stoff	Temp.-Bereich ° C	$\beta \cdot 10^6$
Aluminium	0—100	23,7	Konstantan . . .	0—100	15,2
»	0—300	25,7	» . . .	0—500	16,8
»	0—500	27,4	Kupfer	0—100	16,2
Bakelit	0—100	29,5	»	0—500	18,1
Blei	0—100	28,9	Magnesia	0—1200	12,6
» (flüssig) . . .	350	127	Mangan	0—100	22,8
Bronze	0—100	15—18	Marmor	15—100	11,7
Chromit	0—1500	10,5	Marquardmasse . .	0—600	5,1
Eis	—10—0	50,7	» . .	0—1200	6,1
Eisen, rein (α) . .	0—100	11,7	Messing	0—100	19,0
» , » (γ) . .	900—1000	22,2	»	0—500	21,6
Fluß-	0—100	12,0	Neusilber	0—100	18,4
»	0—500	14,1	Nickel	0—100	13,0
Flußstahl	0—100	11,7	»	0—1000	16,8
»	0—500	13,8	Nickelstahl	0	5—12
Eisen, Guß-	0—100	10,4	Paraffin	0—15	190
» , » . . .	0—500	12,8	Platin	0—100	9,0
» , Schweiß- . .	0—100	12,2	»	0—1000	10,2
» , » . .	0—500	14,0	Porzellan, Berlin .	0—600	5,0
Glas, Thüringer . .	0—100	9,3—9,8	» , » .	0—1200	5,9
» , Jenaer 1565 III	0—100	3,45	» , Meißen .	0—600	3,9
Gold	0—100	14,3	» , » .	0—1200	4,7
Hartgummi	0	60—70	Pythagorasmasse .	0—600	4,7
» . . .	30	80—90	» .	0—1200	5,7
Holz, Eiche ‖ . . .	0—35	4,9	Quarz, geschm. . .	0—500	5,4
» , » ⊥ . .	0—35	54,5	Quarzglas	0—1000	4,8
» , Fichte ‖ . .	0—35	5,4	Silber	0—100	19,7
» , » ⊥ . .	0—35	34,0	»	0—800	22,1
» , Tanne ‖ . .	0—35	3,7	Siliciumkarbid . .	0—900	4,7
» , » ⊥ . .	0—35	54,4	Sillimanit	0—900	4,8
Kobalt	0—100	12,5	Tonerde, geschm. .	0—900	7,1
Kohlenstoff, Diamant	50	1,32	Wachs	20	200—300
» , Graphit	20—100	1,9—2,9	Wolframdraht . . .	0—100	4,4
			Zink	0—100	16,5
			Zinn	0—100	26,5

c) Linearer Ausdehnungskoeffizient der verschiedenen Modifikationen der Kieselsäure.
(Nach Travers und de Golonbinoff, Rev. de Métall. 1926, 28.)

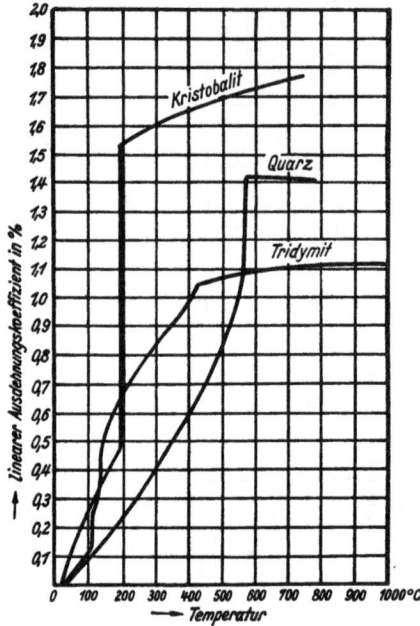

Abb. 3.

d) Mittlerer linearer Wärmeausdehnungskoeffizient feuerfester Steine zwischen 20 und 1000°.
(Nach Schulz und Kanz, Stahl u. Eisen 52, 18, 1932.)

Steinmaterial	Grenzwerte	Steinmaterial	Grenzwerte
Schamottesteine, quarzfrei	$4,40 — 5,09 \cdot 10^{-6}$	Chromitsteine .	$7,27 — 9,08 \cdot 10^{-6}$
„ handelsübl.	$5,51 — 6,81 \cdot 10^{-6}$	Bauxitsteine . .	$5,19 — 6,51 \cdot 10^{-6}$
Quarzschamottesteine . . .	$4,99 — 6,29 \cdot 10^{-6}$	Korundsteine .	$5,58 — 7,03 \cdot 10^{-6}$
Silikasteine	$12,72 — 15,41 \cdot 10^{-6}$	Sillimanit . . .	$4,93 \cdot 10^{-6}$
Quarzschiefersteine.	$18,29 — 18,65 \cdot 10^{-6}$	Zirkonsteine. . .	$5,01 — 5,66 \cdot 10^{-6}$
Magnesitsteine	$13,74 — 14,53 \cdot 10^{-6}$	Karborundum-	
Magnesiamasse	$13,86 — 14,48 \cdot 10^{-6}$	steine . . .	$4,37 — 5,42 \cdot 10^{-6}$

e) Ausdehnungskoeffizient von Flüssigkeiten bei 20°.

Äthylalkohol. .	0,00110	Petroleum	0,00090 — 0,0010
Äthyläther. . .	0,00160	Quecksilber.	0,000181
Benzin	0,0012 — 0,0016	Schmieröl	0,00060 — 0,00070
Benzol	0,00125	Schwefelkohlenstoff . .	0,0012
Erdöl	0,00065 — 0,0012	Schwefelsäure (96 % ig)	0,00055
Glyzerin. . . .	0,00050	Steinkohlenteer	0,0005 — 0,0007
Methanol . . .	0,00115	Terpentinöl.	0,00100
Oktan	0,00112	Tetrachlorkohlenstoff .	0,00123
Paraffinöl . . .	0,00076	Tetralin	0,00078
Pentan	0,00159	Wasser	s. S. 18

12. Sättigungsdruck (Dampfdruck).

a) Begriff.

Der Sättigungsdruck eines Stoffes stellt den Druck dar, den der Dampf desselben im Sättigungszustand bei einer gegebenen Temperatur besitzt. Der Sättigungsdruck ist nur von der Temperatur, nicht dagegen von dem Drucke der Atmosphäre abhängig.

Mathematisch kann der Verlauf des Sättigungsdruckes über ein größeres Temperaturgebiet durch die Dampfdruckformel von van der Waals

$$\ln \frac{p}{p_k} = f\left(1 - \frac{T_k}{T}\right)$$

ausgedrückt werden, in der p_k und T_k den kritischen Druck bzw. die kritische Temperatur bedeuten. Häufig, vor allem in den Vereinigten Staaten, wird ferner der Sättigungsdruck auch durch die Formel von Rankine

$$\log p = A - \frac{B}{T} + C \cdot \log T$$

mathematisch dargestellt. In dieser bedeuten A, B und C empirische Konstanten.

Für die Sättigungsdrucke der beiden Bestandteile A und B eines Zweistoffgemisches gilt das Planksche Gesetz:

$$\frac{p}{P} = \frac{\dfrac{x}{M_1}}{\dfrac{x}{M_1} + \dfrac{y}{M_2}} \cdot$$

Darin bedeuten:

p den Dampfdruck des Bestandteils A in der Lösung,

P den Dampfdruck des Bestandteils A in reinem Zustand bei gleicher Temperatur,

x die Menge des Bestandteils A in %,

y die Menge des Bestandteils B in % ($y = 100 - x$),

M_1 das Molekulargewicht des Bestandteils A,

M_2 das Molekulargewicht des Bestandteils B.

Voraussetzung für die Gültigkeit des Plankschen Gesetzes ist ein gegenseitige Löslichkeit der beiden Bestandteile in jedem Mischungsverhältnis. Ferner dürfen diese keine Molekularassoziation aufweisen.

b) Sättigungsdruck des Wasserdampfes
in Torr.
(Nach Holborn, Scheel und Henning, Wärmetabellen, Braunschweig 1919.)

Grade	Zehntelgrade									
	,0	,1	,2	,3	,4	,5	,6	,7	,8	,9
	mm	mm	mm	mm	mm	mm	mm	mm	mm	mm
0	4,579	4,613	4,647	4,681	4,715	4,750	4,785	4,820	4,855	4,890
1	4,926	4,962	4,998	5,034	5,070	5,107	5,144	5,181	5,219	5,256
2	5,294	5,332	5,370	5,408	5,447	5,486	5,525	5,565	5,605	5,645
3	5,685	5,752	5,766	5,807	5,848	5,889	5,931	5,973	6,015	6,058
4	6,101	6,144	6,187	6,230	6,274	6,318	6,363	6,408	6,453	6,498
5	6,543	6,589	6,635	6,681	6,728	6,775	6,822	6,869	6,917	6,965
6	7,013	7,062	7,111	7,160	7,209	7,259	7,309	7,360	7,411	7,462
7	7,513	7,565	7,617	7,669	7,722	7,775	7,828	7,882	7,936	7,990
8	8,045	8,100	8,155	8,211	8,267	8,323	8,380	8,437	8,494	8,551
9	8,609	8,668	8,727	8,786	8,845	8,905	8,965	9,025	9,086	9,147
10	9,209	9,271	9,333	9,395	9,458	9,521	9,585	9,649	9,714	9,779
11	9,844	9,910	9,976	10,042	10,109	10,176	10,244	10,312	10,380	10,449
12	10,518	10,588	10,658	10,728	10,799	10,870	10,941	11,013	11,085	11,158
13	11,231	11,305	11,379	11,453	11,528	11,604	11,680	11,756	11,833	11,910
14	11,987	12,065	12,144	12,223	12,302	12,382	12,462	12,543	12,624	12,706
15	12,788	12,870	12,953	13,037	13,121	13,205	13,290	13,375	13,461	13,547
16	13,634	13,721	13,809	13,898	13,987	14,076	14,166	14,256	14,347	14,438
17	14,530	14,622	14,715	14,809	14,903	14,997	15,092	15,188	15,284	15,380
18	15,477	15,575	15,673	15,772	15,871	15,971	16,071	16,171	16,272	16,374
19	16,477	16,581	16,685	16,789	16,894	16,999	17,105	17,212	17,319	17,427
20	17,535	17,644	17,753	17,863	17,974	18,085	18,197	18,309	18,422	18,536
21	18,650	18,765	18,880	18,996	19,113	19,231	19,349	19,468	19,587	19,707
22	19,827	19,948	20,070	20,193	20,316	20,440	20,565	20,690	20,815	20,941
23	21,068	21,196	21,324	21,453	21,583	21,714	21,845	21,977	22,110	22,243
24	22,377	22,512	22,648	22,785	22,922	23,060	23,198	23,337	23,476	23,616
25	23,756	23,897	24,039	24,182	24,326	24,471	24,617	24,764	24,912	25,060
26	25,209	25,359	25,509	25,660	25,812	25,964	26,117	26,271	26,426	26,582
27	26,739	26,897	27,055	27,214	27,374	27,535	27,696	27,858	28,021	28,185
28	28,349	28,514	28,680	28,847	29,015	29,184	29,354	29,525	29,697	29,870
29	30,043	30,217	30,392	30,568	30,745	30,923	31,102	31,281	31,461	31,462
30	31,824	32,007	32,191	32,376	32,561	32,747	32,934	33,122	33,312	33,503
31	33,695	33,888	34,082	34,276	34,471	34,667	34,864	35,062	35,261	35,462
32	35,663	35,865	36,068	36,272	36,477	36,683	36,891	37,099	37,308	37,518
33	37,729	37,942	38,155	38,369	38,584	38,801	39,018	39,237	39,457	39,677
34	39,898	40,121	40,344	40,569	40,796	41,023	41,251	41,480	41,710	41,942

Grade	Zehntelgrade									
	,0	,1	,2	,3	,4	,5	,6	,7	,8	,9
	mm	mm	mm	mm	mm	mm	mm	mm	mm	mm
35	42,175	42,409	42,644	42,880	43,117	43,355	43,595	43,836	44,078	44,320
36	44,563	44,808	45,054	45,301	45,549	45,799	46,050	46,302	46,556	46,811
37	47,067	47,324	47,582	47,841	48,102	48,364	48,627	48,891	49,157	49,424
38	49,692	49,961	50,231	50,202	50,774	51,048	51,323	51,600	51,879	52,160
39	52,442	52,725	53,009	53,294	53,580	53,867	54,156	54,446	54,737	55,030
40	55,324	55,61	55,91	56,21	56,51	56,81	57,11	57,41	57,72	58,03
41	58,34	58,65	58,96	59,27	59,58	59,90	60,22	60,54	60,86	61,18
42	61,50	61,82	62,14	62,47	62,80	63,13	63,46	63,79	64,12	64,46
43	64,80	65,14	65,48	65,82	66,16	66,51	66,86	67,21	67,56	67,91
44	68,26	68,61	68,97	69,33	69,69	70,05	70,41	70,77	71,14	71,51
45	71,88	72,25	72,62	72,99	73,36	73,74	74,12	74,50	74,88	75,26
46	75,65	76,04	76,43	76,82	77,21	77,60	78,00	78,40	78,80	79,20
47	79,60	80,00	80,41	80,82	81,23	81,64	82,05	82,46	82,87	83,29
48	83,71	84,13	84,56	84,99	85,42	85,85	86,28	86,71	87,14	87,58
49	88,02	88,46	88,90	89,34	89,79	90,24	90,69	91,14	91,59	92,05
50	92,51	92,97	93,43	93,89	94,36	94,82	95,29	95,77	96,24	96,72
51	97,20	97,68	98,16	98,64	99,13	99,62	100,11	100,60	101,10	101,59
52	102,09	102,59	103,10	103,60	104,11	104,62	105,13	105,64	106,16	106,68
53	107,20	107,72	108,24	108,76	109,29	109,82	110,35	110,89	111,43	111,97
54	112,51	113,05	113,59	114,14	114,69	115,24	115,80	116,36	116,92	117,48
55	118,04	118,60	119,16	119,73	120,31	120,89	121,47	122,05	122,63	123,21
56	123,80	124,40	124,99	125,58	126,18	126,78	127,38	127,99	128,60	129,21
57	129,82	130,44	131,06	131,68	132,30	132,92	133,55	134,18	134,81	135,45
58	136,08	136,72	137,36	138,01	138,66	139,31	139,96	140,62	141,28	141,94
59	142,60	143,27	143,94	144,61	145,28	145,96	146,64	147,32	148,00	148,69
60	149,38	150,07	150,77	151,47	152,17	152,87	153,58	154,29	155,00	155,71
61	156,43	157,15	157,87	158,59	159,32	160,06	160,80	161,58	162,28	163,02
62	163,77	164,52	165,27	166,02	166,78	167,54	168,30	169,07	169,84	170,61
63	171,38	172,16	172,94	173,73	174,52	175,31	176,10	176,90	177,70	178,50
64	179,31	180,11	180,92	181,74	182,56	183,38	184,20	185,03	185,86	186,70
65	187,54	188,38	189,22	190,06	190,91	191,77	192,63	193,49	194,35	195,42
66	196,09	196,96	197,84	198,72	199,60	200,48	201,37	202,26	203,16	204,06
67	204,96	205,87	206,78	207,69	208,61	209,53	210,45	211,37	212,30	213,23
68	214,17	215,11	216,06	217,01	217,96	218,91	219,87	220,83	221,79	222,76
69	223,73	224,71	225,69	226,67	227,66	228,65	229,65	230,65	231,65	232,65
70	233,7	234,7	235,7	236,7	237,8	238,8	239,8	240,9	241,9	242,9
71	243,9	245,0	246,0	247,1	248,1	249,2	250,3	251,4	252,4	253,5
72	254,6	255,7	256,8	257,9	259,0	260,1	261,2	262,3	263,5	264,6
73	265,7	266,8	268,0	269,1	270,3	271,4	272,6	273,7	274,9	276,0
74	277,2	278,4	279,5	280,7	281,9	283,1	284,3	285,5	286,7	287,9

Grade	Zehntelgrade									
	,0	,1	,2	,3	,4	,5	,6	,7	,8	,9
	mm	mm	mm	mm	mm	mm	mm	mm	mm	mm
75	289,1	290,3	291,5	292,8	294,0	295,2	296,5	297,7	298,9	300,2
76	301,4	302,7	303,9	305,2	306,5	307,7	309,0	310,3	311,6	312,9
77	314,1	315,4	316,7	318,0	319,3	320,7	322,0	323,3	324,7	326,0
78	327,3	328,7	330,0	331,4	332,7	334,1	335,5	336,8	338,2	339,6
79	341,0	342,4	343,8	345,2	346,6	348,0	349,4	350,8	352,2	353,7
80	355,1	356,5	358,0	359,4	360,9	362,4	363,8	365,3	366,8	368,3
81	369,7	371,2	372,7	374,2	376,7	377,3	379,8	380,3	381,8	383,4
82	384,9	386,4	388,0	389,5	391,1	392,7	394,2	395,8	397,4	399,0
83	400,6	402,2	403,8	405,4	407,0	408,6	410,3	411,9	413,5	415,2
84	416,8	418,4	420,1	421,7	423,4	425,1	426,8	228,5	430,2	431,9
85	433,6	435,3	437,0	438,7	440,5	442,2	443,9	445,7	447,4	439,2
86	450,9	452,6	454,4	456,2	458,0	459,7	461,5	463,3	465,1	466,9
87	468,7	470,5	472,3	474,1	476,0	477,8	479,7	481,5	483,4	485,2
88	487,1	489,0	490,9	492,7	494,6	496,5	498,4	500,3	502,3	504,2
89	506,1	508,0	510,0	511,9	513,9	515,9	517,8	519,8	521,8	522,8
90	525,76	527,76	529,77	531,78	533,80	535,82	537,86	539,90	541,95	544,00
91	546,05	548,11	550,18	552,26	554,35	556,44	558,53	560,64	562,75	564,87
92	566,99	569,12	571,26	573,40	575,55	577,71	579,87	582,04	584,22	586,41
93	588,60	590,80	593,00	595,21	597,43	599,66	601,89	604,13	606,38	608,64
94	610,90	613,17	615,44	617,72	620,01	622,31	624,61	626,92	629,24	631,57
95	633,90	636,24	638,59	640,94	643,30	645,67	648,05	650,43	652,82	655,22
96	657,62	660,03	662,45	664,88	667,31	669,75	672,20	674,66	677,12	679,59
97	682,07	684,55	687,04	689,54	692,05	694,57	697,10	699,63	702,17	704,71
98	707,27	709,83	712,40	714,98	717,56	720,15	722,75	725,63	727,98	730,61
99	733,24	735,88	738,53	741,18	743,85	746,52	749,20	751,89	754,58	757,29
100	760,00	762,72	765,45	768,19	770,93	773,68	776,44	779,22	782,00	784,78
101	787,57	790,37	793,18	796,00	798,82	801,66	804,50	807,35	810,21	813,08

b) Volumen und maximaler Wasserdampfgehalt von Gasen bei verschiedenen Temperaturen[1]).

Temperaturen °C	Volumen von trockenem Gas	Teilspannung des Wasserdampfes in gesättigtem Gase kg/m²	Teilspannung des Gases kg/m²	Aus 1 m² von 0° durch Sättigung entstandenes Volumen	Gramm Wasserdampf in 1 m³ gesättigten Gases	Gramm Wasserdampf in dem aus 1 m³ von 0° durch Sättigung entstandenen Volumen	Wärmeinhalt von trockenem Gas, entstanden aus 1 m³ von 0°	Wärmeinhalt des Wasserdampfes in dem aus 1 m³ von 0° durch Sättigung entstandenen Volumen	Gesamtwärmeinhalt von gesättigtem Gas, entstanden aus 1 m³ von 0°
0°	1,000	62	10271	1,006	4,9	4,93	0,0	2,93	2,93
1°	1,004	67	10266	1,010	5,1	5,15	0,36	3,06	3,42
2°	1,007	72	10261	1,014	5,6	5,68	0,72	3,38	4,10
3°	1,011	77	10256	1,018	6,0	6,11	1,08	3,64	4,72
4°	1,015	83	10250	1,023	6,4	6,55	1,44	3,91	5,35
5°	1,018	89	10244	1,027	6,8	6,98	1,80	4,17	5,97
6°	1,022	95	10238	1,031	7,3	7,52	2,16	4,49	6,65
7°	1,026	102	10231	1,036	7,8	8,08	2,52	4,83	7,35
8°	1,029	109	10224	1,041	8,3	8,64	2,88	5,17	8,05
9°	1,033	117	10216	1,045	8,9	9,30	3,24	5,57	8,81
10°	1,037	125	10208	1,049	9,4	9,86	3,60	5,91	9,51
11°	1,040	134	10199	1,054	10,1	10,65	3,96	6,39	10,35
12°	1,044	143	10190	1,058	10,7	11,32	4,32	6,80	11,12
13°	1,048	153	10180	1,063	11,4	12,12	4,68	7,29	11,97
14°	1,051	163	10170	1,068	12,1	12,92	5,04	7,77	12,81
15°	1,055	174	10159	1,073	12,9	13,84	5,40	8,33	13,73
16°	1,058	185	10148	1,078	13,7	14,77	5,76	8,90	14,66
17°	1,062	197	10136	1,083	14,5	15,70	6,12	9,47	15,59
18°	1,066	210	10123	1,088	15,4	16,76	6,48	10,11	16,59
19°	1,070	224	10109	1,093	16,4	17,93	6,84	10 83	17,67
20°	1,073	238	10095	1,098	17,4	19,10	7,20	11,54	18,74
21°	1,077	253	10080	1,103	18,4	20,30	7,56	12,27	19,83
22°	1,081	269	10064	1,109	19,5	21,63	7,92	13,09	21,01
23°	1,084	286	10047	1,115	20,6	22,97	8,28	13,92	22,20
24°	1,088	304	10029	1,120	21,8	24,42	8,64	14,81	23,45
25°	1,091	322	10011	1,126	23,1	26,00	9,00	15,77	24,77
26°	1,095	342	9991	1,133	24,4	27,65	9,36	16,78	26,14
27°	1,099	363	9970	1,139	25,8	29,30	9,72	17,80	27,52
28°	1,102	384	9949	1,145	27,3	31,26	10,08	19,01	29,09
29°	1,106	407	9926	1,151	28,8	33,15	10,44	20,17	30,61
30°	1,110	431	9902	1,158	30,4	35,20	10,80	21,44	32,24
31°	1,113	456	9877	1,165	32,1	37,40	11,16	22,80	33,96
32°	1,117	483	9850	1,172	33,9	39,73	11,52	24,24	35,76
33°	1,121	511	9822	1,179	35,7	42,10	11,88	25,70	37,58

[1]) Winter, Taschenbuch für Gaswerke 3, 572 (1928).

4*

Temperaturen °C	Volumen von trockenem Gas	Teilspannung des Wasserdampfes in gesättigtem Gase kg/m²	Teilspannung des Gases kg/m²	Aus 1 m² von 0° durch Sättigung entstandenes Volumen	Gramm Wasserdampf in 1 m² gesättigten Gases	Gramm Wasserdampf in dem aus 1 m² von 0° durch Sättigung entstandenen Volumen	Wärmeinhalt von trockenem Gas, entstanden aus 1 m² von 0°	Wärmeinhalt des Wasserdampfes in dem aus 1 m² von 0° durch Sättigung entstandenen Volumen	Gesamtwärmeinhalt von gesättigtem Gas, entstanden aus 1 m² von 0°
34°	1,125	541	9792	1,187	37,7	44,75	12,24	27,35	39,59
35°	1,128	572	9761	1,195	39,7	47,45	12,60	29,02	41,62
36°	1,132	604	9729	1,203	41,8	50,28	12,96	30,78	43,74
37°	1,135	638	9695	1,211	44,8	53,27	13,32	32,63	45,95
38°	1,139	673	9660	1,219	46,3	56,43	13,68	34,60	48,28
39°	1,143	711	9622	1,227	48,7	59,74	14,04	36,66	50,70
40°	1,146	750	9583	1,236	51,2	63,27	14,40	38,85	53,25
41°	1,150	791	9542	1,246	53,8	67,02	14,76	41,17	55,93
42°	1,154	834	9499	1,256	56,5	70,95	15,12	43,62	58,74
43°	1,157	878	9455	1,265	59,4	75,13	15,48	46,24	61,72
44°	1,161	925	9408	1,275	62,4	79,60	15,84	49,01	64,85
45°	1,165	974	9359	1,286	65,4	84,10	16,20	51,82	68,02
46°	1,168	1026	9307	1,297	68,7	89,12	16,56	54,94	71,50
47°	1,172	1079	9254	1,309	72,0	94,27	16,92	58,16	75,08
48°	1,176	1135	9198	1,322	75,5	99,80	17,28	61,64	78,92
49°	1,180	1194	9139	1,335	79,2	105,7	17,64	65,32	82,96
50°	1,183	1255	9078	1,348	83,0	111,8	18,00	69,14	87,14
51°	1,187	1318	9015	1,361	87,0	118,4	18,36	73,30	91,66
52°	1,190	1385	8948	1,375	91,0	125,2	18,72	77,54	96,26
53°	1,194	1455	8878	1,390	95,3	132,5	19,08	82,12	101,20
54°	1,198	1527	8806	1,406	99,7	140,1	19,44	86,86	106,30
55°	1,201	1602	8731	1 423	104,3	148,4	19,80	92,09	111,89
56°	1,205	1681	8652	1,440	109,1	157,1	20,16	97,53	117,69
57°	1,209	1762	8571	1,458	114,1	166,4	20,52	103,4	123,92
58°	1,212	1848	8485	1,477	119,2	176,2	20,88	109,5	130,38
59°	1,216	1936	8397	1,497	124,6	186,5	21,24	116,0	137,24
60°	1,220	2028	8305	1,518	130,1	197 5	21,60	122,9	144,50
61°	1,224	2124	8207	1,540	135,9	209,3	21,96	130,3	152,26
62°	1,227	2224	8109	1,563	141,9	221,8	22,32	138,3	160,32
63°	1,231	2328	8005	1,588	148,1	235,2	22,68	146,7	169,38
64°	1,235	2435	7898	1,615	154,5	249,5	23,04	155,7	178,74
65°	1,238	2547	7786	1,644	161,1	264,9	23,40	165,5	188,90
66°	1,242	2664	7669	1,674	168,1	281,8	23,76	176,1	200,86
67°	1,245	2785	7548	1,705	175,1	298,6	24,12	186,8	210,92
68°	1,249	2910	7423	1,740	182,5	317,6	24,48	198,8	223,28
69°	1,253	3040	7293	1,776	190,1	337,6	24,84	211,5	236,34
70°	1,256	3175	7158	1,814	198,0	359,0	25,20	225,1	250,30

Temperaturen °C	Volumen von trockenem Gas	Teilspannung des Wasserdampfes in gesättigtem Gase kg/m³	Teilspannung des Gases kg/m²	Aus 1 m³ von 0° durch Sättigung entstandenes Volumen	Gramm Wasserdampf in 1 m³ gesättigten Gases	Gramm Wasserdampf in dem aus 1 m³ von 0° durch Sättigung entstandenen Volumen	Wärmeinhalt von trockenem Gas, entstanden aus 1 m³ von 0°	Wärmeinhalt des Wasserdampfes in dem aus 1 m³ von 0° durch Sättigung entstandenen Volumen	Gesamtwärmeinhalt von gesättigtem Gas, entstanden aus 1 m³ von 0°
71°	1,260	3315	7018	1,856	206,2	382,7	25,56	240,1	265,66
72°	1,264	3460	6873	1,901	214,7	408,2	25,92	256,2	282,12
73°	1,267	3611	6722	1,948	223,3	435,0	26,28	273,3	299,58
74°	1,271	3768	6565	2,001	232,5	465,1	26,64	292,4	319,04
75°	1,275	3929	6404	2,058	241,9	498,0	27,00	313,3	340,30
76°	1,278	4097	6236	2,118	251,4	532,7	27,36	335,4	362,76
77°	1,282	4269	6064	2,186	261,4	571,3	27,72	359,9	287,62
78°	1,286	4449	5884	2,259	271,8	614,0	28,08	387,2	415,28
79°	1,290	4635	5698	2,340	282,4	661,0	28,44	417,0	445,44
80°	1,293	4828	5505	2,429	293,3	712,5	28,80	449,7	478,50
81°	1,297	5027	5306	2,527	304,6	769,9	29,16	486,4	515,56
82°	1,300	5233	5100	2,634	316,2	832,8	29,52	526,5	556,02
83°	1,304	5445	4888	2,758	328,4	905,6	29,88	572,8	602,68
84°	1,308	5666	4667	2,898	340,8	987,2	30,24	624,8	655,04
85°	1,311	5894	4439	3,053	353,7	1079	30,60	683,9	714,50
86°	1,315	6129	4204	3,243	366,8	1186	30,96	751,9	782,86
87°	1,319	6371	3962	3,441	380,4	1308	31,32	830,0	861,32
88°	1,322	6623	3710	3,684	394,4	1453	31,68	922,4	954,08
89°	1,326	6881	3452	3,970	408,7	1623	32,04	1031	1063,0
90°	1,330	7149	3184	4,317	423,6	1828	32,40	1162	1194,4
91°	1,333	7425	2908	4,739	438,9	2079	32,76	1322	1354,8
92°	1,337	7710	2623	5,270	454,7	2396	33,12	1525	1558,1
93°	1,340	8004	2329	5,948	470,9	2801	33,48	1783	1816,5
94°	1,344	8307	2026	6,860	487,7	3345	33,84	2131	2164,8
95°	1,348	8620	1713	8,132	505,1	4106	34,20	2618	2652,2
96°	1,352	8942	1391	10,050	522,6	5253	34,56	3352	3386,6
97°	1,355	9274	1059	13,270	540,6	7173	34,92	4580	4614,9
98°	1,359	9617	716	19,610	559,3	10970	35,28	7010	7045,3
99°	1,363	9970	363	38,830	578,7	22460	35,64	14360	14395,6
100°	1,366	10339	0		598,7		36,0		

b) Sättigungsdruck des Wasserdampfes
in mm Hg von — 19 bis 100° C[1]).

t °C	Ganze Grade									
	0	1	2	3	4	5	6	7	8	9
— 10	1,95	1,78	1,63	1,49	1,36	1,24	1,13	1,03	0,94	0,85
— 0	4,58	4,22	3,88	3,57	3,28	3,01	2,76	2,53	2,32	2,13
+ 0	4,58	4,93	5,29	5,69	6,10	6,54	7,01	7,51	8,05	8,61
10	9,21	9,84	10,52	11,23	11,99	12,79	13,63	14,53	15,48	16,48
20	17,54	18,65	19,83	21,07	22,38	23,76	25,21	26,74	28,35	30,04
30	31,82	33,70	35,66	37,73	39,90	42,18	44,56	47,07	49,69	52,44
40	55,32	58,34	61,50	64,80	68,26	71,88	75,65	79,60	83,71	88,02
50	92,51	97,20	102,1	107,2	112,5	118,0	123,8	129,8	136,1	142,6
60	149,4	156,4	163,8	171,4	179,3	187,5	196,1	205,0	214,2	223,7
70	233,7	243,9	254,6	265,7	277,2	289,1	301,4	314,1	327,3	341,0
80	355,1	369,7	384,9	400,6	416,8	433,6	450,9	468,7	487,1	506,1
90	525,8	546,1	567,0	588,6	610,9	633,9	657,6	682,1	707,3	733,2
100	760,0	787,6	815,9	845,1	875,1	906,1	937,9	970,6	1004,4	1038,9

[1]) Die Werte von — 0 bis — 19° beziehen sich auf Eis als Bodenkörper.

c) Eigenschaften des Wassers und Wasserdampfes
im Sättigungszustand[1]).

Temp. °C	Druck kg/cm²	Spezifisches Volumen		Wärmeinhalt	
		Flüssigkeit cm³/g	Dampf cm³/g	Flüssigkeit ITcal/g	Dampf ITcal/g
0	0,006228	1,00021	206310	0	597,3
10	0,012513	1,00035	106410	10,04	601,6
20	0,023829	1,00184	57824	20,03	605,9
30	0,043254	1,00442	32922	30,00	610,2
40	0,075204	1,00789	19543	39,98	614,5
50	0,12578	1,0121	12045	49,95	618,9
60	0,20312	1,0171	7678,3	59,94	623,1
70	0,31775	1,0228	5046,3	69,93	627,3
80	0,48292	1,0290	3409,2	79,95	631,4
90	0,71491	1,0359	2361,5	89,98	635,3
100	1,03323	1,0435	1673,2	100,04	639,1
110	1,4609	1,0515	1210,1	110,12	642,7
120	2,0245	1,0603	891,65	120,25	646,2
130	2,7544	1,0697	668,21	130,42	649,6
140	3,6848	1,0798	508,53	140,64	652,7
150	4,8535	1,0906	392,46	150,92	655,7
160	6,3023	1,1021	306,76	161,26	658,5
170	8,0764	1,1144	242,55	171,68	661,0
180	10,225	1,1275	193,80	182,18	663,3
190	12,800	1,1415	156,32	192,78	665,2
200	15,857	1,1565	127,18	203,49	666,8

[1]) Nach den Beschlüssen der 3. Internationalen Dampftafel-Konferenz Washington 1935.

Temp. °C	Druck kg/cm²	Spezifisches Volumen		Wärmeinhalt	
		Flüssigkeit cm³/g	Dampf cm³/g	Flüssigkeit ITcal/g	Dampf ITcal/g
210	19,456	1,1726	104,24	214,32	668,0
220	23,659	1,1900	86,070	225,29	669,0
230	28,531	1,2087	71,483	236,41	669,4
240	34,140	1,2291	59,684	247,72	669,4
250	40,560	1,2512	50,061	259,23	668,9
260	47,866	1,2755	42,149	270,97	667,8
270	56,137	1,3023	35,593	282,98	666,0
280	65,457	1,3321	30,122	295,30	663,6
290	75,917	1,3655	25,522	307,99	660,4
300	87,611	1,4036	21,625	320,98	656,1
310	100,64	1,4475	18,300	334,63	650,8
320	115,12	1,4992	15,438	349,00	644,2
330	131,18	1,5619	12,952	364,23	636,0
340	148,96	1,6408	10,764	380,69	625,6
350	168,63	1,7468	8,802	398,9	611,9
360	190,42	1,9066	6,963	420,8	592,9
370	214,68	2,231	4,997	452,3	559,3
371	217,26	2,297	4,761	457,2	553,8
372	219,88	2,381	4,498	462,9	547,1
373	222,53	2,502	4,182	471,0	538,9
374	225,22	2,79	3,648	488,0	523,3

g) Sättigungsdruck des Wasserdampfes über verdünnter Schwefelsäure (in Torr).

H_2SO_4 %	Temperatur °C			
	0	20	25	30
0	4,58	17,54	23,76	31,82
10	4,40	17,01	22,81	30,87
20	4,03	15,26	20,91	28,00
30	3,39	13,16	17,82	23,55
40	2,56	9,65	15,92	18,46
50	1,51	5,96	8,55	12,09
60	0,64	2,81	4,04	5,73
70	0,092	0,70	0,95	1,59

h) Sättigungsdruck des Wasserdampfes (Torr) über Kochsalzlösungen (Konzentration in g, wasserfreie Substanz/100 g Lösung).

Konzentration %	Natriumchlorid		
	0°	20°	30°
0	4,58	17,54	31,82
5	4,40	17,01	30,55
10	4,31	15,79	29,59
15	4,12	15,61	28,32
20	3,85	14,56	26,41
25	3,48	13,33	24,50

d) Spezifisches Volumen des Wassers und des überhitzten Dampfes in cm³/g¹).

Druck kg/cm²	Temperatur in °C											
	0°	50°	100°	150°	200°	250°	300°	350°	400°	450°	500°	550°
1	1,00016	1,01210	1730	1975	2216	2454	2691	2928	3164	3400	3636	3872
5	0,9999	1,0119	1,0432	1,0906	433,8	484,1	533,2	581,6	629,6	677,4	725,0	772,5
10	0,9997	1,0117	1,0431	1,0902	210,4	237,6	263,3	288,2	312,7	337,0	361,1	385,1
25	0,9989	1,0110	1,0422	1,0893	1,1556	89,0	101,1	112,1	122,6	132,7	142,7	152,6
50	0,9977	1,0099	1,0409	1,0877	1,1532	1,2495	46,41	53,12	59,05	64,60	69,92	75,10
75	0,9965	1,0088	1,0397	1,0861	1,1508	1,2452	27,48	33,22	37,78	41,83	45,62	49,25
100	0,9952	1,0077	1,0385	1,0845	1,1485	1,2410	1,3979	23,03	27,05	30,41	33,45	36,32
125	0,9940	1,0067	1,0372	1,0829	1,1462	1,2369	1,3877	16,66	20,53	23,52	26,14	28,55
150	0,9929	1,0056	1,0360	1,0814	1,1439	1,2330	1,3782	11,98	16,10	18,90	21,2b	23,36
200	0,9905	1,0035	1,0337	1,0784	1,1395	1,2255	1,3612	1,671	10,31	13,05	15,11	16,87
250	0,9882	1,0015	1,0314	1,0755	1,1353	1,2184	1,3462	1,604	6,366	9,46	11,39	12,96
300	0,9859	0,9995	1,0291	1,0726	1,1312	1,2117	1,3327	1,557	3,02	6,98	8,90	10,35
350	0,9837	0,9975	1,0269	1,0698	1,1272	1,2054	1,3207	1,521				
400	0,9814	0,9956	1,0247	1,0670	1,1234	1,1994	1,3097					

Wasser ←   → Überhitzter Dampf

Das spezifische Volumen des Wassers bei 4° und dem Druck von 1 at beträgt 1,000027 cm³/g.

¹) Nach den Beschlüssen der 3. Internationalen Dampftafel-Konferenz Washington 1935.

f) Wärmeinhalt des Wassers und des überhitzten Dampfes in IT cal/g[1]).

Druck kg/cm²	Temperatur in °C											
	0°	50°	100°	150°	200°	250°	300°	350°	400°	450°	500°	550°
1	0,023	49,97	639,2	663,2	686,5	710,1	734,0	758,0	782,4	807,2	832,3	857,8
5	0,120	50,05	100,11	150,92	681,9	706,7	731,5	756,1	780,8	805,9	831,3	856,9
10	0,240	50,15	100,20	151,00	675,1	702,1	728,0	753,5	778,9	804,5	830,1	855,9
25	0,599	50,45	100,46	151,21	203,6	687,8	718,0	746,3	773,3	800,0	826,5	852,6
50	1,20	50,96	100,90	151,58	203,8	259,2	698,4	732,9	763,1	791,6	819,9	847,3
75	1,79	51,46	101,34	151,95	204,1	259,2	672,6	717,6	752,1	783,2	813,1	841,8
100	2,39	51,96	101,78	152,32	204,3	259,2	320,5	699,5	740,0	774,5	806,0	836,1
125	2,98	52,46	102,22	152,69	204,6	259,3	319,9	676,7	726,9	765,2	799,1	830,3
150	3,57	52,96	102,65	153,06	204,8	259,3	319,3	646,8	712,1	755,3	791,8	824,4
200	4,74	53,96	103,57	153,82	205,2	259,4	318,4	393,1	676,5	733,4	776,0	812,0
250	5,90	54,96	104,46	154,57	205,8	259,5	317,6	387,6	622,5	707,5	758,8	798,9
300	7,05	55,96	105,35	155,33	206,2	259,7	317,0	384,0	524,5	677,5	739,7	—

Wasser ←   → Überhitzter Dampf

[1]) Nach den Beschlüssen der 3. Internationalen Dampftafel-Konferenz Washington 1935.

e) Dampfspeicherung[1]).

Gewinnbare Dampfmenge in kg je m^3 Heißwasser für verschiedene Anfangs- und Enddampfdrucke.

Enddampfdruck at	Anfangsdampfdruck at																												
	2,0	2,5	3,0	3,5	4,0	4,5	5,0	5,5	6,0	6,5	7,0	7,5	8,0	8,5	9,0	9,5	10,0	10,5	11,0	11,5	12,0	12,5	13,0	13,5	14,0	14,5	15,0	16,0	17,0
1,5	15,5	28	40	49	57,5	65	71,6	77	82,5	87,5	92	97	100,5	104,5	108,5	112	115,5	119	122,5	125	128	130,5	133	135,5	138	140	142,5	147	151
2,0	—	13,5	25	34	43	50	56,5	62,5	68	74	78	82,5	87	92	95	98,8	102	105,5	109	112	115	118	120,4	123	125,2	127,8	130	134	138
2,5		—	12	22	30	38	44,5	50	56,5	62	67,5	71,5	75,5	80	84	87,5	91	94,3	98	101	104	107	109,5	112,3	115	117,5	119,5	124	128
3,0			—	10,5	19	26,5	33,5	39,5	45	50,6	55,6	60,5	65,2	69,5	72,5	75,5	80	84,5	87,7	91,2	94,2	97,5	100,2	103	105,8	108,2	110,6	115	119
3,5				—	9,5	17	23,6	30	35,5	41	46,0	51	55,7	60	64,5	68,5	72,5	76	79,2	82,5	85,5	88,5	91,2	94	96,6	99	101,6	106,5	111
4,0					—	7,8	15	21,5	27,5	33	38	43	48	52	56,6	60,5	64	67,5	71	74,4	77,5	81	83,9	86,8	89,2	92	94,3	98	103,5
4,5						—	7,5	13,8	20	25,5	31	36	40,6	45	49,2	53,5	57,2	61	64	67,5	71	74	76,8	79,8	82,5	85,2	87,7	92,6	97
5,0							—	7	12,5	18,5	24	28	33,5	38,2	42,5	46,7	50,5	54	57,8	61	64,2	68	71	74	77	79,2	80,7	86,7	91
5,5								—	6,2	12	17,7	22,7	27,5	32	36	40	44	47,5	51,3	54,9	58,5	61,6	64,8	67,6	70,5	73	75,5	80,7	85,5
6,0									—	6	11	16,6	21,5	26,5	30,6	34,5	38,5	42	45,8	49	52,5	56	59	62	65	68	70,5	75,2	80
6,5										—	5,8	11	16,2	21	25	30	33,5	37,2	40,9	44	47,5	50,8	53,9	56,9	59,8	62,5	65,5	70,5	75,2
7,0											—	5	10,5	15	19,5	23,5	27,6	31,2	34,9	38,4	41,7	45	48,2	51,5	54,2	57	59,6	65	69,9
7,5												—	5,2	10	14,5	19	23,2	27,1	30,7	34	37,5	41	43,9	46,6	49,6	52,4	55,0	60,3	65
8,0													—	5	10	14,5	18,5	22,6	26,5	30	33,2	36,5	39,5	42,5	45,3	48	50,8	56	61
8,5														—	5	9,5	13,5	17,6	21,6	25,5	28,8	32	35	38	40,8	43,6	46,2	51,8	56,5
9,0															—	4,8	8,5	12,5	16,8	20,5	23,8	27	30	33	36	39	41,6	47	52
9,5																—	4,5	8,5	12	16	19,8	23	26	29	32	35	37,7	43	48
10,0																	—	4,3	8	11,6	15	18,5	22	25	28	31	34	39,3	44
10,5																		—	4	7,7	11	14,8	18,3	21,5	24,5	27,5	30,5	35,6	40
11,0																			—	3,8	7	11	14,5	18	21	24	27	32	36
11,5																				—	3,5	7,8	10,8	14,5	17,5	20,5	23,4	28,7	33,5
12,0																					—	4,5	7	11	14	17	19,8	25,4	30,5
12,5																						—	3,5	7,3	10,5	13,5	16,4	22	27
13,0																							—	3,5	7	10	13	18,5	23,5
13,5																								—	3,5	6,5	9,7	15,2	20,5
14,0																									—	3	6,4	12	17,5
14,5																										—	3,2	9,3	14,8
15,0																											—	5,5	12
16,0																												—	5,5
17,0																													—

[1]) Ruhrkohlenhandbuch 1932, S. 48.

i) Teildruck von Ammoniak über wässerigen Ammoniaklösungen (Torr).

Temp. °C	Ammoniakgehalt der Lösung in Gew.-%												
	2	3	4	5	6	7	8	10	12	14	16	18	20	22
0	7	8	10	12,5	15	18	21,5	29,5	38,5	48,5	59	71	86,5	106
5	8	10	12,5	16	19	23	27,5	37	47,5	60	75	91	110	140
10	10	12,5	16	20,5	25	30	35,5	48	62	77,5	97	118	142	176
15	12	15,5	21	26	32,5	39	45,5	61	81	100	124	150	183	218
20	15	20	20,5	33,5	41	49,5	58,5	78	103	128	156	188	229	270
25	19,5	26	34	42,5	51,5	64	75	99	131	161	195	234	283	—
30	24,5	33	42,5	53	67	81	95	124	162	200	246	295	356	—
40	31	40	65	83	103	124	146	193	244	302	368	455	—	—
50	46	70	95	122	151	181	215	284	360	440	550	—	—	—

k) Sättigungsdrucke verschiedener Stoffe (Torr).

Temp. °C	n-Pentan	n-Hexan	n-Oktan	Benzol	Toluol	o-Xylol	Tetralin	Motorenbenzol[1]
— 20	68,8	14,1	—	5,8	1,8	—	—	3,6
— 10	114,3	25,9	—	14,8	3,6	2,2	—	9,1
0	183,2	45,5	2,9	26,5	9,9	4,0	0,08	16,5
10	281,8	75,0	5,6	45,4	18,0	6,4	0,17	28,6
20	420,2	120,0	10,5	74,7	26,5	10,1	0,27	47,5
30	610,9	186,1	18,4	118,2	39,0	15,6	—	77,0
40	873	276,7	30,9	181,1	63,0	23,7	—	115,7
50	1193	400,6	49,4	269,0	97,0	35,5	—	—
60	1605	568,0	77,6	388,6	145,5	52,4	—	—
70	2119	787,0	117,9	547,4	210,0	76,2	—	—
80	2735	1062	174,8	753,6	292	108,9	—	—
90	—	1407	253,4	1016	405	153,5	—	—
100	—	1836	353,6	1344	563	213,1	26	—
110	—	2358	481,9	1748	752	—	40	—
120	—	2982	646,4	2238	—	393,9	59	—

[1]) Mittelwerte.

Temp. °C	Methanol	Äthylalkohol	Äthyläther	Tetrachlorkohlenstoff	Schwefelkohlenstoff	Temp. °C	Schwefel	Quecksilber
— 20	6,3	3,3	63	9,9	47,3	0	—	0,00021
— 10	13,5	6,5	111,8	18,9	79,4	20	—	0,0013
0	26,8	12,2	184,9	33,1	127,9	40	—	0,0065
10	50,1	23,8	291,8	55,7	198,5	60	0,00026	0,027
20	88,7	44,0	442,4	89,6	298,0	80	0,00088	0,096
30	150,0	78,1	647,9	139,6	434,6	100	0,0075	0,28
40	243,5	133,4	921,2	210,9	617,5	120	0,030	0,80
50	381,7	219,8	1276,1	309,0	857,1	140	0,11	1,85
60	579,9	350,2	1728	439,0	1164,5	160	0,33	4,18
70	857,1	540,9	2294	613,8	1552	180	0,89	8,56
80	1238,5	811,8	2991	843,3	2032	200	2,12	17,22

l) Sättigungsdruck des Benzols und Benzolgehaltes des Gases.

Temp. °C	Dampf- druck Torr	Vol.-%	g/Nm³	Temp. °C	Dampf- druck Torr	Vol.-%	g/Nm³
— 20	5,8	0,76	26,6	15	59,2	7,79	271,4
— 15	10,2	1,34	46,8	20	74,7	9,83	342,5
— 10	14,8	1,95	67,9	30	118,2	15,55	541,9
— 5	20,2	2,66	92,6	40	181,1	23,83	830,3
0	26,5	3,49	121,5	50	269,0	35,40	1233
+ 5	34,2	4,50	156,8	60	388,6	51,13	1782
10	45,4	5,97	208,1				

m) Sättigungsdruck des Naphthalins und Naphthalingehaltes des Gases.

Temp. °C	Dampf- druck Torr	g/100 m³	Temp. °C	Dampf- druck Torr	g/100 m³	Temp. °C	Dampf- druck Torr	g/100 m³
0	0,006	4,51	30	0,133	90,10	80	7,4	4301,5
5	0,010	7,38	35	0,210	139,96	90	12,6	7122,2
10	0,021	15,23	40	0,320	209,88	100	18,5	10174
15	0,035	24,95	50	0,815	517,94	110	27,3	14624
20	0,054	37,83	60	1,83	1127,8	120	40,2	20386
25	0,082	56,48	70	3,95	2363,2	130	61,9	31514

Sättigungsdruck des Naphtalins von — 36 bis + 3° C.
(Nach M. R. Andrews, Journ. physic. Chem. **30**, 1497, 1927.)

$$\log p = 12{,}275 - \frac{4000}{T}.$$

n) Dampfdruck verflüssigter Gase in at.

Temp. °C	Aze- tylen	Äthy- len	Äthan	Propan	n- Butan	i- Butan	Kohlen- dioxyd	Methyl- chlorid	Ammo- niak	Schwefel- dioxyd	Schwefel- wasser- stoff
— 30	11,0	18,7	10,5	1,85	245 mm	345 mm	14,1	0,76	1,13	0,36	—
— 25	12,5	21,0	12,2	2,2	300 »	415 »	16,1	0,95	1,45	0,55	4,93
— 20	14,7	24,1	14,0	2,6	370 ·»	520 »	18,8	1,16	1,83	0,61	5,84
— 15	17,2	27,5	16,0	3,05	440 »	640 »	22,2	1,42	2,28	0,76	6,84
— 10	20,0	31,3	18,2	3,6	540 »	1,03 at	25,7	1,72	2,82	1,00	8,00
— 5	23,1	35,5	20,7	4,2	635 »	1,25 »	34,4	2,08	3,45	1,25	9,30
0	26,3	40,2	23,4	4,8	755 »	1,5 »	39,2	2,49	4,19	1,51	10,8
5	30,0	45,0	25,7	5,6	1,18 at	1,8 »	44,4	2,96	5,00	1,90	12,5
10	33,7	50,2	28,8	6,4	1,42 »	2,1 »	50,2	3,51	6,02	2,35	14,3
15	38,1	—	32,3	7,3	1,80 »	2,5 »	56,5	4,12	7,12	2,78	16,5
20	43	—	36,2	8,3	2,15 »	2,9 »	63,4	4,83	8,40	3,30	18,6
25	48	—	40,6	9,3	2,62 »	3,3 »	70,7	5,62	9,80	3,80	21,1
30	54	—	45,3	10,4	3,25 »	3,8 »	—	6,50	11,44	4,60	23,7
40	—	—	—	12,8	4,20 »	4,9 »	—	8,75	15,29	6,20	29,7
50	--	—	—	15,6	5,45 »	6,4 »	—	11,20	19,98	8,30	36,6
60	—	—	—	18,9	6,85 »	8,2 »	—	14,30	25,8	11,09	44,4

o) Höchstzulässige Füllung von Stahlflaschen mit verdichteten und verflüssigten Gasen.
(Druckgasverordnung von Preußen vom 2. 12. 1935.)

Gasart	Fassungsraum l/kg verfl. Gas	Gasart	Fassungsraum l/kg verfl. Gas
Ammoniak (verfl.) . . .	1,86	Äthan	3,3
» (gelöst) . . .	1,25—1,30	Propan	2,35
Kohlendioxyd	1,34	Butan	2,05
Schwefeldioxyd	0,8	Äthylen	3,5
Schwefelwasserstoff . . .	1,45	Propylen	2,25
Chlorwasserstoff	1,50	Butadien	1,85
Chlor	0,8	Ölgas, Ruhrgasol	2,5
Methyl- und Äthylamin .	1,7	Chlormethyl, Chloräthyl .	1,25

p) Zulässiger Höchstdruck für verdichtete Gase
bei 15⁰ C.

Azetylen (gelöst)	15 atü	Permanente Gase (Sauer-	
» (verdichtet) . .	1,5 »	stoff, Stickstoff, Wasser-	
Ölgas	125 »	stoff, Edelgase, Preß-	
Mischgas von Azetylen		luft, Kohlenoxyd, Me-	
und Ölgas	10 »	than, Wassergas, Stadt-	
		gas)	200 atü

q) Notwendiger Prüfdruck von Behältern für verflüssigte
Gase.

Gasart	Prüfdruck	Gasart	Prüfdruck
Ammoniak (verfl.) . . .	30 at	Äthan	95 at
» (gelöst) < 40⁰/₀	4 »	Propan	25 »
» < 50⁰/₀	9 »	Butan	12 »
Kohlendioxyd	190 »	Äthylen	225 »
Schwefeldioxyd	12 »	Propylen	35 »
Schwefelwasserstoff . . .	45 »	Butadien	10 »
Chlorwasserstoff	100 »	Ölgas (Blaugas)	190 »
Chlor	22 »	Ruhrgasol	45 »
Methylamin	14 »	Chlormethyl	16 »
Äthylamin	10 »	Chloräthyl	10 »

Für permanente Gase beträgt der Prüfdruck bei gewöhnlichen
Stahlflaschen 225 at, bei Leichtstahlflaschen 300 at.

r) Nutzinhalt von Stahlflaschen für verdichtete und verflüssigte Gase.

Gas	Betriebs-druck at	Raum-inhalt l	Leer-gewicht kg	Gasinhalt entspannt m³	Flaschengewicht [1] kg/m³ Gas bzw. [2] kg/kg Gas	kg/1000 kcal
Wasserstoff	150	40	75	6	12,5 [1]	4,1
Stadtgas (alte Flasche)	150	40	75	6	12,5 [1]	3
» (Leichtflasche)	200	50	54	10	5,4 [1]	1,3
Methan	150	40	75	6	12,5 [1]	1,3
Azetylen (gelöst) . . .	15	40	78	5,5	14,2 [1]	1,0
Propan (Deurag) . .	25 (Probedruck)	52	30	22,1 kg	1,36 [2]	0,28
Propan (I.G.)	25 (Probedruck)	30	28	15 »	1,86 [2]	0,38
» »		75	50	30 »	1,67 [2]	0,35
Butan (Frankreich) . .	—	—	12	13 »	0,93 [2]	0,13
Ruhrgasol	65 (Probedruck)	75	55	45 »	1,22 [2]	0,11

Maße von Leicht-Stahlflaschen für die Ausrüstung von
Kraftwagen mit Antrieb durch Stadtgas, Klärgas und
andere hochverdichtete Gase.
(Auszug aus DIN-Entwurf Kr. 3380.)

Rauminhalt l ≈	Außen-durchmesser mm	Länge [1] mm ≈	Wanddicke mm	Leergewicht kg ≈
53	229	1610	5,75	62
110	321	1720	8,0	136
150	368	1800	9,25	192
230	394	2400	10,0	281

[1] Die Flasche einschließlich Ventil ist etwa 100 mm länger.

Werkstoff: Flußstahl von 90 bis 105 kg/mm² Festigkeit, 77 kg/mm²
Mindestdruckgrenze und 14 % Mindestbruchdehnung (δ_5).

s) Festgelegter Farbanstrich für Stahlflaschen.

Sauerstoff	blau	sonstige brennbare Gase	rot
Stickstoff	grün	sonstige nichtbrennbare Gase	grau
Azetylen	gelb		

Zur äußeren Kennzeichnung ihres Inhalts genügt bei einem grauen
Grundanstrich auch ein ausreichend breiter Farbring in der vorgeschrie-
benen Kennfarbe an einer gut sichtbaren Stelle des Behälters.

13. Spezifische Wärme.

a) Begriff.

Die spezifische Wärme eines Stoffes ist eine unbenannte Zahl, die angibt, wievielmal mehr Wärme dieser bei der Temperatur t zur Erwärmung um 1^0 C benötigt als die gleiche Gewichtsmenge Wasser bei 15^0 C. Die Angabe der spezifischen Wärme c erfolgt zumeist je Gewichts- oder Volumeneinheit (kcal/kg, ^{0}C, kcal/Nm^3, ^{0}C) oder auch als molare spezifische Wärme C (kcal/kmol ^{0}C).

Spezifische Wärme bei konstantem Druck c_p und bei konstantem Volumen c_v. Wenn einem Stoff Wärme zugeführt wird, so wird im allgemeinen nicht die gesamte Wärmemenge dazu verwendet, um dessen Temperatur zu erhöhen, sondern ein Teil derselben wird zu seiner räumlichen Ausdehnung verbraucht, wobei gegen den äußeren Druck Arbeit geleistet wird. Nur bei Erwärmung unter konstantem Volumen fällt dieser Arbeitsverbrauch fort. Man muß daher zwischen der spezifischen Wärme bei konstantem Druck c_p und bei konstantem Volumen c_v unterscheiden, wobei stets $c_p > c_v$ ist. Bei festen und flüssigen Stoffen ist die Wärmeausdehnung so gering, daß zwischen c_p und c_v praktisch kein Unterschied besteht. Bei allen idealen und realen Gasen beträgt dagegen die Ausdehnung je Grad $1/_{273}$ des Volumens bei 0^0 (vgl. S. 81). Die äußere Ausdehnungsarbeit ergibt sich daher für 1 Mol je Grad zu $p \cdot v/273 = R$ und damit zu $C_p - C_v = R = 1{,}987$ kcal/Mol.

Nach der kinetischen Theorie der Materie ist die spezifische Wärme idealer Gase bei konstantem Volumen abhängig von der Zahl der Freiheitsgrade, wobei jeder derselben den Energiebetrag $\frac{1}{2} k T = \frac{1}{2} \frac{R}{N} T$ aufnimmt (R = Gaskonstante, T = absolute Temperatur und N = Molekülzahl im Mol). Bei einatomigen Gasen ist jedes Atom nach sämtlichen drei Koordinatenrichtungen frei beweglich. Da die molare spezifische Wärme bei konstantem Volumen C_v für jeden Freiheitsgrad somit $\frac{1}{2} R$ beträgt, folgt für einatomige Gase $C_v = \frac{3}{2} R$. Bei zweiatomigen Gasen kommen außer diesen drei Bewegungsmöglichkeiten noch zwei Rotationsbewegungen um die beiden Achsen, die senkrecht auf seiner Symmetrieachse stehen, hinzu, so daß zweiatomige Gase insgesamt fünf Freiheitsgrade aufweisen. Bei diesen gilt somit $C_v = \frac{5}{2} R$. Bei einem Gas mit mehr als zwei Atomen im Molekül ist dessen Lage im Raum neben den drei Schwerpunktskoordinaten eindeutig erst durch die drei Winkel entsprechend der Rotation um die drei Achsen bestimmt. Es weist also sechs Freiheitsgrade auf und somit gilt $C_v = \frac{6}{2} R$.

Verhältnis von C_p/C_v. Aus der kinetischen Theorie der Materie ergibt sich ferner, daß, wenn sämtliche dem Gasmolekül zugeführte Energie nur für die Wärmebewegung der Moleküle verbraucht wird, das Verhältnis C_p/C_v einen Höchstwert $5/3 = 1{,}667$ annimmt. Dies gilt mit großer Annäherung für einatomige Gase. Bei zweiatomigen idealen Gasen beträgt C_p/C_v 1,40, bei mehratomigen Gasen 1,34.

Die spezifischen Wärmen sind ferner abhängig von der Temperatur und dem Druck. Man hat daher zwischen der wahren spezifischen Wärme c bei einer gegebenen Temperatur und der mittleren spezifischen Wärme c_m, die das Mittel der spezifischen Wärmen zwischen einer bestimmten Temperatur und einer Bezugstemperatur (zumeist 0^0 C) darstellt, zu unterscheiden (vgl. die Zahlentafeln auf S. 66 und 68). In diesen Zahlentafeln[1]) sind die wahren und mittleren spezifischen Wärmen sämtlicher technisch wichtiger Gase je Nm^3 bei konstantem Druck für $p = 0$ at abs zusammengestellt. Die Unterschiede in den spezifischen Wärmen bei $p = 0$ at abs und $p = 1$ at abs sind bei den zweiatomigen Gasen so gering, daß sie vernachlässigt werden können. Bei den mehratomigen Gasen und Dämpfen, wie Methan, Kohlendioxyd und Wasserdampf liegen deren Teildrucke in den praktisch vorkommenden Fällen im allgemeinen näher bei 0 als bei 1 at abs, so daß auch bei diesen Gasen diese Zahlentafeln mit genügender Genauigkeit Anwendung finden können.

Für die Umrechnung der spezifischen Wärmen c_{p_0} vom Druck $p = 0$ at abs. auf den Druck von 760 Torr gilt nach Eucken[2]) die Beziehung

$$c_p = c_{p_0} - A \cdot T \int_0^p \left(\frac{\partial^2 V}{\partial T^2}\right)_p \cdot dp \quad \dots \dots \quad (1)$$

Mit ausreichender Genauigkeit kann man jedoch auch die einfache Zustandsgleichung in der Form

$$p \cdot V = R \cdot T + B \cdot p \quad \dots \dots \dots \quad (2a)$$

in der

$$B = b - \frac{a}{R \cdot T^x} \quad \dots \dots \dots \quad (2b)$$

bedeutet, zugrunde legen. Man erhält daraus

$$c_p = c_{p_0} - T \frac{d^2 B}{d T^2} \cdot p \quad \dots \dots \dots \quad (3)$$

Für die mittlere spezifische Wärme gilt entsprechend der Zuschlag

$$\Delta c_{p_m} = \frac{1}{t} \int_{273}^T \Delta c_p \cdot dT \quad \dots \dots \dots \quad (4)$$

[1]) GWF **78**, 637 (1935).
[2]) »Grundriß der physikalischen Chemie«, Leipzig 1934, 4. Aufl., S. 99.

Der Einfluß eines mäßigen Druckes bei mittleren und hohen Temperaturen auf die Größe der spezifischen Wärme kann im allgemeinen vernachlässigt werden. Die Erhöhung derselben beträgt für den Übergang von 0 auf 1 at bei zweiatomigen Gasen nur etwa 0,1%, bei Kohlendioxyd 0,3%. Etwas höher ist sie bei Dämpfen und beziffert sich bei Wasserdampf für 270⁰ beispielsweise auf ungefähr 2%.

Zuweilen ist es erwünscht, die Temperaturabhängigkeit der spezifischen Wärmen, vor allem der mittleren spezifischen Wärmen, wie beispielsweise für die Aufstellung von Näherungsformeln zur Berechnung der Grenztemperatur von Gasen in möglichst einfache Formeln zu fassen. Für Kohlendioxyd, Wasserdampf und Stickstoff gelten über einen größeren Temperaturbereich mit Abweichungen von nicht mehr als ± 0,7% unter Zugrundelegung der in der nachfolgenden Zahlentafel angeführten Werte folgende Gleichungen:

a) Kohlendioxyd:

$$c_{pm\,CO_2} = 0{,}487 + 0{,}000045\,t \qquad (1000\text{—}2200^0) \ldots (5\,a)$$

$$c_{pm\,CO_2} = 0{,}539 + 0{,}00002\,t \qquad (2000\text{—}3000^0) \ldots (5\,b)$$

$$c_{pm\,CO_2} = 0{,}639 - \frac{120}{t} \qquad (1200\text{—}2200^0) \ldots (5\,c)$$

$$c_{pm\,CO_2} = 0{,}649 - \frac{140}{t} \qquad (1600\text{—}3000^0) \ldots (5\,d)$$

b) Wasserdampf:

$$c_{pm\,H_2O} = 0{,}363 + 0{,}00005\,t \qquad (1200\text{—}2200^0) \ldots (6\,a)$$

$$c_{pm\,H_2O} = 0{,}382 + 0{,}00004\,t \qquad (1600\text{—}2800^0) \ldots (6\,b)$$

$$c_{pm\,H_2O} = 0{,}519 - \frac{120}{t} \qquad (1200\text{—}2000^0) \ldots (6\,c)$$

$$c_{pm\,H_2O} = 0{,}561 - \frac{200}{t} \qquad (1800\text{—}2800^0) \ldots (6\,d)$$

c) Stickstoff:

$$c_{pm\,N_2} = 0{,}313 + 0{,}00002\,t \qquad (1000\text{—}2400^0) \ldots (7\,a)$$

$$c_{pm\,N_2} = 0{,}334 + 0{,}00001\,t \qquad (1800\text{—}3000^0) \ldots (7\,b)$$

$$c_{pm\,N_2} = 0{,}373 - \frac{40}{t} \qquad (1000\text{—}2200^0) \ldots (7\,c)$$

$$c_{pm\,N_2} = 0{,}389 - \frac{70}{t} \qquad (1600\text{—}3000^0) \ldots (7\,d)$$

b) Wahre spezifische Wärme c_p reiner Gase und Dämpfe
in kcal/m³, ⁰C bei verschiedenen Temperaturen t (⁰C) und
konstantem Druck ($p = 0$ at abs)[1]) nach Justi.

t	H₂	N₂	CO	O₂	H₂O	CO₂	Luft
0	0,310	0,310	0,310	0,312	0,354	0,382	0,311
20	0,310	0,310	0,310	0,313	0,356	0,394	0,311
100	0,310	0,311	0,312	0,318	0,361	0,432	0,312
200	0,310	0,314	0,316	0,328	0,371	0,467	0,317
300	0,311	0,319	0,322	0,338	0,382	0,502	0,323
400	0,311	0,325	0,330	0,348	0,394	0,525	0,330
500	0,312	0,333	0,338	0,356	0,407	0,546	0,338
600	0,314	0,339	0,345	0,362	0,420	0,563	0,344
700	0,317	0,346	0,351	0,368	0,433	0,577	0,350
800	0,321	0,352	0,356	0,372	0,446	0,589	0,356
900	0,324	0,357	0,361	0,376	0,459	0,598	0,362
1000	0,328	0,361	0,365	0,379	0,471	0,606	0,365
1100	0,332	0,365	0,369	0,381	0,482	0,613	0,368
1200	0,336	0,369	0,372	0,383	0,493	0,619	0,372
1300	0,340	0,372	0,375	0,385	0,503	0,624	0,375
1400	0,344	0,374	0,377	0,387	0,512	0,628	0,376
1500	0,348	0,376	0,379	0,388	0,520	0,632	0,378
1600	0,351	0,378	0,381	0,389	0,527	0,635	0,380
1700	0,354	0,380	0,383	0,390	0,533	0,637	0,382
1800	0,357	0,382	0,384	0,391	0,539	0,639	0,384
1900	0,359	0,383	0,385	0,392	0,545	0,641	0,385
2000	0,361	0,384	0,386	0,392	0,551	0,643	0,386
2100	0,364	0,385	0,387	0,393	0,556	0,645	0,387
2200	0,366	0,386	0,388	0,393	0,560	0,647	0,388
2300	0,368	0,387	0,389	0,393	0,564	0,648	0,389
2400	0,369	0,388	0,389	0,394	0,567	0,649	0,389
2500	0,371	0,388	0,390	0,394	0,570	0,650	0,389
2600	0,373	0,389	0,390	0,394	0,573	0,651	0,390
2700	0,374	0,390	0,391	0,395	0,576	0,652	0,391
2800	0,376	0,390	0,391	0,395	0,578	0,653	0,391
2900	0,377	0,391	0,392	0,395	0,580	0,654	0,391
3000	0,378	0,392	0,392	0,395	0,582	0,654	0,392

t	CH₄	C₂H₄	C₂H₂	C₆H₆ (Dampf)	NH₃	H₂S	SO₂
0	0,369	0,451	0,456	0,928	0,379	0,366	0,425
20	0,378	0,473	0,473	0,973	0,384	0,369	0,433
100	0,420	0,558	0,530	1,16	0,411	0,380	0,465
200	0,479	0,663	0,585	1,39	0,452	0,397	0,500
300	0,544	0,752	0,618	1,61	0,496	0,413	0,527
400	0,599	0,828	0,648	1,84	0,542	0,430	0,550
500	0,653	0,895	0,676	—	0,587	0,447	0,566
600	0,700	0,952	0,701	—	0,634	0,473	0,578
700	0,742	1,003	0,723	—	—	—	0,587
800	0,778	1,048	0,743	—	—	—	0,595

[1]) Die Unterschiede in den spez. Wärmen bei $p = 0$ at und $p = 1$ at abs sind bei den zwei-atomigen Gasen so gering, daß sie vernachlässigt werden können, bei den mehratomigen Gasen liegen deren Teildrucke in den praktisch vorkommenden Fällen im allgemeinen näher bei 0 als bei 1 at abs.

Wahre molare spezifische Wärme reiner Gase und Dämpfe
in kcal/Mol, ^{0}C bei verschiedenen Temperaturen t (^{0}C) und
konstantem Druck ($p = 0$ at abs)[1]).

t	H$_2$	N$_2$	CO	O$_2$	H$_2$O	CO$_2$	Luft
0	6,95	6,95	6,94	6,99	7,98	8,56	6,96
20	6,95	6,95	6,95	7,01	7,99	8,84	6,96
100	6,95	6,98	6,99	7,13	8,10	9,69	7,01
200	6,95	7,03	7,08	7,36	8,32	10,47	7,10
300	6,96	7,15	7,22	7,59	8,57	11,23	7,24
400	6,97	7,30	7,39	7,81	8,85	11,79	7,40
500	7,00	7,46	7,57	7,99	9,13	12,25	7,57
600	7,05	7,61	7,73	8,13	9,43	12,63	7,71
700	7,11	7,76	7,87	8,26	9,72	12,94	7,86
800	7,19	7,89	8,00	8,35	10,01	13,20	7,98
900	7,27	8,00	8,11	8,43	10,29	13,41	8,09
1000	7,36	8,10	8,20	8,50	10,56	13,60	8,18
1100	7,45	8,19	8,28	8,55	10,81	13,74	8,26
1200	7,54	8,27	8,35	8,60	11,04	13,87	8,34
1300	7,63	8,33	8,41	8,64	11,28	13,98	8,39
1400	7,71	8,39	8,46	8,67	11,46	14,07	8,45
1500	7,79	8,44	8,51	8,70	11,64	14,15	8,49
1600	7,86	8,48	8,55	8,72	11,80	14,22	8,53
1700	7,93	8,52	8,58	8,74	11,95	14,28	8,56
1800	7,99	8,56	8,61	8,76	12,09	14,33	8,60
1900	8,05	8,59	8,64	8,77	12,22	14,38	8,63
2000	8,10	8,61	8,66	8,79	12,34	14,42	8,65
2100	8,15	8,64	8,68	8,80	12,43	14,46	8,67
2200	8,20	8,66	8,70	8,81	12,53	14,49	8,69
2300	8,25	8,68	8,72	8,82	12,62	14,52	8,71
2400	8,28	8,70	8,73	8,83	12,69	14,54	8,73
2500	8,32	8,71	8,75	8,83	12,77	14,57	8,74
2600	8,36	8,73	8,76	8,84	12,83	14,59	8,75
2700	8,39	8,74	8,77	8,85	12,89	14,61	8,76
2800	8,42	8,75	8,78	8,85	12,95	14,63	8,77
2900	8,44	8,77	8,79	8,86	13,00	14,64	8,78
3000	8,47	8,78	8,80	8,86	13,05	14,66	8,79

[1]) C_v folgt hieraus durch Subtraktion von 1,987.

c) Mittlere spezifische Wärme c_{p_m} reiner Gase und Dämpfe in kcal/m³, °C von 0 bis t °C bei konstantem Druck ($p = 0$ at abs)[1] nach Justi.

t	H$_2$	N$_2$	CO	O$_2$	H$_2$O	CO$_2$	Luft
0	0,310	0,310	0,310	0,312	0,354	0,382	0,311
100	0,310	0,311	0,311	0,314	0,358	0,406	0,312
200	0,310	0,311	0,313	0,319	0,362	0,429	0,313
300	0,310	0,313	0,315	0,324	0,367	0,448	0,315
400	0,310	0,315	0,318	0,329	0,372	0,464	0,318
500	0,311	0,318	0,321	0,333	0,378	0,478	0,321
600	0,311	0,321	0,325	0,337	0,384	0,491	0,324
700	0,312	0,324	0,328	0,341	0,390	0,502	0,327
800	0,313	0,327	0,331	0,344	0,396	0,512	0,330
900	0,314	0,330	0,334	0,348	0,402	0,521	0,333
1000	0,315	0,333	0,337	0,350	0,409	0,530	0,336
1100	0,317	0,336	0,340	0,353	0,415	0,537	0,339
1200	0,318	0,338	0,342	0,355	0,421	0,543	0,341
1300	0,320	0,340	0,344	0,357	0,427	0,548	0,343
1400	0,321	0,343	0,346	0,359	0,432	0,553	0,346
1500	0,323	0,345	0,348	0,361	0,438	0,558	0,348
1600	0,325	0,347	0,350	0,363	0,443	0,563	0,350
1700	0,326	0,349	0,352	0,364	0,448	0,568	0,352
1800	0,328	0,351	0,354	0,366	0,453	0,572	0,354
1900	0,329	0,352	0,356	0,367	0,458	0,576	0,355
2000	0,331	0,354	0,357	0,368	0,462	0,579	0,357
2100	0,333	0,355	0,358	0,369	0,466	0,582	0,358
2200	0,334	0,556	0,359	0,370	0,470	0,585	0,359
2300	0,335	0,358	0,361	0,371	0,474	0,588	0,361
2400	0,337	0,359	0,362	0,372	0,478	0,590	0,362
2500	0,338	0,360	0,363	0,373	0,482	0,593	0,363
2600	0,339	0,361	0,365	0,374	0,485	0,595	0,364
2700	0,341	0,362	0,365	0,375	0,488	0,597	0,365
2800	0,342	0,363	0,566	0,375	0,491	0,598	0,366
2900	0,343	0,364	0,367	0,377	0,494	0,599	0,367
3000	0,344	0,365	0,368	0,378	0,497	0,600	0,368

t	CH$_4$	C$_2$H$_4$	C$_2$H$_2$	C$_6$H$_6$ (Dampf)	NH$_3$	H$_2$S	SO$_2$
0	0,369	0,451	0,456	0,93	0,379	0,366	0,425
100	0,387	0,495	0,496	1,05	0,394	0,373	0,445
200	0,420	0,560	0,526	1,16	0,413	0,381	0,463
300	0,452	0,609	0,552	1,27	0,432	0,389	0,481
400	0,482	0,655	0,572	1,39	0,454	0,397	0,495
500	0,510	0,697	0,590	—	0,476	0,406	0,508
600	0,538	0,734	0,607	—	0,497	0,416	0,519
700	0,564	0,768	0,622	—	0,519	0,425	0,528
800	0,589	0,805	0,636	—	0,539	0,434	0,535

[1] Bei den zweiatomigen Gasen sind die Werte für c_{pm} bei $p = 0$ at und $p = 1$ at abs praktisch gleich, bei H$_2$O und CO$_2$ ist zu berücksichtigen, daß bei wärmetechnischen Rechnungen deren Partialdruck zumeist näher bei $p = 0$ at abs liegt.

d) Wahre spezifische Wärme c_p
von Propan und Butan.
(kcal/m³, ⁰C)

t	Propan	Butan
0	0,81	1,03
50	0,88	1,11
75	0,91	1,15

$$C_p = 4,4 + 4,4\,n + (0,012 + 0,006\,n)\,t.$$

C_p = molare spezifische Wärme bei konstantem Druck,

n = Zahl der Kohlenstoffatome im Molekül,

t = Temperatur ⁰C.

e) Mittlere spezifische Wärme c_{pm} technischer Gase
in kcal/m³, ⁰C von 0 bis t⁰C bei konstantem Druck
($p=0$ at abs)

t	Steinkohlengas	Stadtgas	Wassergas	Generatorgas
0	0,339	0,327	0,314	0,334
100	0,350	0,335	0,316	0,342
200	0,362	0,343	0,318	0,350
300	0,374	0,351	0,320	0,357
400	0,386	0,359	0,322	0,363
500	0,398	0,367	0,325	0,370
600	0,409	0,375	0,328	0,376
700	—	—	0,330	0,381
800	—	—	0,333	0,386
900	—	—	0,336	0,391
1000	—	—	0,338	0,396
1100	—	—	0,340	0,400
1200	—	—	0,342	0,403

h) Spezifische Wärme von Wasser nach Dieterici
(kcal/kg, ⁰C).

0⁰C	1,0088	80	1,0045	160	1,0361	240	1,0942
20	0,9987	100	1,0099	180	1,0482	260	1,1129
40	0,9987	120	1,0170	200	1,0619	280	1,1333
60	1,0008	140	1,0257	220	1,0772	300	1,1543

Für den Temperaturbereich von 35—300⁰ gilt die Formel:

$$c = 0,99827 - 0,00010368\,t + 0,0000020736\,t^2.$$

f) **Wahre spezifische Wärme des überhitzten Wasserdampfes (kcal/kg, °C) (nach Knoblauch, Raisch, Hausen und Koch).**

Druck kg/cm²	Temperatur °C																
	180	200	220	240	260	280	300	320	340	360	380	400	420	440	460	480	500
10	0,606	0,563	0,540	0,528	0,521	0,516	0,514	0,512	0,511	0,511	0,511	0,512	0,513	0,515	0,516	0,518	0,520
20			0,699	0,629	0,591	0,570	0,556	0,548	0,542	0,538	0,535	0,533	0,532	0,532	0,531	0,532	0,533
30				0,813	0,703	0,644	0,610	0,589	0,575	0,566	0,559	0,555	0,551	0,547	0,547	0,546	0,545
40					0,878	0,751	0,681	0,640	0,614	0,597	0,586	0,577	0,571	0,566	0,563	0,560	0,558
50						0,901	0,774	0,703	0,660	0,632	0,614	0,601	0,591	0,584	0,579	0,574	0,571
60						1,115	0,897	0,781	0,713	0,672	0,645	0,626	0,613	0,603	0,595	0,589	0,584
70							1,060	0,878	0,777	0,717	0,679	0,653	0,635	0,622	0,611	0,604	0,597
80							1,294	1,000	0,854	0,769	0,717	0,683	0,659	0,642	0,629	0,619	0,611
90							1,686	1,161	0,955	0,829	0,759	0,714	0,684	0,662	0,646	0,634	0,624
100								1,396	1,058	0,898	0,806	0,749	0,711	0,684	0,664	0,650	0,638
110								1,791	1,205	0,979	0,859	0,787	0,739	0,707	0,683	0,666	0,652
120									1,416	1,077	0,919	0,828	0,770	0,731	0,703	0,682	0,667

g) **Mittlere spezifische Wärme des überhitzten Wasserdampfes in kcal/kg, °C von der Sättigungstemperatur an gerechnet (nach Knoblauch, Raisch, Hausen und Koch).**

Druck kg/cm²	Temperatur °C																
	180	200	220	240	260	280	300	320	340	360	380	400	420	440	460	480	500
10	0,617	0,583	0,567	0,556	0,548	0,542	0,538	0,534	0,531	0,529	0,527	0,526	0,525	0,524	0,523	0,523	0,523
20			0,722	0,676	0,650	0,629	0,614	0,603	0,594	0,586	0,580	0,575	0,571	0,568	0,565	0,562	0,560
30				0,833	0,774	0,733	0,700	0,677	0,660	0,645	0,634	0,625	0,617	0,611	0,605	0,600	0,596
40					0,918	0,856	0,796	0,757	0,728	0,706	0,689	0,674	0,663	0,653	0,644	0,637	0,631
50						0,977	0,905	0,846	0,802	0,771	0,745	0,725	0,709	0,695	0,683	0,674	0,665
60						1,161	1,031	0,944	0,883	0,839	0,805	0,777	0,756	0,738	0,723	0,710	0,699
70							1,173	1,056	0,972	0,912	0,867	0,833	0,804	0,782	0,763	0,747	0,733
80							1,377	1,188	1,069	0,994	0,935	0,890	0,855	0,827	0,804	0,785	0,768
90								1,349	1,187	1,082	1,008	0,952	0,909	0,875	0,847	0,824	0,804
100								1,568	1,317	1,190	1,092	1,021	0,968	0,926	0,893	0,865	0,842
110									1,510	1,311	1,186	1,098	1,034	0,983	0,943	0,910	0,883
120								1,901	1,754	1,465	1,302	1,187	1,106	1,045	0,997	0,958	0,926

i) Spezifische Wärme anorganischer Stoffe (kcal/kg, °C).

Stoff	Temp. °C	Spez. Wärme	Stoff	Temp. °C	Spez. Wärme
a) Metalle			Zink	400	0,11
Aluminium	— 50	0,19	Zinn	0	0,054
»	0	0,21			
»	100	0,22	**b) Legierungen**		
»	300	0,24	Aluminiumbronze . .	20—100	0,10
Blei	— 200	0,026	Bronze	20—100	0,086
»	0	0,031	Konstantan	20	0,098
»	100	0,032	»	100	0,10
»	300	0,034	Manganin	20	0,097
Chrom	0	0,10	»	100	0,10
»	300	0,12	Messing	20—100	0,092
»	500	0,15	Neusilber	20	0,087
Eisen	— 100	0,022	Nickelstahl	20—100	0,11
»	0	0,10	Rotguß	20	0,091
»	0— 500	0,13	»	20—100	0,10
»	0—1100	0,15	Stahl	20	0,12—
»	0—1600	0,19			0,13
Gold	0	0,031	**c) Sonstige Stoffe**		
Iridium	0	0,031	Aluminiumoxyd . . .	0	0,20
Kobalt	0	0,099	Basalt	0—100	0,21
Kupfer	0	0,091	Beton	20	0,21
»	100	0,095	Eisenoxyd	0	0,16
»	300	0,099	Gips	0	0,26
»	900	0,13	Glas (Thüringer) . .	20—100	0,20
Magnesium	0	0,24	Glaswolle	0	0,16
Mangan	0	0,11	Kaliumchlorid . . .	0	0,16
Molybdän	20	0,061	Kalkstein	0—100	0,21
Nickel	0	0,11	Kalziumchlorid . . .	0	0,16
»	200	0,13	Kalziumkarbonat . .	0	0,19
»	800	0,15	Kieselgur	20	0,20
Palladium	0	0,058	Korund	0—100	0,20
Platin	0	0,032	Leder	20	0,36
»	0—1000	0,038	Marmor	0	0,20
Quecksilber	0	0,033	Natriumchlorid . . .	0	0,21
»	400	0,033	Porzellan	0—1000	0,26
Rhodium	0	0,057	Quarz	0—100	0,19
Silber	0	0,056	Quarzglas	0—100	0,17
»	250	0,059	»	0—500	0,23
»	0— 600	0,060	»	0—900	0,25
Silizium	0	0,17	»	0—1400	0,26
Titan	0	0,10	Schwefel (rhom.) . .	20	0,17
Wolfram	0	0,030	» (mon.) . .	20	0,18
»	1000	0,036	Zement	20	0,26
Zink	0	0,090	Ziegelstein	20	0,16
»	100	0,095			

k) Mittlere spezifische Wärme von feuerfesten Stoffen
(kcal/kg, ⁰ C).

(Nach Cohn, Ber. Deutsch. Keram. Ges. 7, 154, 1926).

Material	20	20 bis 100	20 bis 200	20 bis 300	20 bis 400	20 bis 500	20 bis 600	20 bis 700	20 bis 800	20 bis 1000	20 bis 1200	20 bis 1400
Feldspat	0,160	0,161	0,162	0,168	0,179	0,191	0,202	0,211	0,222	0,246	0,262	—
Korund (künstl.)	0,194	0,203	0,214	0,223	0,231	0,248	0,251	0,259	0,272	0,304	—	—
Kristobalit . . .	0,185	0,194	0,212	0,237	0,238	0,244	0,248	0,252	0,257	0,266	—	—
Quarz	0,176	0,190	0,206	0,217	0,228	0,239	0,256	0,257	0,260	0,267	—	—
Sand	0,176	0,190	0,205	0,214	0,223	0,233	0,251	0,254	0,257	0,267	—	—
Schamotte gebr.	0,184	0,199	0,215	0,227	0,233	0,239	0,243	0,248	0,252	0,261	0,267	0,274
Schamotteton gebr.	0,194	0,197	0,202	0,213	0,220	0,231	0,238	0,244	0,251	0,277	—	—
Schamotteton (roh)	0,190	0,191	0,194	0,201	0,211	0,232	0,347	0,332	0,311	0,343	0,384	0,414
Sillimanit	0,161	0,161	0,161	0,163	0,167	0,170	0,173	0,174	0,175	0,175	0,199	0,205
Steingut (gebr.)	0,183	0,186	0,192	0,203	0,212	0,223	0,234	0,275	0,286	0,307		
Tonerde (amorph)	0,196	0,199	0,202	0,216	0,227	0,240	0,250	0,258	0,268	0,305	—	—

l) Spezifische Wärme von Ammoniakprodukten.
(Nach W. Schairer, Glückauf 72, 454, 1936.)

	c_{pm} 92—22⁰	c_p 22⁰
Rohgaswasser (1,2⁰/₀)	—	1,008
Gaswasser, abgetrieben	0,085	0,976
Gaswasser, abgetrieben und gefiltert	—	0,993

m) Spezifische Wärme von wäßrigen Ammoniak-
lösungen (kcal/kg, ⁰C).
(Nach Wrewsky und Kaigorodoff,
Ztschr. phys. Chem. 112, 83, 1924.)

20,6⁰		41,0⁰		60,9⁰	
p	c	p	c	p	c
32,3	1,0128	20,97	1,0274	12.26	1,0269
24,05	0,9988	14,78	1,0214	8,20	1,0176
15,07	0,9946	8,18	1,0109	2,87	1,0064
8,53	1,0005	3,98	1,0034		
4,02	1,0013	1,47	0,9993		
2,87	1,0011				
1,47	0,9880				

p = Prozentgehalt in 100 Gewichtsteilen Lösung.

n) Mittlere spezifische Wärme von Koks (kcal/kg, °C).
(Nach Schläpfer und Debrunner, Monats-Bull. Schwz. Ver. 4, 21, 1924.)

Temperatur-bereich	Koks mit einem Aschegehalt von					Graphit	Quarz
	5°/₀	10°/₀	15°/₀	20°/₀	25°/₀		
20— 100°	0,193	0,193	0,193	0,192	0,192	0,192	0,190
20— 200°	0,225	0,224	0,223	0,222	0,220	0,226	0,204
20— 300°	0,252	0,250	0,248	0,247	0,245	0,255	0,217
20— 400°	0,277	0,275	0,272	0,269	0,267	0,280	0,227
20— 500°	0,297	0,294	0,290	0,287	0,284	0,300	0,235
20— 600°	0,313	0,309	0,306	0,302	0,298	0,317	0,242
20— 700°	0,327	0,323	0,318	0,318	0,310	0,330	0,247
20— 800°	0,337	0,333	0,328	0,324	0,319	0,342	0,250
20— 900°	0,347	0,342	0,337	0,332	0,327	0,353	0,253
20—1000°	0,356	0,351	0,345	0,340	0,335	0,362	0,256
20—1100°	0,363	0,359	0,353	0,348	0,342	0,371	0,258
20—1200°	0,369	0,363	0,358	0,352	0,346	0,377	—

Berechnung der mittleren spezifischen Wärme von Koks.

$$c_m^t = \frac{x}{100} \cdot c_a^t + \frac{y}{100} \cdot c_k^t + \frac{z}{100 \cdot s} \cdot c_g^t.$$

$x =$ Prozentgehalt des Kokses an Asche,
$y =$ » » » » fixem Kohlenstoff,
$z =$ » » » » Restgas,
$s =$ spezifisches Gewicht des Restgases = 0,45,
$c_m^t =$ mittlere spezifische Wärme des Kokses,
$c_a^t =$ » » » der Asche (= Quarz),
$c_k^t =$ » » » des fixen Kohlenstoffs
(= Graphit),
$c_g^t =$ » » » des Restgases je Volumeneinheit (hierfür kann mit genügender Genauigkeit die mittlere
spezifische Wärme des Kohlenoxyds eingesetzt werden).

o) Spezifische Wärme organischer Stoffe (kcal/kg, ° C).

Stoff	Temp. °C	Spez. Wärme	Stoff	Temp. °C	Spez. Wärme
Azeton	20	0,52	Chloroform	0	0,23
Anilin	20	0,49	Dekalin	20	0,40
Asphalt	20	0,22	Diamant	0	0,11
Äther	20	0,57	»	100	0,19
Alkohol	20	0,58	»	600	0,44
Benzin	20	0,48—0,52	Erdöl	20	0,40—0,55
Benzol	0	0,36	Essigsäure	20	0,49
»	20	0,41	Gasöl	20	0,45—0,48
»	60	0,46	Glyzerin	20	0,58

Stoff	Temp. °C	Spez. Wärme	Stoff	Temp. °C	Spez. Wärme
Graphit	0	0,16	Petroläther	0	0,42
»	250	0,53	Petroleum	20	0,50
»	1000	0,47	Phenol	20	0,56
»	0—300	0,26	Propylalkohol	20	0,58
»	0—1100	0,37	Pyridin	20	0,41
Heptan	20	0,49	Schmieröl	20	0,45—0,55
Holz	20	0,50—0,65	Schwefelkohlenstoff .	0	0,24
Holzkohle	20	0,16	Steinkohle	0	0,31
Kork	20	0,48	» , geschüttet ·	0	0,20
Korkstein	20	0,41	Steinkohlenteer . . .	40	0,35
Kresol	20	0,49	» : . .	200	0,45
Methanol	20	0,60	Terpentinöl ·	0	0,41
Naphthalin	15	0,31	Tetrachlorkohlenstoff	20	0,20
»	45	0,33	Textilien	20	0,30—0,35
Nitrobenzol	20	0,36	Toluol	0	0,40
Olivenöl	20	0,40	»	50	0,44
Paraffin	20	0,48	Xylol	20	0,40
Pentan	20	0,51	Zyklohexan	20	0,50

p) Spezifische Wärme von Benzolerzeugnissen und Benzol-
waschölen von 92—22° C.

(Nach W. Schairer, Glückauf 72, 454, 1936.)

	$c_{p_m\,92—22°}$	$c_{p\,22°}$		$c_{p_m\,92—22°}$	$c_{p\,22°}$
Benzolvorprodukt aus aromatischem Benzolwaschöl	0,395	0,370	Rohteer	0,413	0,405
			Steinkohlenteeröl . .	0,414	0,407
			Benzolwaschöl, angereichert (aromatisch)	0,365	0,361
Benzolvorprodukt aus aliphatischem Benzolwaschöl	—	0,402	Benzolwaschöl, abgetrieben (aromatisch)	0,350	0,350
Motorenbenzol 1. . .	0,395	0,383	Benzolwaschöl, angereichert (aliphatisch)	—	0,452
Motorenbenzol 2. . .	0,402	0,355			
Solventnaphtha . . .	0,401	0,362	Benzolwaschöl, abgetrieben (aliphatisch)	—	0,441
Leichtöl	0,413	0,365			
Mittelöl (41,5% Naphthalin)	0,589	0,360			

14. Wärmeübertragung.

Der Ausdruck Wärmeübertragung umfaßt all die Erscheinungen,
die für die Überführung einer Wärmemenge von einem Medium auf ein
zweites maßgeblich sind. Die Wärmeübertragung wird daher unterteilt
in Wärmeleitung, Wärmeübergang, Wärmedurchgang und Wärmestrahlung.

a) Wärmeleitung.

Die Wärmeleitzahl λ ist diejenige Wärmemenge, die in der Zeiteinheit durch den Querschnitt von 1 m² fließt, wenn senkrecht zu diesem

Querschnitt das Temperaturgefälle von 1^0 je 1 m herrscht; sie hat im technischen Maßsystem die Dimension kcal/m h ^{0} C. Praktisch bestimmt wird zumeist das Temperaturleitvermögen $\varkappa$, aus dem die Wärmeleitzahl gemäß der Formel

$$\lambda = c \cdot d \cdot \varkappa$$

berechnet wird ($d =$ Dichte des Stoffes, $c =$ spezifische Wärme desselben).

Theoretisch ergibt sich das Wärmeleitvermögen durch die Übertragung der Energie durch Molekülstöße bzw. durch Molekülschwingungen bei geordneten Molekülsystemen. Bei Gasen wird die Wärmeleitzahl daher bestimmt durch die freie Weglänge, die mitgeführte Energie der Moleküle und die Zahl der Freiheitsgrade.

Ferner gilt bei Gasen die Gesetzmäßigkeit

$$\lambda = \mu \cdot c_v \cdot g \cdot \varepsilon,$$

worin μ die Zähigkeit, c_v die spezifische Wärme der Gewichtseinheit des Gases bei konstantem Volumen, g die Erdbeschleunigung und ε einen von der Atomzahl des Gases abhängigen unbenannten Zahlenwert bedeuten. ε besitzt mit großer Annäherung folgende Werte:

Atomzahl der Moleküle	1	2	3	4	5	6
ε	2,50	1,74	1,51	1,32	1,28	1,24

b) Wärmeleitzahlen λ von Gasen (kcal/m h ^{0} C).

Gas	0^0	100^0	Gas	0^0	100^0
Kohlendioxyd .	0,0121	0,0180	Schwefeldioxyd .	0,0070	—
Kohlenoxyd . .	0,0196	—	Wasserstoff . . .	0,145	0,184
Luft	0,0204	0,0259	Wasserdampf . .	—	0,0199
Methan	0,0259	—	Äthylen	0,0145	0,0229
Sauerstoff . . .	0,0207	0,0268	Ammoniak . . .	0,0185	0,0255
Stickstoff	0,0203	0,0258	Azetylen	0,0158	—

Wärmeleitzahlen λ verschiedener Gase bei 0^0.
(Nach J. Ulsamer, Ztschr. VDI 80, 537, 1936.)

Gas	kcal/m h ^{0}C	Gas	kcal/m h ^{0}C
Luft (gereinigt und getrocknet)	$2,066 \cdot 10^{-2}$	Sauerstoff	$2,099 \cdot 10^{-2}$
		Stickstoff	$2,063 \cdot 10^{-2}$
Wasserstoff	$14,90 \cdot 10^{-2}$	Kohlendioxyd	$1,24 \cdot 10^{-2}$

c) Wärmeleitzahlen λ anorganischer Stoffe (kcal/m h °C)[1].

Aluminium	180—190	Konstantan	200
»	190—200 (400°)	Kreide	0,8
Asbestfaser	0,1—0,2	Kupfer	300—350
Asbestpappe	0,2	Lava	0,7
Asbestschiefer	0,2	Leichtbeton	0,2—0,5
Basalt	1,15	Marmor	2,5
Beton	0,65—0,70	Messing	80—100
Blei	30	Neusilber	25
Bruchsteinmauerwerk	1,4—2,0	Nickel	50
Eis	2,1 (0°)	Platin	60
Eisen		Porzellan	0,9—1,0
Elektrolyteisen	76	Quarzsand (trocken)	0,25—0,30
Gußeisen	35—55	Quecksilber	6,5
Schmiedeeisen	50—55	Rotguß	50—60
Bessemerstahl	35—40	Sandstein (trocken)	1,1
Thomasstahl	45	Schamotte	0,5
Nickelstahl (30% Ni)	110	»	1,2 (500°)
Erdreich, feucht	0,4—0,6	»	1,4 (1000°)
Gips	0,36	Schlackenwolle	0,04—0,06
Glas	0,6—0,8	Silber	360
Glaswolle	0,035—0,05	Speckstein	2,8—3
Glimmer	0,3	Ton, feuerfest	0,7—1,2
Gold	250	Verputz	0,7
Hohlziegelmauerwerk	0,25—0,30	Wasser	0,45 (0°)
Kalksandstein	0,6	»	0,55 (50°)
Kalkstein	0,8	»	0,59 (75°)
Kesselstein	1—2,5	Zement	0,8
Kiesbeton	0,6—1,1	Ziegelstein (trocken)	0,45—0,65
Kieselgur	0,05	Ziegelmauerwerk	0,35—0,5
»	0,08 (300°)	Zink	100
Kohlenschlacke	0,13	Zinn	55

d) Wärmeleitzahlen λ organischer Stoffe (kcal/m h °C)[2].

Alkohol	0,18	Kohle	
Asphalt	0,5—0,6	Kohlenstaub	0,095
Baumwolle	0,05	Koks	7,2 (1000°)
Benzin	0,13	Steinkohle	0,12—0,15
Benzol	0,125	Kork (Pulver)	0,025—0,030
Ebonit	0,14—0,16	Korkplatte	0,035—0,05
Filz (Haar-)	0,03	Leder	0,14
» (Woll-)	0,05	Linoleum	0,16
Glyzerin	0,25	Maschinenöl	0,1
Graphit	4,0—4,5	Pappe	0,16
Gummi	0,15—0,3	Petroleum	0,13
		Paraffin	0,17
Holz		Sägemehl	0,05
Eichenholz ‖ z. Faser	0,3	Torfplatte	0,04—0,05
» ⟂ z. »	0,18	Vulkanfiber	0,18—0,30
Kiefernholz ‖ z. Faser	0,3	Watte	0,035
» ⟂ z. »	0,14	Wolle	0,03—0,035
		Zelluloid	0,18

[1] Wenn nichts besonderes vermerkt gültig bei 20°.
[2] Wenn nicht besonders vermerkt gültig bei 20°.

e) Wärmeübergang.

Der Wärmeübergang bedeutet den Wärmeaustausch zwischen einem strömenden Gas oder einer strömenden Flüssigkeit und der festen Begrenzungswand. In einfachen Fällen wird damit nur eine Erwärmung oder Abkühlung eines gasförmigen oder flüssigen Mediums bewirkt, sehr oft ist dieser reine Temperaturaustausch noch mit physikalischen Zustandsänderungen (Kondensation, Verdampfung, Erstarrung usw.) verbunden.

Der Wärmeübergang ist abhängig von der Zeitdauer, dem Temperaturunterschied zwischen Wand und gasförmigem bzw. flüssigem Medium und der Größe des Wandelementes. Die Wärmeübergangszahl α (kcal/m² h °C) wird vornehmlich bestimmt von der Form der (Rauhigkeit) wärmeaufnehmenden bzw. wärmeabgebenden Flächen, sowie von der Art und Strömungsgeschwindigkeit des zweiten Mediums. Es ist daher unmöglich, die bestehenden Gesetzmäßigkeiten durch genaue Zahlenwerte festzulegen. Im allgemeinen gelten jedoch für α folgende Werte:

bei sogenannter ruhender Luft . . . . $\alpha =$ 3—30

bei bewegter Luft . . . . $\alpha =$ 10—500

bei bewegten nicht siedenden Flüssig-

keiten . . . . $\alpha =$ 200—5000

bei siedenden Flüssigkeiten . . . . . . $\alpha =$ 4000—6000

bei kondensierenden Dämpfen . . . . $\alpha =$ 7000—12000

f) Wärmeübergangszahlen der Ofenaußenwände.
(Mitteilung Nr. 51 der Wärmestelle Düsseldorf.)

Äußere Oberflächentemperatur der Wand °C	Wärmeübergangszahl α (Strahlung und Konvektion der senkrechten oder waagerechten Wand) kcal/m² h °C	Stündliche Wärmeabgabe der Wand bei einer Außentemperatur von 10 °C kcal/m² h
10	7,4	0
25	8,6	129
40	9,6	288
60	10,9	545
80	11,6	811
100	12,4	1119
130	13,8	1655
160	15,2	2280
200	17,4	3300
240	19,3	4400
280	21,4	5780
320	24,1	7470
350	26,1	8870
400	29,8	11620
500	38,5	18860
600	49,3	29150

g) Wärmedurchgang[1]).

Wenn Gas- oder Flüssigkeitsströme durch eine feste Zwischenwand getrennt sind, wird die zwischen diesen eintretende Wärmeübertragung als Wärmedurchgang bezeichnet (kcal/m² h °C).

Für den Wärmedurchgang durch eine ebene Wand von der Oberfläche F (m²), der Wandstärke Δ, der Wärmeleitzahl λ (kcal/m h °C), den Wandoberflächentemperaturen Θ_1 und Θ_2, den Temperaturen des heißeren und kälteren Mediums ϑ_1 und ϑ_2 (°C) und den beiderseitigen Wärmeübergangszahlen α_1 und α_2 (kcal/m² h °C) gelten an den beiden Wandoberflächen A und B die Gleichungen

Oberfläche A $\qquad Q_1 = \alpha_1 \cdot F \cdot (\vartheta_1 - \Theta_1) \cdot t$

Oberfläche B $\qquad Q_2 = \alpha_2 \cdot F \cdot (\Theta_2 - \vartheta_2) \, t$

und für die Wärmeleitung durch die Wand:

$$Q_3 = \lambda \cdot F \cdot \frac{\Theta_1 - \Theta_2}{\Delta} \cdot t.$$

Im Beharrungszustand ist $Q_1 = Q_3 = Q_2$.

Nach Elimination der Wandtemperaturen aus den obigen Gleichungen erhält man daraufhin

$$Q = \frac{1}{\frac{1}{\alpha_1} + \frac{\Delta}{\lambda} + \frac{1}{\alpha_2}} \cdot F \cdot (\vartheta_1 - \vartheta_2) \cdot t = k \cdot F \cdot (\vartheta_1 - \vartheta_2) \cdot t.$$

In der letzten Gleichung stellt k als die Abkürzung des Bruches die Wärmedurchgangszahl (kcal/m² h °C) dar.

Die gleichen Verhältnisse gelten für Rohrwandungen, jedoch mit der Abänderung, daß die Eintrittsfläche und Austrittsfläche der Wand nicht mehr gleich sind. Für ein Rohr der Länge dL, dem Außendurchmesser d_a und dem Innendurchmesser d_1 gilt die Gleichung

$$Q = \frac{1}{\frac{1}{\alpha_a \cdot d_a} + \frac{1}{\alpha_i \cdot d_i} + \frac{1}{2\lambda} \cdot \ln \frac{d_a}{d_i}} \cdot \pi \cdot dL \cdot (\vartheta_i - \vartheta_a) \cdot t$$

$$= k_R \cdot \pi \cdot dL \cdot (\vartheta_i - \vartheta_a) \cdot t.$$

Die Wärmedurchgangszahl k_R (kcal/m h °C) wird in diesem Fall nicht mehr auf die Flächeneinheit, sondern auf die Längeneinheit des Rohres bezogen.

Bei den obigen Ableitungen wird vorausgesetzt, daß auf den beiden Seiten der Zwischenwand jeweils eine einheitliche Temperatur des Mediums herrscht. Dies ist im praktischen Betrieb jedoch nicht der Fall infolge der Erwärmung bzw. Abkühlung. Ferner ist zu unterscheiden

---

[1]) Einzelheiten siehe Berliner-Scheel, Physikalisches Handwörterbuch, 1932, Verlag Springer, S. 1346.

zwischen Gleichstrom und Gegenstrom der beiden Medien, so daß sich eine weitere Untertrennung in Wärmeübergang im Gleichstrom oder im Gegenstrom ergibt.

Für den Wärmedurchgang im Gleichstrom gilt die Gleichung

$$Q = W_1 \cdot (\vartheta_{1,a} - \vartheta_{2,a}) \cdot \frac{1 - e^{-\left(1 + \frac{W_1}{W_2}\right) \cdot \frac{k \cdot F}{W_1}}}{1 + \frac{W_1}{W_2}}.$$

Darin bedeuten W_1 und W_2 den Wasserwert für die heißere und kältere Flüssigkeit, die in der Zeiteinheit an der Wand entlangströmen, d. h. das Gewicht der Wassermenge, die zur Erwärmung um 1^0 C die gleiche Wärmemenge erfordert wie die entsprechende Flüssigkeit:

$$W = \frac{\text{Flüssigkeitsvolumen}}{\text{Zeiteinheit}} \times \text{spez. Gewicht} \times \text{spez. Wärme.}$$

Die Indizes a und e gelten für Rohranfang bzw. Rohrende, 1 und 2 für die heißere bzw. die kältere Flüssigkeit.

In der obigen Gleichung stellt der erste Ausdruck $W_1 \cdot (\vartheta_{1,a} - \vartheta_{2,a})$ diejenige Wärmemenge dar, die die heißere Flüssigkeit abgeben würde, wenn sie vollständig bis zur Anfangstemperatur der kälteren Flüssigkeit abgekühlt werden könnte. Der nachfolgende Bruch, dessen Wert stets geringer als 1 ist, zeigt den Bruchteil der Wärmemenge an, der in Wirklichkeit ausgetauscht wird und ist somit nur von den beiden Größen

$$\frac{W_1}{W_2} \quad \text{und} \quad \frac{k \cdot F}{W_1}$$

abhängig.

Bei dem Wärmeaustausch im Gleichstrom gelten für den obigen Bruch in Abhängigkeit von $\frac{W_1}{W_2}$ und $\frac{k \cdot F}{W_1}$ folgende Zahlenwerte:

$\frac{W_1}{W_2} =$	0,00	0,05	0,2	1	5	20	100
$\frac{k \cdot F}{W_1} = \frac{1}{30}$	0,033	0,033	0,033	0,033	0,032	0,024	0,009
$= \frac{1}{3}$	0,28	0,28	0,27	0,25	0,14	0,05	0,01
$= 1$	0,63	0,62	0,58	0,43	0,17	0,05	0,01
$= 3$	0,96	0,91	0,81	0,50	0,17	0,05	0,01
$= \infty$	1,00	0,95	0,83	0,50	0,17	0,05	0,01

Der Wärmedurchgang im Gegenstrom wird berechnet nach der Gleichung

$$Q = W_1 \cdot (\vartheta_{1,a} - \vartheta_{2,a}) \cdot \frac{1 - e^{-\left(1 - \frac{W_1}{W_2}\right) \cdot \frac{k \cdot F}{W_1}}}{1 - \frac{W_1}{W_2} \cdot e^{-\left(1 - \frac{W_1}{W_2}\right) \cdot \frac{k \cdot F}{W_1}}}.$$

Für einige Zahlenwerte ist der Wert dieses Bruches nachstehend zusammengestellt:

$\dfrac{W_1}{W_2} =$		0	0,05	0,2	1	5	20	100
$\dfrac{k \cdot F}{W_1}$	$= \frac{1}{30}$	0,033	0,033	0,033	0,033	0,032	0,024	0,010
	$= \frac{1}{3}$	0,28	0,28	0,28	0,25	0,16	0,05	0,01
	$= 1$	0,63	0,62	0,60	0,51	0,20	0,05	0,01
	$= 3$	0,95	0.94	0,93	0,77	0,20	0,05	0,01
	$= \infty$	1,00	1,00	1,00	1,00	0,20	0,05	0,01

Für den Vergleich der Wirksamkeit des Wärmeaustausches bei Gleichstrom und Gegenstrom werden beide Formeln durcheinander dividiert. Dabei erhält man nur noch das Verhältnis der Brüche, d. h. eine Abhängigkeit von den beiden Größen

$$\frac{W_1}{W_2} \text{ und } \frac{k \cdot F}{W_1}.$$

Für das Verhältnis Gleichstrom:Gegenstrom gelten beispielsweise folgende Werte:

$\dfrac{W_1}{W_2} =$		0,00	0,05	0,2	1	5	20
$\dfrac{k \cdot F}{W_1}$	$= \frac{1}{30}$	1,00	1,00	1,00	1,00	1,00	1,00
	$= \frac{1}{3}$	1,00	1,00	1,00	1,00	0,88	1,00
	$= 1$	1,00	1,00	0,97	0,84	0,85	1,00
	$= 3$	1,00	1,97	0,87	0,65	0,85	1,00
	$= \infty$	1,00	1,95	0,83	0,50	0,85	1,00

h) Wärmestrahlung.

Von den Gasen weisen nur Wasserdampf und Kohlendioxyd ein Bandenspektrum auf, das zum Teil im wirksamen Wellenbereich liegt. Eine rechnerische Erfassung dieser Gaswärmestrahlung ist jedoch sehr schwierig, da für jede der drei Banden der beiden Gase die Emissions- und Absorptionsvorgänge getrennt ermittelt werden müssen. Andererseits erfolgt bei hohen Flammentemperaturen die Wärmeübertragung zu etwa 50 bis 80% durch Wärmestrahlung und nur zum kleineren Teil durch Konvektion und Leitung. Noch größer ist der Anteil der Wärmestrahlung bei Leuchtflammen und bei stark mit Staub verunreinigten Gasen oder bei Kohlenstaubfeuerungen.

Die Strahlung der Oberflächen von festen Körpern erfolgt über den gesamten wirksamen Wellenbereich ziemlich gleichmäßig. Die Wirksamkeit des Überganges der Strahlungsenergie wird jedoch beeinflußt durch die Strahlungsabsorption des gasförmigen Zwischenmediums sowie von dem Emissions- bzw. Absorptionsvermögen der strahlenden und bestrahlten Flächen.

Ohne Berücksichtigung dieser erschwerenden Faktoren und unter Annahme einer grauen Strahlung gilt mit guter Annäherung die Gleichung:

$$Q = C \cdot f \cdot \left(\frac{T}{100}\right)^4 \text{ kcal/h.}$$

Darin bedeuten C einen Faktor (Strahlungszahl), der von der Beschaffenheit der strahlenden Oberfläche und dessen Farbe, f die Größe der strahlenden Oberfläche und T dessen absolute Temperatur. Im einzelnen sind bisher für den Proportionalitätsfaktor C beispielsweise folgende Werte ermittelt worden (nach Gröber):

Stoff	C	Stoff	C
Gestein, glatt geschliffen . . .	1,9—3,4	Lampenruß	4,40
Glas, glatt	4,40	Schmiedeeisen, matt, oxydiert	4,40
Gußeisen, rauh, oxydiert . . .	4,48	» blank	1,60
Kalkmörtel, weiß, rauh . . .	4,30	» · stark poliert .	1,33
Kupfer, schwach poliert . . .	0,79	Abs. schwarzer Körper	4,95

Weitere Einzelheiten über Wärmestrahlung s. Schack, Ztschr. f. techn. Physik 5, 278, 287 (1924); 6, 530 (1925). In diesen Mitteilungen über die Strahlung der Feuergase und ihre praktische Berechnung werden Annäherungsformeln zur Berechnung der Strahlung von Kohlensäure und Wasserdampf enthaltenden Gasen angegeben.

15. Zustandsgleichung der Gase.

a) Begriff.

Die gegenseitige Abhängigkeit von Temperatur T, Druck p und spezifischem Volumen v idealer Gase wird nach dem Boyle-Mariotteschen und dem Gay-Lussacschen Gesetz durch die Zustandsgleichung

$$p \cdot v = R T$$

dargestellt, worin R die Gaskonstante bedeutet. Bei realen Gasen zeigen sich gegenüber den nach der Zustandsgleichung zu erwartenden Werten vor allem bei höheren Drucken erhebliche Abweichungen, die mit großer Annäherung durch die Zustandsgleichung von van der Waals

$$\left(p + \frac{a}{v^2}\right)(v - b) = R \cdot T$$

vermieden werden[1]. In dieser Gleichung bedeuten a und b zwei für jedes Gas charakteristische Konstanten. Diese stehen mit den kritischen

---

[1] Über die Bedeutung der Abweichungen von der einfachen Zustandsgleichung bei der Verdichtung technischer Gase und über die Meßtechnik bei der Flaschengasversorgung siehe Mezger und Payer, GWF. 79, 113, 133 (1936).

Werten der Gase in folgender Beziehung:

$$a = \frac{27}{64 \cdot 273^2} \cdot \frac{T_k{}^2}{p_k}, \qquad b = \frac{1}{8 \cdot 273} \cdot \frac{T_k}{p_k},$$

worin T die absolute Temperatur, T_k die kritische Temperatur (absolut) und p_k den kritischen Druck (at) bedeuten.

Wenn der Druck p in Bruchteilen des kritischen Druckes p_k, das Volumen v in Bruchteilen des kritischen Volumens v_k, das auf das des Gases bei 0° 760 Torr bezogen ist und die Temperatur T in Bruchteilen der kritischen Temperatur T_k ausgedrückt wird, wobei man die Größen p_r, v_r und T_r als reduzierten Druck, reduziertes Volumen und reduzierte absolute Temperatur bezeichnet, d. h.

$$p_r = \frac{p}{p_k}, \qquad v_r = \frac{v}{v_k}, \qquad T_r = \frac{T}{T_k},$$

so ändert sich die van der Waals'sche Zustandsgleichung zu der reduzierten Zustandsgleichung um:

$$\left(p_r + \frac{3}{v_r{}^2}\right)(3 v_r - 1) = 8 T_r.$$

Die Zahlenwerte von a und b sind für die wichtigsten Gase nachstehend zusammengestellt.

b) Konstanten für die van den Waals'sche Zustandsgleichung.

Gas	$a \cdot 10^5$	$b \cdot 10^5$	Gas	$a \cdot 10^5$	$b \cdot 10^5$
Azetylen	875	229	Luft	270	164
Äthan	1065	282	Methan	453	190
Äthylen	890	253	Propan	1740	380
Ammoniak	835	166	Propylen	1670	369
Argon	265	140	Sauerstoff	271	142
n-Butan	2884	547	Schwefeldioxyd . . .	1340	252
i-Butan	2564	510	Schwefelwasserstoff .	885	192
Cyan	1528	308	Stickoxyd	267	125
Cyanwasserstoff . . .	2220	394	Stickstoff	268	172
Helium	6,8	106	Wasser	1089	136
Kohlendioxyd	717	191	Wassserstoff	48,7	119
Kohlenoxyd	290	175			

16. Kritische Erscheinungen.

a) Kritische Konstanten von Gasen.

Die Temperatur t_k, oberhalb der unabhängig vom angewandten Druck eine Flüssigkeit aufhört, in der flüssigen Phase bestehen zu können, stellt die kritische Temperatur, die Dampfspannung der Flüssigkeit bei dieser Temperatur den kritischen Druck p_k, ihre Dichte (auf Wasser von 4° C bezogen) die kritische Dichte d_k und ihr spezifisches Volumen das kritische Volumen dar.

Gas	t_k °C	p_k at	d_k g/cm³	Stoff	t_k °C	p_k at	d_k g/cm³
Azetylen	35,9	61,6	0,231	Methylchlorid .	142,8	66	0,37
Äthan	35,0	48,8	0,21	Methylsulfid . .	229	—	0,30
Äthylchlorid . .	182,9	54	—	Neon	44,7	27,2	0,48
Äthylen	9,5	50,7	0,216	Ozon	—5	67	0,54
Ammoniak . . .	132,4	112	0,236	Phosgen	182	56	0,52
Argon	—122,4	48	0,52	Propan	95,6	45	—
n-Butan	153,2	35,7	—	Propylen. . . .	92,0	45,3	—
i-Butan	133,7	36,5	—	Sauerstoff . . .	—118,8	49,7	0,430
Chlor	143,9	76	0,573	Schwefeldioxyd .	157,5	77,8	0,524
Chlorwasserstoff	51,4	83	0,61	Schwefeltrioxyd	218,3	83,8	0,633
Cyan	128,3	59,7	—	Schwefelwasser-			
Cyanwasserstoff.	183,5	53,2	0,195	stoff.	100,4	89	—
Helium	—267,9	2,26	0,066	Stickoxyd . . .	—93	71	0,459
Kohlendioxyd .	+31,0	72,9	0,468	Stickoxydul . .	35,4	75	0,45
Kohlenoxyd . .	—140,2	34,5	0,301	Stickstoff . . .	—147,1	33,5	0,311
Luft	—140,7	37,2	0,31	Wasserdampf. .	374,1	218,5	0,324
Methan	—82,5	45,7	0,162	Wasserstoff. . .	—239,9	12,8	0,031

b) Kritische Konstanten von Kohlenwasserstoffen.

Stoff	t_k °C	p_k at	d_k g/cm³	Stoff	t_k °C	p_k at	d_k g/cm³
Pentan	197	33,0	0,232	Petroläther. . .	210	—	—
Hexan	234	29,6	0,234	Leichtbenzin . .	300	—	—
Oktan	296	24,7	0,233	Schwerbenzin. .	350	—	—
Dekan	346	21,2	0,230	Gasöl	460	—	—
Pentadekan . .	444	15,8	0,221	Benzol.	288,5	49,5	0,305

17. Dissoziation der Gase und Gleichgewichtskonstanten.

a) Begriff der Dissoziation.

Abgesehen von der thermischen Unbeständigkeit zahlreicher Gase, vor allem der Kohlenwasserstoffe, tritt bei nahezu sämtlichen anderen Gasen bei entsprechend hohen Temperaturen ein mehr oder weniger vollständiger Zerfall der Moleküle in einfachere Bestandteile (Dissoziationsprodukte) ein. Würde eine Dissoziation der Verbrennungsabgase nicht stattfinden, so könnte man sich vorstellen, daß durch stufenweise Vorwärmung eines brennbaren Gemisches seine Grenztemperatur beliebig hoch gesteigert werden würde.

Erhitzt man ein mehratomiges Gas wie Kohlendioxyd oder Wasserdampf auf Temperaturen oberhalb 1500°, so läßt sich nachweisen, daß eine teilweise Zersetzung in Kohlenoxyd und Sauerstoff bzw. Wasserstoff und Sauerstoff stattfindet und die Gemische bei solchen Temperaturen die drei Bestandteile Kohlenoxyd, Sauerstoff und Kohlendioxyd bzw. Wasserstoff, Sauerstoff und Wasserdampf enthalten. Wenn sich dann bei einer bestimmten Temperatur die Zusammensetzung des Gemisches nicht mehr ändert, so befindet sich das Gemisch im »chemischen Gleichgewicht«. Erklären läßt sich dieser Gleichgewichtszustand

6*

damit, daß dem Bestreben der Ausgangsstoffe, eine Verbindung einzugehen, ein gleich wirksames Bestreben der Reaktionsprodukte zum Zerfall mit einer Wärmetönung von gleicher Größe, aber entgegengesetztem
Vorzeichen, entgegensteht. Im Gleichgewichtszustand bilden sich dann
in gleichen Zeiten ebensoviel neue Reaktionsprodukte als schon vorhandene wieder zerfallen oder formelmäßig zum Ausdruck gebracht:

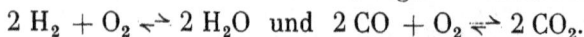

$$2\,H_2 + O_2 \rightleftharpoons 2\,H_2O \quad \text{und} \quad 2\,CO + O_2 \rightleftharpoons 2\,CO_2.$$

Mit steigender Temperatur verschiebt sich das Gleichgewicht so, daß
die Menge an freiem Wasserstoff und Kohlenoxyd größer wird. Es
kommt ein Teil der brennbaren Gase Kohlenoxyd und Wasserstoff
nicht zur Verbrennung. Damit verringert sich nicht nur die zur Verbrennung gelangende Gasmenge, sondern der nicht zur Verbrennung
gelangende Teil wirkt sogar gewissermaßen als Ballast, so daß sich
eine wesentlich niedrigere Grenztemperatur ergibt, als sich aus Heizwert
und mittlerer spezifischer Wärme der Abgase nach dem bisher üblichen
Verfahren ohne Berücksichtigung der Dissoziation errechnen läßt.

Als unterste Grenze einer merklichen Dissoziation kann allgemein
ungefähr eine Temperatur von 1500 bis 1600° angenommen werden.

Der Dissoziationsgrad α gibt den Bruchteil des je 1 Vol. Ausgangsgas zerfallenden Anteils an, wobei $n_1\,\alpha + n_2\,\alpha$ Vol. Dissoziationsprodukte
entstehen.

Ein Beispiel soll dies näher erläutern. Oberhalb 2000° beginnt
Sauerstoff gemäß der Gleichgewichtsreaktion

$$O_2 \rightleftharpoons 2\,O$$

in seine Atome zu zerfallen. Für diese homogene Gleichgewichtsreaktion
gilt gemäß dem Massenwirkungsgesetz die Gleichung der Reaktions-
isotherme

$$K_c = \frac{[2\,O]^2}{[O_2]},$$

worin K_c die temperaturabhängige Gleichgewichtskonstante und die
in eckige Klammern gefaßten Ausdrücke die Konzentrationen an atoma-
rem bzw. molekularem Sauerstoff bedeuten. Bei Einführung der Disso-
ziationskonstante α und Ersatz der Konzentrationen durch entsprechende Partialdrücke läßt sich die Gleichung wie folgt umformen:

$$K_p = \frac{p \cdot 4\,\alpha^2}{1 - \alpha^2}.$$

Bei der Dissoziation von Kohlendioxyd und Wasserdampf ist der
Dissoziationsgrad x abhängig vom Teildruck und der Temperatur. Die
Abhängigkeit vom Druck bei gegebener, fester Temperatur wird dar-
gestellt durch die Gleichung der Dissoziationsisotherme:

$$K_p = p \cdot \frac{\alpha^3}{(2 + \alpha)\,(1 - \alpha)^2},$$

wobei K_p für eine gegebene Temperatur einen festen Wert hat.

Auf Grund der von Justi[1]) nach verschiedenen Literaturangaben zusammengestellten Werte für die Dissoziationsgleichgewichtskonstanten K_p und Dissoziationsgrade α für die Dissoziationsgleichungen

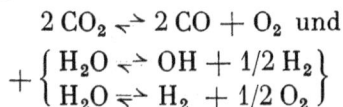

$$2\,CO_2 \rightleftharpoons 2\,CO + O_2 \text{ und}$$

$$+ \begin{cases} H_2O \rightleftharpoons OH + 1/2\,H_2 \\ H_2O \rightleftharpoons H_2 + 1/2\,O_2 \end{cases}$$

sind die Dissoziationsgrade α in Prozenten für den gesamten für praktische Rechnungen in Frage kommenden Teildruckbereich berechnet[2]) und in den nachfolgenden Zahlentafeln zusammengestellt worden. Etwa erforderliche Zwischenwerte lassen sich leicht interpolieren.

d) Gleichgewichtskonstanten verschiedener Reaktionen.

Eine Anwendung des dritten Hauptsatzes der Thermodynamik auf die Berechnung der Gleichgewichtskonstanten von Gasreaktionen ist infolge des Erfordernisses der Kenntnis zahlreicher thermodynamischer Größen in den meisten Fällen sehr schwierig. Durch Anwendung der Nernstschen Näherungsformel können die Gleichgewichtszustände von Gasreaktionen dagegen verhältnismäßig einfach berechnet werden. Diese lautet:

$$\log K_p = - \frac{U}{4{,}57\,T} + \Sigma\nu \cdot 1{,}75 \log T + \Sigma\nu j.$$

Darin bedeuten U die auf Zimmertemperatur bezogene Wärmetönung unter konstantem Druck, T die absolute Temperatur, $\Sigma\nu$ die Differenz der Molsummen der verschwindenden und der entstehenden Stoffe $(m + n) - (q + r)$ gemäß

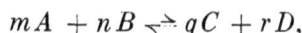

$$mA + nB \rightleftharpoons qC + rD,$$

$\Sigma\nu j$ die gleichartige Differenz der algebraischen Summen der »konventionellen chemischen Konstanten« und

$$K_p = \frac{p_A^m \cdot p_B^n}{p_C^q \cdot p_D^r},$$

worin p die Teildrucke der Reaktionsteilnehmer in ata angeben.

Konventionelle chemische Konstanten.

H_2	1,6	CO	3,5	NO	3,5
N_2	2,6	CO_2	3,2	H_2S	3,0
O_2	2,8	CH_4	2,5	SO_2	3,3
Cl_2	3,1	HCN	3,4	NH_3	3,3
H_2O	3,6	C_6H_6	3,0	CS_2	3,1

[1]) Forschung a. d. Geb. d. Ingenieurwesens **6**, 209 (1935).
[2]) H. Brückner und W. Bender, Gas- und Wasserfach **79**, 701 (1936).

Für die Gleichgewichtsreaktionen der wichtigsten Gasreaktionen in Abhängigkeit von der Temperatur gelten folgende Zahlenwerte:

$2\,H \rightleftharpoons H_2$ $K_p = \dfrac{p_H^2}{p_{H_2}}$ $\log K_p = \dfrac{-19700}{T} + 4{,}89$

$2\,NO + O_2 \rightleftharpoons 2\,NO_2$ $K_p = \dfrac{p_{NO}^2 \cdot p_{O_2}}{p_{NO_2}^2}$ $\log K_p = \dfrac{-5749}{T} + 1{,}70\log T - 5\cdot10^{-4}\,T + 2{,}839$

$N_2 + 3\,H_2 \rightleftharpoons 2\,NH_3$ $K_p = \dfrac{p_{NH_3}}{p_{N_2}^{1/2} \cdot p_{H_2}^{3/2}}$ $\log K_p = \dfrac{2098}{T} - 2{,}509\log T - 1{,}006\cdot10^{-4}\,T + 4{,}859\cdot10^{-7}\,T^3 + 20$

$CH_4 \rightleftharpoons C + 2\,H_2$ $K_p = \dfrac{p_{CH_4}}{p_{H_2}^2}$

$t\ ^0C$	480^0	580^0	680^0	760^0	880^0
$\log K_p$	0,6905	0,9629—1	0,3922—1	0,0476—1	0,5751—2

$S_2 + 2\,H_2 \rightleftharpoons 2\,H_2S$ $K_p = \dfrac{p_{S_2} \cdot p_{H_2}^2}{p_{H_2S}^2}$

$t\ ^0C$	750^0	830^0	945^0	1065^0	1132^0
$K_p \cdot 10^4$	0,89	3,8	24,5	118	260

$CO + H_2O \rightleftharpoons H_2 + CO_2$ $K_p = \dfrac{p_{H_2O} \cdot p_{CO}}{p_{H_2} \cdot p_{CO_2}}$ $\log K_p = \dfrac{-2203{,}4}{T} - 5{,}159\cdot10^{-5}\,T$
$- 2{,}5426\cdot10^{-7}\,T^2 + 7{,}462\cdot10^{-11}\,T^3 + 2{,}3$

b) Dissoziation von Kohlendioxyd.
Dissoziationsgrad α in %.

Teildruck des Kohlendioxyds in ata

Temp. °C	0,03	0,04	0,05	0,06	0,07	0,08	0,09	0,10	0,12	0,14	0,16	0,18	0,20	0,25	0,30	0,35	0,40	0,45	0,50	0,60	0,70	0,80	0,90	1,00
1500	0,6	0,5	0,5	0,5	0,5	0,5	0,5	0,5	0,5	0,5	0,4	0,4	0,4	0,4	0,4	0,4	0,4	0,4	0,4	0,4	0,4	0,4	0,4	0,4
1600	2,2	2,0	1,9	1,8	1,7	1,6	1,55	1,5	1,45	1,4	1,35	1,3	1,3	1,2	1,1	1,0	0,95	0,9	0,85	0,83	0,79	0,75	0,72	0,70
1700	4,1	3,8	3,5	3,3	3,1	3,0	2,9	2,8	2,6	2,5	2,4	2,3	2,2	2,0	1,9	1,8	1,75	1,7	1,65	1,6	1,5	1,4	1,3	1,3
1800	6,9	6,3	5,9	5,5	5,2	5,0	4,8	4,6	4,4	4,2	4,0	3,8	3,7	3,5	3,3	3,1	3,0	2,9	2,75	2,6	2,5	2,4	2,3	2,2
1900	11,1	10,1	9,5	8,9	8,5	8,1	7,8	7,6	7,2	6,8	6,5	6,4	6,1	5,6	5,3	5,1	4,9	4,7	4,5	4,3	4,1	3,9	3,7	3,6
2000	18,0	16,5	15,4	14,6	13,9	13,4	12,9	12,5	11,8	11,2	10,8	10,4	10,0	9,4	8,8	8,4	8,0	7,7	7,4	7,1	6,8	6,5	6,2	6,0
2100	25,9	23,9	22,4	21,3	20,3	19,6	18,9	18,3	17,3	16,6	15,9	15,3	14,9	13,9	13,1	12,5	12,0	11,5	11,2	10,5	10,1	9,7	9,3	9,0
2200	37,6	35,1	33,1	31,5	30,3	29,2	28,3	27,5	26,1	25,0	24,1	23,3	22,6	21,2	20,1	19,2	18,5	17,9	17,3	16,4	15,6	15,0	14,5	14,0
2300	47,6	44,7	42,5	40,7	39,2	37,9	36,9	35,9	34,3	32,9	31,8	30,9	30,0	28,2	26,9	25,7	24,8	24,0	23,2	22,1	21,1	20,3	19,6	19,0
2400	59,0	56,0	53,7	51,8	50,2	48,8	47,6	46,5	44,6	43,1	41,8	40,6	39,6	37,5	35,8	34,5	33,3	32,3	31,4	29,9	28,7	27,7	26,8	26,0
2500	69,1	66,3	64,1	62,2	60,6	59,3	58,0	56,9	55,0	53,4	52,0	50,7	49,7	47,3	45,4	43,9	42,6	41,4	40,4	38,7	37,2	36,0	34,9	34,0
2600	77,7	75,2	73,3	71,6	70,2	68,9	67,8	66,7	64,9	63,4	62,0	60,8	59,7	57,4	55,5	53,8	52,4	51,2	50,1	48,2	46,6	45,3	44,1	43,0
2700	84,4	82,5	81,1	79,8	78,6	77,6	76,6	75,7	74,1	72,8	71,6	70,5	69,4	67,3	65,5	63,9	62,6	61,3	60,3	58,4	56,8	55,4	54,1	53,0
2800	89,6	88,3	87,2	86,1	85,2	84,4	83,7	83,0	81,7	80,6	79,6	78,7	77,9	76,1	74,5	73,2	71,9	70,8	69,9	68,1	66,6	65,3	64,1	63,0
2900	93,2	92,2	91,4	90,6	90,0	89,4	88,8	88,3	87,4	86,5	85,8	85,1	84,5	83,0	81,7	80,7	79,7	78,8	78,0	76,5	75,2	74,0	73,0	72,0
3000	95,6	94,9	94,4	93,9	93,5	93,1	92,7	92,3	91,7	91,1	90,6	90,1	89,6	88,5	87,6	86,8	86,0	85,4	84,7	83,6	82,5	81,7	80,8	80,0

c) Dissoziation von Wasserdampf.
Dissoziationsgrad α in %.

Teildruck des Wasserdampfs in ata

Temp. °C	0,03	0,04	0,05	0,06	0,07	0,08	0,09	0,10	0,12	0,14	0,16	0,18	0,20	0,25	0,30	0,35	0,40	0,45	0,50	0,60	0,70	0,80	0,90	1,00
1600	0,90	0,85	0,80	0,75	0,70	0,65	0,63	0,60	0,58	0,56	0,54	0,52	0,50	0,48	0,46	0,44	0,42	0,40	0,38	0,35	0,32	0,30	0,29	0,28
1700	1,60	1,45	1,35	1,27	1,20	1,16	1,15	1,08	1,02	0,95	0,90	0,85	0,80	0,76	0,73	0,70	0,67	0,64	0,62	0,60	0,57	0,54	0,52	0,50
1800	2,70	2,40	2,25	2,10	2,00	1,90	1,85	1,80	1,70	1,60	1,53	1,46	1,40	1,30	1,25	1,20	1,15	1,10	1,05	1,00	0,95	0,90	0,86	0,83
1900	4,45	4,05	3,80	3,60	3,40	3,25	3,10	3,00	2,85	2,70	2,60	2,50	2,40	2,20	2,10	2,00	1,90	1,80	1,70	1,63	1,56	1,50	1,45	1,40
2000	6,30	5,75	5,35	5,05	4,80	4,60	4,45	4,30	4,00	3,80	3,55	3,50	3,40	3,15	2,95	2,80	2,65	2,57	2,50	2,40	2,30	2,20	2,10	2,00
2100	9,35	8,55	7,95	7,50	7,10	6,90	6,65	6,35	6,00	5,70	5,45	5,25	5,10	4,80	4,55	4,30	4,10	3,90	3,70	3,55	3,40	3,25	3,10	3,00
2200	13,4	12,3	11,5	10,8	10,30	9,90	9,60	9,30	8,80	8,35	7,95	7,65	7,40	6,90	6,50	6,25	5,90	5,65	5,40	5,10	4,90	4,70	4,55	4,40
2300	17,5	16,0	15,9	15,0	14,35	13,75	13,3	12,9	12,2	11,6	11,10	10,75	10,40	9,65	9,10	8,75	8,40	8,00	7,70	7,30	6,95	6,70	6,45	6,20
2400	24,4	22,5	21,0	20,0	19,1	18,4	17,7	17,2	16,3	15,6	15,0	14,4	13,9	13,0	12,25	11,70	11,20	10,80	10,45	9,90	9,40	9,00	8,70	8,40
2500	30,9	28,5	26,8	25,6	24,5	23,5	22,7	22,1	20,9	20,0	19,3	18,6	18,0	16,8	15,9	15,2	14,7	14,1	13,7	12,9	12,3	11,7	11,3	11,0
2600	39,7	37,1	35,1	33,5	32,1	31,0	30,1	29,2	27,8	26,7	25,7	24,8	23,9	22,6	21,5	20,0	19,7	19,1	18,5	17,5	16,7	16,0	15,0	15,0
2700	47,3	44,7	42,6	40,7	39,2	37,9	36,9	35,9	34,2	33,0	31,8	30,8	29,9	28,2	26,8	25,7	24,8	24,0	23,3	22,1	21,1	20,3	19,6	19,0
2800	57,6	54,5	52,2	50,3	48,7	47,3	46,1	45,0	43,2	41,6	40,4	39,3	38,3	36,2	34,6	33,3	32,2	31,1	30,2	28,8	27,6	26,6	25,8	25,0
2900	65,6	62,8	60,5	58,6	56,9	55,5	54,3	53,2	51,3	49,7	48,3	47,1	46,0	43,7	41,9	40,5	39,2	38,1	37,1	35,4	34,1	32,9	31,9	31,0
3000	72,9	70,6	68,5	66,7	65,1	63,8	62,6	61,6	59,6	58,0	56,6	55,4	54,3	51,9	50,0	48,4	47,0	45,8	44,7	42,9	41,4	40,1	39,0	38,0

18. Verdampfungswärme.

a) Begriff.

Die Verdampfungswärme r eines flüssigen Stoffes gibt die Anzahl kcal an, die benötigt werden, um 1 kg dieser Flüssigkeit bei gleichbleibendem äußerem Druck in Dampf von gleicher Temperatur umzuwandeln. Diese Wärmemenge ist gleich aber von entgegengesetztem Vorzeichen wie die Kondensationswärme. Die Angabe der Verdampfungswärme erfolgt zumeist bei der Siedetemperatur der Flüssigkeit unter normalem Druck.

Verdampfungswärme des Wassers bei 100° und 760 Torr:

$$r = 539 \text{ kcal/kg.}$$

Allgemeine Formel für die Berechnung der Verdampfungswärme des Wassers für Drücke bis 200 at und Temperaturen bis zu 365° (nach PTR):

$$r = \left[a + b\left(\frac{\vartheta}{100}\right)^{1,15} + c\left(\frac{\vartheta}{100}\right)^{6,5} + d\left(\frac{\vartheta}{100}\right)^{30} \right] \cdot (\vartheta_k - \vartheta)^{0,365} \text{ kcal/kg.}$$

ϑ = Verdampfungstemperatur in °C . . . $b = 0{,}8162$,

$\vartheta_k = 374{,}2°$ (kritische Temperatur d. Wass.). $c = -1{,}375 \cdot 10^{-3}$

$a = 68{,}596$ . . . . $d = -0{,}02 \cdot 10^{-15}$

b) Verdampfungswärme verschiedener Gase[1]).

Gas	Schmelzpunkt °C	Siedepunkt °C	Verdampfungswärme kcal/kg	bei °C
Ammoniak	— 78	— 33,4	330	— 33,4
Argon	— 190	— 186	37,6	— 186
Cyanwasserstoff. . .	— 13	+ 26,5	226	+ 26,5
Helium.	— 272 (26 at)	— 269	6	— 269
Kohlendioxyd. . . .	— 57	— 78	137 (fest)	— 78
Kohlenoxyd	— 207 (100 mm)	— 190	50,5	— 190
Phosgen	— 126	+ 8	—	—
Sauerstoff	— 218,8	— 182,97	50,9	— 183
Schwefeldioxyd . . .	— 73	— 10	96	— 10
Schwefelwasserstoff .	— 83	— 60	132	— 60
Stickstoff.	— 210,5	— 195,5	47,7	— 195,5
Wasserstoff.	— 257	— 253	114	— 253

[1]) Vgl. ferner Zahlentafel IIa auf S. 13.

c) Verdampfungswärme verschiedener organischer Stoffe
(in kcal/kg bei Siedetemperatur).

Flüssigkeit	Verdampfungs- wärme kcal/kg	Flüssigkeit	Verdampfungs- wärme kcal/kg
Äthyläther . .	84,5	Mesitylen . . .	74,4
Äthylalkohol .	216,4	Methylalkohol .	65,7
Benzin	90	Methylchlorid .	97
Benzol	94,9	Naphthalin . .	75,4
Chloroform . .	61,2	n-Pentan . . .	84
Cyklohexan . .	86,7	Pyridin	102
Heptan	74	Toluol	86,2
n-Hexan. . . .	79	Xylole	81—82,5
Kresol	100		

d) Verdampfungswärme von Steinkohlenteerölfraktionen.
(Nach Weiß, Ind. Eng. Chem. 14, 72, 1922.)

Siedebereich °C	Verdampfungs- wärme kcal/kg	Siedebereich °C	Verdampfungs- wärme kcal/kg
200—250	84,8	345—390	73,3
250—300	81,0	390—440	65,1
300—345	75,1	440—490	63,1

19. Bildungswärme.

a) Begriff.

Die Bildung einer chemischen Verbindung nach einer Reaktionsgleichung ist mit einer bestimmten Wärmetönung, der Bildungswärme
des Stoffes, verbunden, die, wenn nicht anders angegeben, auf Zimmertemperatur (20°) bezogen wird. Eine direkte Bestimmung der Wärmetönung einer chemischen Reaktion ist jedoch nur zuweilen möglich,
sie kann aber über andere Reaktionen unter Zugrundelegung des Heß-
schen Wärmesatzes berechnet werden. Dabei ist der Zustand der
Reaktionsteilnehmer (fest, flüssig, gasförmig) zu berücksichtigen.

Die Bildungswärmen der einfacheren anorganischen und der organischen Verbindungen werden im allgemeinen auf die sie aufbauenden
Elemente bezogen, deren Verbrennungswärmen mit hinreichender Genauigkeit bekannt sind.

Ein Beispiel soll dies näher erläutern. Es ist zu berechnen die Bildungswärme des Methans aus seinen Elementen, also gemäß der Gleichung

$$[C] + (2\,H_2) = (CH_4),$$

worin zwecks Kennzeichnung des Zustandes der einzelnen Stoffe die
festen und flüssigen in eckige, die gasförmigen in runde Klammern gefaßt werden. Als Kohlenstoffmodifikation wird β-Graphit, als Wasser-

stoff molekularer gasförmiger Wasserstoff zugrunde gelegt. Die molare Verbrennungswärme des Methans beträgt 212800 kcal/kmol, die Summe der Verbrennungswärmen des β-Graphits + Wasserstoffs 94300 + 2 · 68350 = 231000 kcal/kmol, sie ist also um 18200 kcal/kmol größer als die des Methans. Für die Bildung des Methans aus seinen Elementen werden somit, auf Zimmertemperatur bezogen, 18200 kcal/kmol frei.

b) Bildungswärme verschiedener Stoffe.

Stoff	Formel	Entstanden[1]) aus	Bildungswärme kcal/kmol
Sauerstoff	O_2	2 (H)	+ 120000
Stickstoff	N_2	2 (N)	+ 207500
Wasserstoff	H_2	2 (H)	+ 105000
Wasser (flüssig)	H_2O	$(H_2) + ^1/_2 (O_2)$	+ 68350
Schwefelwasserstoff . . .	H_2S	$[S_{rh}] + (H_2)$	+ 4760
Schwefeldioxyd	SO_2	$[S_{rh}] + (O_2)$	+ 70900
Schwefeltrioxyd	SO_3	$(SO_2) + ^1/_2 (O_2)$	+ 33700
Ammoniak	$NH_{3 aq}$	$^1/_2 (N_2) + ^3/_2 (H_2)$	+ 19350
Kohlenoxyd	CO	$[\beta\text{-Graphit}] + ^1/_2 (O_2)$	+ 26600
Kohlendioxyd	CO_2	$(CO) + ^1/_2 (O_2)$	+ 67700
Methan	CH_4	$[\beta\text{-Graphit}) + 2 (H_2)$	+ 18200
Äthan	C_2H_6	$(C_2H_4) + (H_2)$	+ 30600
Propan	C_3H_8	$3 [\beta\text{-Graphit}] + 4 (H_2)$	+ 25700
Äthylen	C_2H_4	$2 [\beta\text{-Graphit}] + 2 (H_2)$	— 14700
Propylen	C_3H_6	$3 [\beta\text{-Graphit}] + 3 (H_2)$	— 7050
Azetylen	C_2H_2	$2 [\beta\text{-Graphit}] + (H_2)$	— 56050
Benzol (flüssig)	C_6H_6	$6 [\beta\text{-Graphit}] + 3 (H_2)$	— 12150
Kohlenoxysulfid	COS	$[\beta\text{-Graphit}] + ^1/_2 (O_2) + [S_{rh}]$	+ 32700
Schwefelkohlenstoff . . .	CS_2	$[\beta\text{-Graphit}] + 2 [S_{rh}]$	+ 22600

[1]) Die in runde Klammern gefaßten Symbole bedeuten im gasförmigen, die in eckige Klammern gefaßten im festen Zustand.

C. Brenntechnische Eigenschaften.

a) Durchschnittliche Zusammensetzung der technischen Brenngase
(nach K. Bunte, GWF 74, 941, 1931).

Art des Gases		Leucht-gas	Stein-kohlen-gas	Kokerei-gas	Wasser-gas	Normen-gas der Vor-kriegszeit	Stadtgas Normen-gas	Stein-kohlen-wasser-gas	Ölkarbu-riertes Wasser-gas	Gene-ratorgas	Gichtgas
Verbrennungswärme (oberer Heizwert)	kcal/Nm³	5900	5500	4650	2700	5060	4300	3100	3970	1280	950
Heizwert (unterer)	kcal/Nm³	5260	4900	4130	2460	4530	3830	2800	3620	1215	940
Gaszusammensetzung CO_2	%	2	2,0	2,1	6,8	2,8	4,0	5,0	6,0	5,9	7,5
sKW	%	4	3,5	2,1	—	2,9	2,0	0,2	3,8	—	—
CO	%	8	8,5	6,2	38,5	16,6	21,5	34,5	33,5	28,5	29,0
H_2	%	50	52,5	53,3	49,5	50,0	51,5	48,5	44,5	12,8	2,5
CH_4	%	34	30,0	25,0	0,2	25,1	17,0	5,5	8,0	0,3	—
N_2	%	2	3,5	11,3	5,5	2,6	4,0	6,3	4,2	52,5	61,0
Spez. Gewicht (Luft = 1)		0,41	0,40	0,41	0,56	0,44	0,47	0,54	0,58	0,88	0,99

je m³ Gas

		Leucht-gas	Stein-kohlen-gas	Kokerei-gas	Wasser-gas	Normen-gas der Vor-kriegszeit	Stadtgas Normen-gas	Stein-kohlen-wasser-gas	Ölkarbu-riertes Wasser-gas	Gene-ratorgas	Gichtgas
Sauerstoffbedarf	m³	1,15	1,06	0,893	0,44	0,966	0,795	0,534	0,72	0,21	0,16
Luftbedarf (Mindestluftmenge)	m³	5,50	5,09	4,27	2,12	4,62	3,81	2,55	3,45	1,01	0,75
Rauchgasmenge feucht	m³	6,23	5,80	4,98	2,68	5,30	4,45	3,14	4,08	1,81	1,59
Rauchgasanalyse CO_2	%	9,0	8,8	8,0	16,9	10,0	10,9	14,5	14,5	19,2	23,0
H_2O	%	20,9	21,2	22,0	18,6	20,5	20,6	19,1	17,6	7,4	1,6
N_2	%	70,1	70,0	70,0	64,5	69,5	68,5	66,4	67,9	73,4	75,4

b) Technische Gase.

(Brenngase.)

Gruppe	Gewinnung	Art	Unterarten	Heizwert kcal/Nm³	Sonstiges
Gase aus festen Brennstoffen	Entgasung	Schwelgase	Holz-, Torf-, Braunkohlen-, Steinkohlen-, Ölschiefer-schwelgas	3000—10 000	Schwelgase werden aus festen Brennstoffen durch Erhitzen unter Luftabschluß unterhalb Rotglut (500—600°) erhalten.
		Destillationsgase	Torf-, Braunkohlen-, Steinkohlengas (Kokereigas)	3500—5500	Destillationsgase entstehen aus festen Brennstoffen oberhalb Rotglut.
	Vergasung	mit Luft (Schwachgase)	Gichtgas	700—900	Entweicht aus der Gicht des Hochofens und besteht aus Kohlensäure, Kohlenoxyd und Stickstoff.
			Mondgas	800—1500	Mondgas wurde früher durch Vergasung jüngerer Kohlen mit Luft in Gegenwart von überschüssigem überhitztem Wasserdampf bei möglichst niedriger Temperatur zwecks erhöhter Ammoniakgewinnung erzeugt.
			Generatorgas	800—1500	Generatorgas entsteht bei der Vergasung fester Brennstoffe mit Luft, zumeist bei gleichzeitiger Dampfzugabe.
		mit Wasserdampf (Wassergase)	Kokswassergas	2500—2900	Wassergas wird erzeugt durch Einblasen von Dampf in hocherhitzten Koks. Das Aufheizen des Brennstoffs erfolgt zumeist regenerativ (Blasen), in neuester Zeit auch rekuperativ.
			Karburiertes Wassergas	3000—4500	Karburiertes Wassergas entsteht entweder durch Vergasung von Stein- oder Braunkohle mit Wasserdampf (Kohlenwassergas), so daß ein Gemisch von Schwelgas und Wassergas gebildet wird oder durch das Vermischen von Wassergas mit den Krackgasen von Ölen oder Teeren, die entweder mit dem Wasserdampf zusammen oder nach der Wassergasbildung in einem Karburator eingespritzt und in diesem zersetzt werden.

Gruppe	Gewinnung	Art	Unterarten	Heizwert kcal/Nm³	Sonstiges
Gase aus festen Brennstoffen	Vergasung	mit Sauerstoff		3000—4500	Durch Vergasen von Koks mit Sauerstoff wird technisch reines (98 proz.) Kohlenoxyd, von Kohle mit Sauerstoff-Wasserdampf-Gemisch Synthesegas (Kohlenoxyd-Wasserstoff-Gemisch) oder unter Druck (Lurgiverfahren) ein stadtgasähnliches Gas erhalten.
Erdgase	Entstehung ohne technische Einwirkung	—	Trockenes Erdgas	7000—9000	Enthält an Kohlenwasserstoffen im wesentlichen nur Methan.
			Nasses Erdgas	7000—15000	Enthält neben Methan erhebliche Mengen Äthan, Propan, Butan (Flüssiggas) und höhere Kohlenwasserstoffe (Gasolin).
Flüssiggase	Aus nassem Erdgas, aus Destillations- und Krackgasen, aus Koksofengas oder Nebenerzeugnis bei Synthesen flüssiger Brennstoffe	—	Gasol	13000—18000	Gasol besteht je etwa zur Hälfte aus gesättigten und ungesättigten Kohlenwasserstoffen, die bei nur mäßig erhöhtem Druck verflüssigt und in Leichtmetallflaschen aufbewahrt werden.
			Propan und Butan	22000—28000	Propan- und Butangas werden bei nur wenig erhöhtem Druck verflüssigt und dienen als Heizgas oder zum Betrieb von Kraftfahrzeugen.
Sonstige Gase	Verschiedene Verfahren	Methan	Methan rein	9500	Reines Methan fällt bei der Tiefkühlung von Steinkohlengas an.
			Klärgas	6000—7000	Bei der biologischen Abwasserklärung wird Methan gebildet, das zunächst durch Schwefelwasserstoff und Kohlendioxyd verunreinigt ist.
		Kohlenoxyd	—	3000	Kohlenoxyd wird erhalten durch trockene Vergasung von Hochtemperaturkoks mit technisch reinem Sauerstoff.
		Wasserstoff	—	3000	Wasserstoff wird erhalten durch Tiefkühlung von Steinkohlengas, durch Konvertierung des Kohlenoxyds in Kohlenoxyd-Wasserstoffgemischen mit Wasserdampf, durch thermische Zersetzung von Kohlenwasserstoffen (Methan) unter Kohlenstoffausscheidung, durch Behandeln von reduziertem Eisen bei Rotglut mit überhitztem Wasserdampf (als Regenerativverfahren) und durch Elektrolyse.

Gruppe	Gewinnung	Art	Unterarten	Heizwert kcal/Nm³	Sonstiges
Sonstige Gase	Verschiedene Verfahren	Azetylen	—	14000	Azetylen wird gebildet durch Zersetzung von Kalziumkarbid mit Wasser oder durch thermisches kurzzeitiges Erhitzen von Kohlenwasserstoffen (Methan).
		Destillations- und Krackgase	Destillationsgase	12000—18000	Destillationsgase werden bei der Destillation von Teeren und Ölen abgespalten.
			Krackgase	15000—20000	Krackgase entstehen bei der thermischen Zersetzung von höhermolekularen Kohlenwasserstoffen (Krackung) zu Benzin als Nebenerzeugnis.
Gase aus flüssigen Brennstoffen	Durch Verdampfung	Kaltluftgase	Benzin-Luftgas Benzol-Luftgas	2000—3500	Kaltluftgase werden erhalten durch Beladen von Luft mit Benzin- oder Benzoldämpfen bis oberhalb der oberen Explosionsgrenze.
		Spaltgase	Ölgas	8000—11000	Ölgas wird erzeugt durch Zersetzung von Gasöl oder Urteer im Regenerativ- oder Rekuperativverfahren bei etwa 700—800°.

Allgemeine Betriebsbezeichnungen.

Art	Unterart	Bemerkungen
Rohgas	—	Ungereinigtes Gas (Produktionsgas)
Betriebsgas	—	Teilweise gereinigtes Gas
Reingas	—	Vollständig gereinigtes Gas, bei Generatorgas auch Kaltgas genannt.
Stadtgas	Steinkohlengas, Koksofengas, Braunkohlengas oder Gemische derselben mit Wassergasen, Schwachgasen oder sonstigen.	Stadtgas, früher als Leuchtgas bezeichnet, dient zur Versorgung von Haushalt, Gewerbe und Industrie mit gasförmigem Brennstoff.
Ferngas		
Zechengas (Kokereigas) .		

c) Deutsche Richtlinien für die normale Beschaffenheit des Stadtgases.

Als Richtlinien für die Gasbeschaffenheit, die für deutsche Gaswerke als normal zu gelten haben und für welche die Gasgeräte gebaut

werden, hat der DVGW auf seinen Jahresversammlungen in Krumm-
hübel (GWF 1921, S. 857), Köln (GWF 1925, S. 387), Kassel (GWF
1927, S. 639, 797) folgende aufgestellt:

Das von den Gaswerken abzugebende Mischgas soll als normal
betrachtet werden, wenn es einen oberen Heizwert von 4000 bis
4300 kcal/m³ (0⁰, 760 Torr. trocken) besitzt. Dieser Heizwert soll durch
Zusatz brennbarer Gase zum Steinkohlengas und nicht durch über-
mäßige Beimischung von stickstoff- und kohlensäurereichen Gasen
(Rauchgas, Generatorgas) erreicht sein.

Das spezifische Gewicht des Mischgases (Luft = 1) soll 0,5 nicht
überschreiten.

Sowohl für das gekennzeichnete Mischgas, als auch für Steinkohlengas sollte nicht über einen Gehalt von 12% unbrennbarer Gase
(Kohlensäure und Stickstoff) hinausgegangen werden (Bestimmungs-
genauigkeit für Inertgas < 0,2%).

Sauerstoffgehalt. Zulässiger Gehalt keinesfalls über 0,5%, tunlichst nicht über 0,2 Vol.-%.

Reinheit von Schwefelwasserstoff, Ammoniak und Teer ist unbe-
dingt zu fordern.

Schwefelwasserstoff soll quantitativ entfernt sein. (Mit Rücksicht auf eine nachträgliche Bildung von H_2S in langen Leitungen und
auf die Wirtschaftlichkeit bestimmter Reinigungsverfahren kann bei
Fernlieferungen im äußersten Fall ein Gehalt von 2 g/100 m³ zugelassen
werden.)

Ammoniak muß bis auf 0,5 g/100 m³ entfernt sein.

Naphthalin: Im Interesse gesicherter Fortleitung muß der Naphthalingehalt unter 5 g/p je 100 m³ betragen, wobei p den Anfangsdruck
in at bedeutet.

Unerläßlich ist es vor allem, daß jedes Gaswerk dauernde Gleichmäßigkeit seines Gases in bezug auf Heizwert, spez. Gewicht und Druck
anstrebt. Als Anforderungen an die Gleichmäßigkeit der Gaszusammensetzung gelten:

Heizwertschwankungen: a) des absoluten Heizwertes um nicht
mehr als ± 25 kcal; b) der Meßergebnisse ± 75 kcal; Spezifisches
Gewicht: Zulässige Schwankungen a) des absoluten Wertes ± 0,012;
b) der Meßergebnisse ± 0,015. (Das spez. Gewicht ist auf trockenes
Gas gegenüber trockener Luft von 0⁰, 760 mm zu beziehen.)

Wird auf Konstanz der Wobbe-Zahl $= \dfrac{\text{ob. Heizwert}}{\sqrt{\text{Dichte}}} = k$ gearbeitet, so kann eine Schwankung von k um 1,5% zugelassen werden.

Die vorstehenden Richtlinien legen brenntechnische Eigenschaften
des Stadtgases noch nicht fest.

Für die Beurteilung des brenntechnischen Gebrauchswertes haben Czako und Schaak[1]) daher zunächst die Messung der Ottzahl vorgeschlagen, wobei die zulässigen Schwankungen des Flackerpunktes ± 2 und des Rückschlagpunktes $\pm 2,5$ Skalenteile nicht überschreiten sollen. Eine verbesserte Ausführungsform dieses Gerätes stellt der Prüfbrenner[2]) der obengenannten Verfasser dar.

Eine praktische Vergleichszahl für den brenntechnischen Gebrauchswert stellt ferner die Verbindung der Ottzahl mit der Wobbezahl zu der Czakoschen Kennziffer dar:

$$\text{Kennziffer} = \frac{\text{Wobbezahl}}{\text{Ottzahl (Prüfbrennerzahl)}}.$$

Vorschläge für eine Erweiterung der Richtlinien nach brenntechnischen Gesichtspunkten durch Einbeziehung der spezifischen Flammenleistung haben Brückner und Löhr[3]) ausgearbeitet.

d) Richtlinien für die Gasbeschaffenheit in anderen Ländern.

Dänemark.

Allgemeine Richtlinien für die Gasbeschaffenheit bestehen nicht; der obere Heizwert beträgt zumeist 4500 bis 5000 kcal/Nm³.

Frankreich.

Der obere Heizwert soll 4500 kcal/Nm³ betragen. Der Kohlenoxydgehalt soll 15% nicht überschreiten. Das Gas soll praktisch frei von Schwefelwasserstoff sein.

Großbritannien.

Das Stadtgas soll frei von Schwefelwasserstoff sein (Prüfung mit Bleiazetatpapier).

Der Heizwert des abgegebenen Stadtgases muß öffentlich (in der Gazette von London, Edingburgh oder Dublin) bekanntgemacht werden (Bezugsbasis B. Th. U./cbf. bei 15,5°C, 762 Torr, feucht). Das Gas soll sicher brennen und einen guten thermischen Wirkungsgrad erhalten lassen. Der niedrigste zulässige Gasdruck im Rohrnetz darf 25 mm nicht unterschreiten.

Holland.

Zur Verteilung gelangt Mischgas (Steinkohlengas + karburiertes oder Blauwassergas).

---

[1]) GWF **76**, 153 (1933).
[2]) Hersteller Pollux G. m. b. H., Ludwigshafen a. Rh.
[3]) GWF **79**, 17 (1936).

Beurteilungswerte für das Stadtgas:

	sehr niedrig	niedrig	ziemlich niedrig	durchschnittlich	ziemlich hoch	hoch	sehr hoch
Oberer Heizwert kcal/m³ (15, 760 tr.)	< 4000	4000—4050	4050—4150	4150—4300	4300—4500	4500—4700	> 4700
Inertgasgehalt % ($N_2 + CO_2$) .	< 7	7—9	9—11	11—15	15—18	18—21	> 21
Sauerstoffgehalt % .	< 0,11	0,11—0,17	0,18—0,24	0,25—0,34	0,35—0,44	0,45—0,54	> 0,54
Spez. Gewicht (Luft = 1) .	< 0,400	0,40—0,44	0,44—0,48	0,48—0,51	0,51—0,54	0,54—0,56	> 0,56
Schwefelgehalt g/100 m³	< 10	10—14	15—24	25—34	35—44	45—59	> 59
Ammoniakgehalt g/100 m³	< 0,10	0,10—0,19	0,20—0,29	0,30—0,39	0,40—0,49	0,50—0,59	> 0,59

In einem Versorgungsgebiet zulässige Schwankungen im

	Heizwert ± kcal/m³	spez. Gewicht ±
sehr gering	< 20	< 0,01
gering	20 bis 29	0,01 bis 0,013
ziemlich gering	30 » 39	0,014 » 0,017
durchschnittlich	40 » 54	0,018 » 0,022
ziemlich hoch	55 » 64	0,023 » 0,026
hoch	65 » 75	0,026 » 0,03
sehr hoch	< 75	< 0,03

Das Gas soll praktisch frei von Schwefelwasserstoff sein. Bei einer Prüfung mit Bleiazetatpapier (hergestellt durch Tränken von Filtrierpapier mit einer 6,5 proz. Bleiazetatlösung) darf innerhalb 5 Minuten keine Braunfärbung erkennbar sein (Strömungsgeschwindigkeit des Gases > 100 l/h).

Festlegungen über die zulässige Höhe des Gehaltes des Gases an Cyanwasserstoff bestehen nicht.

Der Naphthalingehalt des Gases soll zwei Drittel des Sättigungsdruckes der mittleren Rohrnetztemperatur nicht überschreiten.

Zulässiger Naphthalingehalt des Stadtgases (g/100 m³).

Januar . . 4	April . . . 8	Juli 16	Oktober . 8
Februar . 4	Mai . . . 10	August . . . 16	November. 4
März . . 4	Juni . . . 14	September . 15	Dezember . 4

Bei einer Verdichtung des Gases soll der Naphthalingehalt umgekehrt proportional der Druckerhöhung in at erniedrigt werden.

Der Gasdruck des Versorgungsnetzes soll betragen:

$$p \, (\text{mm WS}) = 45\,000 \, \frac{\sqrt{100\,\gamma}}{c}.$$

γ = spezifisches Gewicht des Gases $c = H_0$ kcal/m³ (15, 760 tr.).

Normaler Druck im Rohrnetz.

Ob. Heizwert des Gases kcal/m³ (15, 760 tr.)	Spezifisches Gewicht des Gases											
	0,38	0,40	0,42	0,44	0,46	0,48	0,50	0,52	0,54	0,56	0,58	0,60
4000	69	70	73	75	76	78	80	81	83	84	86	87
4050	68	70	72	74	75	77	79	80	82	83	85	86
4100	68	69	71	73	74	76	78	79	81	82	84	85
4150	67	69	70	72	73	75	77	78	80	81	83	84
4200	66	68	69	71	73	74	76	77	79	80	82	83
4250	65	67	69	70	72	73	75	76	78	79	81	82
4300	65	66	68	69	71	72	74	75	77	78	80	81
4350	64	65	67	69	70	72	73	74	76	77	79	80
4400	63	65	66	68	69	71	72	74	75	76	78	79
4450	62	64	66	67	69	70	71	73	74	76	77	78
4500	62	63	65	66	68	69	71	72	73	75	76	77
4550	61	63	64	66	67	68	70	71	73	74	75	77
4600	60	62	63	65	66	68	69	70	72	73	74	76
4650	60	61	63	64	66	67	68	70	71	72	74	75
4700	59	60	62	63	65	66	68	69	70	72	73	74

Schweiz.

Der durchschnittliche obere Heizwert des abgegebenen Gases, berechnet auf 0°, 760 mm Barometerstand, trocken, soll 5000 kcal betragen und möglichst wenig schwanken.

Die Zusammensetzung des Gases soll möglichst gleichmäßig sein. Der durchschnittliche Gehalt an Kohlensäure, Stickstoff und Sauerstoff soll zusammen nicht mehr als 12% betragen.

Das Gas soll praktisch ammoniak- und schwefelwasserstofffrei sein.

Bei Meinungsverschiedenheiten ist der Durchschnitt während einer Periode von mindestens vier Tagen zu bestimmen.

Vereinigte Staaten von Nordamerika und Kanada.

Zur Stadtgasversorgung werden folgende Gase herangezogen:

Gasart	ob. Heizwert kcal/m³	spez. Gewicht	Verteilungsdruck mm WS
Erdgas	10000	0,65	178
Koksofengas	4760	0,38	89
Karburiertes Wassergas	3560	0,70	89
Propan	22200	1,55	280
Butan-Luft-Gas	4670	1,16	127

Das Gas soll praktisch frei sein von Schwefelwasserstoff, der Gehalt an organisch gebundenem Schwefel soll 68,5 g/100 m³, an Ammoniak 22,9 g/100 m³ nicht überschreiten.

e) **Durchschnittliche chemische Zusammensetzung der festen Brennstoffe** (auf asche- und wasserfreie Substanz bezogen).

Brennstoff	C %	H %	O %	N %	S %	Flücht. Bestandteile %	Heizwert kcal/kg
H o l z	48—52	5,8—6,2	43—45	0,05—0,1	—	70—78	4500—4800
T o r f							
Fasertorf	49—52	5—6	40—45	1	0,1—1	55—60	5000—5400
Modertorf	52—58	6—7	32—40	2—3	0,1—1	50—55	5200—5600
Lebertorf	57—60	6—8	28—35	3—4	0,1—1	45—50	5500—5800
B r a u n k o h l e							
Erdige Braunkohle	65—70	5—8	18—30	0,5—1,5	0,5—3	45—60	7200—7400
Lignit	65—70	5—6	25—30	0,5—1,5	0,5—3	35—50	6200—6700
Pechkohle	73—76	5,5—7	12—18	1—2	0,5—3	40—75	7000—8600
S t e i n k o h l e							
Flammkohle . . .	75—80	4,5—5,8	15—20	1—1,5	0,5—1,5	40—55	7600—7800
Gasflammkohle .	80—85	5,0—5,8	10—15	1—1,5	0,5—1,5	35—45	7800—8300
Gaskohle	82—86	5—5,5	8—12	1—1,5	0,5—1,5	30—38	8300—8600
Kokskohle	85—88	4,5—5,5	6—10	1—1,5	0,5—1,5	18—32	8600—8700
Eßkohle	87—90	3,5—5,0	4—6	1—1,5	0,5—1,5	12—18	8600—8700
Magerkohle . . .	90—94	3—4,5	3—4	1	0,5—1	8—12	8700
Anthrazit	94—97	1—2,5	1—2	0,5—1	0,5	1—5	8700—8750

f) **Einteilung der Steinkohlen nach der Koksbeschaffenheit.**

Nach Aussehen des Kokses	Sonstige Bezeichnung der Kohlen	Koksbeschaffenheit
Backkohle	Kokskohle, Gaskohle	geschmolzen, gebläht
Backende Sinterkohle	Eßkohle, Gasflammkohle	gesintert bis geschmolzen zuweilen etwas gebläht
Sinterkohle	Gasflammkohle	gesintert, nicht gebläht
Gesinterte Sandkohle	Magerkohle, Flammkohle	schwach gesintert
Sandkohle	Anthrazit, Flammkohle	pulvrig

g) **Petrographische Bestandteile der Steinkohle.**

Bezeichnung		Kennzeichen	Verkokungsverhalten
Glanzkohle	Vitrit	ebener, kantiger oder muscheliger Bruch	gut verkokungsfähig
Mattkohle	Clarit	mattes Aussehen, unregelmäßiger Bruch	mäßig verkokungsfähig
	Durit		
Übergangsstufen	Halbfusit	mikroskopisch als Einschlüsse und Einlagerungen erkennbar	wenig verkokungsfähig
	Opakmasse		
	Harzeinschlüsse		
Faserkohle	Fusit	holzkohleähnliche Struktur	bleibt nahezu unverändert
Mineralbestandteile	Brandschiefer	> 20% Mineralbestandteile	—
	Berge	—	

h) Durchschnittliche Zusammensetzung von Koksen
(wasserfrei).

Koks	C %	H %	O + N %	S %	Asche %
Kammerofenkoks	86—90	0,3—0,4	1,4—1,9	0,5—0,8	6—10
Retortenkoks	84—88	0,3—0,4	1,4—1,9	0,5—0,8	6—10
Hochofenkoks	86—90	0,3—0,4	1,4—1,9	0,5—0,8	6—10
Gießereikoks	88—91	0,25—0,35	0,8—1,6	0,5—0,8	6—10
Torfkoks	88—91	2,0—2,3	6,5—7,2	0,2—0,3	2—3,5
Holzkohle, weich	68—72	4,5—5	22—26	—	1
Holzkohle, hart	80—82	3,5—4	14—16	—	1
Meilerkohle	86—90	2,7—3	7—10	—	1
Braunkohlenschwelkoks .	70—76	3—3,5	8—12	0,5—1,5	10—25
Steinkohlenschwelkoks .	80—85	2,5—3	5—6	0,5—1,0	6—10
Mitteltemperaturkoks . .	82—88	1—2	2—3	0,5—1,0	6—10

Der Heizwert von Hochtemperaturkoks beträgt mit großer Annäherung 7950 kcal/kg Reinkoks (asche- und wasserfreie Substanz).

i) Durchschnittliche Zusammensetzung der Asche von Steinkohle.

Bestandteil	%	Bestandteil	%	Bestandteil	%
Al_2O_3	15—30	MgO	1—8	SO_3	1—2,5
Fe_2O_3	12—22	$K_2O + Na_2O$	1—5	P_2O_5	0,2—0,8
CaO	1,5—15	SiO_2	30—50	Sonstige	0,5—3

k) Schmelzverhalten von Kohlenaschen.

unterhalb 1200° . . . . leichtflüssig

1200 bis 1350° . . . . flüssig

1350 » 1500° . . . . strengflüssig

1500 » 1600° . . . . sehr strengflüssig

1600 » 1700° . . . . nahezu feuerfest

oberhalb 1700° . . . . feuerfest.

Schmelzpunkte von Aschen von Ruhrkohlen.
(Nach Schulte, Ztschr. VDI 68, 1021, 1924.)

Gasflammkohle . 1145 bis 1360°   Fettkohle . 1000 bis 1350°

Gaskohle . . . . 1150 » 1350°   Magerkohle 1030 » 1340°

21. Heizwert (Verbrennungswärme).

a) Heizwert der Gase.

1. Begriff.

Der obere Heizwert (Verbrennungswärme) eines Gases stellt die Wärmemenge dar, die bei der vollständigen Verbrennung einer Einheit (kmol, kg oder Nm³) des trockenen Gases gebildet wird, wenn nach der Verbrennung die Verbrennungsprodukte auf die Ausgangstemperatur zurückgekühlt werden und sich das bei der Verbrennung gebildete Wasser in flüssigem Zustand befindet.

Der untere Heizwert, oft auch nur als Heizwert bezeichnet, ist gegenüber dem oberen Heizwert um die Verdampfungswärme des bei der Verbrennung gebildeten Wassers niedriger. Als Verdampfungswärme ist der bei 0⁰ gültige Wert von 597 kcal/kg einzusetzen. Ein Unterschied zwischen dem oberen und unteren Heizwert besteht somit nur bei Wasserstoff enthaltenden Gasen, bei technischen Gasen beträgt er im allgemeinen 10 bis 15% des oberen Heizwertes.

Die gesetzliche Wärmeeinheit (lt. Reichsgesetz vom 7. 8. 1924) bildet die Kilokalorie, d. h. die Wärmemenge, die zum Erwärmen von 1 kg Wasser bei 760 Torr von 14,5 auf 15,5⁰ erforderlich ist. Das Hundertfache dieser Wärmeeinheit deckt sich genau mit der Wärmemenge, die zum Erwärmen von 1 kg Wasser unter Normbedingungen von 0 auf 100⁰ C benötigt wird. (Die früher gebräuchliche 0⁰-kcal beträgt das 1,0050fache der 15⁰-kcal.)

Bei wärmetechnischen Rechnungen ist je nach der Art des Verbrennungsverlaufs der obere oder untere Heizwert einzusetzen. Zumeist befindet sich das Verbrennungswasser in den Verbrennungsabgasen in dampfförmigem Zustand, so daß nur der untere Heizwert ausgenützt wird.

Der obere bzw. untere Heizwert von Gasgemischen setzt sich additiv zusammen aus den Heizwerten der Einzelgase.

Für die Umrechnung der Heizwerte bei konstantem Druck (H_p) auf Heizwerte bei konstantem Volumen (H_v) gilt je Mol die Beziehung

$$H_v - H_p = n \cdot R \cdot T = 1,986 \cdot n \cdot T,$$

worin T die absolute Temperatur und n die Zahl angibt, wieviel Mole nach der Verbrennung mehr vorhanden sind als vor der Verbrennung.

2. Heizwert des Kohlenstoffs und der Gase (DIN 1872).

Stoff		Molekulargewicht M	Molvolumen bei 0⁰ und 760 Torr Nm³/kmol	Heizwerte					
				H_o kcal/kmol	H_u kcal/kmol	H_o kcal/kg	H_u kcal/kg	H_o kcal/Nm³	H_u kcal/Nm³
Kokskohlenstoff bei Verbrennung zu CO_2 . . .	C	12,000		97000	97000	8080	8080	—	—
bei Verbrennung zu CO	C	12,000		29300	29300	2440	2440	—	—
Kohlenstoff (β-Graphit) bei Verbrennung zu CO_2 . . .	C	12,000		94300	94300	7860	7860	—	—
bei Verbrennung zu CO	C	12,000		26600	26600	2220	2220	—	—
Kohlenoxyd . . .	CO	28,00	22,40	67700	67700	2420	2420	3020	3020

Stoff		Molekular-gewicht M	Mol-volumen bei 0° und 760 Torr Nm³/kmol	Heizwerte					
				H_o kcal/kmol	H_u kcal/kmol	H_o kcal/kg	H_u kcal/kg	H_o kcal/Nm³	H_u kcal/Nm³
Wasserstoff . . .	H_2	2,0156	22,43	68350	57590	33910	28570	3050	2570
Methan	CH_4	16,03	22,36	212800	191290	13280	11930	9520	8550
Azetylen	C_2H_2	26,02	22,22	313000	302240	12030	11620	14090	13600
Äthylen	C_2H_4	28,03	22,24	340000	318490	12130	11360	15290	14320
Äthan	C_2H_6	30,05	22,16	372800	340530	12410	11330	16820	15370
Propylen	C_3H_6	42,05	21,96	495000	462730	11770	11000	22540	21070
Propan	C_3H_8	44,06	21,82	530600	487580	12040	11070	24320	22350
Butylen	C_4H_8	56,06	(22,4)	652000	608980	11630	10860	(29110)	(27190)
Normal-Butan . .	C_4H_{10}	58,08	21,49	687900	634120	11840	10920	32010	29510
Iso-Butan	»	»	21,77	686300	632520	11820	10890	31530	29050
Benzoldampf. . .	C_6H_6	78,05	(22,4)	783000	750730	10030	9620	(34960)	(33520)
Methylchlorid . .	CH_3Cl	50,48	21,88	170000	153870	3370	3050	7770	7030
Ammoniak. . . .	NH_3	17,031	22,08	91000	74870	5340	4400	4120	3390
Schwefelwasserstoff bei Verbrennung zu SO_2 . . .	H_2S	34,08	22,14	136000	125240	3990	3680	6140	5660
bei Verbrennung zu SO_3 . . .	H_2S	34,08	22,14	159500	148740	4680	4360	7200	6720

3. Heizwert verschiedener Kohlenstoffarten (nach Roth, Ztschr. angew. Chem. 41, 277, 1928).

Kohlenstoffart	spez. Gewicht	Heizwert kcal/kg
Diamant	3,514	7873
α — Graphit.	2,258±0,002	7832
β — Graphit.	2,220±0,002	7856
Glanzkohle	2,07	8051
Glanzkohle	2.00	8071
Glanzkohle	1,86	8148

b) Heizwert verschiedener organischer Stoffe.

Stoff	Heizwert H_o kcal/kg	Heizwert H_u kcal/kg	Stoff	Heizwert H_o kcal/kg	Heizwert H_u kcal/kg
Äther	8850	8150	Motorenbenzol .	10500	10100
Äthylalkohol .	7140	6440	Methanol . . .	5365	4665
Benzin	10500—11500	9980—10700	Naphthalin . .	9600	9260
Benzoesäure (Eichsubstanz)	6324	6060	Paraffinöl . . .	10400—11000	9800—10500
Benzol			Pentan	11620	10720
Braunkohlen-teeröl	10025 10000	9615 9400	Petroleum . . .	10000—11000	9500—10400
Erdöl	10000—10500	9500—10000	Phenol	7790	7445
Gasöl	10600—10900	10100—10400	Pyridin	8415	8075
Gelböl	9950—10250	9450—9750	Schwefelkohlen-stoff	3400	—
Glyzerin . . .	4315	3845	Solaröl	10600	10000
Heizöl	10100—10400	9600—9900	Spiritus (35%) .	6710	5985
Hexan	11550	10670	Steinkohlenteer	8100—8800	7800—8400
Kreosotöl . . .	9000	8600	Steinkohlenteeröl	9300—9600	9000—9300
Masut.	10700	10200	Toluol	10170	9700
			Xylol	10230	9720

22. Luftbedarf und Verbrennungsprodukte.

Die Grundlagen bei der wärmetechnischen Betrachtung von Verbrennungsvorgängen bilden die Berechnung des Luftbedarfs und des Abgasvolumens sowie der Abgaszusammensetzung. Jedem Brennstoff ist für seine vollständige Verbrennung ein bestimmter Luftbedarf eigen, der sich aus seiner Zusammensetzung mühelos errechnen läßt. Daraus ergibt sich ferner das Abgasvolumen bzw. dessen Zusammensetzung.

Für die Durchführung der Berechnung verwendet man hierbei zweckmäßigerweise ein Schema, in dem der Luft- bzw. Sauerstoffbedarf bei technischen Gasgemischen jeweils für den der Einzelgase, bei festen und flüssigen Brennstoffen für deren elementare Einzelbestandteile berechnet wird. Beispiele unter Zugrundelegung eines Stadtgases und einer Steinkohle sollen dies näher erläutern. Bei Gasen liegt eine Unsicherheit bei den ungesättigten Kohlenwasserstoffen, die aus einem Gemisch von Äthylen, Propylen, Azetylen und den Dämpfen aromatischer Kohlenwasserstoffe bestehen. Bei diesen legt man ähnlich wie bei der Berechnung des Heizwertes und des spezifischen Gewichtes mit genügender Annäherung Propylen zugrunde. Nicht vollgültig ist diese vereinfachende Annahme bei vollständiger Benzolauswaschung, da in diesem Fall das Mittel des Luftbedarfs etwas niedriger ist als der des Propylens.

Bei festen und flüssigen Brennstoffen errechnet man deren Luftbedarf aus ihrer Elementarzusammensetzung auf folgender Grundlage: 1 Mol Kohlenstoff (C) = 12 kg benötigt zu seiner vollkommenen Verbrennung 1 Mol Sauerstoff (= 22,4 Nm^3), wobei das gleiche Volumen Kohlendioxyd (= 22,4 Nm^3) gebildet wird[1]). 1 kg Kohlenstoff benötigt somit 1,867 Nm^3 Sauerstoff und bildet 1,867 Nm^3 Kohlendioxyd. Bei dem im Brennstoff enthaltenen Sauerstoff nimmt man an, daß dieser mit dem Wasserstoffgehalt Wasser bildet. Dies ist stets möglich, da der Wasserstoffgehalt selbst einer jungen, sehr sauerstoffreichen Braunkohle hierfür ausreichend ist. Da nach der Gleichung

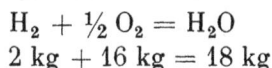

$$H_2 + \tfrac{1}{2} O_2 = H_2O$$
$$2 \text{ kg} + 16 \text{ kg} = 18 \text{ kg}$$

auf je 1 kg Wasserstoff 8 kg Sauerstoff entfallen, wird von dem Gesamtwasserstoff zunächst der zur Wasserbildung aus dem Sauerstoffgehalt des Brennstoffs benötigte Anteil (O/8) abgezogen. Der restliche sog. »disponible« Wasserstoff (H — O/8) erfordert daraufhin zu seiner Verbrennung Luftsauerstoff, und zwar gemäß der obigen Formel je Gewichtsteil Wasserstoff (kg) $\tfrac{1}{4}$ Mol = 5,6 Nm^3 Sauerstoff, wobei $\tfrac{1}{2}$ Mol = 11,2 Nm^3 Wasserdampf entstehen.

---

[1]) Entgegen der früheren Annahme beträgt das Molvolumen der Gase nicht genau 22,412 Nm^3, sondern dies trifft mit großer Annäherung nur bei den Gasen zu, deren kritische Temperatur unterhalb Raumtemperatur liegt, bei den anderen ist es zum Teil erheblich niedriger (vgl. Zahlentafel auf S. 3).

Der verbrennliche Schwefel des Brennstoffes erfordert nach der Gleichung

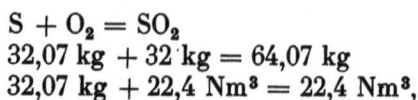

$$S + O_2 = SO_2$$
$$32,07 \text{ kg} + 32 \text{ kg} = 64,07 \text{ kg}$$
$$32,07 \text{ kg} + 22,4 \text{ Nm}^3 = 22,4 \text{ Nm}^3,$$

d. h. je Gewichtsteil 0,698 Nm³ Sauerstoff, während die gleichen Raumteile Schwefeldioxyd gebildet werden. Infolge seines sauren Charakters wird für die Abgasanalyse im allgemeinen der Gehalt an Schwefeldioxyd dem des an Kohlendioxyd zugezählt, da beide Gase bei der Gasanalyse ebenfalls zusammen erfaßt werden.

Der Stickstoffgehalt des Brennstoffs wird bei der Verbrennung gasförmig abgespalten, und zwar bilden sich nach der Avogadroschen Lehre je kg Stickstoff 0,80 Nm³, die mit in die Verbrennungsprodukte übergehen.

Beispiele:

a) Berechnung des Luftbedarfs und Abgasvolumens bei Verbrennung von Stadtgas.

Zusammensetzung des Gases	Sauerstoffbedarf je Nm³	Es werden gebildet		
		Nm³ CO₂	Nm³ H₂O	Nm³ N₂
CO₂ . . . 4,0%	—	0,040	—	—
sKW . . 2,0%	0,0900	0,060	0,060	3,009 (dem Sauerstoff entsprechender Luftstickstoff)
CO . . . 21,5%	0,1075	0,215	—	
H₂ . . . 51,5%	0,2575	—	0,515	
CH₄ . . . 17,0%	0,3400	0,170	0,340	
N₂ . . . 4,0%	—	—	—	0,04
100,0%	0,7950	0,485	0,915	3,049

Luftbedarf:

$$0,795 \text{ Nm}^3 \text{ O}_2$$
$$3,009 \quad » \quad \text{N}_2$$
$$\overline{3,804 \text{ Nm}^3 \text{ Luft/Nm}^3 \text{ Gas}}$$

Abgasvolumen:

$$0,485 \text{ Nm}^3 \text{ CO}_2$$
$$0,915 \quad » \quad \text{H}_2\text{O (Dampf)}$$
$$3,049 \quad » \quad \text{N}_2$$
$$\overline{4,449 \text{ Nm}^3 \text{ Abgasvolumen}}$$

Abgaszusammensetzung: (feucht)

$$10,9\% \text{ CO}_2$$
$$20,6\% \text{ H}_2\text{O (Dampf)}$$
$$68,5\% \text{ N}_2$$
$$\overline{100,0\%}$$

desgl. trocken:

$$13,7\% \text{ CO}_2$$
$$86,3\% \text{ N}_2$$
$$\overline{100,0\%.}$$

Taupunkt der Abgase.

Für die Berechnung des Taupunktes der Abgase wird deren Gehalt an Wasserdampf von % auf den Partialdruck (Torr) umgerechnet und daraufhin in Zahlentafel auf S. 48 aus diesem Sättigungsdruck die zugehörige Taupunktstemperatur abgelesen.

Im vorigen Beispiel entsprach der Teildruck des Wasserdampfes im feuchten Abgas 20,6% bzw.

$$\frac{20,6}{100} = \frac{x}{760} \qquad x = 156,6,$$

einem Teildruck von 156,6 Torr. Die zugehörige Sättigungs-(Taupunkts-)Temperatur des Abgases ergibt sich somit zu 61° C.

Die im vorhergehenden zugrunde gelegten Rechnungen gelten für theoretisch vollkommene Verbrennung. Bei Anwendung von Luftüberschuß wird im Abgas Sauerstoff gefunden.

Die Luftüberschußzahl U bedeutet

$$U = \frac{\text{Zur Verbrennung angewendetes Luftvolumen}}{\text{Theoretisch erforderliches Luftvolumen}}$$

bzw., da der Stickstoffgehalt der Luft 79,1% beträgt,

$$U = \frac{\text{Im angewandten Luftvolumen enthaltener Stickstoff}}{\text{Im theoretischen Luftbedarf enthaltener Stickstoff}}.$$

Für die Berechnung der Luftüberschußzahl U berechnet man das dem im Abgas enthaltenen Sauerstoff o_1 zugehörige Stickstoffvolumen n_1. Der Unterschied von Gesamtstickstoff n abzüglich n_1 ergibt das bei theoretisch erforderlicher Luftmenge als Luft zugeführte Stickstoffvolumen n_2 ($n_2 = n - n_1$).

Unter Annahme der folgenden Abgaszusammensetzung: CO_2 8,5%, O_2 6,8%, N_2 84,7% beträgt je 100 Vol. Abgas das dem überschüssigen Sauerstoff o_1 entsprechende Stickstoffvolumen $n_1 = 6,8 \frac{79,1}{20,9} = 25,7$ Vol. Nach Abzug von n_1 vom Gesamtstickstoff $n = 84,7$ Vol. verbleibt das der theoretisch erforderlichen Luftmenge zugehörige entsprechende Stickstoffvolumen $n_2 = n - n_1 = 59,0$ Vol. Daraus errechnet sich das theoretisch erforderliche Luftvolumen zu $59 \cdot \frac{100}{79,1} = 74,6$ Vol. Die Luftüberschußzahl U errechnet sich daraus zu

$$U = \frac{74,6 + 6,8 + 25,7}{74,6} = \frac{107,1}{74,6} = 1,44.$$

Bei dieser Art der Rechnungsdurchführung wird der Eigenstickstoffgehalt des Brennstoffs vernachlässigt. Diese Annäherungsrechnung gilt daher nur bei stickstoffarmen Brenngasen und festen Brennstoffen, nicht dagegen bei Luftgasen und ähnlich zusammengesetzten. Wenn infolge eines höheren Stickstoffgehaltes des Brennstoffs diese Annäherungsrechnung nicht durchführbar ist, muß von dem Gesamtstickstoff des Abgases zunächst der dem Kohlenstoffgehalt desselben entsprechende Stickstoff (gemäß der Brennstoffzusammensetzung) in Abzug gebracht werden. Daraufhin kann die oben angegebene Rechnungsdurchführung in gleicher Weise vorgenommen werden.

Neben der Kenntnis der Luftüberschußzahl ist zuweilen noch die Verdünnungszahl V von Interesse.

$$V = \frac{\text{Vorhandenes Rauchgasvolumen}}{\text{Bei theoretischer Verbrennung entwickeltes Rauchgasvolumen}}.$$

Die Zahlenwerte für Luftüberschußzahl und Verdünnungszahl sind im allgemeinen nahezu gleich.

b) Berechnung des Luftbedarfs und Abgasvolumens bei Verbrennung von Steinkohle.

Zusammensetzung des Brennstoffs	Sauerstoffbedarf Nm³/100 kg Brennstoff	Es werden gebildet		
		Nm³ CO_2	Nm³ H_2O	Nm³ N_2
C . . . 85,0%	$\frac{85,0}{0,537} = 158,3$	158,3	—	
H . . . 4,6%[1])	$3,55\frac{22,4}{4} = 19,9$	—	$4,6\frac{22,4}{2} =$	676,7
			51,5	
O . . . 8,4%	—	—	—	—
verbr. S. 0,8%	0,56	0,56	—	—
N . . . 1,2%	—	—	—	0,96
100,0%	178,8	158,9	51,5	677,7

[1]) Disponibler Wasserstoff: $4,6 - \frac{8,4}{8} = 3,55\%$.

Luftbedarf:
178,8 Nm³ O_2
676,7 » N_2
855,5 Nm³ Luft/100 kg Brennstoff

Abgasvolumen:
158,9 Nm³ CO_2
51,5 » H_2O (Dampf)
677,7 » N_2
888,1 Nm³ Abgasvolumen

Abgaszusammensetzung: (feucht)
17,9% CO_2
5,8% H_2O (Dampf)
76,3% N_2
100,0%

desgl. trocken:
19,0% CO_2
81,0% N_2
100,0%.

Kohlendioxydgehalt und mittlere trockene Rauchgasmenge bei der Verbrennung von festen Brennstoffen in Abhängigkeit von der Luftüberschußzahl[1).](#) (Bezogen auf Reinkohle.)

		1,0	1,1	1,2	1,3	1,4	1,5	1,6	1,7	1,8	1,9	2,0	2,2	2,4	2,6	2,8	3,0
										Luftüberschußzahl							
Koks	CO_2 %	20,7	18,8	17,2	15,9	14,8	13,8	12,9	12,2	11,5	10,9	10,4	9,4	8,6	8,0	7,4	6,9
	V Nm³/kg	8,73	9,61	10,48	11,36	12,23	13,11	13,98	14,85	15,73	16,60	17,48	19,23	20,98	22,72	24,47	26,22
Gasflamm-kohle	CO_2 %	18,5	16,8	15,4	14,2	13,2	12,3	11,5	10,8	10,2	9,7	9,2	8,4	7,7	7,1	6,6	6,1
	V Nm³/kg	8,39	9,26	10,12	10,98	11,80	12,71	13,57	14,44	15,30	16,17	17,03	18,76	20,49	22,21	23,94	25,67
Kokskohle	CO_2 %	18,6	16,9	15,5	14,3	13,3	12,4	11,7	11,0	10,4	9,8	9,3	8,5	7,8	7,2	6,7	6,2
	V Nm³/kg	8,71	9,61	10,50	11,40	12,29	13,19	14,08	14,97	15,87	16,76	17,66	19,46	21,24	23,03	24,82	26,61
Eßkohle	CO_2 %	18,8	17,1	15,7	14,5	13,4	12,5	11,7	11,0	10,4	9,9	9,4	8,6	7,9	7,3	6,7	6,3
	V Nm³/kg	8,84	9,74	10,60	11,56	12,46	13,37	14,27	15,18	16,09	16,99	17,90	19,71	21,52	23,34	25,15	26,96
Anthrazit	CO_2 %	19,1	17,4	15,9	14,7	13,6	12,7	11,9	11,2	10,6	10,0	9,6	8,7	8,0	7,4	6,8	6,4
	V Nm³/kg	8,89	9,80	10,70	11,61	12,52	13,42	14,33	15,23	16,14	17,01	17,96	19,77	21,58	23,40	25,21	27,02

Die Umrechnung von Reinkohle und trockenem Abgas auf Rohkohle und feuchtes Abgas erfolgt nach der Beziehung

$$V_{Rohkohle} = V \frac{100 - (A+W)}{100} + \frac{9 \cdot H + W}{100} \cdot 1,244.$$

Darin bedeuten A, W und H den Asche-, Wasser- und Wasserstoffgehalt der Rohkohle.

[1](#)) Ruhrkohlenhandbuch 1932, S. 92.

23. Chemismus der Verbrennungsvorgänge in Flammen.

Der Chemismus der Verbrennung von Gasen wurde früher derart gedeutet, daß Kohlenwasserstoffe zunächst durch teilweise Oxydation in Kohlenoxyd und Wasserstoff übergeführt werden und diese dann die Verbrennungsendprodukte Kohlendioxyd und Wasser bilden.

Man unterschied daher zwischen verbrennungsreifen Gasen (Wasserstoff und Kohlenoxyd) und noch nicht verbrennungsreifen Gasen. Bei den ersteren nahm man an, daß deren Verbrennung glatt nach den Gleichungen

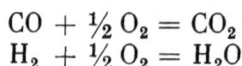

$$CO + \tfrac{1}{2} O_2 = CO_2$$
$$H_2 + \tfrac{1}{2} O_2 = H_2O$$

vonstatten geht.

Es hat sich jedoch gezeigt, daß die Flammenstrahlung keine reine Temperaturstrahlung ist, sondern wahrscheinlich zum Teil auf Chemilumineszenz zurückzuführen ist. Die spektroskopische Untersuchung der Bunsenflammen für das sichtbare und ultraviolette Gebiet hat ergeben, daß die hauptsächlichsten Lichtträger das Radikal OH und bei der Verbrennung von Kohlenwasserstoffen die Radikale CH und C_2 darstellen. Es konnte auf physikalisch-chemischem Wege ferner nachgewiesen werden, daß sämtliche Verbrennungsreaktionen über Ketten verlaufen. Die reaktionskinetische Grundlage derselben bildet die kinetische Gastheorie, die die Zahl der Zusammenstöße zwischen den Molekülen der Reaktionsteilnehmer zu erfassen gestattet. Da aber nur ein kleiner Bruchteil dieser Zusammenstöße tatsächlich zu einer Umsetzung führt, ergibt es sich, daß für diese die Überschreitung eines kritischen Energiewertes durch einen Bruchteil der reagierenden Moleküle notwendig ist. Die Zahl dieser aktivierten Moleküle kann aus dem Temperaturkoeffizienten der Reaktionsgeschwindigkeit berechnet werden.

Für die Verbrennung des Wasserstoffes ergibt sich folgender Verbrennungsmechanismus (Wärmetönungen in cal/g Mol):

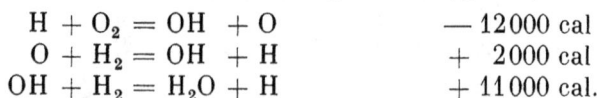

$$H + O_2 = OH + O \qquad\qquad - 12000 \text{ cal}$$
$$O + H_2 = OH + H \qquad\qquad + 2000 \text{ cal}$$
$$OH + H_2 = H_2O + H \qquad\qquad + 11000 \text{ cal.}$$

Die Verbrennung des Kohlenoxyds verläuft nur in Gegenwart von Wasserdampf oder von zu diesem verbrennendem Wasserstoff, der OH- und H-Radikale gebildet hat, gemäß der Formel:

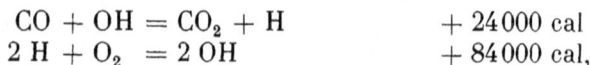

$$CO + OH = CO_2 + H \qquad\qquad + 24000 \text{ cal}$$
$$2 H + O_2 = 2 OH \qquad\qquad + 84000 \text{ cal,}$$

wobei die Bildung neuer OH-Radikale gemäß der letzten Gleichung erfolgt.

Wesentlich verwickelter ist der Abbau der Kohlenwasserstoffe. Schon aus der Summengleichung für die Verbrennung eines Kohlenwasserstoffes, beispielsweise des Propans

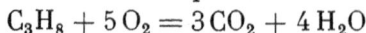

$$C_3H_8 + 5 O_2 = 3 CO_2 + 4 H_2O$$

ist ersichtlich, daß gemäß der kinetischen Gastheorie eine derartige Reaktion unter Beteiligung von 6 Molekülen nicht auf einmal vonstatten gehen kann, sondern daß sie stufenweise abläuft.

Es tritt vielmehr zunächst ein dehydrierender Abbau der Kohlenwasserstoffe ein, der bei Methan infolge des spektroskopisch festgestellten Nachweises des CH-Radikals wahrscheinlich folgende Reaktionsstufen aufweist:

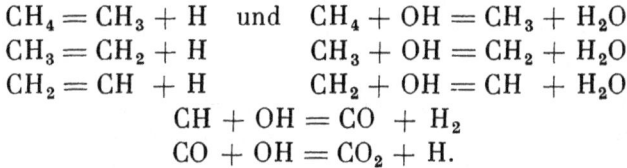

$$CH_4 = CH_3 + H \quad \text{und} \quad CH_4 + OH = CH_3 + H_2O$$
$$CH_3 = CH_2 + H \qquad\qquad CH_3 + OH = CH_2 + H_2O$$
$$CH_2 = CH \, + H \qquad\qquad CH_2 + OH = CH \, + H_2O$$
$$CH + OH = CO \, + H_2$$
$$CO + OH = CO_2 + H.$$

Daneben können als Zwischenkörper unter geeigneten Bedingungen ferner Aldehyde wie Formaldehyd und andere Sauerstoffverbindungen, entstehen.

Für höhermolekulare Kohlenwasserstoffe wird ein Reaktionsablauf folgender Art angenommen:

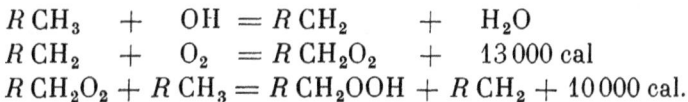

$$R\,CH_3 \; + \quad OH \; = R\,CH_2 \qquad + \quad H_2O$$
$$R\,CH_2 \; + \quad O_2 \; = R\,CH_2O_2 \quad + \quad 13\,000\;cal$$
$$R\,CH_2O_2 + R\,CH_3 = R\,CH_2OOH + R\,CH_2 + 10\,000\;cal.$$

Diese Vielzahl von neben- und nacheinander verlaufenden Reaktionsmöglichkeiten erschwert in starkem Maße ein tieferes Eindringen in dieses Gebiet.

Messungen über die Brennbedingungen unentleuchteter Flammen hinsichtlich Flammengröße und Flammenvolumen haben Bunte und Lang[1]) veröffentlicht. Ergebnisse, die ein tieferes Eindringen in dieses Gebiet erlauben, konnten dabei jedoch bisher nicht ermittelt werden.

24. Grenztemperatureu von Brenngasen ohne und mit Berücksichtigung von Dissoziationserscheinungen.

Grenztemperaturen ohne Berücksichtigung der Dissoziation der Verbrennungsprodukte.

Bei zahlreichen wärmetechnischen Vorgängen ist neben einer bestimmten Wärmeleistung eine gewisse Temperaturhöhe erforderlich, die bei Gasfeuerungen durch die Flammentemperatur gegeben ist. Die theoretische Verbrennungs- oder Flammentemperatur (Grenztemperatur t_g in $°C$) ist diejenige Temperatur, die ein Gas bei seiner Verbrennung erreicht, wenn diese ohne jede Wärmeabgabe adiabatisch erfolgt. Bei dieser adiabatischen Verbrennung wird die gesamte freiwerdende Wärme, die dem unteren Heizwert H_u des Brenngases entspricht, von

---

[1]) GWF **74**, 1073 (1931).

den Verbrennungsprodukten aufgenommen, d. h. sie ist gleich dem fühlbaren Wärmeinhalt der Verbrennungsabgase.

Es gilt somit die Gleichung:

$$H_u = t_g \cdot V \cdot c_{p_m} \quad\ldots\ldots\ldots\ldots \quad (1)$$

H_u = unterer Heizwert des Brenngases (kcal/Nm³),
t_g = Grenztemperatur (°C),
V = Abgasvolumen je Nm³ Brenngas (Nm³),
c_{p_m} = mittlere spezifische Wärme der Abgase bei der Grenztemperatur (kcal/Nm³ °C).

Die Wärmekapazität der Abgase (Abgasvolumen V · mittlerer spezifischer Wärme der Abgase c_{pm}) untergliedert sich infolge der Verschiedenheit der spezifischen Wärmen der Einzelgase gemäß

$$V \cdot c_{pm} = V_{CO_2} \cdot c_{p_m CO_2} + V_{H_2O} \cdot c_{p_m H_2O} + V_{N_2} \cdot c_{p_m N_2} \quad\ldots\ldots \quad (2)$$

Bei Vorwärmung des Gases bzw. der Luft oder beider Anteile wird die zugeführte Wärme (H_u) ferner vermehrt um deren fühlbaren Wärmeinhalt Q, so daß die Gleichung (1) in allgemeiner Form wie folgt lautet:

$$H_u + Q = t_g \left(V_{CO_2} \cdot c_{p_m CO_2} + V_{H_2O} \cdot c_{p_m H_2O} + V_{N_2} \cdot c_{p_m N_2} \right)$$

bzw. nach t_g aufgelöst:

$$t_g = \frac{H_u + Q}{V_{CO_2} \cdot c_{p_m CO_2} + V_{H_2O} \cdot c_{p_m H_2O} + V_{N_2} \cdot c_{p_m N_2}} \quad\ldots\ldots \quad (3)$$

wobei

$$Q = t_{Gas} \cdot c_{p_m Gas} + t_{Luft} \cdot c_{p_m Luft} \text{ ist.}$$

Da die mittleren spezifischen Wärmen in ihrer Größe temperaturabhängig sind, kann bei Anwendung der Formel 3 die Berechnung der Grenztemperatur nur durch Probieren erfolgen, wenn nicht die mittleren spezifischen Wärmen als Formeln eingesetzt werden (vgl. S. 65). Durch Einsetzen der entsprechenden Formeln in die obige Gleichung (3) läßt sich diese für die Temperaturbereiche von 1200 bis 2000° bzw. von 1800 bis 2800° wie folgt umformen:

$$H_u + Q = t_g \cdot \left(V_{CO_2} \left(0{,}639 - \frac{120}{t_g} \right) + V_{H_2O} \left(0{,}519 - \frac{120}{t_g} \right) \right.$$
$$\left. + V_{N_2} \left(0{,}373 - \frac{40}{t_g} \right) \right) \quad (4\,a)$$

$$H_u + Q = 0{,}639 \cdot V_{CO_2} \cdot t_g - 120\, V_{CO_2} + 0{,}519\, V_{H_2O} \cdot t_g - 120\, V_{H_2O}$$
$$+ 0{,}373\, V_{N_2} \cdot t_g - 40\, V_{N_2} \quad (4\,b)$$

$$H_u + Q + 120\, V_{CO_2} + 120\, V_{H_2O} + 40\, V_{N_2}$$
$$= t_g \left(0{,}639 \cdot V_{CO_2} + 0{,}519 \cdot V_{H_2O} + 0{,}373 \cdot V_{N_2} \right) \quad (4\,c)$$

und daraus ergibt sich die Grenztemperatur für den Temperaturbereich 1200 bis 2000° zu

$$t_g \atop (1200-2000^0) = \frac{H_u + Q + 120 \cdot V_{CO_2} + 120 \cdot V_{H_2O} + 40 \cdot V_{N_2}}{0,639 \cdot V_{CO_2} + 0,519 \cdot V_{H_2O} + 0,373 \cdot V_{N_2}} \quad \cdot \cdot (5)$$

und entsprechend für den Temperaturbereich 1800 bis 3000⁰

$$t_g \atop (1800-3000^0) = \frac{H_u + Q + 140 \cdot V_{CO_2} + 200 \cdot V_{H_2O} + 70 \cdot V_{N_2}}{0,649 \cdot V_{CO_2} + 0,561 \cdot V_{H_2O} + 0,389 \cdot V_{N_2}} \quad \cdot \cdot (6)$$

Diese beiden Näherungsformeln zur Bestimmung der absoluten Grenztemperatur bedeuten gegenüber den Schackschen Formeln[1]) eine Vereinfachung, da durch eine günstigere Auswertung der mittleren spezifischen Wärmen für den gesamten in Betracht kommenden Temperaturbereich von 1200 bis 3000⁰ zwei Formeln genügen und die Zahlenwerte einfacher sind.

Beispiele:

Berechnung der Grenztemperatur von CO.

Aus Formel (6) fallen naturgemäß die Zahlenwerte für H_2O weg.

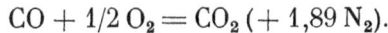

$$CO + 1/2 O_2 = CO_2 (+ 1,89 N_2).$$

$$t_g \atop (1800-3000^0) = \frac{3020 + 140 \cdot 1 + 70 \cdot 1,89}{0,649 \cdot 1 + 0,389 \cdot 1,89} = \frac{3020 + 140 + 132,3}{0,649 + 0,738}$$

$$= \frac{3292,3}{1,387} = \mathbf{2380^0}.$$

(Durch Probieren rechnerisch nach Formel 3 ermittelt 2390⁰.)

Berechnung der Grenztemperatur von H_2.

Jetzt fallen aus Formel (6) die Zahlenwerte für CO_2 weg.

$$H_2 + 1/2 O_2 = H_2O (+ 1,89 N_2).$$

$$t_g \atop (1800-3000^0) = \frac{2570 + 200 + 70 \cdot 1,89}{0,561 + 0,389 \cdot 1,89} = \frac{2902,3}{1,299} = \mathbf{2230^0}.$$

(Durch Probieren rechnerisch nach Formel 3 ermittelt 2230⁰.)

Berechnung der Grenztemperatur von Azetylen C_2H_2.

$$C_2H_2 + 2,5 O_2 = 2 CO_2 + H_2O (+ 9,45 N_2)$$
$$H_{u\,C_2H_2} = 13\,600 \text{ kcal/Nm}^3$$

nach Näherungsformel (6):

$$t_g \atop (1800-3000^0) = \frac{13\,600 + 140 \cdot 2 + 200 \cdot 1 + 70 \cdot 9,45}{0,649 \cdot 2 + 0,561 \cdot 1 + 0,389 \cdot 9,45}$$

$$= \frac{13\,600 + 280 + 200 + 661,5}{1,298 + 0,561 + 3,680} = \frac{14\,741,5}{5,539} = \mathbf{2660^0}.$$

Grenztemperatur theor. nach (3) durch Probieren ergibt ebenfalls genau **2660⁰**.

---

[1]) Mitt. d. Wärmestelle des VDE Nr. 76 (1925).

Berechnung der Grenztemperatur eines Steinkohlengases.

Zusammensetzung %%	Sauerstoff-bedarf je Nm³ Gas	gebild. CO_2 je Nm³ Gas	gebildeter Wasser-dampf je Nm³ Gas	zugehöriger Luftstick-stoff Nm³
CO_2 2,0	—	0,020	—	
sKW 3,5	0,1575	0,105	0,105 ⎫	
CO 8,5	0,0425	0,085	— ⎪	
H_2 52,5	0,2625	—	0,525 ⎬	0,430
CH_4 30,0	0,6000	0,300	0,600 ⎭	
N_2 3,5	—	—	—	0,035
100,0	1,0625	0,510	1,230	4,065

Abgasvolumen je Nm³ Gas: 0,510 Nm³ CO_2

$\qquad\qquad\qquad\qquad$ 1,230 ,, H_2O $\qquad$ $H_u = 4900$ kcal/Nm³

$\qquad\qquad\qquad\qquad$ 4,065 ,, N_2

$\qquad\qquad\qquad\qquad$ 5,805 Nm³

Grenztemperatur:

$$V_{CO_2} = 0,510, \quad V_{H_2O} = 1,230, \quad V_{N_2} = 4,063$$

$$H_u = 4900, \quad Q = 0.$$

$$t_g = \frac{4900 + 140 \cdot 0,510 + 200 \cdot 1,230 + 70 \cdot 4,065}{0,649 \cdot 0,510 + 0,561 \cdot 1,230 + 0,389 \cdot 4,065}$$

$$t_g = \frac{5502,4}{2,601} = 2115.$$

Grenztemperatur: 2115° C.

Berechnung der Grenztemperatur unter Berücksichtigung der Dissoziation der Verbrennungsprodukte.

Für die Ermittlung der Grenztemperatur von Gasen unter Berücksichtigung der Dissoziation der Verbrennungsprodukte muß das rechnerische Schätzverfahren angewendet werden.

Beispiele: Berechnung der Grenztemperatur von CO unter Berücksichtigung der Dissoziation.

Bei CO-Verbrennung: CO_2-Gehalt 34,6% entspricht also einem Partialdruck von 0,346 at.

α bei $\sim$ 0,35 at und 2100° = 0,125 (vgl. S. 87)

$$t_g = \frac{H_{u\,CO}\,(1 - \alpha)}{(1 - \alpha)\,c_{p_m\,CO_2} + \alpha\,c_{p_m\,CO} + \dfrac{\alpha}{2}\,c_{p_m\,O_2} + 1,89\,c_{p_m\,N_2}}$$

$$t_g \atop (2100°) = \frac{3020\,(1 - 0,125)}{(1 - 0,125)\,0,582 + 0,125 \cdot 0,358 + \dfrac{0,125}{2} \cdot 0,369 + 1,89 \cdot 0,35}$$

$$= \frac{2645}{1,2478} = \mathbf{2120°.}$$

Geschätzt wurde 2100⁰, die Rechnung ergab 2120. Die wahre Temperatur liegt also zwischen der angenommenen und errechneten Temperatur, etwa bei **2110⁰**.

Analog erfolgt die Berechnung der Grenztemperatur vom H_2 unter Berücksichtigung der Dissoziation.

H_2O-Gehalt 34,6%, Partialdruck $\sim$ 0,35 at.

$$t_g = \frac{H_{u\,H_2}(1-\alpha)}{1-\alpha)\,c_{p_{m}\,H_2O} + \alpha\,c_{p_{m}\,H_2} + \frac{\alpha}{2}\,c_{p_{m}\,O_2} + 1,89 \cdot c_{p_{m}\,N_2}}\,.$$

Berechnung der Grenztemperatur von Azetylen C_2H_2 unter Berücksichtigung der Dissoziation.

Bei Verbrennung von C_2H_2 entstehen:

$$
\begin{array}{lll}
2\ CO_2 & = \sim & 16\% \\
1\ H_2O & = \sim & 8\% \\
\underline{9,45\ N_2} & = \sim & \underline{76\%} \\
\text{Abgasvolumen} \quad 12,45\ \text{Nm}^3 = & & 100\%.
\end{array}
$$

Bei einer angenommenen Temperatur von **2300⁰** entspricht für CO_2 bei einem Partialdruck von 0,16 at $\alpha_1 = 0,318$.

CO_2: Partialdruck 0,16 at $\alpha_1 = 0,318 \sim 0,32$
H_2O: » 0,08 » $\alpha_2 = 0,1375 \sim 0,14$.

$$t_g\,_{(2300^0)} = \frac{H_{u\,C_2H_2} - (2\,\alpha_1 \cdot H_{u\,CO} + \alpha_2 \cdot H_{u\,H_2})}{2\left[(1-\alpha_1)\,c_{p_{m}\,CO_2} + \alpha_1 \cdot c_{p_{m}\,CO} + \frac{\alpha_1}{2}\,c_{p_{m}\,O_2}\right] + (1-\alpha_2)\,c_{p_{m}\,H_2O}}$$

$$+ \frac{H_{u\,C_2H_2} - (2\,\alpha_1 \cdot H_{u\,CO} + \alpha_2 \cdot H_{u\,H_2})}{\alpha_2\,c_{p_{m}\,H_2} + \frac{\alpha_2}{2}\,c_{p_{m}\,O_2} + 9,45\,c_{p_{m}\,N_2}}$$

$$t_g\,_{(2300^0)} = \frac{13\,600 - (2 \cdot 0,32 \cdot 3020 + 0,14 \cdot 2570)}{2\left[(1-0,32) \cdot 0,588 + 0,32 \cdot 0,361 + \frac{0,32}{2} \cdot 0,371\right] + (1-0,14) \cdot 0,474}$$

$$+ \frac{13\,600 - (2 \cdot 0,32 \cdot 3020 + 0,14 \cdot 2570)}{0,14 \cdot 0,335 + \frac{0,14}{2} \cdot 0,371 + 9,45 \cdot 0,358} = \frac{11\,308}{5,0109} = \mathbf{2270^0}.$$

Die wahre Grenztemperatur liegt zwischen 2270⁰ und 2300⁰, es wird also die Rechnung nochmals für 2280⁰ durchgeführt.

2280⁰ CO_2: Partialdruck 0,16 at $\alpha_1 \sim 0,30$
H_2O: » 0,08 » $\alpha_2 \sim 0,13$

$$t_g\,_{(2280^0)} = \frac{13\,600 - (2 \cdot 0,303 \cdot 3020 + 0,13 \cdot 2570)}{2 \cdot 0,697 \cdot 0,587 + 0,303 \cdot 0,3605 + 0,515 \cdot 0,371 + 0,87 \cdot 0,473}$$

$$+ \frac{13\,600 - (2 \cdot 0,303 \cdot 3020 + 0,13 \cdot 2570)}{0,13 \cdot 0,335 + 0,065 \cdot 0,771 + 9,45 \cdot 0,3575} = \frac{11\,436}{5,0535} = 2290^0.$$

Die wahre Grenztemperatur liegt jetzt zwischen 2290⁰ und 2280⁰.
Also
$$t_{g\,C_2H_2} = 2285^0.$$

Grenztemperatur eines Steinkohlengases mit Dissoziation.
Nach vorstehender Analyse ergibt sich ein Abgasvolumen

CO_2 = 0,510 Nm³		8,8%
H_2O = 1,230 »		21,2%
N_2 = 4,065 »		70,0%
5,805 Nm³		100,0%

$$H_u = 4900 \text{ kcal/Nm}^3.$$

Das Gas sei auf 500⁰ vorgewärmt, die Verbrennungsluft werde mit 1000⁰ eingeblasen.
(Mittl. spez. Wärmen c_{p_m} technischer Gase siehe S. 69.)

Bei 2100⁰: CO_2: Partialdruck 0,09 at $\alpha_1 = 0,189$
  H_2O: »   0,21 » $\alpha_2 = 0,05$

$$
t_g \atop (2100^0)
= \frac{4900 - [0,189 \cdot 0,51 \cdot 3020 + 0,05 \cdot 1,23 \cdot 2570] + {} \atop {+ 500 \cdot 0,398 + 1000 \cdot 0,336}}{0,51\,[(1-0,189) \cdot 0,582 + 0,189 \cdot 0,358 + 0,0945 \cdot 0,369] + {} \atop {+ 1,23\,[(1-0,05) \cdot 0,466 + 0,05 \cdot 0,333 + 0,025 \cdot 0,369] + 4,065 \cdot 0,355}}
$$

$$= \frac{4985}{2,3166} = 2150^0.$$

Die wahre Grenztemperatur liegt also zwischen 2100⁰ und 2150⁰, also:
$$t_g = 2125^0.$$

25. Zündtemperaturen (Zündpunkte) brennbarer Gase und Dämpfe.

a) Begriff.

Die Zündtemperatur eines brennbaren Gases oder Dampfes stellt die unterste Temperatur dar, bei der sich das Gas in Mischung mit Luft oder einer sonstigen Atmosphäre entzündet, d. h. daß die Reaktionsgeschwindigkeit der Oxydation so groß wird, daß die dabei entwickelte Reaktionswärme eine etwaige Wärmeabgabe übersteigt und die Verbrennung ohne Wärmezuführung von außen weiter fortschreitet.

Die Höhe der Zündtemperatur wird zunächst bestimmt von der Art des Brenngases, der Brenngaskonzentration im Gemisch mit der Sauerstoff enthaltenden Atmosphäre und dem Druck, ferner ist sie abhängig von apparativen Bedingungen, wie der Wärmekapazität des umgebenden Mediums und katalytischen Wandeinflüssen. Ferner kann vor der eigentlichen Zündung eine stille Vorverbrennung eintreten, die infolge der dabei frei werdenden Reaktionswärme und der Bildung von Verbrennungszwischenprodukten mit niedrigerer Zündtemperatur gegebenenfalls bereits die Zündung auszulösen vermag. Werte über die

Zündtemperaturen von Gasen und Dämpfen in Mischung mit Luft
und mit Sauerstoff sind nachstehend zusammengestellt.

**b) Niedrigste Zündtemperaturen reiner Gase in Mischung
mit Luft und Sauerstoff bei 1 at.**

Gas	Niedrigste Zünd-temperatur mit		Gas	Niedrigste Zünd-temperatur mit	
	Luft °C	O₂ °C		Luft °C	O₂ °C
Wasserstoff....	510	450	Propylen	455	(420)
Kohlenoxyd ...	610	590	Butylen	445	(400)
Methan......	645	645	Azetylen......	335	350
Äthan	530	(500)	Cyan	850	800
Propan......	510	490	Schwefelwasserstoff.	290	220
Butan	490	(460)	Leuchtgas	560	(450)
Äthylen	540	485	Chlorknallgas ...	240	

Die eingeklammerten Werte sind geschätzt.

c) Zündtemperaturen fester Brennstoffe (bei Luftüberschuß).

Stoff	Zünd-temperatur °C	Stoff	Zünd-temperatur °C
Braunkohle (Staub)¹) ...	150—170	Steinkohlenschwelkoks ..	300—400
Steinkohle (Staub)¹) ...	150—220	Gaskoks	450—600
Holzkohle, weich.....	250—300	Zechenkoks	550—650
Holzkohle, hart	300—450	Hüttenkoks	600—750
Braunkohlenschwelkoks ..	300—400	Pechkoks	500—600
Zuckerkohle	300—350	Graphit	700—850

¹) Mit Sauerstoff gemessen.

**d) Niedrigste Zündtemperaturen von Dämpfen in Mischung
mit Luft bei 1 at.**

Stoff	Zünd-temperatur °C	Stoff	Zünd-temperatur °C
Pentan	550	Zyklohexan	550
Hexan.........	540	Naphthalin	700
Heptan	520	Tetralin........	520
Methanol	500	Phenol	700
Äthylalkohol.......	450	Benzaldehyd	180
Glyzerin........	520	Benzoesäureäthylester...	670
Diäthyläther	180	Nitrobenzol	520
Azetaldehyd	400	Anilin	700
Azeton	500	Pyridin	680
Dioxan	450	Benzin	480—550
Methylformiat	500	Gasöl	330—350
Äthylnitrat	200	Paraffin	400
Schwefelkohlenstoff ...	100	Schmieröl	380—420
Benzol	700	Erdöl, roh	400—450
Toluol	620	Steinkohlenteeröl	600—700
Xylol	580		

26. Flammpunkt und Brennpunkt von Flüssigkeiten.

a) Begriff.

Der Flammpunkt einer Flüssigkeit stellt im Gegensatz zur Zündtemperatur die niedrigste Temperatur dar, bei der sie so viel Dämpfe entwickelt, daß diese mit einer unmittelbar über der Flüssigkeitsoberfläche befindlichen Luftschicht ein entzündliches Gemisch bei Annäherung eines Zündmittels (Flamme, Glühdraht, Funkenstrecke) bilden. Der Gehalt der Luft oberhalb der Flüssigkeitsoberfläche an brennbaren Dämpfen muß somit die untere Zündgrenze erreichen.

Der Flammpunkt stellt die Temperatur dar, bei der erstmalig eine Zündung des Brenndampf-Luft-Gemisches stattfindet, worauf die Flamme wieder erlischt; der Brennpunkt die Temperatur, bei der die Flamme nach Entfernung des Zündmittels nicht mehr erlischt.

Der Flamm- und Brennpunkt ist von apparativen Einflüssen, wie der Bauart des Flammpunktprüfers, der Art der Zündung, der Erhitzungsgeschwindigkeit und anderen abhängig.

Die gemessenen Werte stellen somit keine physikalischen Kenngrößen, sondern Relativzahlen dar, die jedoch für die Beurteilung der Feuergefährlichkeit eines Stoffes wichtig sind.

Nach der Preußischen Polizeiverordnung 1925 (Ministerialblatt der Handels- und Gewerbeverwaltung **1925**, S. 233) sind die organischen Stoffe in bezug auf deren Feuergefährlichkeit in folgende drei Gefahrenklassen hinsichtlich Transport und Lagerung unterzuteilen:

Klasse I; Öle mit einem Flammpunkt unter 21°,
» II; » » » » von 21 bis 55°,
» III; » » » » » 55 » 100°.

Einzelheiten über die Bestimmung des Flamm- und Brennpunktes siehe Band V, »Analytische Untersuchungsmethoden«.

b) Flammpunkt verschiedener Stoffe.

Stoff	Flammpunkt °C	Stoff	Flammpunkt °C
Steinkohlenteerprodukte.		Braunkohlenteerprodukte.	
Reinbenzol	—16°	Benzin	— 60— —10°
90er Benzol	—15°	Schwerbenzin	0— +20°
50er Benzol	—10°	Mittelöl	20—50°
ger. Toluol	5°	Solaröl	25—40°
ger. Xylol	20°	Putzöl	60—70°
Solventnaphtha I	20°	Gasöl	70—100°
Solventnaphtha II	30°	Paraffinöl	105—125°
Handelsschwerbenzol	45°	Kreosotöl	80—100°
Naphthalin	80°	Braunkohlenteerheizöl	65—145°
Phenol	80—90°		
Steinkohlenteerheizöl	65—145°		

Stoff	Flammpunkt °C	Stoff	Flammpunkt °C
Erdöldestillations-produkte.		Schmieröle[1]).	
Benzin Siedepunkt 50—60°	—58°	Laternenöl	65°
» 60—78°	—39°	Putzöl	65°
Benzin Siedepunkt 70—88°	—35°	Gasöl	80°
» 80—100°	—22°	Achsenöl (Sommeröl) . . .	160°
» 80—115°	—20°	Achsenöl (Winteröl) . . .	140°
» 100—150°	+10°	Stellwerksöl	160°
Leichtpetroleum	21—40°	Turbinenöl	180°
Schwerpetroleum	30—50°	Motorenzylinderöl	180°
Gasöl, leicht	50—80°	Kompressorenöl	200°
» , schwer	70—120°	Naßdampfzylinderöl	260°
Vaseline	150—180°	Heißdampfzylinderöl . . .	300°
Destillationsrückstand . .	120—200°	Dieselmotorentreiböl . . .	65—145°
		Mineralheizöl	65—145°
		Alkohol 100%[2])	12
		» 94%	18
		» 70%	22
		» 50%	26,5

[1]) Anforderungen der Deutschen Reichsbahn A.-G.
[2]) Gewichtsprozente Alkohol in Gemisch mit Wasser.

27. Zündgrenzen von Gasen und Dämpfen.

a) Begriff.

Die Zündgrenzen eines brennbaren Gases oder Dampfes in Mischung mit Luft oder einer anderen Sauerstoff enthaltenden Atmosphäre stellen die untere und obere Grenzkonzentration dar, innerhalb deren Bereich das Gemisch bei Zuführung einer genügend großen Energiemenge (in Form von Wärme, elektrischer Zündung oder Sprengstoffzündung) zur Entzündung gebracht werden kann.

Die untere bzw. obere Zündgrenze L eines Brenngas-Luft-Gemisches läßt sich mit genügender Genauigkeit errechnen nach der Gleichung von Le Chatelier:

$$L = \frac{100}{\frac{p_1}{n_1} + \frac{p_2}{n_2} + \frac{p_3}{n_3} + \ldots}.$$

Darin bedeuten p_1, p_2, p_3 usw. den Prozentgehalt der einzelnen Gase im Brenngasgemisch ($p_1 + p_2 + p_3 + \ldots = 100$) und n_1, n_2, n_3 usw. die untere bzw. obere Zündgrenze dieser Einzelgase in reinem Zustand im Gemisch mit Luft.

Rechnungsbeispiel: Berechnung der unteren Zündgrenze eines Erdgases.

Gaszusammensetzung	untere Zündgrenze der Einzelgase
80% CH$_4$	5,0%
15% C$_2$H$_6$	3,0%
4% C$_3$H$_8$	2,1%
1% C$_4$H$_{10}$	1,5%

$$L = \frac{100}{\dfrac{80}{5} + \dfrac{15}{3} + \dfrac{4}{2,1} + \dfrac{1}{1,5}} = 4,25\%.$$

b) Zündgrenzen reiner Gase im Gemisch mit Luft bei 20°
und 1 at.
Vol.-%.

Gas	untere	obere	Gas	untere	obere
	Zündgrenze			Zündgrenze	
Wasserstoff	4,1	75	Butylen	1,7	9,0
Kohlenoxyd	12,5	75	Azetylen	2,3	82
Methan	5,0	15	Cyan	6,6	42,6
Äthan	3,0	14	Cyanwasserstoff . . .	12,75	27
Propan	2,1	9,5	Kohlenoxysulfid . . .	11,9	28,5
Butan	1,5	8,5	Ammoniak	15,7	27,4
Äthylen	3,0	33,3	Schwefelwasserstoff . .	4,3	45,5
Propylen	2,2	9,7			

c) Zündgrenzen reiner Gase im Gemisch mit Sauerstoff bei
20° und 1 at.
Vol.-%.

Gas	untere	obere	Gas	untere	obere
	Zündgrenze			Zündgrenze	
Wasserstoff	4,5	95	Äthylen	3,0	80
Kohlenoxyd	13	96	Propylen	—	53
Methan	5	60	Butylen	—	—
Äthan	3,9	50,5	Azetylen	2,8	93
Propan	—	—	Ammoniak	14,8	79
Butan	—	—			

d) Zündgrenzen technischer Gase im Gemisch mit Luft bei
20° und 1 at.
Vol.-%.

Gas	Zündgrenzen	Gas	Zündgrenzen
Erdgas	4,5—13,5	Ölgas	3,4—7,8
Generatorgas	35—75	Stadtgas	6—35
Gichtgas	40—65	Steinkohlengas	5—30
karb. Wassergas	6—38	Wassergas	6—70

e) Zündgrenzen von Dämpfen im Gemisch mit Luft. Vol.-%.

Stoff	Zündgrenzen	Stoff	Zündgrenzen
n-Pentan	1,3—	Methylformiat	5 —28
i-Pentan	1,3—	Methylazetat	4 —14
Amylen	1,3—	Äthylformiat	3,5 —16,5
n-Hexan	1,2—	Äthylazetat	2,2 —11,5
n-Heptan	1,1—	Äthylnitrit	3,0 —50
n-Oktan	1,0—	Methylchlorid	8 —19
n-Nonan	0,8—	Methylbromid	13,5 —14,5
Gasolin	1,4—8	Äthylchlorid	4 —15
Benzin	1,2—7	Äthylbromid	6,75—11,25
Methanol	7 —37	Äthylendichlorid . . .	6,2 —16
Äthylalkohol	3,5—20	Dichloräthylen	6,2 —16
Propylalkohol	2,5	Bleitetramethyl	1,8 —
Butylalkohol	1,0—	Zinntetramethyl . . .	1,9 —
Äthyläther	1,7—48	Diäthylselenid	2,5 —
Divinyläther	1,7—28	Benzol	1,4 —9,5
Azetaldehyd	4 —57	Toluol	1,3 —7
Äthylenoxyd	3 —80	Zyklohexan	1,3 —8,5
Dioxan	2 —22,5	Pyridin	1,8 —10
Azeton	2 —13	Furfurol	2,1 —
Methyläthylketon . . .	2 —12	Schwefelkohlenstoff . .	1 —50
Essigsäure	4 —		

28. Löschdruck von Gasen.

a) Begriff.

Der Löschdruck eines Gases gibt den Druck an, bei dem eine Flamme (infolge einer zu hohen Ausströmungsgeschwindigkeit) sich von der Brennermündung abzuheben beginnt.

Bei Flammen ohne Primärluftzugabe verwendet man hierbei als Standardbrenner einen Einlochbrenner von 0,75 mm Bohrung (0,44 mm² Querschnitt).

Im einzelnen sind bei verschiedenen reinen und technischen Gasen bisher folgende Werte für den Löschdruck ermittelt worden.

Bei entleuchteten Flammen (Bunsenflammen) sind Werte für den Löschdruck bisher nicht bestimmt worden. Sie liegen wesentlich höher als die von Gasen ohne Luftzusatz und werden wahrscheinlich im wesentlichen von der Zündgeschwindigkeit des betreffenden Gas-Luft-Gemisches bestimmt.

b) Löschdruck verschiedener reiner und technischer Gase.

	H_2	CO	CH_4	C_2H_4	C_3H_8	C_4H_{10}	Stadt-gas	Wasser-gas
Löschdruck . . . . . mm WS	2650	4,4	5,6	115	21,5	17,5	823	816
max. Gasvolumen . . cm³/s	216	3,0	4,7	15	5,8	4,6	61	50
» . . cal/s	658	9,1	44,7	229	140	141	268	138
Gasgeschwindigkeit . m/s	488	6,8	10,5	38	13,2	10,4	137	113
max. Flammenhöhe . cm	50,0	2,5	17,5	30,1	27,3	28	26,4	33,5
zugehöriger Druck . . mm WS	45	4,4	5,6	7,0	20,5	16,5	180	550
» Gasvolumen cm³/s	89	3,0	4,7	12	5,7	4,5	28	41
erzeugte Wärmemenge cal/s	230	9,1	40,0	179	138	138	140	110
Flammenvolumen . . cm³	30	0,5	20	15	15,5	17,9	18,5	6,5

c) Löschdruck verschiedener Dämpfe. (Einlochbrenner von 0,1 mm Durchmesser.)

(Nach G. Tammann und H. Thiele; Ztschr. f. anorgan. Chem. **192**, 65, 1930.)

Methylalkohol.	. . . 23 mm WS	Paraldehyd	55 mm WS
Äthylalkohol	. . . . 19 » »	Amylen	204 » »
Propylalkohol.	. . . 39 » »	Heptan	314 » »
Butylalkohol	. . . . 44 » »	Benzol	204 » »
Amylalkohol	. . . . 65 » »	Toluol	232 » »
Essigsäure	. . . . . 5 » »	m-Xylol	177 » »
Propionsäure	. . . . 9 » »	Naphthalin	109 » »
Buttersäure	. . . . 10 » »	Terpentin	514 » »
Valeriansäure	. . . . 10 » »	Benzoesäure	45 » »
Azetaldehyd	. . . . 55 » »	Chlorbenzol.	5 » »

29. Zündgeschwindigkeit und Verbrennungsdichte (spezifische Flammenleistung) technischer Gase.

Die stetig zunehmende Anwendung des Gases als Wärmeträger auf den verschiedenen technischen Gebieten erfordert eine genaue Kenntnis der brenntechnischen Eigenschaften der verschiedenen Gase, die sich für die technische Gasverwendung eignen. Hierbei stellt oft die Gasflamme als solche einen Teil des Arbeitsgerätes dar. Daraus ergibt sich wiederum, daß auf diesem Anwendungsgebiet nur die wärmetechnischen und brenntechnischen Eigenschaften der Gase von Bedeutung sind. Die ersteren werden vornehmlich bestimmt durch den Heizwert und die spezifische Wärme bzw. den Wärmeinhalt der Verbrennungsprodukte, die rechnerisch die Grenztemperatur zu ermitteln ermöglichen.

a) Zündgeschwindigkeit der Gase.

Die Grundlage der eigentlichen Brenneigenschaften bildet die »Zündgeschwindigkeit« der Gase, ohne daß diese jedoch einen allumfassenden Maßstab für die Brennbedingungen ergibt.

Die Zündgeschwindigkeit, zum Teil auch Verbrennungs- oder Fortpflanzungsgeschwindigkeit genannt, bildet ein Charakteristikum sämtlicher brennbarer Gas-Luft- bzw. Gas-Sauerstoff-Gemische. Ihre Messung kann entweder auf statischem oder dynamischem Wege erfolgen. Im ersteren Falle wird die Geschwindigkeit bestimmt, mit der die Zündung bzw. Verbrennung in einer ruhenden Gassäule sich fortpflanzt. Die dabei erhaltenen Werte sind jedoch von verschiedenen Faktoren, wie der Rohrbreite und der Strömungsrichtung der Zündbewegung abhängig. Die für die exakte Messung der Zündgeschwindigkeit besser geeignete dynamische Meßmethode nach Gouy und Michelson beruht auf folgendem Prinzip[1]):

Wenn ein Gas-Luft- bzw. Gas-Sauerstoff-Gemisch beliebiger Zusammensetzung mit laminarer Strömung aus einem Brennerrohr ausströmt und auf der Brennermündung abbrennt, erhält man die Bunsenflamme, die aus einem inneren Verbrennungskegel mit nachfolgender Sekundärverbrennung, der sichtbaren Flamme, besteht. Auf der Kegelmantelfläche findet gemäß dem Sauerstoffgehalt des Brenngas-Luft-Gemisches die Primärverbrennung bzw. z. T. ein Abbau der Gase zu den sog. verbrennungsreifen Gasen Kohlenoxyd und Wasserstoff, in der eigentlichen Flamme darauf infolge Diffusion von Luftsauerstoff die Sekundärverbrennung des Gasüberschusses statt. Bei der Bunsenflamme wird hierbei stets ein Gas-Luft-Gemisch mit einem Überschuß an Gas angewendet, um eine Sekundärverbrennung, die als Flammenvolumen sichtbar ist, zu erzielen. Bei einer Brenngaskonzentration im Gemisch, die der theoretischen Verbrennung entspricht, kommt die Sekundärverbrennung in Wegfall bzw. man erhält als »Flamme« nur ein Nachleuchten der Abgase der Verbrennung über der Kegelmantelfläche. Wenn die Flammentemperatur auf der letzteren sehr hoch ist und eine teilweise Dissoziation der Verbrennungsabgase zur Folge hat, erfolgt in der Flamme ferner die Nachverbrennung der rückgebildeten Gase Wasserstoff und Kohlenoxyd.

Auf der Kegelmantelfläche ist somit die Ausströmungsgeschwindigkeit des Gas-Luft-Gemisches gleich groß der entgegengerichteten Zündgeschwindigkeit u und beide halten sich auf dieser Fläche das Gleichgewicht:

$$u = \frac{\text{In der Zeiteinheit zugeführtes Gas-Luft-Volumen}}{\text{Brennfläche}} = \frac{V}{S}$$

$$S = \pi \cdot r \cdot \sqrt{r^2 + h^2} \qquad (h = \text{Höhe des Brennkegels}).$$

Auf dieses Prinzip gründet sich die dynamische Meßmethode der Zündgeschwindigkeit, wobei man bei Einhaltung einer laminaren Strömung[1]) Absolutwerte erhält. Diese bilden gleichzeitig den unteren Grenzwert für die Fortpflanzungsgeschwindigkeit der Verbrennung von Gas-Luft-Gemischen, die infolge Turbulenz oder anderer Erscheinungen stets größer als die eigentliche Zündgeschwindigkeit ist.

In dem nachfolgenden Flammenvolumen findet daraufhin die Sekundärverbrennung des Restgases mit einer nicht bestimmbaren Fortpflanzungsgeschwindigkeit $u_{f_{m}}$ statt.

---

[1]) Einzelheiten über die experimentelle Bestimmung der Zündgeschwindigkeit s. Bd. V »Gasuntersuchungsmethoden«.

Wenn die Strömungsgeschwindigkeit des Gas-Luft-Gemisches kleiner ist als die entgegengerichtete Zündgeschwindigkeit, so schlägt die Flamme in das Brennerrohr zurück. Theoretisch entspricht die kleinste Kegelmantelfläche bei Kegelhöhe = 0 dem Brennerrohrquerschnitt (Kreisfläche), d. h. auf dem Querschnitt der Brennerrohrmündung halten sich die Strömungsgeschwindigkeit und Zündgeschwindigkeit das Gleichgewicht. Eine derartige Flamme kann man mit technischen Brennern jedoch nicht erzielen, obwohl sie dem theoretischen Grenzfall des Rückschlagens der Flamme entspricht. Hierbei auftretende Turbulenzerscheinungen bewirken praktisch vielmehr noch bei einer etwas höheren Strömungsgeschwindigkeit stets ein Rückschlagen. Erst, wenn bezogen auf den Brennerrohrquerschnitt, die Strömungsgeschwindigkeit des Gas-Luft-Gemisches größer wird, bildet sich als Zone der Primärverbrennung über der Brennermündung ein Kegel aus, auf dessen Mantelfläche die Primärverbrennung stattfindet. Bei einer weiteren Steigerung der Strömungsgeschwindigkeit verlängert sich die Kegelhöhe immer mehr, bis schließlich ein Abheben der Flamme eintritt.

In der Praxis verwendet man Strömungsgeschwindigkeiten, die zwischen diesen beiden Grenzfällen des Rückschlagens und Abhebens der Flamme liegen. Wenn in einer technischen Gasfeuerung eine gleichmäßige Wärmeverteilung über einen größeren Raum erfolgen soll, wählt man eine nur geringe Primärluftzugabe und damit eine geringere Zündgeschwindigkeit, mit der eine größere Kegel- und Flammenlänge erzielt wird. In den Fällen, bei denen eine hohe Wärmekonzentration auf einen kleinen Raum verlangt wird, benötigt man andererseits einen kurzen Kegel und eine kurze Flamme, also ein Gas-Luft-Gemisch mit hoher Zündgeschwindigkeit.

Die Zündgeschwindigkeiten der wichtigsten reinen Gase in Abhängigkeit vom Gas-Luft- bzw. Gas-Sauerstoff-Verhältnis sind in den nachstehenden Abbildungen 4 und 5 zusammengestellt. Bereits in Abb. 4 erkennt man die außerordentlich hohe Zündgeschwindigkeit des Wasserstoffs, während die des Kohlenoxyds und Methans sehr niedrig liegen. Azetylen nimmt hierbei eine Zwischenstellung ein. Wichtig ist ferner, daß die Maxima der Zündgeschwindigkeiten stets im Gebiet des Gasüberschusses liegen. Dies wirkt sich vor allem bei Kohlenoxyd und Wasserstoff aus, bei denen das Maximum der Zündgeschwindigkeit bei

---

[1]) Eine laminare (nicht turbulente) Strömung ist gegeben, wenn die Reynoldssche Zahl Re kleiner als 2300 ist.

$$Re = \frac{w \cdot d}{v}$$

(w = Strömungsgeschwindigkeit cm³/s, d = Rohrdurchmesser cm, v = kinematische Zähigkeit m²/s).

Kritische Geschwindigkeit $w_k = \dfrac{2300 \cdot v}{d}$.

51 bzw. 43% Gas im Gas-Luft-Gemische liegt gegenüber 29,5% bei theoretisch vollkommener Verbrennung. Bei Kohlenwasserstoffen verschiebt sich mit steigendem Molekulargewicht das Maximum der Zündgeschwindigkeit immer mehr nach dem theoretischen Mischungsverhältnis für vollkommene Verbrennung.

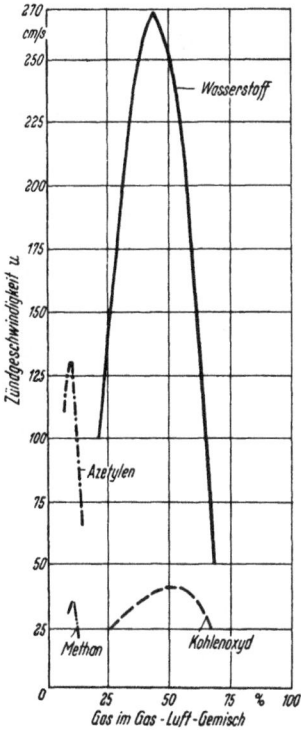

Abb. 4. Zündgeschwindigkeit von Gas-Luft-Gemischen.

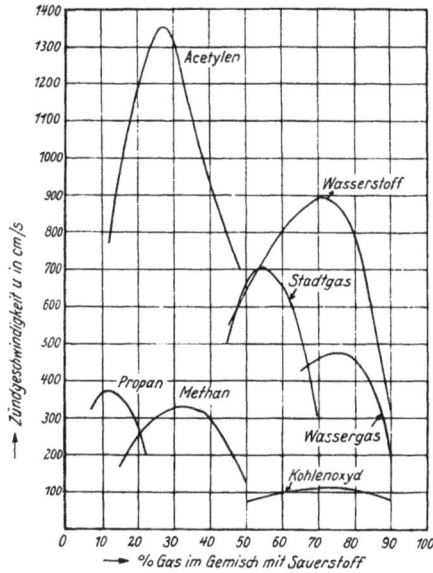

Abb. 5. Zündgeschwindigkeit von reinen und technischen Gasen bei Verbrennung mit Sauerstoff.

Höchste Zündgeschwindigkeit verschiedener Gase bei Verbrennung mit Sauerstoff und mit Luft.

	Höchste Zündgeschwindigkeit		Verhältnis
	mit Sauerstoff	mit Luft	
Wasserstoff	890	267	3,34 : 1
Kohlenoxyd	110	33	3,34 : 1
Methan	330	35	9,44 : 1
Azetylen	1350	131	10,3 : 1
Propan	370	32	11,6 : 1
Wassergas	470	160	7,94 : 1
Stadtgas	705	64	11,0 : 1

Die Zündgeschwindigkeit der technischen Gasgemische wird durch die der darin enthaltenen Einzelgase bestimmt. Infolge der gegenseitigen Reaktionsbeeinflussung bei der Verbrennung von Gasgemischen stellt die Zündgeschwindigkeit der letzteren jedoch nicht genau das Mittel der der Einzelbestandteile dar. Für das System Wasser-stoff-Kohlenoxyd-Methan, die die wesentlichsten Inhaltsstoffe aller tech-nischen Gasgemische darstellen, haben Bunte und Litterscheidt[1]) die maximalen Zündgeschwindigkeiten in der Form eines Dreiecks graphisch wiedergegeben (Abb. 6). Aus diesem Bild kann man daraufhin mit ziem-

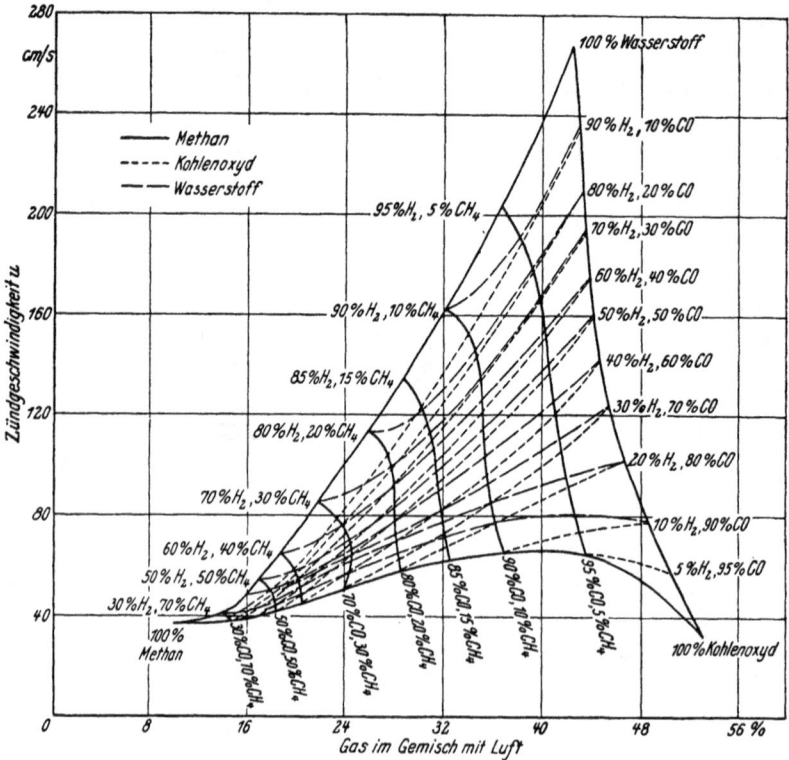

Abb. 6. Zündgeschwindigkeit von Wasserstoff-Kohlenoxyd-Methan-Gemischen in Mischung mit Luft.

licher Annäherung die maximale Zündgeschwindigkeit nahezu sämtlicher technischer Gase entnehmen. Dabei müssen jedoch die Inertgasbestand-teile als zündgeschwindigkeitshemmend berücksichtigt werden.

In Abb. 7 sind Zündgeschwindigkeitskurven je eines typischen Stein-kohlengases, Stadtgases, Wassergases und Generatorgases zusammen-gestellt. Allgemein gilt, daß die höchste Zündgeschwindigkeit eines Steinkohlengases durchschnittlicher Zusammensetzung etwa 65 bis 70 cm/s, eines Stadtgases 70 bis 85 cm/s, eines Wassergases 130 bis 160 cm/s, eines Generatorgases 30 bis 35 cm/s beträgt. Ein ansteigender

---

[1]) Gas- und Wasserfach **73**, 837 (1930), daselbst weitere Literatur.

Gehalt der Gase an Wasserstoff erhöht, vermehrter Inertgehalt erniedrigt diese Werte. So wird die höchste Zündgeschwindigkeit eines Stadtgases durch einen übermäßig hohen Gehalt an Stickstoff von etwa 15% bei sonst durchschnittlicher Zusammensetzung auf rd. 62 bis 66 cm/s herabgesetzt, wobei sich gleichzeitig das zugehörige Gas-Luft-Verhältnis der höchsten Zündgeschwindigkeit von etwa 25 auf 21% Gas im Brenngas-Luft-Gemisch verschiebt.

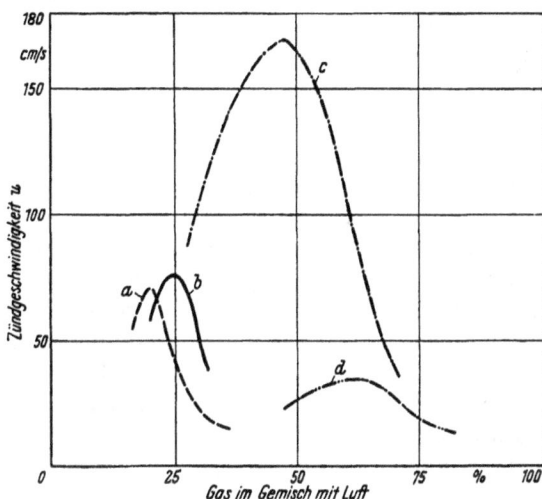

Abb. 7. Zündgeschwindigkeit von verschiedenen technischen Gasen im Gemisch mit Luft.

| Gas | Gehalt an | | | | | | |
	CO_2 %	skW %	O_2 %	CO %	H_2 %	CH_4 %	N_2 %
a	1,6	3,6	1,0	5,5	54,5	27,2	6,6
b	4,5	2,4	0,2	20,8	51,8	14,9	5,4
c	0,2	—	0,4	47,0	50,5	—	1,9
d	4,4	—	—	29,1	10,2	—	56,3

b) Verbrennungsdichte (spezifische Flammenleistung) der Gase.

Die auf der Kegelmantelfläche entwickelte Wärmemenge (kcal/s) ergibt sich als der latente Wärmeinhalt des zugeführten Brenngas-Luft-Gemisches, soweit dessen Sauerstoffgehalt zu der Primärverbrennung ausreicht. Die gesamte von der Flamme entwickelte Wärmemenge (kcal/s) entspricht dagegen dem gesamten latenten Wärmeinhalt des Gas-Luft-Gemisches. Das Gas-Luft-Volumen, das in der Zeiteinheit einem Brenner zugeführt werden kann, ist bestimmt durch die Zündgeschwindigkeit desselben. Man erkennt daraus, daß für die Erzielung einer hohen Verbrennungsdichte bzw. Flammenleistung ein Gas von hoher Zündgeschwindigkeit notwendig ist, während mit geringer werdender Zündgeschwindigkeit bei Zuführung eines gleichen Gas-Luft-Volumens der Flammenkegel immer mehr verlängert wird. Die Brenneigenschaften eines Gases werden somit wesentlich von dessen Zündgeschwindigkeit bestimmt. Diese allein genügt jedoch nicht für das brenntechnische Verhalten eines Gases, da dieses von dem Heizwert desselben mitbestimmt wird.

Die vergleichende Beurteilung der Brenneigenschaften eines Gases ist möglich geworden durch die Schaffung des Begriffes der spezifischen Flammenleistung[1]). Die spezifische Flammenleistung J_s eines Brenngases ist die Wärmeleistung, die dieses Gas in einem Normalbrenner von 1,128 cm Durchmesser entsprechend 1 cm² Querschnitt bei bestimmter Kegelhöhe in Abhängigkeit von dem Brenngas-Luft-Mischungsverhältnis erzeugt (kcal/cm²s). Die gesamte spezifische Flammenleistung J_s stellt dabei die Summe der durch Primärverbrennung im Flammenkegel erzeugten spezifischen primären Flammenleistung J_s' und der durch Sekundärverbrennung des Brenngasüberschusses mit Zweitluft erzeugten spezifischen sekundären Flammenleistung J_s'' dar. Die erzeugte Wärmemenge ist abhängig von dem gesamten unteren Heizwert W (kcal/cm³) des ausströmenden Gas-Luft-Gemisches V. Auf der Kegelmantelfläche S (cm²) der Bunsenflamme ist die Zündgeschwindigkeit des Gas-Luft-Gemisches gleich groß und nur entgegengerichtet der Strömungsgeschwindigkeit und beträgt

$$u = \frac{V}{S} \text{ cm/s.}$$

Da S durch die Gleichung

$$S = \pi \cdot r \sqrt{r^2 + h^2}$$

(r = Brennerrohrquerschnitt, h = Kegelhöhe)

ausgedrückt werden kann, erhält man somit

$$u = \frac{V}{\pi \cdot r \sqrt{r^2 + h^2}} \text{ cm/s.}$$

Zwischen der Strömungsgeschwindigkeit w und der Zündgeschwindigkeit u, sowie zwischen Brennerquerschnitt F und Kegelmantelfläche S gilt die Beziehung

$$\frac{u}{w} = \frac{F}{S} = \frac{r}{\sqrt{r^2 + h^2}} = k.$$

Diese Kennziffer k bedeutet somit das Verhältnis zwischen Brennerquerschnitt und Brennfläche (Kegelmantelfläche). Die Grenzen von k sind 0 und 1. Bei $k = 0$ wird die Brennfläche und damit die Kegelhöhe un-

[1]) H. Brückner und G. Jahn, Gas- und Wasserfach **74**, 1022 (1931). II. Brückner und H. Löhr, Gas- und Wasserfach **79**, 17 (1936).

endlich groß, bei $k = 1$ verkürzt sich die Brennfläche zum Brennerquerschnitt. Beide Grenzwerte können praktisch nicht erreicht werden.
Für die gesamte spezifische Flammenleistung J_s gelten dann bei ge-
wähltem k die Gleichungen:

$$J_s = \frac{V \cdot W}{F} \quad \text{bzw.} \quad J_s = \frac{W \cdot u}{k} \quad \text{kcal/cm}^2\text{s},$$

für die spezifische primäre und sekundäre Flammenleistung entsprechend

$$J_s{}' = \frac{W' \cdot u}{k} \quad \text{und} \quad J_s{}'' = \frac{W'' \cdot u}{k}.$$

Darin bedeutet W' (kcal/cm^3) den unteren Heizwert des ausströmenden
Gas-Luft-Gemisches, soweit eine Verbrennung durch im Gemisch enthaltenen Luftsauerstoff möglich ist und $W'' = W - W'$.

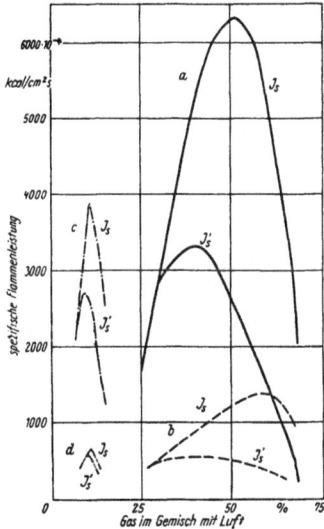

Abb. 8 a. Flammenleistung von
Einzelgasen im Gemisch mit Luft.

Abb. 8 b. Flammenleistung von technischen Gasen im Gemisch mit Luft.

a Wasserstoff	d Methan	g Wassergas
b Kohlenoxyd	e Steinkohlengas	h Generatorgas
c Azetylen	f Stadtgas	

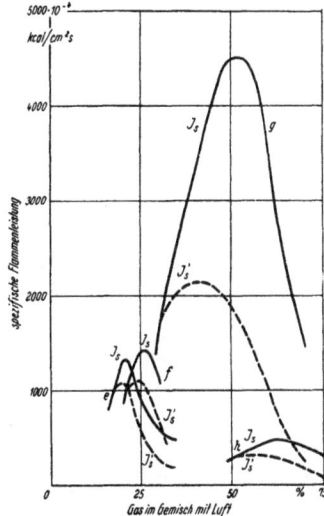

J_s Gesamtflammenleistung
$J_s{}'$ Primärflammenleistung

Bei laminarer Strömung ist eine Bunsenflamme durch die Kennziffer k hinsichtlich der Oberflächengröße S des Flammenkegels und der
Kegelhöhe h bei festgelegtem Brennerquerschnitt definiert. Trotz Änderung der Größe von k erhält man jeweils bei einem bestimmten gleichbleibenden Mischungsverhältnis Gas:Luft ein Maximum der spezifischen
Flammenleistung. Für den Normalbrenner von 1 cm^2 Querschnitt hat
es sich zweckmäßig erwiesen, $k = 0,5$ festzulegen. Unter diesen Bedingungen beträgt die Kegelfläche der Bunsenflamme 2 cm^2. Die Beurteilung

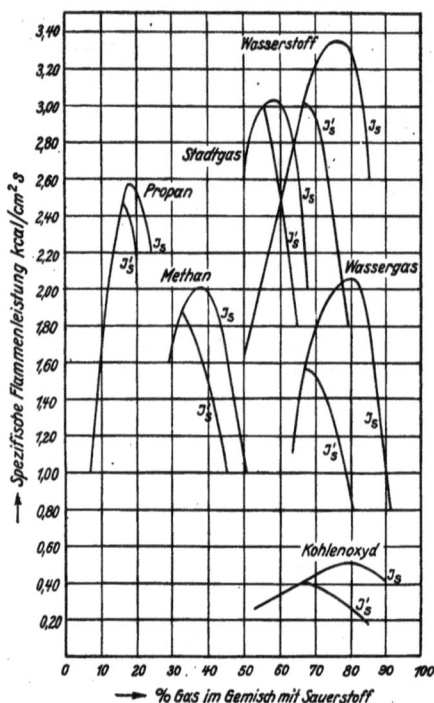

Abb. 9. Flammenleistung von reinen und
technischen Gasen bei Verbrennung mit
Sauerstoff.

J = Gesamtflammenleistung
J' = Primärflammenleistung.

der Flammenleistungen verschiedener Gase erfolgt stets nach dieser Methode, indem Flammen mit gleicher Kegellänge unter Anwendung des Normalbrenners verglichen werden. Bei Zugrundelegung anderer Flammenmaße werden diesen proportionale Ergebnisse erhalten. Die Flammenleistung eines Gases kann theoretisch über den gesamten Zündbereich des Gas-Luft-Gemisches errechnet werden. Die praktischen Grenzen der Möglichkeit einer Bestimmung der zugrunde liegenden Zündgeschwindigkeit sind jedoch erheblich enger, vor allem im Gebiet zwischen der unteren Zündgrenze und dem Gas-Luft-Gemisch mit der höchsten Zündgeschwindigkeit, da eine Messung der Zündgeschwindigkeit kaum unterhalb des letzteren möglich ist. Die Entwicklung der Aufstellung der Kurven der spezifischen Gesamt- und der primären Flammenleistung J_s bzw. J_s' wird in der nachstehenden Zahlentafel für Wasserstoff gegeben.

Spezifische Flammenleistung von Wasserstoff bei Verbrennung mit Luft.

% Gas in Luft	u cm/s	W kcal/cm³	W' kcal/cm³	J_s kcal/cm² s	J_s' kcal/cm² s
25	140	$630 \cdot 10^{-6}$	$630 \cdot 10^{-6}$	$1765 \cdot 10^{-4}$	$1765 \cdot 10^{-4}$
29,5 a)	186	$745 \cdot 10^{-6}$	$745 \cdot 10^{-6}$	$2770 \cdot 10^{-4}$	$1770 \cdot 10^{-4}$
35	231	$880 \cdot 10^{-6}$	$688 \cdot 10^{-6}$	$4070 \cdot 10^{-4}$	$3180 \cdot 10^{-4}$
40 b)	261	$1010 \cdot 10^{-6}$	$635 \cdot 10^{-6}$	$5270 \cdot 10^{-4}$	$3320 \cdot 10^{-4}$
45	266	$1135 \cdot 10^{-6}$	$582 \cdot 10^{-6}$	$6030 \cdot 10^{-4}$	$3090 \cdot 10^{-4}$
50	280	$1260 \cdot 10^{-6}$	$528 \cdot 10^{-6}$	$6300 \cdot 10^{-4}$	$2645 \cdot 10^{-4}$
51 c)	246	$1285 \cdot 10^{-6}$	$519 \cdot 10^{-6}$	$6320 \cdot 10^{-4}$	$2550 \cdot 10^{-4}$
55	221	$1387 \cdot 10^{-6}$	$478 \cdot 10^{-6}$	$6120 \cdot 10^{-4}$	$2110 \cdot 10^{-4}$
60	168	$1512 \cdot 10^{-6}$	$425 \cdot 10^{-6}$	$5080 \cdot 10^{-4}$	$1430 \cdot 10^{-4}$

a) Gemisch für theoretisch vollkommene Verbrennung,
b) Gemisch mit höchster primärer Flammenleistung,
c) Gemisch mit höchster Gesamtflammenleistung.

Die spezifischen Flammenleistungskurven verschiedener reiner und technischer Gase bei Verbrennung mit Luft und mit Sauerstoff sind in

den Abb. 8 und 9 wiedergegeben und in den nachfolgenden Zahlentafeln
sind ferner die Höchstwerte zusammengestellt.

Höchste spezifische Flammenleistung von reinen und technischen Gasen bei Verbrennung mit Luft.

Gas	% Gas im Gemisch	Spez. primäre Flammenleistg. kcal cm² s	% Gas im Gemisch	Spez. Gesamt-flammenleistg. kcal/cm² s
Wasserstoff	40	$3320 \cdot 10^{-4}$	51	$6320 \cdot 10^{-4}$
Kohlenoxyd	42	$550 \cdot 10^{-4}$	58	$1380 \cdot 10^{-4}$
Methan	10,5	$580 \cdot 10^{-4}$	11	$680 \cdot 10^{-4}$
Azetylen	9	$2700 \cdot 10^{-4}$	11	$3880 \cdot 10^{-4}$
Steinkohlengas . . .	20	$1080 \cdot 10^{-4}$	21	$1340 \cdot 10^{-4}$
Stadtgas	24,5	$1110 \cdot 10^{-4}$	26	$1450 \cdot 10^{-4}$
Wassergas	41	$2160 \cdot 10^{-4}$	52	$4520 \cdot 10^{-4}$
Generatorgas	57	$330 \cdot 10^{-4}$	63	$500 \cdot 10^{-4}$

Spezifische Flammenleistung verschiedener Gase bei Verbrennung mit Sauerstoff.

Gas	Höchste spez. Flammenleistung kcal/cm²/s	v. H. Gas im Gemisch mit O_2 bei der höchsten spez. Flammenleistung
Wasserstoff	3,34	75
Kohlenoxyd	0,50	79
Methan	2,01	38
Azetylen	10,7	30
Propan	2,56	18
Wassergas	2,06	80
Stadtgas	3,03	58

Daraus ist beispielsweise die überragende spezifische Flammenleistung des Azetylens, die mehr als das Zehnfache der des Kohlenoxyds beträgt und die hohe des Wasserstoffs ersichtlich. Sehr gering ist die des Methans. Ferner erkennt man ohne weiteres die starke Abhängigkeit der spezifischen Flammenleistung von dem Mischungsverhältnis Gas:Luft.

Die Flammenleistung technischer Gase wird naturgemäß von der der Einzelgase bestimmt. Somit muß die des Wassergases trotz gleichen Wasserstoffgehaltes erheblich höher sein als die des Steinkohlen- oder Stadtgases, da im letzteren Fall die erheblich geringere Flammenleistung des Methans und der höhere Inertgasgehalt erniedrigend wirkt. Am geringsten ist die spezifische Flammenleistung des Generatorgases infolge des hohen Inertgasgehaltes. Diese kann durch Vorwärmung jedoch erheblich gesteigert werden.

Bei Vorwärmung von Gas und Luft erfährt die Gleichung der spezifischen Flammenleistung eine Umgestaltung folgender Art. Die Zündgeschwindigkeit u erhöht sich mit steigender Temperatur zu u_t, wobei $u_t \geq u$ ist. Ferner ist die der Zeiteinheit zugeführte Wärmemenge W zu untergliedern in den Heizwert und den fühlbaren Wärmeinhalt des zugeführten Gas-Luft-Gemisches. Da die Zündgeschwindigkeit u_t bei der Temperatur t gemessen wird, erniedrigt sich der Heizwert W (kcal/cm³) des Gas-Luft-Gemisches zu $W \cdot \dfrac{T}{273}$ (kcal/cm³). Hierzu kommt jedoch die fühlbare Wärme des Gas-Luft-Gemisches je cm³, also $1 \cdot c_{p_m} \cdot t \cdot 10^{-6}$ kcal.

Die Gleichung ändert sich demnach wie folgt:

$$J_s = \frac{\left(W \cdot \dfrac{T}{273} + 1 \cdot c_{p_m} \cdot t \cdot 10^{-6} \right) \cdot u_t}{k}.$$

30. Lichtleistung und Lichtausbeute.

a) Begriff.

Die Lichtausbeute einer Lichtquelle wird beurteilt nach:

1. der mittleren räumlichen Lichtstärke I_0 in Hefnerkerzen (HK). Eine Hefnerkerze ist die Lichtstärke, die eine unter Normalbedingungen brennende (in Deutschland als Lichtnormal eingeführte) Hefnerkerze als Licht in Horizontalrichtung ausstrahlt. Ihre Gesamtstrahlung beträgt 0,0000215 cal = 900 Erg s⁻¹ cm⁻²;

2. dem in den gesamten Raum (Raumwinkel 4π) ausgestrahlten Lichtstrom Φ_0 in Lumen L_m bzw. in Lumenstunden. Ein Lumen wird von einer Lichtquelle mit der Lichtstärke 1 HK bei gleichmäßiger Strahlung in die Einheit des Raumwinkels ausgestrahlt. $\Phi_0 = 4\pi \cdot I_0$;

3. der Leuchtdichte Stilb. Die Leuchtdichte 1 Stilb ergibt sich, wenn die Lichtstärke 1 HK von einer ebenen Fläche von 1 cm² senkrecht von dieser abgestrahlt wird;

4. der Beleuchtungsstärke Lux. Die Beleuchtungsstärke 1 Lux ergibt sich, wenn der Lichtstrom 1 Lumen auf die Fläche 1 m² aufgestrahlt wird.

Wichtig ist ferner der Verbrauch an Brennstoff P/h (bei Gasen l/h, bei Flüssigkeiten g/h, bei elektrischen Lampen W/h), die bei Verbrennung des Brennstoffs (Zuführung des elektrischen Stromes) in der Zeiteinheit (h) entwickelte Wärmemenge V (kcal) und die in der Zeiteinheit (h) zur Unterhaltung des Leuchtens erforderliche Energie (Q).

Die Bewertung der Lichtquellen erfolgt

1. nach dem spezifischen Effektverbrauch $C_1 = P/I_0$, d. h. dem stündlichen Brennstoff- bzw. Stromverbrauch für 1 HK_0 bei mittlerer räumlicher Lichtstärke (für 1 sphärische Kerze);
2. nach der spezifischen Lichtleistung $C_2 = Q/I_0$ in W/HK_0,
3. nach der Lichtausbeute $C_3' = \Phi_0/Q$ oder $C_3'' = \Phi_0/V$.

In der nachfolgenden Zahlentafel sind die spezifische Lichtleistung C_2 und die Lichtausbeute C_3' nach Liebenthal[1]) für die wichtigsten Lichtquellen sowie für den sog. absolut schwarzen Körper bei 6500° abs, den Idealstrahler bei 4250° abs sowie für den Maximalstrahler wiedergegeben:

b) Spezifische Lichtleistung und Lichtausbeute verschiedener Lichtquellen.

Lichtquelle	Spez. Licht- leistung C_2 Watt/HK_0	Licht- ausbeute Lm/Watt	Lichtquelle	Spez. Licht- leistung C_2 Watt/HK_0	Licht- ausbeute Lm/Watt
Maximalstrahler. .	0,019	662	Gasgefüllte Metall- fadenlampe . . .	0,7	18
Idealstrahler bei 4250° abs . .	0,051	248	Reinkohlen- bogenlampe. . .	1,0	13
Schwarzer Körper bei 6500° abs . .	0,14	90	Vakuum-Metall- fadenlampe . . .	1,4	9,1
			Kohlenfadenlampe	3,4	3,7
Quecksilber- Quarzlampe . .	0,30	38	Hängegasglühlicht	8,9	1,4
Flammenbogen- lampe	0,4	31	Petroleumglühlicht	15	0,84
			Leuchtgas-Schnitt- brenner.	43	0,29
				100	0,13

[1]) Physikalisches Handwörterbuch, 2. Aufl. 1932, S. 1398.

D. Hilfstafeln.

31. Einheiten und Kurzzeichen.
DIN 1301.

m	Meter	h	Stunde
km	Kilometer	m	Minute
dm	Dezimeter	min	Minute (alleinstehend)
cm	Zentimeter	s	Sekunde
mm	Millimeter		Uhrzeit: h, m, s; erhöht:
μ	Mikron		Beispiel 4^h 15^m 8^s
a	Ar	^{0}	Celsiusgrad
ha	Hektar	cal	Kalorie (Grammkalorie)
m^2	Quadratmeter	kcal	Kilokalorie
km^2	Quadratkilometer	A	Ampere
dm^2	Quadratdezimeter	V	Volt
cm^2	Quadratzentimeter	Ω	Ohm
mm^2	Quadratmillimeter	S	Siemens
l	Liter	C	Coulomb
hl	Hektoliter	J	Joule
dl	Deziliter	W	Watt
cl	Zentiliter	F	Farad
ml	Milliliter	H	Henry
m^3	Kubikmeter	mA	Milliampere
dm^3	Kubikdezimeter	kW	Kilowatt
cm^3	Kubikzentimeter	MW	Megawatt
mm^3	Kubikmillimeter	μF	Mikrofarad
t	Tonne	MΩ	Megohm
g	Gramm	kVA	Kilovoltampere
kg	Kilogramm	Ah	Amperestunde
dg	Dezigramm	kWh	Kilowattstunde
cg	Zentigramm	U	Umdrehung
mg	Milligramm	Torr	mm QS

Ausschuß für Einheiten und Formelgrößen

32. Physikalisches und technisches Maßsystem.

a) Grundeinheiten.

a) im physikalischen Maßsystem (CGS).

Länge cm (Zentimeter), Masse g (Grammasse), Zeit s (Sekunde). Die Masse 1 g ist definiert durch die Masse von 1 cm^3 Wasser bei $+4^0$C.

b) im technischen Maßsystem.

Länge m (Meter), Gewicht kg (Kilogrammgewicht), Zeit (Sekunde). Die Kraft 1 kg ist definiert durch die Kraft, mit der die Erde 1000 g (Masse) anzieht. 1 kg (Gewicht) = 1000 g (Masse) $\times$ Erdbeschleunigung (980,665 cm/s^2 für Meereshöhe und 45^0 Breite).

b) Abgeleitete Einheiten.

Einheit	Dimension techn. Maßsystem	Dimension physik. Maßsystem	Grundgleichung
Masse (M)	kgs²/m	g	
Kraft (K)	kg	g · cm/s² [Dyn]	Kraft = Masse × Beschleunigung
Arbeit (A)	mkg	g · cm²/s² [Erg]	Arbeit = Kraft × Weg
Leistung (L)	mkg/s	g·cm²/s³ [Erg/s]	$\text{Leistung} = \dfrac{\text{Arbeit}}{\text{Zeit}}$
Beschleunigung (b) .	m/s²	cm/s²	$b = \dfrac{\text{Geschwindigkeitsänderung}}{\text{Zeiteinheit}}$
Dehnung (ε)	%	%	$\varepsilon = \dfrac{\text{Verlängerung} \cdot 100}{\text{Ursprungslänge}}$
Dichte (ϱ) (spezifische Masse)	kgs²/m⁴	g/cm³	$\text{Dichte} = \dfrac{\text{Masse}}{\text{Raumeinheit}}$
Drehmoment (M) . .	mkg	g · cm²/s²	M = Wirkung einer Kraft, bezogen auf den Drehpunkt
Elastizitätsmodul (E)	kg/cm²	g/cm²	$E = \dfrac{\text{Spannung}}{\text{Dehnung}}$
Energie, kinetische (L)	mkg	g · cm²/s²	$L = \dfrac{1}{2} \cdot m \cdot v^2$
Energie, potentielle (E)	mkg	g · cm²/s²	E = Gewicht × Höhe
Flächenträgheitsmoment (J)	cm⁴	cm⁴	
Geschwindigkeit (v) .	m/s	cm/s	$\text{Geschwindigkeit} = \dfrac{\text{Weg}}{\text{Zeiteinheit}}$
Gleitung, Schiebung (γ)	%	%	
Schubmodul (G) . . .	kg/cm²	g · cm/s²	$G = \dfrac{\text{Spannung}}{\text{Schiebung}}$
Spannung (τ)	kg/cm²	g/cm²	$\text{Spannung} = \dfrac{\text{Kraft}}{\text{Flächeneinheit}}$
Spezifisch. Gewicht (γ)	g/cm³	g/cm²/s²	$\text{Spez. Gewicht} = \dfrac{\text{Gewicht}}{\text{Raumeinheit}}$
Spezifische Wärme (c)	kcal/Nm³ °C	cm²/s² °C	
Wärmemenge (Q) . .	kcal	g · cm²/s² °C	
Winkelbeschleunigung (β)	1/s²	1/s²	Winkelbeschl. = Winkelgeschwindigkeitsänderung in der Zeiteinheit
Winkelgeschwindigkeit (ω)	1/s	1/s	Winkelgeschw. = überstrichener Winkel in der Zeiteinheit

33. Einheiten des Druckes.

a) Begriff.

Als Druck einer physikalischen Atmosphäre (Atm) gilt der Druck, den eine Quecksilbersäule von 760 mm Höhe bei einer Dichte des Quecksilbers von 13,5951 g/cm³ (0°) an einem Ort mit der Schwerebeschleunigung 980,665 cm/s² ausübt. Dieser Druck ist gleich 1 013 250 dyn/cm².

Als Druck einer technischen (metrischen) Atmosphäre (at) gilt der Druck, den eine Quecksilbersäule von 735,5 mm Höhe von 0° entsprechend 10000 mm Wassersäule von 4° an einem Ort mit der Schwerebeschleunigung 980,665 cm/s ausübt.

b) Vergleichstafel für Druckeinheiten.

Einheit	Atm	at kg/cm²	Bar	Torr
1 Atm	1	1,033228	1,013250	760
1 at	0,967841	1	0,980665	735,559
1 Bar	0,986923	1,019716	1	750,062
1 Torr	1,31579	1,35951	1,333224	1

34. Wärmeeinheiten.

Die gesetzlichen Einheiten für die Messung von Wärmemengen sind die Kilokalorie (kcal) und die Kilowattstunde (kWh).

Die Kilokalorie ist diejenige Wärmemenge, durch welche ein Kilogramm Wasser bei atmosphärischem Druck von 14,5 auf 15,5° erwärmt wird.

Die Kilowattstunde ist gleichwertig dem Tausendfachen der Wärmemenge, die ein Gleichstrom von 1 gesetzlichem Ampere in einem Widerstand von 1 gesetzlichem Ohm während einer Stunde entwickelt und ist 860 Kilokalorien gleich zu erachten. (Reichsgesetz vom 7. August 1924.)

1000 internationale Dampftafel-Kalorien (ITcal) = $^1/_{860}$ internationale kWh.

1 internationales Watt (int. W) = 1,0003 absolute Watt (W abs).

35. Elektrische Leistung (Watt).

a) bei Gleichstrom

Leistung = Stromstärke × Spannung

$$W = A \cdot V$$

b) bei Wechselstrom

Leistung = Stromstärke × Spannung × Leistungsfaktor

$$W = A \cdot V \cdot \cos \varphi \quad (\varphi = \text{Phasendifferenz}).$$

Der Leistungsfaktor (cos φ) stellt das Verhältnis der scheinbaren Leistung in Volt-Ampere zu der wirklichen Leistung in Watt dar.

c) bei Drehstrom

Leistung = Stromstärke × Spannung × Leistungsfaktor × $\sqrt{3}$

$$W = A \cdot V \cdot \cos \varphi \cdot \sqrt{3}.$$

36. Konstanten.

$\pi = 3,141596$ Erdbeschleunigung 980,665 cm/s.

Nullpunkt der absoluten Temperaturskala: — 273,2° C.

Normkubikmetergewicht der Luft (0°, 760 Torr, trocken): 1,2928 kg/Nm³.

Normmolvolumen der Gase unter Normalbedingungen: 22,4 Nm³/ /kg Mol.

Ausdehnungskoeffizient der Gase je °C $= 1/273 = 0,003665$.

Kohlenstoffgehalt von 1 Nm³ eines Gases mit 1 Kohlenstoffatom im Molekül (CO, CO_2, CH_4) $= 0,535$ kg.

Umrechnungsfaktor für Gase von 0°, 760 Torr, trocken auf 15°, 760 Torr, feucht: 1,073.

Basis der natürlichen Logarithmen $e = 2,7182818$.

37. Umrechnungstafel für Arbeitseinheiten.

Einheit	J (Joule)	kg m	int. J	int. Wh	IT cal	Atm dm³
10⁴ J (Joule) . . .	10000,0	1019,72	9997,0	2,77694	2388,17	98,6923
100 kg m	980,665	100	980,371	0,272325	234,20	9,67841
10⁴ int. J	10003,0	1020,02	10000	2,7788	2388,9	98,722
10 int. Wh	36011	3672,1	36000	10	8600	355,4
10³ IT cal	4187,3	426,99	4186,05	1,16279	1000	41,3255
100 Atm dm³ . . .	10132,5	1033,23	10129,5	2,81374	2419,8	100

1 Literatmosphäre $= 1,000027$ Atm $\cdot$ dm³; 1 m kg/cm² $= 10000$ kg m.

38. Ausländische Maßsysteme.

a) Englische und amerikanische Maßsysteme.

1 statute mile $= 8$ furlongs $= 1760$ yards $= 5280$ feet $= 63360$ inches.

1 nautical mile $= 1,15$ stat. mile $= 2024,3$ yards $= 6082,66$ feet $= 72864$ inches.

1 rod (perch) $= 5,5$ yards.

1 acre $= 160$ square rods $= 4840$ square yards $= 43560$ square feet.

1 square yard $= 9$ square feet $= 1296$ square inches.

1 square mile (stat.) $= 640$ acres.

1 quarter $= 8$ bushels $= 32$ pecks $= 64$ gallons (imp.) $= 256$ quarts $= 512$ pints.

1 gallon (imp.) $= 4$ quarts $= 8$ pints $= 277,27$ cubic inches.

1 register ton $= 100$ cubic feet $= 172800$ cubic inches.

1 long ton[1]) $= 20$ hundredweights (cwt) $= 80$ quarters $= 2240$ pounds (lb).

1 short ton[2]) $= 2000$ pounds.

1 pound (lb) (Avoirdupois)[3]) $= 16$ ounces (oz) $= 256$ drams $= 7000$ grains.

1 pound (Troy)[4]) $= 12$ ounces (Troy) $= 96$ drams $= 5760$ grains.

Amerikanisches Maßsystem.

1 gallon $= 0,84$ gallon (imp.) $= 1,34$ cubic feet $= 231$ cubic inches.

1 Petrol.-barrel $= 42$ Petrol.-gallons $= 230,67$ cubic inches.

---

[1]) Gewicht von Rohprodukten. [2]) Gewicht von Fertigprodukten. [3]) Handelsgewicht. [4]) Feingewicht.

b) Umrechnung von englischen Zoll in Millimeter.

1 Zoll = 25,39998 mm

Zoll	0	1/16	1/8	3/16	1/4	5/16	3/8	7/16	1/2	9/16	5/8	11/16	3/4	13/16	7/8	15/16	Zoll
0	0,000	1,587	3,175	4,762	6,350	7,937	9,525	11,112	12,700	14,287	15,875	17,462	19,050	20,637	22,225	23,812	0
1	25,400	26,987	28,574	30,162	31,749	33,337	34,924	36,512	38,099	39,687	41,274	42,862	44,449	46,037	47,624	49,212	1
2	50,799	52,387	53,974	55,561	57,149	58,736	60,324	61,911	63,499	65,086	66,674	68,261	69,849	71,436	73,024	74,611	2
3	76,199	77,786	79,374	80,961	82,549	84,136	85,723	87,311	88,898	90,486	92,073	93,661	95,248	96,836	98,423	100,01	3
4	101,60	103,19	104,77	106,36	107,95	109,54	111,12	112,71	114,30	115,89	117,47	119,06	120,65	122,24	123,82	125,41	4
5	127,00	128,59	130,17	131,76	133,35	134,94	136,52	138,11	139,70	141,28	142,87	144,46	146,05	147,63	149,22	150,81	5
6	152,40	153,98	155,57	157,16	158,75	160,33	161,92	163,51	165,10	166,68	168,27	169,86	171,45	173,03	174,62	176,21	6
7	177,80	179,38	180,97	182,56	184,15	185,73	187,32	188,91	190,50	192,08	193,67	195,26	196,85	198,43	200,02	201,61	7
8	203,20	204,78	206,37	207,96	209,55	211,13	212,72	214,31	215,90	217,48	219,07	220,66	222,25	223,83	225,42	227,01	8
9	228,60	230,18	231,77	233,36	234,95	236,53	238,12	239,71	241,30	242,88	244,47	246,06	247,65	249,23	250,82	252,41	9
10	254,00	255,58	257,17	258,76	260,35	261,93	263,52	265,11	266,70	268,28	269,87	271,46	273,05	274,63	276,22	277,81	10
11	279,39	280,98	282,57	284,16	285,74	287,33	288,92	290,51	292,09	293,68	295,27	296,86	298,44	300,03	301,62	303,21	11
12	304,79	306,38	307,97	309,56	311,14	312,73	314,32	315,91	317,49	319,08	320,67	322,26	323,84	325,43	327,02	328,61	12
13	330,19	331,78	333,37	334,96	336,54	338,13	339,72	341,31	342,89	344,48	346,07	347,66	349,24	350,83	352,42	354,01	13
14	355,59	357,18	358,77	360,36	361,94	363,53	365,12	366,71	368,29	369,88	371,47	373,06	374,64	376,23	377,82	379,41	14
15	380,99	382,58	384,17	385,76	387,34	388,93	390,52	392,11	393,69	395,28	396,87	398,46	400,04	401,63	403,22	404,81	15
16	406,39	407,98	409,57	411,16	412,74	414,33	415,92	417,50	419,09	420,68	422,27	423,85	425,44	427,03	428,62	430,20	16
17	431,79	433,38	434,97	436,55	438,14	439,73	441,32	442,90	444,49	446,08	447,67	449,25	450,84	452,43	454,02	455,60	17
18	457,19	458,78	460,37	461,95	463,54	465,13	466,72	468,30	469,89	471,48	473,07	474,65	476,24	477,83	479,42	481,00	18
19	482,59	484,18	485,77	487,35	488,94	490,53	492,12	493,70	495,29	496,88	498,47	500,05	501,64	503,23	504,82	506,40	19
Zoll	0	1/16	1/8	3/16	1/4	5/16	3/8	7/16	1/2	9/16	5/8	11/16	3/4	13/16	7/8	15/16	Zoll

c) Vergleichstafel für deutsche, englische und amerikanische Maßsysteme[1]).

Maßsystem	Umzurechnen in	Multiplizieren mit
acre	m²	4046,87
Atmosphäre phys. (Atm.) . . .	inch Hg.	29,921
Atmosphäre phys. (Atm.) . . .	inch Water	406,793
Atmosphäre phys. (Atm.) . . .	pound (Av.)/square inch . . .	14,6959
Atmosphäre techn. (1 at) . . .	inch Hg.	28,958
Atmosphäre techn. (1 at) . . .	inch Water	393,55
Atmosphäre techn. (1 at) . . .	pound (Av.)/square inch . . .	14,2233
barrel (Petroleum-barrel) . . .	m³	0,15876
B.Th.U.	kcal	0,251996
B.Th.U.	mkg	107,560
B.Th.U./sec	kWatt	1,0548
B.Th.U./sec	PS	1.4344
B.Th.U./cubic foot	kcal/m³	8,899 [2])
B.Th.U./long ton	kcal/t	0,2480
B.Th.U./net ton	kcal/t	0,27777
B.Th.U./pound (Av.)	kcal/kg	0,55554
B.Th.U./square inch	kcal/m²	390,57
bushel	l	35,239
°C	°F	°C · 1,80 + 32
chain	m	20,1169
cm	inch	0,39370
cm²	square foot	0,001076
cm²	square inch	0,15500
cm³	cubic foot	0,000035314
cm³	cubic inch	0,061023
cubic foot	l	28,3168
cubic foot	m³	0,028317
cubic foot/long ton	m³/t	0,027869
cubic foot/net ton	m³/t	0,031215
cubic foot/pound (Av.)	m³/kg	0,062428
cubic inch	cm³	16,3872
cubic yard	m³	0,76455
°F	°C	(°F —32) · 0,5555
fluid ounce	cm³	29,573
foot	m	0,30480
foot pound (Av.).	Joule	1,3551
foot pound (Av.).	mkg	0,13825
foot pound (Av.).	PS	0,0018434
foot pound (Av.).	Watt	1,3551
foot ton (Engl.)	mkg	309,7
foot ton (Amer.)	mkg	276,5
g	dram	0,5645
g	grain	15,43236
g	ounce (Av.)	0,035274
g	ounce (Troy)	0,03215
g	pennyweight	0,64301
g	pound (Av.)	0,0022046
g	pound (Troy)	0,002679

[1]) cwt = hundredweight, lb = pound, Av. = Avoirdupois.
In den Ver. Staaten erfolgt die Angabe von Gewichten von Rohprodukten in long ton, von Fertigprodukten in net ton (= short ton).

[2]) Da in Großbritannien und in den Vereinigten Staaten als Normzustand des Gases 15,5° C, 762 Torr, feucht gilt, beträgt der Umrechnungsfaktor bei Literaturangaben von B. Th. U./cbf. auf kcal/Nm³ anstelle von 8,899 richtig 9,55.

Maßsystem	Umzurechnen in	Multiplizieren mit
g/cm³	pound (Av.)/cubic foot	62,42
g/l	grain/gallon (Engl.)	70,115
g/l	grain/gallon (Amer.)	58,416
g/l	pound (Av.)/gallon (Engl.)	0,010017
g/l	pound (Av.)/gallon (Amer.)	0,008345
g/m³	grain/cubic foot	0,43701
gallon (Engl.)	l	4,5435
gallon (Amer.)	l	3,7854
gallon (Engl.)/cubic foot	l/l	0,16045
gallon (Amer.)/cubic foot	l/l	0,13368
gallon (Engl.) / long ton	l/t	4,4718
gallon (Amer.) / net ton	l/t	4,1727
gallon (Engl.) / square yard	l/m²	5,4340
gallon (Amer.) / square yard	l/m²	4,5273
gill	l	0,11829
grain (Av. und Troy)	g	0,064798
grain/cubic foot	g/m³	2,2883
grain/gallon (Engl.)	g/l	0,014262
grain/gallon (Amer.)	g/l	0,017119
horse power (HP)	kcal	0,1782
horse power (HP)	kWatt	0,7453
horse power (HP)	mkg	76,042
horse power (HP)	PS	1,0139
hundredweight (cwt)	kg	50,8024
inch	mm	25,400000
inch Hg	Atmosphäre phys. (Atm.)	0,03342
inch Hg	Atmosphäre techn. (at)	0,034534
inch water	Atmosphäre phys. (Atm.)	0,0024583
inch water	Atmosphäre techn. (at)	0,002541
Joule	foot pound (Av.)	0,7398
kcal	B.Th.U.	3,9683
kcal	horse power (HP)	5,6142
kcal	therm	0,000039667
kcal/kg	B.Th.U./pound (Av.)	1,8001
kcal/kg	therm/long ton	0,040303
kcal/kg	therm/net ton	0,035985
kcal/m²	B.Th.U./square inch	0,0025604
kcal/m³	B.Th.U./cubic foot	0,11237
kcal/t	B.Th.U./long ton	4,0323
kcal/t	B.Th.U./net ton	3,6001
kg	hundredweight (cwt)	0,019684
kg	long ton (Engl.)	0,0009842
kg	net ton (Amer.)	0,0011023
kg	ounce (Av.)	35,274
kg	ounce (Troy)	32,151
kg	pound (Av.) = lb	2,20462
kg	pound (Troy) = lb	2,67923
kg/cm² siehe Atmosphäre techn.	—	
kg/cm	pound (Av.) / inch	5,5997
kg/m	pound (Av.) / foot	0,67197
kg/m²	pound (Av.) / square foot	0,20482
kg/m³	pound (Av.) / gallon (Engl.)	70,010017
kg/m³	pound (Av.) / gallon (Amer.)	0,008345
kg/t	pound (Av.) / long ton	2,2400
kg/t	pound (Av.) / net ton	2,0000
km	mile (nautical)	0,53961
km	mile (statute)	0,62137
kWh	B.Th.U.	860,38

Maßsystem	Umzurechnen in	Multiplizieren mit
kWh	foot pound (Av.)	$2,6567.10^6$
kWh	horse power	1,3418
l	bushel	0,028378
l	cubic foot	0,035315
l	cubic inch	61,0250
l	gallon (Engl.)	0,2201
l	gallon (Amer.)	0,26418
l	pint (Engl.)	1,7621
l	pint (Amer.)	2,1134
l	quart (Amer.)	1,0567
l	quarter (Engl.)	0,003439
l/l	gallon (Engl.) / cubic foot . . .	6,2281
l/l	gallon (Amer.) / cubic foot . . .	7,4805
l/t	gallon (Engl.) / long ton . . .	0,22363
l/t	gallon (Amer.) / net ton . . .	0,23965
lb siehe pound	—	—
long ton (Engl.)	kg	1016,047
m	foot	3,2808
m	inch	39,370
m	yard	1,0936
m²	acre	0,00024711
m²	square foot	10,7639
m²	square inch	1550,00
m²	square yard	1,19399
m³	barrel (Petroleum-barrel) . . .	6,2989
m³	cubic foot	35,3165
m³	cubic inch	61025,0
m³	cubic yard	1,3080
m³	gallon (Engl.)	220,10
m³	gallon (Amer.)	264,18
m³	pint	2113,4
m³	register ton	0,3532
m³/kg	cubic foot/pound (Av.)	16,0185
m³/t	cubic foot/long ton	35,883
m³/t	cubic foot/net ton	32,036
mile (nautical)	km	1,60935
mile (statute)	km	1,8533
mkg	B.Th.U.	0,092956
mkg	foot pound	7,2330
mkg	horse power (HP)	0,013151
mm	inch	0,039370
mm Hg	pound (Av.) / square inch . . .	0,0193368
net ton = short ton (Amer.) . .	kg	907,185
ounce (Avoirdupois)	g	28,3495
ounce (Troy)	g	31,1035
pennyweight (Troy)	g	1,55517
pinte (Engl.)	l	0,5680
pinte (Amer.)	l	0,5506
pound (Avoirdupois)	kg	0,4535924
pound (Troy)	kg	0,37324
pound (Av.) / cubic foot . . .	g/cm³ = kg/l	0,016019
pound (Av.) / cubic inch . . .	kg/cm³	0,027680
pound (Av.) / gallon (Engl.) . .	g/l	99,832
pound (Av.) / gallon (Amer.) . .	g/l	119,83
pound (Av.) / inch	kg/cm	0,17858
pound (Av.) / long ton . . .	kg/t	0,44643
pound (Av.) / net ton	kg/t	0,5000
pound (Av.) / square foot . . .	kg/m²	4,8824

Maßsystem	Umzurechnen in	Multiplizieren mit
pound (Av.) / square inch . . .	Atmosphäre techn.	0,070307
pound (Av.) / square inch . . .	Atmosphäre phys.	0,068046
pound (Av.) / square inch . . .	mm Hg	51,7149
PS	B.Th.U.	0,6972
PS	foot pound (Av.)ʹ	542,50
PS	horse power (HP)	0,9863
quart (Amer.) ʹ	l	1,1012
quarter (Engl.)	l	290,7814
register ton	m³	2,8316
rod (perch)	m	5,0292
short ton = net ton (Amer.) . .	kg	907,185
square foot	m²	0,092903
square inch	cm²	6,45163
square yard	m²	0,83613
t	long ton	0,98421
t	net ton (Amer.)	1,10231
therm	kcal	25210
therm/long ton	kcal/kg	24,274
therm/net ton (Amer.)	kcal/kg	27,790
yard	m	0,91440

39. Prüfsiebe und Körnungen.
a) Deutscher Prüfsiebsatz DIN 1171.

Gewebe-Nr.	Maschen-zahl je cm²	Lichte Maschen-weite mm	Draht-durch-messer[1] mm	Gewebe-Nr.	Maschen-zahl je cm²	Lichte Maschen-weite mm	Draht-durch-messer[1] mm
4	16	1,5	1,00	20	400	0,300	0,20
5	25	1,2	0,80	24	576	0,250	0,17
6	36	1,02	0,65	30	900	0,200	0,13
8	64	0,75	0,50	40	1600	0,150	0,10
10	100	0,60	0,40	50	2500	0,120	0,08
11	121	0,54	0,37	60	3600	0,102	0,065
12	144	0,49	0,34	70	4900	0,088	0,055
14	196	0,43	0,28	80	6400	0,075	0,050
16	256	0,385	0,24	100	10000	0,060	0,040

[1] Zu verwenden ist nur Drahtgewebe von glatter Webart.

Zulässige Abweichungen.

		Durch-schnitts-wert %	Größte Ab-weichung %	Bereich der größten Ab-weichungen[1] %	Zulässige Anzahl[2] %
Draht-dicken	0,04—0,5 mm	5	10	—	6
	0,5 —0,9 mm	4	8	—	6
	über 0,9 mm	3	6	—	6
Lichte Maschen-weiten	10000—3600 Maschensieb	5	—	15—30	6
	2500— 576 ,,	5	—	12—25	6
	400— 64 ,,	5	—	10—20	6
	Gröbere Siebe	5	—	5—10	6

[1] Die unter den angeführten Werten liegenden Abweichungen bleiben bei der Prüfung unberücksichtigt.
[2] Bezogen auf die größten Abweichungen der Drahtdicken bzw. den Bereich der größten Abweichungen der lichten Maschenweiten.

b) Englischer Siebsatz des Institute of Mining and Metallurgy (I.M.M.).

Maschen je Zoll	entspr. Maschen je cm	lichte Maschenweite (Drahtabstand) mm	Maschen je Zoll	entspr. Maschen je cm	lichte Maschenweite (Drahtabstand) mm
10	3,94	1,27	80	31,5	0,159
20	7,88	0,635	90	35,4	0,141
30	11,8	0,423	100	39,4	0,127
40	15,7	0,318	120	47,3	0,106
50	19,7	0,254	150	59,1	0,085
60	23,6	0,212	200	78,8	0,064
70	27,5	0,181			

c) Amerikanischer Standard-Siebsatz.

Sieb-nummer	Maschen je Zoll	Lichte Maschenweite in Zoll	mm	Drahtdurchmesser in Zoll	mm
2,5	2,58	0,315	8,00	0,073	1,85
3	3,03	0,265	6,73	0,065	1,65
3,5	3,57	0,223	5,66	0,057	1,45
4	4,22	0,187	4,76	0,050	1,27
5	4,98	0,157	4,00	0,044	1,12
6	5,81	0,132	3,36	0,040	1,02
7	6,80	0,111	2,83	0,036	0,92
8	7,89	0,0937	2,38	0,033	0,84
10	9,21	0,0787	2,00	0,030	0,76
12	10,72	0,0661	1,68	0,027	0,69
14	12,58	0,0555	1,41	0,024	0,61
16	14,66	0,0469	1,19	0,021	0,54
18	17,15	0,0394	1,00	0,019	0,48
20	20,16	0,0331	0,84	0,017	0,42
25	23,47	0,0280	0,71	0,015	0,37
30	27,62	0,0232	0,59	0,013	0,33
35	32,15	0,0197	0,50	0,011	0,29
40	38,02	0,0165	0,42	0,0098	0,25
45	44,44	0,0138	0,35	0,0087	0,22
50	52,36	0,0117	0,30	0,0074	0,19
60	61,93	0,0098	0,25	0,0064	0,16
70	72,46	0,0083	0,21	0,0055	0,14
80	85,47	0,0070	0,18	0,0047	0,12
100	101,01	0,0059	0,15	0,0040	0,10
120	120,48	0,0049	0,125	0,0034	0,086
140	142,86	0,0041	0,105	0,0029	0,074
170	166,67	0,0035	0,088	0,0025	0,063
200	200,00	0,0029	0,074	0,0021	0,053
270	270,26	0,0021	0,053	0,0016	0,041
325	323,00	0,0017	0,044	0,0013	0,035

c) Amerikanischer Siebsatz nach Tyler.
(Journ. Americ. Ceram. Soc. 11, 346, 1928.)

Maschen je Zoll	Lichte Maschenweite Zoll	mm	Drahtdurchmesser Zoll	mm	Maschen je Zoll	Lichte Maschenweite Zoll	mm	Drahtdurchmesser Zoll	mm
—	1,05 $\sim$ 1	26,67	0,148	3,785	14	0,046 $\sim$ $^3/_{64}$	1,168	0,025	0,635
—	0,74 $\sim$ $^3/_4$	18,85	0,135	3,430	20	0,033 $\sim$ $^1/_{32}$	0,833	0,0172	0,437
—	0,52 $\sim$ $^1/_2$	13,33	0,105	2,669	28	0,023 —	0,589	0,0125	0,318
—	0,37 $\sim$ $^3/_8$	9,423	0,092	2,338	35	0,0165 —	0,417	0,0122	0,310
3	0,26 $\sim$ $^1/_4$	6,680	0,070	1,778	48	0,0116 —	0,295	0,0092	0,234
4	0,19 $\sim$ $^3/_{16}$	4,699	0,065	1,651	65	0,0082 —	0,208	0,0072	0,183
6	0,13 $\sim$ $^1/_8$	3,327	0,036	0,914	100	0,0058 —	0,147	0,0042	0,107
8	0,093 $\sim$ $^3/_{32}$	2,362	0,035	0,889	150	0,0041 —	0,104	0,0026	0,066
10	0,065 $\sim$ $^1/_{16}$	1,651	0,032	0,813	200	0,0029 —	0,074	0,0021	0,053

d) Korngrößen von Steinkohle.

Rhein. Westf. Syndikat Korngröße mm	Benennung	Oberschles. Revier Korngröße mm	Benennung	Niederschles. Revier Korngröße mm	Benennung
über 80	Stückkohle	über 80	Stückkohle	80—150	Stückkohle
50—80	Nuß I	70—90	Würfelkohle	35—80	Nuß I
		90—120	»		
25—50	Nuß II	30—40	Nuß Ia	20—150	Nuß II
15—25	Nuß III	25—45	Nuß Ib	12—35	Erbskohle I
8—15	Nuß IV	20—40	Nuß II	10—23	Erbskohle II
6—10	Nuß V	10—20	Erbskohle	6—12	Erbskohle III
0— 8	Feinkohle	0—70	Kleinkohle	0,5—6	Erbskohle IV
0— 0,4	Staubkohle	0—35	Rätterkleinkohle	0—10	Staubkohle
		0—10	Staubkohle		

Sächsisches Revier Korngröße mm	Benennung	Niedersächs. Revier Korngröße mm	Benennung
40—55	Waschwürfel I	über 75	Stückkohle
25—40	Waschwürfel II	45—75	Stückkohle I
20—27/19—26	Waschknörpel I	25—45	Stückkohle II
15—20/15—25	Waschknörpel II	15—25	Nuß III
12—15/ 8—15	Waschnuß I	0—10	Feinkohle
8—12	Waschnuß II		
3—8/2—8	Waschklare I		
1—3	Waschklare II		
0—1	Staubkohle		

e) Körnungen des Kokses.

Körnung	Gaskoks	Ruhrzechenkoks	Körnung	Oberschles. Zechenkoks
60—100 mm	Gasbrechkoks I	Brechkoks I	80—120 mm	Stückkoks
40—60 mm	Gasbrechkoks II	Brechkoks II	60—80 mm	Würfel I
20—40 mm	Gasbrechkoks III	Brechkoks III	40—60 mm	Würfel II
10—20 mm	Gasperlkoks	Brechkoks IV	24—40 mm	Nuß I
0—10 mm	Gaskoksgrus	Koksgrus	16—24 mm	Nuß II
			0—10 mm	Koksgrus

Kennfarben für Rohrleitungen

DIN 2403

Kennfarbe[1])	Verwendung für	Kennzeichnung der Rohrleitungen[2])			
○ rot	Dampf	rot — Sattdampf / rot weiß rot — Heißdampf		rot grün rot — Abdampf	
○ grün	Wasser	grün — Trinkwasser / grün weiß grün — Warmwasser / grün gelb grün — Kondenswasser / grün rot grün — Preßwasser (Speisewasser)		grün orange grün — Salzwasser Sole / grün schwz. grün — Nutzwasser Flußwasser / grün schwz. schwz grün — Schmutzwasser Abwasser / grün — Spülversatz	
○ blau	Luft	blau — Gebläseluft / blau weiß blau — Heißluft		blau rot blau — Preßluft / blau schwz. blau — Kohlenstaub	
○ gelb	Gas	gelb — Gichtgas (Hochofengas und andere Schmelzofengase) gereinigt / gelb schwz. gelb — Gichtgas (Hochofengas und andere Schmelzofengase) roh / gelb blau gelb — Generatorgas / gelb rot gelb — Stadtgas (Leuchtgas) Koksofengas / gelb grün gelb — Wassergas / gelb braun gelb — Ölgas		gelb weiß gelb weiß gelb — Azetylen / gelb schw. gelb schwz gelb — Kohlensäure / gelb blau gelb blau gelb — Sauerstoff / gelb rot gelb rot gelb — Wasserstoff / gelb grün gelb grün gelb — Stickstoff / gelb lila gelb lila gelb — Ammoniak	
○ orange	Säure	orange — Säure		orange rot orange — Säure, konzentriert	
○ lila	Lauge	lila — Lauge		lila rot lila — Lauge, konzentriert	
○ braun	Öl	braun — Öl / braun gelb braun — Gasöl / braun schwz. braun — Teeröl		braun rot braun — Benzin / braun weiß braun — Benzol	
○ schwarz	Teer	schwarz — Teer			
○ grau	Vakuum	grau — Vakuum			

[1]) Die Angabe gilt als Richtlinie für das Anreiben der streichfertigen Farben.
[2]) Gilt nur für fertig verlegte Rohrleitungen. Jedem Betriebe ist überlassen, die Rohrleitungen in ihrer ganzen Länge mit der Kennfarbe zu streichen oder die Kennzeichnung durch Anhängeschilder, farbige Bänder, farbige Pfeile — die gleichzeitig die Durchflußrichtung angeben — oder auf andere Weise vorzunehmen.
Für Rohrleitungspläne sind die Kennfarben nach Spalte 1 zu wählen. Dem Verwendungszweck entsprechende Unterscheidungen werden durch hellere oder dunklere Tönung der Kennfarben gemacht. Diese sind durch eine Farbtafel auf den Rohrleitungsplänen zu erläutern.
Den Firmen bleibt überlassen, Druckangaben durch Anbringen mehrerer farbiger Striche zu kennzeichnen und diese Maßnahme entsprechend zu erläutern.

Fachnormenausschuß für Rohrleitungen

41. Ionenleitfähigkeit.

Grenzleitfähigkeit verschiedener Ionen bei 18⁰.

Kationen				Anionen			
H	315	$1/_2$ Sr	51,6	OH	175	MnO_4	53,1
Li	33,5	$1/_2$ Ba	55,3	F	46,6	$1/_2 SO_4$	68,5
Na	43,5	$1/_2$ Zn	46	Cl	65,4	$1/_2 CrO_4$	72
K	64,6	$1/_2$ Cd	47,5	Br	67,5	$1/_2 CO_3$	70
NH_4	64,8	$1/_3$ Al	40	J	66,0	Formiat	47,4
$N (C_2H_5)_4$	28,1	$1/_2$ Pb	61,3	CNS	56,5	Azetat	32,5
Ag	54,3	$1/_3$ Cr	45	ClO_4	58,3	Pikrat	25,3
$1/_2$ Cu	46	$1/_2$ Mn	44	NO_3	61,8	$1/_2$ Oxalat	62,5
$1/_2$ Mg	45,5	$1/_2$ Fe	45				
$1/_2$ Ca	51,5	$1/_2$ Ni	45				

Die Grenzleitfähigkeit von Salzen ergibt sich als Summe der Grenz-
leitfähigkeiten der entsprechenden Kationen und Anionen.

42. Abschreibungssätze für Gaswerke.

Betriebsgebäude . . . . 2—3,5%	Mobilien 10%
Gaserzeugungsöfen . . . . . 5—10%	Gasmesser . . . . 6—10%
Kühler, Wäscher . . . . . . 4—5%	Beleuchtung einschl. Fern-
Gassauger . . . . 4—6%	zündung . . . . 3—5%
Reiniger 4%	Druckregler 4%
Maschinen, Apparate . . . . 5—8%	Fahrzeuge . . . . 20—50%
Nebenbetriebe . . . . 7—15%	Elektrische Einrichtungen:
Gasbehälter . . . . 3—4%	Elektromotoren 5%
Dampfkessel 5%	Akkumulatoren 10%
Dampf- und Wasserleitungen . 6%	Schaltanlagen 7%
Rohrleitungen . . . . 3—5%	Kabel 3,3%
Werkstätten 10%	

43. Gifte und Vergiftungen.

Ammoniak: Reizung und Entzündung der Augen und Atmungsorgane, Hustenanfälle, Atemnot, Erbrechen, Krämpfe. Lebensgefährlich 2,5 bis 5 g/m³. Gegenmittel: Künstliche Atmung, Chloralhydrat.

Benzin: Narkotisierende Wirkung, Kopfschmerz, Rauschzustände,
Herzschwäche, Empfindungslosigkeit, Muskelzucken. Lebensgefährlich
25 g/m³. Gegenmittel: Künstliche Atmung, kalte Übergießungen.

Benzol: Narkotisierende Wirkung, Nervengift, blasse Hautfarbe,
gerötete Lippen, Bewußtlosigkeit, Halluzinationen. Verminderung der
weißen Blutkörperchen, bei Benzolabkömmlingen auch der roten. Chronische Vergiftung, zumeist durch subkutane Einwirkung, führt zu
Haut- und Schleimhautblutungen, sowie zu fettiger Degeneration von
Herz, Nieren und Leber. Gefährlich 20 g/m³. Gegenmittel: Künstliche
und Sauerstoffatmung.

Chlor: Reizung und Entzündung der Schleimhäute, Hustenreiz,
Atemnot, Schwindel, Zerstörung des Lungengewebes; auf der Haut

Entzündung, Blasenbildung, Reizung der Hautdrüsen. Gefährlich 0,05 g/m³. Gegenmittel: Künstliche Atmung, Einatmen von Amylnitritdampf, Morphium.

Cyanwasserstoff: Schwindel, Herzklopfen, Übelkeit, Erbrechen, Atemnot, Lähmung der fermentativen Prozesse der Gewebe, Krämpfe, Bewußtlosigkeit, Erniedrigung der Körpertemperatur, Blaufärbung der Haut. Gefährlich 0,1 g/m³. Gegenmittel: Sauerstoffatmung, Magenspülung, bei Krämpfen Morphium, bei Herzschwäche Kampferinjektion.

Kohlendioxyd: Schwindel, Atemnot, Krämpfe, Bewußtlosigkeit. Gefährlich 3 bis 4 Vol.-%, vor allem bei gleichzeitiger Erniedrigung des Sauerstoffgehaltes der Luft. Gegenmittel: Frische Luft, Sauerstoffatmung, kalte Übergießungen.

Kohlenoxyd: Steigerung des Blutdrucks, Druck in den Schläfen, Schwindel, Übelkeit, Verfärbung des Bluts nach hellrot infolge der Bildung von Kohlenoxydhämoglobin (das die Sauerstoffaufnahme des Blutes verhindert), Blaufärbung der Haut, Atemnot, Bewußtlosigkeit, Lähmungen. 0,05% wirken nach mehrstündigem Einatmen schädlich, 0,2% sind nach etwa einer halben Stunde gefährlich, 0,5% wirken nach 5 bis 10 min tödlich. Chronische Vergiftung: Kopfschmerzen, Schwindel, allgemeine Schwäche, Schlaflosigkeit. Gegenmittel: Sauerstoffatmung, starker schwarzer Kaffee, kalte Übergießungen, Frottierung, Kampfereinspritzung.

Methylalkohol: Kopfschmerzen, Muskelschwäche, Erbrechen, Erkrankung der Augenbindehaut, Lähmung der Sehnerven (oft Erblindung), Atmungslähmung.

Naphthalin: Reizung der Schleimhäute, Hautentzündungen, Ekzeme.

Phenol: Hautätzung, Störungen der inneren Organe, Ohnmachtsanfälle, Krämpfe.

Schwefelkohlenstoff: Benommenheit, Unempfindlichkeit, Nachlassen der Reflexbewegungen, Bewußtlosigkeit, Lähmungen, Sehnervenstörungen. Chronische Störungen: Schwindel, Gliederschmerzen, Lähmungen, Abmagerung, Geruchs- und Geschmacksstörungen, Schädigung des Zentralnervensystems. Gegenmittel: Sauerstoffatmung, Schwitzbäder, kalte Übergießungen.

Schweflige Säure: Reizgas, Entzündung der Schleimhäute, Hustenreiz, Atemnot, Lungenentzündung. Gefährlich 0,5 g/m³. Gegenmittel: Sauerstoffatmung. Infusion von Natronlauge (0,05 bis 0,1 proz.).

Schwefelwasserstoff: Schwindel, Kopfschmerz, Krämpfe, starkes Nervengift, Bewußtlosigkeit, Entzündung der Augenbindehaut. Untere Grenze der Geruchsempfindlichkeit 0,000013%, leichte Beschwerden 0,01%, starke Übelkeit 0,025%, gefährliche Schädigungen

0,05%, Bewußtlosigkeit 0,08%, schnelle Todeswirkung 0,1 bis 0,2%. Chronische Vergiftungen: Bindehautkatarrh, Müdigkeit, Verdauungs- störungen, fahle Gesichtsfarbe, Abmagerung, Furunkelbildung. Gegen- mittel: Sauerstoffatmung, Kampfereinspritzung.

Teer. Einwirkung auf die Haut und die Atmungsorgane. Appetit losigkeit, Kopfschmerzen, Darmstörungen, Albuminurie, Teerkrätze (Ekzeme) oder Schuppenbildung auf der Haut, krebsartige Geschwülste, Ödeme.

2. Teil

Sonstige
technische Gase

Von

Dr.-Ing. Horst Brückner

Karlsruhe

A. Schwelung von Steinkohle.

1. Allgemeines.

Bei der Entgasung der Steinkohle kommt seit etwa einem halben Jahrhundert der Gewinnung von Teer als Nebenprodukt eine immer stärkere Beachtung zu. Verhältnismäßig spät aber erst erkannte man, daß bei Innehaltung niedriger Verkokungstemperaturen das Ausbringen und der chemische Aufbau von Gas, Teer und Koks wesentlich verändert wird. In Vorarbeiten stellte Börnstein[1]) als erster fest, daß bei der Schwelung von Steinkohle die Ölabspaltung aus der Kohle bereits bei 200—250⁰, die von brennbaren Gasen dagegen erst bei 350—400⁰ beginnt und jüngere Steinkohlen bis zu einer Erhitzungstemperatur von 450⁰ 7—10% Schwelteer ergeben. Dessen Beschaffenheit ist infolge eines erheblich niedrigeren spezifischen Gewichtes, hohen Phenolgehaltes, Freiheit von freiem Kohlenstoff, Naphthalin und Anthrazen vollkommen verschiedenartig gegenüber Hochtemperaturteer. Diese Ergebnisse wurden von Pictet[2]) durch Erhitzen der Kohle im Vakuum auf 500⁰ bestätigt. Die grundlegenden deutschen Arbeiten über die Tieftemperaturdestillation stammen daraufhin aus dem Kohlenforschungsinstitut Mülheim. F. Fischer und seine Mitarbeiter[3]) konnten vor allem zeigen, daß bei der Steinkohlenentgasung der Schwelteer das primäre Abspaltungsprodukt darstellt und der Hochtemperaturteer erst aus diesem durch Überhitzung entstehen kann. Ebenso ist der dabei gewonnene Schwelkoks von völlig andersartiger Beschaffenheit als Hochtemperaturkoks.

Der Mangel an flüssigen Brennstoffen in den ersten Nachkriegsjahren in Deutschland führte nach Entwicklung des Drehrohrschwelofens in den Jahren 1919—1925 zum Bau mehrerer Steinkohlenschwelanlagen, die jedoch fast sämtlich nach wenigen Jahren wieder außer Betrieb kamen, die letzte derselben 1929 auf der Zeche Mathias Stinnes. Die Ursache hierfür waren zunächst Materialschwierigkeiten, indem die Schwelgase außerordentlich stark korrodierend wirkten, das wesentlichste Hindernis war aber die nur sehr geringe Festigkeit des Schwelkokses. Erst in den letzten Jahren hat die Schwelung durch die Einführung zumeist stehend

---

[1]) Journ. f. Gasbel. **49**, 667 (1906).
[2]) Ber. Deutsch. Chem. Ges. **44**, 286 (1911); **46**, 3342 (1913).
[3]) Brennstoffchemie **1**, 31 (1920).

angeordneter Schwelöfen mit ruhender Ladung einen neuen Aufschwung genommen, wobei es gelang, einen ziemlich festen Schwelkoks zu erzielen.

Die Grundforderungen für die Durchführung der Schwelung sind folgende:

1. Erzeugung eines in seiner physikalischen und chemischen Beschaffenheit einwandfreien, genügend sturz- und abriebfesten Schwelkokses, der mengen- wie wertmäßig das Haupterzeugnis darstellt.

2. Erzeugung eines in seinen physikalischen und chemischen Eigenschaften einwandfreien Schwelteers.

Diese Bedingungen setzen die Auswahl von zur Schwelung geeigneten Kohlen voraus. Es ist daher zweckmäßig, an dieser Stelle näher auf die Grundlagen der Teerbildung beim thermischen Erhitzen der Steinkohle unter Luftabschluß näher einzugehen.

2. Grundlagen der Steinkohlenschwelung.

Die Steinkohle ist aufgebaut aus hochpolymeren, zum Teil auch Schwefel und Stickstoff enthaltenden Kohlenstoff-Wasserstoff-Sauerstoffverbindungen, deren Mengenanteile sich mit zunehmendem Inkohlungsgrad nach einem höheren Kohlenstoff- und vermindertem Sauerstoff- sowie etwas geringerem Wasserstoffgehalt verschieben. Die Molekülgröße dieser Verbindungen kann nicht bestimmt werden, da deren hoher Polymerisationsgrad eine nahezu vollständige Unlöslichkeit in sämtlichen Lösungsmitteln bedingt. Nur geringe Mengen von fossilen Harzeinschlüssen, wenige Hundertstel Prozente, sind bei gewöhnlicher oder schwach erhöhter Temperatur in Benzol, Äther und den sonst gebräuchlichen Lösungsmitteln löslich. Um einen Teil dieser hochpolymeren Kohlenstoffverbindungen in Lösung zu bringen, ist es vielmehr erforderlich, zunächst den Molekülbau zu sprengen. Dies gelingt beispielsweise durch Behandeln der Kohle mit Pyridin. In diesem quillt die Kohle auf und man erhält niedrigermolekulare, zum Teil lösungsfähige Spaltstücke. Eine ähnliche oder vielleicht sogar gleiche Depolymerisation tritt beim Erhitzen einer Kohle ein. Nach anfänglicher Abgabe von nur hygroskopisch gebundenem Wasser beginnt die Aufspaltung der Moleküle bei etwa 200°, wobei die ersten Öltröpfchen nachgewiesen werden können. Der dabei zugrunde liegende Vorgang ist vornehmlich physikalischer Art. Erst bei erheblich höherer Temperatur, je nach dem Alter der Kohle bei etwa 330—400°, fangen daraufhin die Depolymerisationsprodukte an, sich chemisch zu zersetzen. Diese chemischen Zersetzungsreaktionen, bei denen die einzelnen primär gebildeten Depolymerisationsprodukte miteinander in Reaktion treten, führen zur Abspaltung von Zersetzungswasser, Ölen, gasförmigen Kohlenstoffverbindungen, Schwefelwasserstoff und Ammoniak. Diese Hauptreaktion und damit die Abspaltung von flüssigen Produkten (Schwelteer) ist bei den meisten Kohlen bei 500⁰ bereits vollkommen beendet. Der dabei zurückbleibende Schwelkoks ist aber weiterhin noch verhältnismäßig reich an Wasserstoff, Sauerstoff, Schwefel und Stickstoff und vermag beim weiteren Erhitzen noch beträchtliche Gasmengen abzuspalten, bis schließlich ein gut ausgegarter Koks mit etwa 95% Kohlenstoffgehalt (bezogen auf Reinkoks) zurückbleibt.

Während der chemischen Zersetzung der Kohle im Temperaturgebiet von 350—450⁰ tritt bei den Kohlen, die über genügend schmelzfähiges Bitumen verfügen, ein Plastischwerden der Kohle ein und sie backt zu einem zusammenhängenden Koks zusammen. Diese Plastizität der Kohle ist abhängig von der Erhitzungsgeschwindigkeit. Bei Backkohlen (Gas- und Kokskohlen) wird noch bei der üblichen Verkokungsgeschwindigkeit von 1—3⁰ C/s ein ausreichend fester Koksrückstand erhalten. Bei jüngeren Sinterkohlen reicht diese Geschwindigkeit des Temperaturanstieges nicht mehr aus, um die sich zersetzenden Kohleteilchen zu einer zusammenbackenden Masse zu verfestigen, es sind vielmehr höhere Erhitzungsgeschwindigkeiten erforderlich. Daraus ergibt sich für die Steinkohlenschwelung, daß für gutbackende Kohlen geringere Verkokungsgeschwindigkeiten in breiteren Verkokungsräumen genügen, während jüngere Sinterkohlen hohe Verkokungsgeschwindigkeiten und nur schmale Verkokungsräume benötigen. Die Festigkeit des Schwelkokses kann ferner durch Einstampfen der Kohle erhöht werden. Bei Steinkohlen, die stark zum Blähen und zum Treiben neigen, drückt sich ferner die plastisch gewordene Kohlenmasse eng an die Wandungen an und die Entleerung der Kammern bereitet Schwierigkeiten. Diesem Nachteil kann entweder durch Verlängerung der Ausstehzeit und geringe Überhitzung des Schwelkokses, die zu einem Schwinden führt, oder durch die Verwendung von Kammern mit beweglichen Wänden begegnet werden.

3. Die Schwelerzeugnisse.

Der primär abgespaltene Schwelteer (Urteer, Tieftemperaturteer), der in dünner Schicht ein gelbbraunes bis dunkelbraunes Aussehen aufweist, besteht im wesentlichen nur aus gesättigten und ungesättigten aliphatischen Kohlenwasserstoffen, neben wenig Naphthenen. Aromatische Kohlenwasserstoffe, wie Benzol oder Naphthalin, enthält er nicht, wohl dagegen Phenole, deren Menge hauptsächlich vom Alter der Kohle abhängt. Die Schwelteerausbeute wasserstoffreicher Kohlen, wie der Cannel- und Bogheadkohle, erreicht oft 20 und mehr %, Gasflammkohlen ergeben 10—15%, Gaskohlen 8% und Kokskohlen 4—8%. Die Zusammensetzung des Schwelteeres je einer Gasflammkohle und Kokskohle nach F. Fischer[1]) ist etwa folgende:

---

[1]) Die Umwandlung der Kohle in Öle, 1924, S. 124.

1*

Zahlentafel 1. Zusammensetzung des Schwelteers aus
Gasflamm- und Kokskohle.

	Gasflamm-kohle %	Koks-kohle %
Leicht- und Mittelöle	15,0	33,5
Viskose Öle.	10,0	15,2
Paraffin	1,0	0,4
Phenole	50,0	14,0
Harze	1,0	4,2
Pech	6,0	19,2
Wasser und Verlust.	17,0	13,5
	100,0	100,0

Bei der üblichen Hochtemperaturentgasung wird während des Erweichens der Kohle der gleiche Schwelteer abgespalten, der erst daraufhin durch Überhitzung an bereits gebildetem Koks und an den heißen Ofenwänden zu Hochtemperaturteer, der fast ausschließlich aus aromatischen Kohlenwasserstoffverbindungen besteht, gekrackt wird. Die Ausbeuteverminderung auf etwa die Hälfte bis ein Drittel bei dieser Krackung beruht auf einer teilweisen Zersetzung des Urteers, namentlich der höchstsiedenden Anteile desselben zu Kohlenstoff und permanenten Gasen. Die Aufklärung dieser Vorgänge erfolgte erstmalig von Pictet[1]), der durch Überhitzen von Urteer die Bildung von Benzol, Naphthalin und Anthrazen nachweisen konnte.

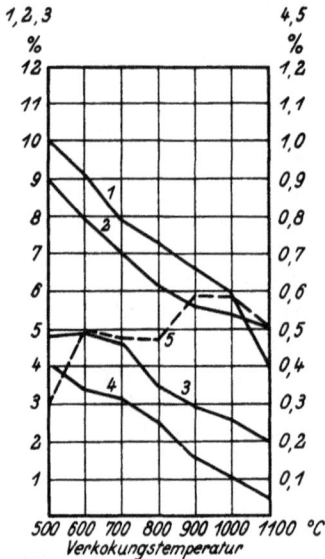

Abb. 1. Ausbeute an Schwelteer in Abhängigkeit von der Verkokungstemperatur.

1 Teerausbeute
2 Wasserstoffgehalt des Teers
3 Sauerstoffgehalt des Teers
4 < 170° siedende Anteile im Teer
5 Leichtölgehalt des Gases

Das Ergebnis vergleichender Untersuchungen über das Teerausbringen sowie über die Zusammensetzung des Teers in Abhängigkeit von der Verkokungstemperatur durch das Bureau of Mines[2]) zeigt die nebenstehende Abb. 1. Mit steigender Aromatisierung des Teers nimmt nicht nur dessen Gesamtmenge, sondern auch dessen Wasserstoffgehalt und infolge der Verminderung der Phenole dessen Sauerstoffgehalt ab. Das gleiche gilt ferner für den Gehalt des Teers an oberhalb 170° siedenden Bestandteilen, während der Leichtölgehalt (Benzin- bzw. Benzolkohlenwasserstoffe) ansteigt.

[1]) a. a. O.
[2]) Bureau of Mines, Techn. Paper Nr. 519, 525, 542 (1925).

Die Verkokungstemperatur ist nicht nur auf das Gesamtausbringen an Teer, sondern auch für das Verhältnis von Teeröl- und Pechgehalt von großer Bedeutung (vgl. Abb. 2), wobei dem Pech sowohl im Schwelteer als auch im Hochtemperaturteer wertmäßig nur untergeordnete Bedeutung zukommt.

Aus einer mittleren Backkohle wurden von Sinnatt[1]) die Ausbeuten an Schwelteer in Abhängigkeit von der Schweltemperatur zu folgenden Werten bestimmt:

Zahlentafel 2. Abhängigkeit der Schwelteerzusammensetzung von der Verkokungstemperatur.

Schweltemperatur °C	400	500	550	600	700
Ausbeute an Schwelteer . . %	3,9	7,06	8,00	7,60	6,24
Dichte des Teeröls. . . . . %	0,958	0,986	1,015	1.039	1,080
Phenolgehalt des Teeröls. . %	24,5	29,2	29,3	32,9	35,9
Gehalt des Teeröls an aliphatischen KWSt. . . . . . . %	29,8	22,9	18,5	13,4	6,2

Der wichtigste Vorteil der Schwelung gegenüber der Hochtemperaturentgasung ist aber nicht nur die etwa doppelt hohe Ausbeute an Schwelteer. Die Bedeutung des Schwelteers beruht mehr auf der Art seiner Zusammensetzung, er kann beispielsweise ohne irgendwelche weitere Behandlung als Dieseltreibstoff verwendet werden. Bei seiner Druckhydrierung nach dem Verfahren der I. G. Farbenindustrie A.-G., das erstmalig im Leunawerk in großtechnischem Maßstab durchgeführt wurde, erhält man aus ihm mit einer Ausbeute von 80—90% Benzin- und Benzolkohlenwasserstoffe. Er stellt damit eines der wertvollsten Ausgangsstoffe für die Benzinsynthese unter Druck dar. Weitere 0,7—1,2% des Gewichtes der verschwelten Kohlen können aus dem Schwelgas als Benzin und Gasol ausgewaschen werden. Bei Absorptionsverfahren hat sich Gasöl als Waschöl bewährt.

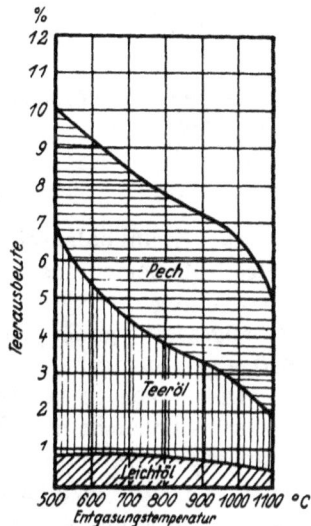

Abb. 2. Zusammensetzung des Teers in Abhängigkeit von der Verkokungstemperatur.

Die Ausbeute an Benzinkohlenwasserstoffen ist um so höher, je niedriger die Schweltemperatur ist und erreicht ihren Höchstwert bereits bei 500°. Die Kohlenwasserstoffe bestehen je aus gesättigten und ungesättigten aliphatischen Kohlenwasserstoffen und enthalten als Ver-

[1]) Journ. Inst. Petrol. Technol. **13**, 171 (1927).

unreinigungen Harzbildner, Schwefelverbindungen und Pyridinbasen. Das Benzin muß daher nach den üblichen Verfahren destilliert und raffiniert werden.

Das bei der Schwelung von Steinkohle erhaltene Schwelgas ist ebenfalls völlig andersartig zusammengesetzt als das bei der Hochtemperaturverkokung. So beträgt die Gesamtgasausbeute nur etwa 80—120 m³ gegenüber 300—350 m³/t Kohle bei einer Entgasungstemperatur von 1100°. Schwelgas enthält, je niedriger die Entgasungstemperatur ist, um so weniger Wasserstoff und Kohlenoxyd, dafür entsprechend höhere Anteile an Methan und höheren gesättigten und ungesättigten Kohlenwasserstoffen, wie die nachfolgende Zahlentafel zeigt[1].

Zahlentafel 3. Ausbeute und Zusammensetzung des Gases in Abhängigkeit von der Entgasungstemperatur.

	Entgasungstemperatur					
	450°	500°	600°	700°	750°	800°
Gasausbeute . . . . . . m³/t	12,2	30,6	101	126	157	221
Gasausbeute . . % der Kohle	9,1	18,8	28,4	32,3	34,1	36,3
Gaszusammensetzung:						
Kohlendioxyd . . . . . %	11,0	3,6	3,5	4,1	3,3	1,7
Azetylen . . . . %	—	0,4	—	0,4	—	—
Äthylen . . . . %	8,6	4,9	5,2	3,4	4,2	3,7
Benzin- bzw. Benzoldämpfe %	0,9	1,7	1,8	1,1	0,8	0,9
Kohlenoxyd . . . . . . %	8,8	6,5	7,1	7,9	9,4	11,9
Wasserstoff . . . . . . %	7,0	16,6	26,6	32,7	41,7	48,6
Methan. . . . . %	25,0	37,6	35,5	34,6	29,9	26,1
Äthan . . . . %	34,1	27,6	19,2	14,3	9,8	6,3

Das Steinkohlenschwelgas stellt somit für Gaswerke ein sehr wertvolles Nebenerzeugnis dar. Es kann entweder nach Verdichtung für die Verwendung in Fahrzeugmotoren herangezogen oder dem Steinkohlengas zugesetzt werden, dem daraufhin in entsprechend stärkerem Maße Wassergas zuzugeben ist.

Die Ausbeute an Schwelteer und die Beschaffenheit des Schwelkokses hängt nicht nur ab von dem Inkohlungsgrad der zur Verwendung gelangenden Kohle und damit von deren Gehalt an flüchtigen Bestandteilen, sie wird in gleichem Maße bestimmt von der petrographischen Zusammensetzung der Ausgangskohle. Der Glanzkohleanteil backender Steinkohlen geht im Erweichungszustand in einen plastischen Zustand über, der dem Schwelkoks das geflossene Aussehen verleiht. Daneben enthaltene Mattkohle wird von der Glanzkohle mit durchdrungen. Der Mattkohleanteil einer Backkohle allein ergibt dagegen nur einen gesinterten Koks, der von dem ersteren jedoch den Vorteil aufweist, kaum geklüftet zu sein. Nicht verkokungsfähig ist Faserkohle, deren Schwelrückstand ein tiefschwarzes lockeres Pulver darstellt. Die höhere Schwel-

[1] Gentry, The Technology of Low Temperature Carbonization, London S. 48.

gasausbeute liefert Glanzkohle, während Mattkohle mehr Schwelteer
ergibt. Untersuchungen von F. L. Kühlwein[1]) hierüber bei der Schwelung der petrographischen Kohlebestandteile der Gaskohle Fürst Bismarck hatten beispielsweise folgendes Ergebnis:

Zahlentafel 4. Schwelergebnis der petrographischen Bestandteile der Gaskohle Fürst Bismarck.

	Durchschnitts-probe	Anreicherung an	
		Glanzkohle	Mattkohle
Petrographische Zusammensetzung:			
Vitrit . . -. . . . . %₀	31,0	66,0	9,0
Clarit . . . . %₀	46,0	28,0	5,0
Durit und Übergänge . . . . %₀	18,0	4,0	84,0
Fusit. . . . . %₀	5,0	2,0	2,0
Aschegehalt . . . . %₀	5,3	2,2	5,2
Flüchtige Bestandteile. . . . . %₀	36,7	35,3	37,4
Backfähigkeitszahl	5	9	2
Schwelergebnis (bezogen auf Trockenkohle)			
Teer . . . . %₀	8,95	9,7	14,5
Koks. . . . . %₀	76,5	76,0	74,0
Gas . . . . nl/kg	110	119	98
Unt. Heizwert des Gases . . . . . kcal/m³	5835	5765	5950
Koksbeurteilung:			
Sturzfestigkeit > 30 mm nach 4 Stürzen . %	84,0	84,0	81,0
Abriebfestigkeit > 10 mm . . . . %	21,0	24,0	6,0
Abriebfestigkeit < 10 mm . . . . %	79,0	76,0	94,0

Die fortwährende Änderung in der Gefügezusammensetzung bringt
es mit sich, daß die Schwelung von Steinkohle einer fortwährenden
laboratoriumsmäßigen Überwachung bedarf. Ferner ist der jeweils
günstigsten durchschnittlichen Kornzusammensetzung die notwendige
Beachtung zu schenken, um einen möglichst sturz- und abriebfesten
Schwelkoks zu erhalten. Bestimmte allgemeine Gesetzmäßigkeiten
hierüber konnten noch nicht ermittelt werden. Die zuweilen geäußerte
Ansicht, daß je feiner das Kohlenkorn, desto fester und homogener der
Koks, ist nicht allgemein zutreffend.

Hinsichtlich der Schwelwürdigkeit der Kohlen der verschiedenen
Kohlenreviere hat Kühlwein (s. o.) folgendes auf Grund eingehender
Untersuchungen festgestellt:

Günstig für die Schwelung sind vor allem die Saarkohlen, die reich
an Bitumen sind, daher gut backen und eine hohe Teerausbeute ergeben.
Zum Teil besitzen sie ein so ausgeprägtes Erweichungsverhalten, daß
sie zweckmäßig mit Duritanreicherungen (Mattkohle) abgemagert werden, wodurch die Schwelteerausbeute weiter gesteigert wird. Ruhrkohlen enthalten zumeist einen höheren Anteil an Glanzkohle, der sie
zum Verschwelen etwas ungeeigneter erscheinen läßt. Durch ent-

---

[1]) Glückauf **71**, 1078 (1935).

sprechende Aufbereitungsverfahren kann jedoch der schwelwürdigere Duritanteil angereichert werden.

Die Schwelung oberschlesischer Kohlen, abgesehen von den Backkohlen, bietet Schwierigkeiten, da deren Duritanteil ein nur geringes Back- und Sintervermögen aufweist.

Durch entsprechende Kohlenauswahl ist es daher möglich, für die Schwelung Steinkohlen heranzuziehen, die eine Ausbeute von 10—12% Schwelteer und zum Teil noch höher bei gleichzeitiger Gewinnung eines stückigen und hinreichend festen Schwelkokses erhalten lassen.

Der Schwelkoks unterscheidet sich ebenfalls wesentlich von dem Hochtemperaturkoks. Infolge seiner verhältnismäßig niedrigen Entstehungstemperatur fehlt ihm ein Gehalt an Graphit vollständig, der ihn aufbauende Kohlenstoff ist vielmehr amorph. Dies bedingt seine schwarze Farbe und das Fehlen eines harten metallischen Klanges. Bei geeigneter Kohlenauswahl und unter Einhaltung bestimmter Entgasungsbedingungen besitzt er jedoch genügende Dichtigkeit und Härte

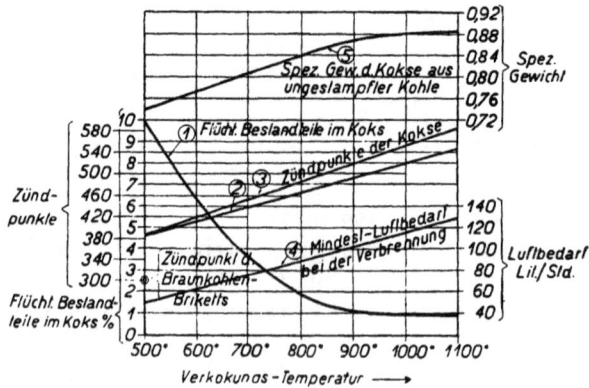

Abb. 3. Eigenschaften des Kokses in Abhängigkeit von der Verkokungstemperatur.

bei nur geringer Zerreiblichkeit. Sein Hauptvorteil ist die leichte Verbrennlichkeit, die seine Verwendung als Haushaltbrennstoff an Stelle von nicht backenden Kohlen ermöglicht. Seine leichte Entzündbarkeit beruht nicht etwa auf seinem hohen Gehalt an flüchtigen, gasförmigen Bestandteilen, sondern auf seinem großoberflächigen Gefüge; denn brennbare Gase besitzen sämtlich Zündtemperaturen erst oberhalb 600°. Auf seiner Oberfläche wird vielmehr Luftsauerstoff adsorbiert, der in chemische Bindung übergeht. Die dabei entwickelte positive Wärmetönung bewirkt eine Temperatursteigerung, die die weitere Sauerstoffaufnahme beschleunigt, bis die Zündung eintritt. Die leichte Verbrennlichkeit des Schwelkokses hat ihm daher auch auf dem Gebiet des Fahrzeuggeneratorenbetriebes ein neues Anwendungsgebiet erschlossen. Die wichtigsten Eigenschaften des Kokses in Abhängigkeit von der Entgasungstemperatur zeigt die Abb. 3 nach F. Puening[1]).

Die oben aufgezeigten Schwierigkeiten in der Herstellung eines genügend harten Schwelkokses bedingen eine sorgfältige Auswahl der Ausgangskohlen und die Einhaltung bestimmter Verkokungsbedingungen. Es ist leicht verständlich, daß gröbere Kohlenstücke, die während ihrer Verkokung in ihrer Struktur erhalten bleiben, die Koksfestigkeit in zu starkem Maße herabsetzen würden. Für die Schwelung darf vielmehr im allgemeinen nur gut backende Feinkohle, deren Korngröße 1 mm tunlichst nicht überschreiten soll, herangezogen werden. Das Fehlen einer nachträglichen Graphitierung des Kokses bedingt ferner, daß die feinkörnige Ausgangskohle in ihrem Erweichungsbereich genügend plastisch wird, um dem Schwelkoks ein gleichmäßiges feinkörniges Gefüge zu geben. Dies wird befördert durch eine Erhöhung der Verkokungsgeschwindigkeit auf 5—10° C Temperatursteigerung/min gegenüber 1—3°/min bei der Hochtemperaturverkokung in Kammeröfen. Um den Verwendungsbereich des Schwelkokses möglichst weitfassend zu gestalten, hat es sich ferner als zweckmäßig erwiesen, Ausgangskohlen zu wählen, deren Aschegehalt 6% nicht überschreitet, damit der Aschegehalt des daraus gewonnenen Schwelkokses nicht höher als 8% ist.

Die Wirtschaftlichkeit der Steinkohlenschwelung wird in weitgehendem Maße von dem Erlös für Schwelteer, Schwelbenzin und Schwelkoks beeinflußt. Durchschnittlich ist mit folgendem Ergebnis zu rechnen:

Erzeugnisse bei der Schwelung von 1000 kg trockener Gaskohle (1100 kg feuchte Kohle).

80 kg Schwelteer . . . . RM.60.—/t	RM. 4,80	
10 kg Schwelbenzin. . . . . » 0,24/kg	» 2,40	
80 m³ Überschußgas mit einem Heizwert		
von $H_0 = 6250$ kcal/m³ entsprechen rd.		
115 m³ Stadtgas ($H_0 = 4300$ kcal/m³) » 0,02/m³	» 2,30	
	RM. 9,50	
780 kg Schwelkoks . . . . » 36,—/t	» 28,08	
Gesamterlös:	RM.37,58	
Kohleneinstandspreis . . . . RM.22,—/t	» 24,20	
Wertüberschuß je t Trockenkohle RM.13,38		

Diese Aufstellung zeigt, daß der Verkaufswert der Schwelerzeugnisse die Kohlegestehungskosten bei der Annahme der obenstehenden Preise um RM. 13,38/t durchgesetzte Gaskohle übersteigt. Unter Berücksichtigung von etwa RM. 6,50 Betriebs- und Abschreibungskosten

---

[1]) Öl und Kohle 2, 251 (1934).

der Schwelanlage verbleibt somit ein bescheidener Gewinn. Es ergibt sich aber weiterhin, daß die Wirtschaftlichkeit der Schwelung in gleich starkem Maße von dem Kohleneinstandspreis und von den Betriebskosten abhängt und diese so weit als möglich herabgedrückt werden müssen.

Das wichtigste Erfordernis ist jedoch ein genügend breites und aufnahmefähiges Gebiet für den Schwelkoks. Während Schwierigkeiten im Absatz des Schwelbenzins und Schwelteeres nicht vorliegen, muß für den Schwelkoks erst ein Abnehmerkreis geschaffen werden.

Schwelkoks wird nicht mit Unrecht in verschiedenen Ländern als der »nationale« Brennstoff bezeichnet. Dies gilt für alle Länder, die über genügend Lagerstätten von festen Brennstoffen verfügen, denen es aber an Erdöllagern mangelt. Welches sind nun die Absatzmöglichkeiten für Schwelkoks?

Große Hoffnungen sind in der Presse auf seine Verwendung in Fahrzeuggeneratoren bei der Umstellung von Nutzkraftwagen auf heimische Kraftstoffe gesetzt worden. Dies ist aber nur bedingt richtig. Die Aufnahmefähigkeit des Kraftfahrzeugbetriebes für Schwelkoks ist nur gering. Von dem gesamten deutschen Bestand am 1. Juli 1936 von 15 567 Omnibussen hatten 48, von 269 581 Lastkraftwagen 798 und von 30 876 Zugmaschinen 17 Generatorbetrieb[1]). Personenkraftwagen müssen dabei völlig ausscheiden, da bei diesen eine Umstellung nicht in Betracht kommen kann.

Bei einem Vergleich des Brennstoffaufwandes sind dabei folgende Verhältniszahlen zugrunde zu legen:

Mengenverhältnis: 1 l Benzin-Benzol-   entspricht
                   gemisch   2,5 kg Holz oder 1,5 kg Schwelkoks
Preise: RM. 370.—/1000 l   RM. 30.—/t   RM. 28.—/t
Preisverhältnis: 1 : 5   1 : 8,8

oder:

Mengenverhältnis: 1 l Gasöl enspricht 3,6 kg Holz oder 2,1 kg Schwelkoks
Preise: RM. 180.—/1000 l   RM. 30.—/t   RM. 28.—/t
Preisverhältnis: 1 : 1,7   1 : 3,3

Unter Annahme einer jährlichen Fahrstrecke der Nutzkraftwagen von 40 000 km und einem Verbrauch von 60 kg Schwelkoks entsprechend 40 l Benzin-Benzol-Gemisch/100 km (der Vergleich mit Gasöl ergibt ein ähnliches Bild) beträgt der bisherige Bedarf an Schwelkoks nur 20 712 t, d. h. so viel, wie eine einzige Schwelanlage mit einem täglichen Durchsatz von etwa 100 t/Tag Steinkohlendurchsatz herstellt. Damit wäre verbunden gleichzeitig ein Anfall von 265 t Schwelbenzin und von 2130 t Schwelteer, d. h. für die Brennstoffwirtschaft nur ganz unbeträcht-

---

[1]) Von den Omnibussen hatten 25,2%, von den Lastkraftwagen 10,6% Dieselantrieb und 71,9 bzw. 86,3% Vergaserbetrieb.

liche Mengen. Dazu kommt noch, daß bisher der größte Teil der Fahrzeuggeneratoren mit Holz und ein weiterer mit Anthrazit betrieben wird. Auch durch eine vermehrte Umstellung von Nutzkraftfahrzeugen auf Generatorenbetrieb kann wohl der Verbrauch an flüssigen Kraftstoffen eingeschränkt werden, die Mehrerzeugung an solchen bleibt jedoch in verhältnismäßig engen Grenzen.

Das für die Einführung der Steinkohlenschwelung wichtigste Verwendungsgebiet des Schwelkokses ist sein Verbrauch als Haushaltbrennstoff an Stelle von Anthrazit und Flammkohle; der Weg, der sich in England bereits angebahnt hat, da in diesem Land der rauchlos verbrennende Brennstoff aus feuerungstechnischen und klimatischen Gründen bevorzugt wird.

In Deutschland betrug der Steinkohlenverbrauch für Hausbrand, Landwirtschaft und Platzhandel im Jahre 1934 14 798 000 t Kohle neben 5 926 000 t Koks. Diese Verbrauchergruppe ist mit 25,5% des Gesamtabsatzes weitaus die größte und übertrifft wesentlich den Brennstoffbedarf der Eisenbahnen und der metallurgischen Industrie. Der Hauptanteil der dabei verwendeten Kohlen sind Koks-, Gas- und Gasflammkohlen (88,5% der gesamten Steinkohlenförderung entfallen auf diese Kohlenarten und nur 11,5% auf Magerkohlen), die nahezu sämtlich zur Verschwelung geeignet sind. Bei einem Ersatz von nur 10% dieses Haushaltsteinkohlenbedarfs durch Schwelkoks stände dagegen ein Mehr von etwa 20 000 t Schwelbenzin und von 150 000 t Schwelteer, der bei seiner Hydrierung 120 000 t Benzin ergibt, der nationalen Kraftstoffwirtschaft zur Verfügung.

Es ist daher ein wichtiges Erfordernis für die Energiewirtschaft, den Haushaltbrennstoffbedarf allmählich auf einen stärkeren Verbrauch von Koks und Schwelkoks hinzulenken. Steinkohlenschwelkoks kann die Steinkohle in zahlreichen Fällen ersetzen und weist gegenüber der letzteren in seinen Brennbedingungen sogar Vorzüge auf.

4. Die Schwelverfahren.

In England hat die Steinkohlenschwelung erheblich früher als in Deutschland Fuß fassen können. Das von Th. Parker[1]) bereits im Jahre 1906 ausgearbeitete Coalite-Schwelverfahren ist nicht nur das älteste von allen, sondern gleichzeitig das einzige, das sich trotz großer und oft unüberwindlich erscheinender Schwierigkeiten bis in die Gegenwart erhalten konnte. Es ist nunmehr seit 26 Jahren erfolgreich in den Großbetrieb eingeführt worden und hat sich in jeder Beziehung sehr gut bewährt. Der grundsätzliche Unterschied in der englischen und ersten deutschen Steinkohlenschwelung war, daß Parker von Beginn an er-

---

[1]) E. P. 14 365; vgl. ferner Low Temperature Carbonisation, London 1924, S. 56, und W. A. Bristow, Brennstoffchem. **16**, 281 (1935).

kannte, daß die Entwicklungsmöglichkeit und Wirtschaftlichkeit eines jeden Schwelverfahrens in erster Linie von der Beschaffenheit und insbesondere von dem Formwert des Schwelkokses abhängig ist, während der gleichzeitig anfallende Schwelteer nur ein sehr wertvolles Nebenprodukt darstellt. Es konnten daher die bei der älteren deutschen Braunkohlenschwelindustrie und der schottischen Ölschieferschwelung gesammelten Erfahrungen nur zu einem geringen Teil für die Steinkohlenschwelung von Nutzen sein, da die beiden eben genannten Verfahren vornehmlich auf die Gewinnung von Schwelteer eingestellt waren und die Beschaffenheit des Ausgangsmaterials nach der thermischen Behandlung von nur untergeordneter Bedeutung war. Daß Parker den Kern des Verfahrens richtig erkannt hatte, ergibt sich bereits aus der Fassung des Patentanspruchs »Verfahren zur Erzeugung eines Brennstoffs durch teilweise zersetzende Destillation der Kohle bei niedriger Temperatur, wobei ein Brennstoff einheitlicher Beschaffenheit und hohem Heizwert erzeugt wird und der Koks im offenen Feuer bei rauchloser Verbrennung eine hohe Temperatur erzeugt«. Es sollte somit ein stückiger, gasreicher Koks gebildet werden, der infolge der Abspaltung aller Teerbestandteile rauchlos verbrennt, aber infolge der niedrigen angewendeten Entgasungstemperatur in seiner Verbrennlichkeit, Reaktionsfähigkeit und hohem Wasserstoffgehalt dem Ausgangsbrennstoff im wesentlichen gleich bleiben sollte. Von Parker selbst stammt auch der Ausdruck Coalite, der heute im englischen Brennstoffhandel zu einem feststehenden Begriff für Schwelkoks geworden ist.

Die erste, von Parker errichtete Schwelanlage bestand aus vertikal angeordneten, direkt beheizten Retorten aus Gußeisen von engem Querschnitt. Nachdem diese sich jedoch nicht bewährten, wurde die Schwelung in Vertikalkammern durchgeführt, die im Innern zwei Eisenplatten enthielten, die die Kohle an die Kammerwandung anpreßten. Durch Lockerung der Stellung der Platten stürzte der gebildete Schwelkoks in eine darunter angeordnete Kühlkammer und konnte aus dieser abgezogen werden. Der Nachteil dieser Öfen war ihre nur geringe Durchsatzleistung.

Parker ging daher wieder dazu über, die Schwelung in gußeisernen Rohren durchzuführen, wobei es infolge der zwischenzeitlichen Fortschritte auf dem Gebiet der Gußtechnik gelang, mehrere Rohre jeweils zu Bündeln zusammenzufassen. Nach einem Kostenaufwand von mehr als 20 Mio. RM. war das Verfahren schließlich so weit durchgebildet, daß es in mehreren Großanlagen nunmehr mit wirtschaftlichem Erfolg betrieben wird.

Die Low Temperature Carbonisation Limited in London betreibt selbst zwei Werke, von denen das erste Ende 1927 zu Barugh in Betrieb kam und seitdem ununterbrochen arbeitet. Es besteht aus 5 Ofengruppen zu je 32, insgesamt also 160 Retorten, die täglich 275 t Kohle durchsetzen. Eine Tochtergesellschaft unter dem Namen Doncaster Coalite Limited betreibt zu Askern in der Nähe von Doncaster ein Werk, das 8 Gruppen von je 36 Öfen, insgesamt also 288 Retorten umfaßt; hier werden täglich rd. 500 t Kohle verschwelt.

Eine dritte Anlage wurde im Jahre 1931 in Greenwich für die South Metropolitan Gas Co. in London erbaut. Sie besteht aus 180 Schwelöfen mit einem Jahresdurchsatz von 103000 t Kohle.

Im Herbst 1936 ist ferner von der Low Temperature Carbonisation Ltd. mit der Bolsover Collieries Co. ein langfristiger Liefervertrag für schwelwürdige Steinkohle abgeschlossen worden. Es wird in unmittelbarer Nähe der Zeche eine Schwelanlage mit zunächst 288 Retorten errichtet, deren Zahl allmählich auf 432 erhöht werden soll. Der Betrieb der Anlage soll durch die Derbyshire Coalite Co., eine weitere Tochtergesellschaft der Low Temperature Carbonisation Ltd. durchgeführt werden. Im ganzen waren im Jahre 1935 drei Coalite-Schwelwerke in England in Betrieb, die aus insgesamt 628 Öfen bestehend, jährlich 370000 t Kohle verarbeiten konnten. Diese Zahl erhöht sich 1937 auf zunächst 916 Öfen mit einer Verarbeitungsmöglichkeit von etwa 550000 t Kohle.

Der Aufbau des Coalite-Schwelofens ist folgender (vgl. die nebenstehende Abb. 4). Ferner ist er in der Abb. 5 in mehreren

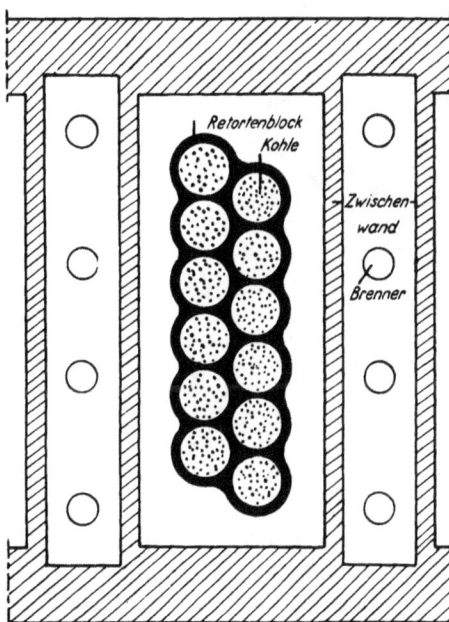

Abb. 4. Schwelofen nach dem Coalite-Verfahren.

Schnitten wiedergegeben, in der Mitte wird ein Querschnitt durch die eigentliche Retorte gezeigt. Diese besteht aus einem zwei Reihen von je 6 oder 9 Rohren bildenden Gußstück. Die Anordnung der sich nach unten allmählich erweiternden Rohre zueinander ist, wie der Querschnitt der Abb. 4 erkennen läßt, so getroffen, daß die Rohre einer Reihe in die Lücken der daneben stehenden greifen, wodurch der Wärmeübergang begünstigt und der ganze Retortenbau zusammengedrängt wird. Unten im Retortenmundstück ist unmittelbar unter den Enden der Rohre eine die Retorte abdeckende Tür angebracht, die wie bei den Vertikalkammeröfen der Gaswerke mit einer seitlich waagrecht verlagerten Welle starr verbunden, durch deren Drehung geöffnet und geschlossen werden kann. Die Retorten sind immer paarweise angeordnet und jedes

Paar mündet unten in eine gemeinschaftliche Kokskühlkammer, deren
Bodenende verjüngt und mit einer durch Wasserverschluß abdichtenden
Austragschleuse versehen ist. Der hier abgezogene kalte Schwelkoks
fällt auf ein Förderband zur Überführung in die Siebanlage. Zwei Ofen-
blöcke bilden jeweils eine Ofengruppe mit einer gemeinsamen Vorlage.

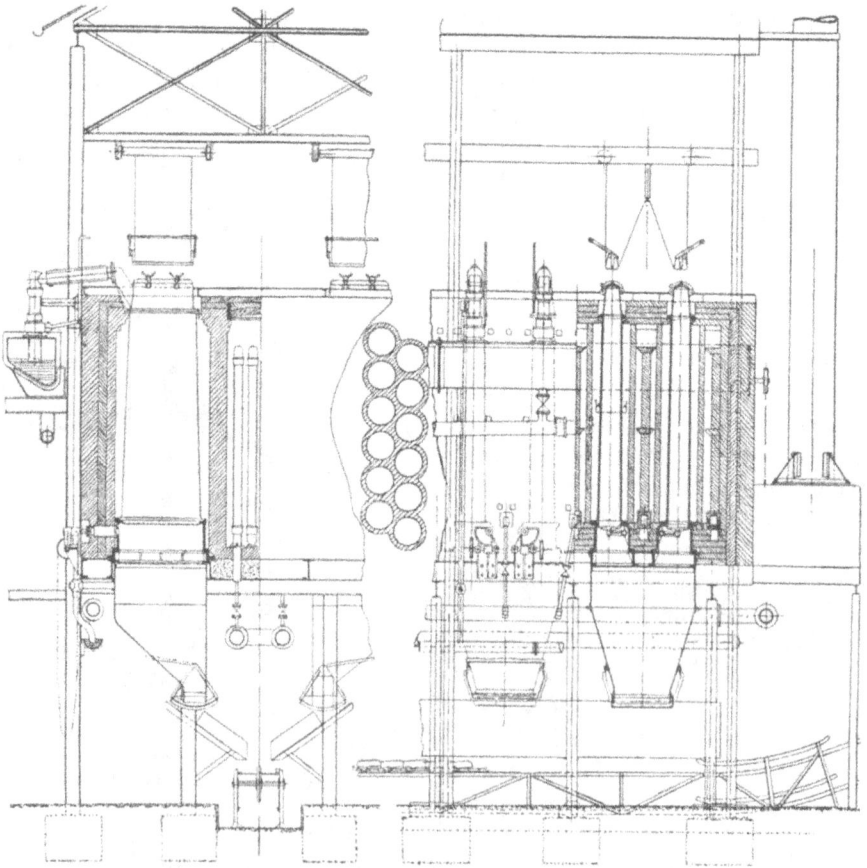

Abb. 5. Quer- und Längsschnitte durch den Coalite-Schwelofen.

Für die Wirtschaftlichkeit des Verfahrens ist die Haltbarkeit der
Retortengußblöcke von ausschlaggebender Bedeutung. Auf Grund der
jahrzehntelangen Erfahrungen gelang es schließlich, geeignete Guß-
legierungen herzustellen, die sowohl gegen Temperaturwechsel als auch
gegen chemischen Angriff durch die Destillations- und Heizgase genügend
Widerstand aufweisen. Der Guß selbst erfordert die sorgfältige Einhaltung bestimmter Temperaturen und eine durch Erfahrungen genau
geregelte Abkühlungsgeschwindigkeit, um Spannungen zu vermeiden.

Von großer Bedeutung ist ferner die Art der Beheizung der Retortenblöcke. Sie erfolgt ausschließlich durch Strahlung. An den Längsseiten des Blockes befinden sich zwei Heizkammern, die durch eine geschlossene Wand jedoch von den Blockwänden abgetrennt sind. Die Wärme der Heizgase wird von der Zwischenwand aufgenommen und von dieser nach innen auf den Block abgestrahlt. Die Heiz- und Verbrennungsgase kommen dadurch mit den Blockwänden nicht in Berührung. Die Zwischenwandungen bestehen aus einem Zellengefüge, sodaß 70% der Wandfläche nur 12,5 mm dick sind. Dadurch ist es möglich, daß diese Wandungen die im Betrieb auftretenden Temperaturschwankungen aufnehmen können. Die Beheizung der Zellenwände, die jeweils die Seitenwände der Heizkanäle darstellen, erfolgt in der bei Kammeröfen üblichen Art durch stufenweise Verbrennung von Gas und Luft, die durch Brenner in der Heizkanalsohle zugeführt werden. Die Verbrennungsluft wird in Gleichzugwärmeaustauschern, die in der Längsrichtung der Retorten, durch eine Wand von diesen abgetrennt, eingebaut sind, vorerhitzt, wie dies der linke Teil der vorstehenden Abbildung 5 zeigt. In diesen von den Verbrennungsabgasen durchströmten Kammern befinden sich Eisenrohre, die durch Doppelkrümmer an den Enden zu einer Schlange vereinigt sind und durch die die Verbrennungsluft mittels eines Gebläses zugeführt wird. Diese Luftvorwärmerrohre sind von außen leicht zugänglich und können ohne betriebliche Schwierigkeiten ausgewechselt werden. Die sorgfältige Art der Durchführung der Heizung führt neben einem hohen feuerungstechnischen Wirkungsgrad zu einer lang anhaltenden Beständigkeit der Schwelretortenblöcke, die zum Teil nach mehrjährigem ununterbrochenem Betrieb noch keine Korrosionen oder Verschleiß aufwiesen. Anderseits ist die Haltbarkeit der Retorten für die Wirtschaftlichkeit des Schwelverfahrens von ausschlaggebender Bedeutung.

Der Betrieb des Coalite-Schwelverfahrens wird wie folgt durchgeführt. Je zwei Retorten werden von der Ofenbühne aus gleichzeitig durch einen Hängebahnwagen, der genau abgemessen die erforderliche Kohlemenge enthält, gefüllt und daraufhin wird das Ventil im Gasabzugsrohr geöffnet. Die Speisung der Wassertassen der Retortenverschlüsse erfolgt selbsttätig mit dem aus den Wassermänteln der Liegerohre abfließenden Kühlwasser. Die Tauchung kann daher durch eine teilweise Verdampfung des Wassers nicht aufgehoben werden. Vor Beginn einer Ofenfüllung entleert man zunächst den nach der vorhergehenden Entgasung in der unter den Retorten befindlichen Kühlkammer abgekühlten Koks auf das darunter befindliche Förderband. Nach Schließen der Kammer werden die Bodentüren des Retortenpaares aufgeklappt, so daß der Schwelkoks in die Kühlkammern hinabrutscht, die Türen werden wieder geschlossen und die Retorte wird von oben mit Einsatzkohle gefüllt. Die Dauer einer Entgasung beträgt vier Stunden.

Das durch Liegerohre austretende Schwelgas wird sofort in diesen indirekt mit Wasser gekühlt, so daß die dabei verflüssigten Kohlenwasserstoffdämpfe die Viskosität des Dickteeres erniedrigen und der Teer ohne die Bildung von Ansätzen abfließt. In der für eine Ofengruppe jeweils gemeinsamen Vorlage werden etwa 80% der gesamten Teermenge gesammelt. Nach weiterer Kühlung in einem Luftkühler wird das Gas in einem elektrostatischen Teerscheider mit verbleiten Elektroden bei 50000 Volt Gleichstrom entteert. Anschließend wird das im Schwelgas enthaltene Ammoniak nach dem direkten Verfahren mit verdünnter Schwefelsäure gebunden, in einem Wasserröhrenkühler weiter abgekühlt, in einem Gassauger schwach verdichtet und der Gehalt an Leichtölen aus dem Gas in einem Ölwäscher mit Gasöl ausgewaschen. Das gereinigte entbenzinierte Schwelgas dient zum größten Teil zum Beheizen der Schwelöfen, der restliche Anteil kann als Industriegas oder als Zusatzgas für Stadtgas verwendet werden.

Die Schwelung wird unter schwachem Unterdruck durchgeführt. Dabei hat es sich gezeigt, daß eine vollkommene Dichtheit der Anlage unbedingtes Erfordernis ist. Andernfalls wird bei der elektrostatischen Teerscheidung ein Teil des Luftsauerstoffes in Ozon übergeführt, das wiederum Schwefelwasserstoff zu Schwefel oxydiert, worauf der Schwefel unliebsame Verstopfungen des Gassaugers und anderer Geräte herbeiführt.

Die Ausbeuten bei dem Coalite-Schwelverfahren auf dem Werk Askern der Doncaster Coalite Ltd. wurden zu folgenden Werten (bezogen auf 1 t Einsatzkohle) festgestellt:

Schwelkoks . . . . 711,2 kg (71,2%)

Schwelteer . . . . 81,7 l (8,47%)

Rohleichtöl . . . . 13,6 l (1,03% nach Reinigung)

Schwelgas . . . . 112 m³ (H_0 = 6675 kcal/m³)

Ammonsulfat . . . . 1,8 kg

Schwelwasser . . . . 90,8 l

Die Rohanalysen der durchgesetzten Kohle sowie des erhaltenen Coalite ergaben als Durchschnittswerte:

	Gewaschene Feinkohle	Coalite
Flüchtige Bestandteile . . . %	32,29	6,01
Asche . . . . %	3,82	5,03
Wasser . . . . %	7,86	1,72
Schwefel . . . . %	1,02	0,96

Die Beschaffenheit des Schwelteeres und Benzins war folgende:

Zahlentafel 5a. Siedeanalyse von Coalite-Schwelteer.

bis ⁰C	100	170	180	190	200	210	220	230	240
Destillat Vol. % .	4,8	5,6	6,0	7,2	9,6	14,8	18,2	22,6	28,0

bis ⁰C	250	260	270	280	290	300	310	320	330
Destillat Vol. % .	32,4	36,0	39,2	42,4	44,8	47,2	50,4	53,2	56,0

bis ⁰C	340	350	360	Rückstand 34,8					
Destillat Vol. % .	58,4	60,8	65,2						

Zahlentafel 5 b. Zusammensetzung von Coalite-Schwelteer.

Wasser 2,4%
Saure Anteile im Destillat
  bis 315⁰ 28,0%
Saure Anteile im gesamten
  Destillat bis 360⁰ . . 45,2%
Saure Anteile im Schwel-
  teer 28,4%

Benzolunlösliche
  Anteile 0,487%
Asche 0,032%
Fester Kohlenstoff-
  rückstand . . . 5,76%
Heizwert . . . . 9432 kcal/kg
Schwefel 0,51%

Zahlentafel 5c. Beschaffenheit des gereinigten Schwelbenzins.

Spez. Gewicht. 0,763
Siedebeginn. . . . . 44⁰ C
Oktanzahl . . . . 86—92

Zahlentafel 5d. Siedeanalyse des gereinigten Schwelbenzins.

bis ⁰C	60	70	80	90	100	110	120	130	140	150	153,3
Dest.Vol. %	2	8	21	36	51	65	77	87	93	96,5	97

Destillationsrückstand 1%, Verlust 2%.

Die Kosten des Coalite-Schwelverfahrens betragen etwa RM. 2,40 je t durchgesetzte Kohle, während die Kosten der Gasreinigung etwa die gleichen wie bei der Hochtemperaturentgasung sind.

Der infolge der schmalen zylindrischen Form der Schwelretorten dichte nahtfreie Coalite-Schwelkoks wird gebrochen, gesiebt und dient vornehmlich für Hausbrandzwecke, aber auch für Zentralheizungskessel und für den Generatorenbetrieb von Nutzfahrzeugen als Brennstoff. Um seinen Kleinabsatz bei der Arbeiterbevölkerung zu erleichtern, ist er ferner in starken Papiersäcken mit etwa 6 kg Inhalt im Handel, von denen wöchentlich oft mehr als 50000 Stück abgesetzt werden.

Der Schwelteer wird seit 1936 in den Hydrieranlagen in Billingham-on-Tees der Imperial Chemical Industries, Ltd. nach dem Verfahren der I.-G. Farbenindustrie A.-G. in Benzin übergeführt; das Kohlenbenzin ist nach seiner Raffination direkt als Vergasertreibstoff verwendbar. Das Schwelgas dient vorerst vornehmlich als Heizgas für Schwelöfen, infolge seines hohen Heizwertes eignet es sich jedoch in hohem Maße zur Beimischung zu Stadtgas oder in verdichtetem Zustand als Flaschengas.

Sehr ähnlich dem Coalite-Schwelverfahren ist das Verfahren von Tozer[1]). Bei diesem ist im wesentlichen nur die Form der ebenfalls gußeisernen Schwelretorte anders gestaltet. Sie besteht, wie die nachstehende Abb. 6 zeigt, aus drei ineinander angeordneten Gußzylindern,

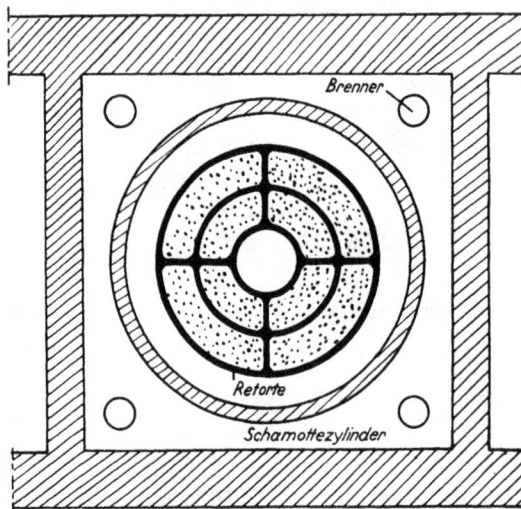

Abb. 6. Schwelofen nach dem Tozer-Verfahren.

die in Abständen von je 90° durch Zwischenwände in insgesamt acht Sektoren unterteilt sind. Diese sind verhältnismäßig sehr schmal und erzielen damit eine sehr hohe Verkokungsgeschwindigkeit der Kohle. Bei mehreren im Betrieb befindlichen Tozer-Schwelöfen hat sich eine Beständigkeit der Gußeisenretorte von mehr als acht Jahren gezeigt. Diese lange Lebensdauer der Retorte wird ermöglicht durch Umkleidung derselben mit einer Zwischenwand, die durch Gasbrenner aufgeheizt wird und die Wärme im wesentlichen nur durch Strahlung nach dem Innern überträgt. Im übrigen gilt für das Tozer-Schwelverfahren auch das bei dem Coalite-Verfahren Gesagte.

Neue Wege hat dagegen Illingworth[2]) mit der von ihm geschaffenen Retorte aus gußeisernem Doppel-T-Eisen geschaffen (Abb. 7). Je zehn

[1]) Technology of Low Temperature Carbonization, 1928, Baltimore, S. 252.
[2]) Canad. Department of Mines, Investigations of Fuel Nr. 721 (1932).

derselben sind an ihren Schmalkanten zusammengesetzt und bilden neun Schwelzellen, die von einem Schamottemauerwerk umkleidet sind und an ihren Längsseiten von außen mit Gas auf ungefähr 750—800⁰ beheizt werden. Dadurch wird nach Beendigung der Schwelung der Kohle eine Steigerung der Temperatur auf etwa 700—720⁰ und damit eine Schrumpfung des Schwelkokses erzielt, so daß der Koks leichter nach Öffnen der unteren Verschlüsse aus den Retorten herausfällt. Dadurch ist auch eine Erhöhung der Zündtemperatur des nach dem Illingworthschen Verfahren erhaltenen Schwelkokses gegenüber nach denen anderer Verfahren bedingt. Dieser Schwelkoks kommt in seinem brenntechnischen Verhalten mehr dem Kopersschen Mitteltemperaturkoks gleich. Ein wesentlicher Vorteil des Illingworthschen Verfahrens ist es ferner, daß die Kohle in die Retorten eingestampft werden kann. Davon wird jedoch bisher in der Praxis kein Gebrauch gemacht. Der Illingworth-Ofen stellt ferner den Vorläufer für die Steinkohlenschwelung nach dem Verfahren von Dr. C. Otto & Co., Bochum, in Vertikalkammeröfen mit Eiseneinsätzen für die Verbesserung des Temperaturüberganges auf die Kohle dar.

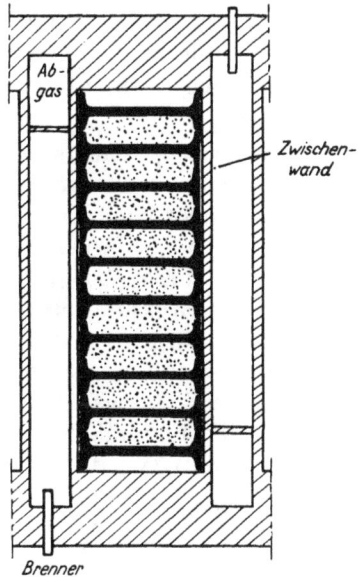

Im Jahre 1936 wurden auf der Kokerei New Brancepeth durch P. A. Schwarz[1]) Untersuchungen über Möglichkeit der Verwendung von schmalen Kammeröfen zur Verschwelung von Steinkohle mit Erfolg durchgeführt. Zur Verfügung standen alte Abhitzeöfen von Dr. Otto & Co. von

Abb. 7. Schwelofen nach dem Illingworth-Verfahren.

220—260 mm Breite, 10280 mm Länge und 2390 mm Gesamthöhe (Füllhöhe 2010 mm). Nach Umbau der Beheizung auf die doppelte Zahl entsprechend kleinerer Brenner wurde die Temperatur in den Heizzügen auf 800⁰ und in den Abgaszügen auf 700⁰ eingestellt, so daß die Innenwandtemperatur der Kammer nur 600⁰ betrug. Infolge der schlechten Wärmeleitfähigkeit der Kohle dehnte sich die notwendige Schweldauer auf 20 Stunden aus. Unter Verwendung eines Gemisches von 95% Durhamfeinkohle und 5% Schwelkoksgrus mit einem durchschnittlichen Wassergehalt von 6% wurde je t Kohle eine Ausbeute von 5—6% Schwelteer sowie von 9,1 l Benzin und von 185—200 m³ Schwelgas ($H_0 = 6250$ kcal/m³) erhalten. Der restliche Gehalt des Schwelkokses an flüchtigen Bestandteilen betrug in der Nähe der Kammer-

---

[1]) The Gas World **105**, Nr. 2727 (1936), Coking Section S. 17.

wandung 2,20%, in der Mitte der Kammer 7,70% und als Gesamtmittel 5,10%. Ferner gelang es, nach Senkung der Schweltemperatur auf im Mittel 480° unter gleichzeitiger Verlängerung der Ausstehzeit auf 25 Stunden aus nicht backender Gasflammkohle (Northumberland) unter Zusatz von je 10% Kokskohle (Durham) und 10% Schwelkoksgrus einen sturz- und abriebfesten Schwelkoks mit einem Restgehalt von 9,4% flüchtigen Bestandteilen herzustellen. Auch in seiner Verbrennlichkeit und in seinem Wärmespeichervermögen entsprach er vollkommen den an Schwelkoks zu stellenden Bedingungen. Der tägliche Durchsatz eines Ofens war etwa 4 t Kohle (ausschließlich Schwelkoksgrus), die Aufwendungen für die Schwelung betrugen jedoch infolge der Verlängerung der Ausstehzeit und den damit verbundenen ungünstigeren wärmewirtschaftlichen Verhältnissen etwa das Doppelte der einer normalen Verkokung.

Ein völlig andersartiger Weg wird hingegen bei dem englischen N.C.O.-Schwelverfahren[1]) eingeschlagen. Bei diesem wird ähnlich der früheren deutschen Entwicklung der Hauptwert auf die Erzielung einer möglichst hohen Ausbeute an flüssigen Produkten gelegt. Um die Ausbeute an diesen zu steigern, d. h. eine Zersetzung primär gebildeter flüssiger Entgasungsprodukte zu Schwelkoks und Gas zu verhindern, erfolgt nicht eine Schwelung der reinen Kohle, sondern eines Kohle-Schweröl-Gemisches, also ein Kohle-in-Ölverfahren. Zur Anwendung gelangt ein Gemisch, bestehend aus 20% backender und 80% nichtbackender Flammkohle. Dieses wird zunächst in Mühlen derart zerkleinert, daß 85% der Kohle eine Korngröße von < 0,065 mm aufweisen. Gleichzeitig wird die Kohle durch Einleiten heißer Abgase in die Mühlen getrocknet. Die mit diesen Abgasen mitgerissene Kohle wird in Zyklonen und schließlich der letzte Anteil mit Stoffiltern zurückgehalten und die Feinkohle in einem Bunker gesammelt. Daraufhin wird sie mit dem gleichen Gewicht hochsiedendem Schwelteer in einer Mischanlage mittels Rührwerken bei etwa 50° angepastet. Die Paste wird nunmehr in von außen mit Schwelgas auf 500° erhitzten Drehtrommeln abgeschwelt. Die Länge dieser Stahltrommeln beträgt 15 m, ihr Durchmesser 1,50 m, sie sind auf Rollen gelagert, die durch Elektromotoren angetrieben werden Der Verkokungsrückstand, der aus den Trommeln herausfällt, wird durch Überbrausen mit Wasser abgelöscht. Nur etwa 8% desselben sind stückig, der Rest stellt einen weichen Grus dar. Dieser wird weiter vermahlen und nach Zumischung von Pech zu Eiformbriketts (63,5 × 47,6 × 38,1 mm) mit einer Festigkeit von rd. 40 kg/cm² gepreßt.

Dieses von der National Coke Oil Co. Ltd. in einer mit zwei Schwelöfen ausgerüsteten Versuchsanlage entwickelte Verfahren wird seit 1936 in einer technischen Anlage in Tipton bei Birmingham und in Erith bei

---

[1]) Coal Carbonisation 2, 96, 111 (1936).

London durchgeführt. Die Errichtung weiterer Schwelereien nach diesem Verfahren ist in Trafford Park bei Manchester, bei Glasgow und bei Edinburgh geplant. Die Anlage von Tipton besitzt eine tägliche Durchsatzmöglichkeit von 150 t Kohle. Sie ist ausgerüstet mit vier Kohlenmühlen von je 2 t Leistungsfähigkeit/h und vier Schwelöfen. Die tägliche Erzeugung beträgt etwa 100 t Schwelkoksbriketts, die unter der Bezeichnung Naco (National Coal) in den Handel gebracht werden.

Je Tonne durchgesetzte Kohle werden 762 kg Schwelkoks, 77,9 kg Dieselöl und 56,8 kg Benzin gewonnen. Das letztere hat die Handelsbezeichnung Napet (National Petroleum) erhalten.

Das gewonnene Benzin hat nach seiner Raffination folgende Eigenschaften:

Spez. Gewicht	0,854—0,864
Siedebeginn	47° C
Destillat bis 100° C.	23%
» von 100—205° C.	95%
Endsiedepunkt	210° C
Harzgehalt	7—12 mg
Schwefelgehalt	0,35%
Oktanzahl	84—86

Der Schwelteer wird destilliert, die bis 300° siedenden Anteile werden weiter in Naphthalinwaschöl und Dieselöl getrennt, der höher siedende Anteil geht als Pastenöl in den Betrieb zurück, das Pech dient zur Brikettierung des Schwelkokses.

Von sonstigen englischen Schwelanlagen sei noch kurz auf das Verfahren von Lander[1]) hingewiesen, bei dem die Schwelung in direkt mit heißen Verbrennungsgasen auf 600° erhitzten, waagrecht angeordneten schmiedeeisernen Retorten durchgeführt wird. Bei einer sorgfältigen Überwachung der Retortentemperatur, die 600° nie überschritt, betrug deren Lebensdauer mehr als 7 Jahre und war somit vollkommen befriedigend.

Seit 1933 wird von der Gas Light & Coke Co. in Southall in England das Salermo-Schwelverfahren[2]) in technischem Maße durchgeführt, bei dem der Schwelkoks in feinkörniger Form anfällt und damit nur eine beschränkte Verwendungsfähigkeit besitzt. Das Prinzip des Verfahrens beruht darauf, die Ausgangskohle durch einen aus nebeneinander angeordneten Mulden von etwa 400 mm Dmr. bestehenden flachen Schwelraum mittels Rührern durchzuschaufeln. Die Beheizung der Schwelöfen erfolgt ausschließlich von unten. Die fortwährende Bewegung des Schwelgutes bewirkt eine hohe Ausbeute an Schwelteer. Der Nachteil des Verfahrens ist das Anfallen von pulverförmigem Schwelkoks, dem

---

[1]) Berichte der International Conference of Bituminons Coal 1926, S. 76.
[2]) Coal Carbonisation 2, 53, 60 (1936).

eine weitere Anwendungsmöglichkeit entgegensteht. Der Schwelkoks kann als Magerungsmittel für stark backende Kokskohlen oder als Brennstoff für Kettenrostfeuerungen dienen. Das Salermo-Schwelverfahren hat neuerdings auch Eingang bei der Verschwelung von Ölschiefer gefunden.

Bei dem C.R.S.-Schwelverfahren des Coal Research Syndicate Ltd.[1]) wird nicht oder nur schlecht backende, stückige Steinkohle in runden, aus Stahlplatten bestehenden und im Innern mit feuerfestem Steinmaterial ausgekleideten Schachtöfen nach dem Spülgasverfahren abgeschwelt. Es hat sein Vorbild somit bei der deutschen Spülgasschwelung von Braunkohle. Durch Vermeiden eines Stürzens des Schwelgutes behält dieses seine ursprüngliche Form weitgehend bei und der Anfall von Grus soll sich in ziemlich engen Grenzen bewegen. Die Beheizung erfolgt im Innern des Schwelofens, indem in einer daneben angeordneten Verbrennungskammer ein Teil des Schwelgases ohne Luftüberschuß verbrannt wird und die Abgase durch den Schwelraum geleitet werden. Damit spülen sie die bei der Zersetzung der Kohle abgespaltenen Schwelteerdämpfe nach einem Kühler, in dem sie kondensiert werden. Nach Auswaschung des Schwelbenzins wird das Schwelgas-Abgas-Gemisch zum Teil nach der Verbrennungskammer zurückgeleitet, der restliche Teil dient zur Krafterzeugung in Gasmaschinen.

Insgesamt wurden in den Schwelanlagen in Großbritannien in den Jahren 1932—1935 folgende Mengen an Schwelkoks, Schwelteer, Schwelgas und Schwelgasbenzin erzeugt:

Zahlentafel 6. Entwicklung der Steinkohlenschwelung in Großbritannien 1932—1935.

	1932	1933	1934	1935
Durchgesetzte Kohle . . . t	226200	322800	288800	332000
Schwelkoks . . . . t	165400	225800	224300	264500
Schwelkoksausbeute . . %	73,1	70,0	77,7	79,6
Schwelgas . . . . m³	36400000	59700000	41900000	46900000
Schwelteer . . . . . . Liter	14000000	22200000	21300000	24100000
Schwelgasbenzin . . . Liter	1845000	3360000	3480000	3990000

Es waren 1935 13 Anlagen in Betrieb gegenüber 9 im vorhergehenden Jahr. Dadurch ist der im Jahre 1934 eingetretene Rückgang mehr als ausgeglichen worden. Ferner sieht man die stetig vermehrte Verwendung von Kohlen mit einem geringeren Gehalt an flüchtigen Bestandteilen. Das Schwelgasbenzin dient zur Treibstoffversorgung von 22 Geschwadern der englischen Luftflotte, ferner werden 100 Tankstellen bereits damit beliefert, weitere 200 sind 1936 in Auftrag gegeben worden.

In Deutschland steht die Einführung der Steinkohlenschwelung erst am Beginn, ihre Entwicklung ist aber in den letzten Jahren sehr

[1]) Coal Carbonisation 2, 73, 80 (1936).

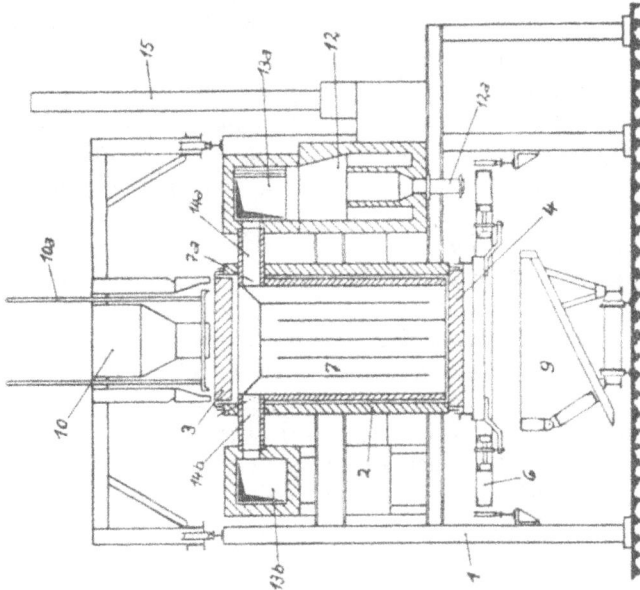

Abb. 8b. Querschnitt durch den BT-Schwelofen.

12a Brenner
13a Abgaszuführungskanal
14a } Stutzen an den Kammer-
14b }   wänden
15 Abgaskamin mit Luft-
        vorwärmung
16 Abzug für Schwelgas

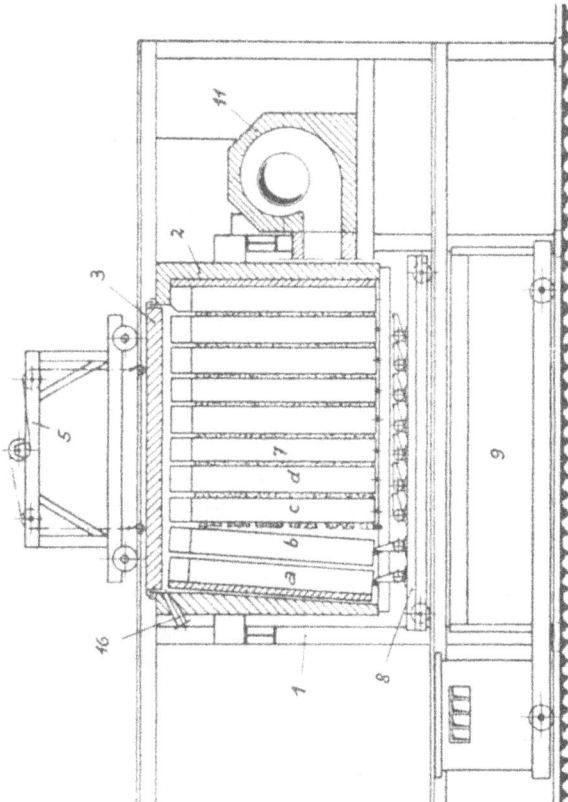

Abb. 8a. Längsschnitt durch den BT-Schwelofen.

1 Äußeres Eisengerüst
2 Außenwand des Ofens
3 Oberer Verschlußdeckel
4 Bodentür
5 Kran für Verschlußdeckel
6 Kran für Bodentür
7 Heizwände (*a*, *b*, *c*, *d* usw.)
8 Spreizwagen mit Hebel-
       gestänge
9 Kokslöschwagen
10 Kohlenfüllwagen
10a Stampfeinrichtung
11 Heizgasumlaufgebläse
12 Heizkammer

stark gefördert worden. Dabei haben die früher gesammelten Erkenntnisse weitgehende Berücksichtigung gefunden.

Als erstes der deutschen Schwelverfahren sei das der Brennstofftechnik G. m. b. H., Essen, besprochen, das von den neuen Verfahren das älteste ist und als technisch vollkommen bezeichnet werden kann. Es fand seine Entwicklung durch F. Puening von der Koppers Company, Pittsburgh, auf dem Gaswerk Chicago[1]). Es bedient sich schmaler Kammern aus Walzprofilen oder Stahlguß, deren Wände schwenkbar angeordnet sind (Abb. 8a und 8b). Nach Abschwelen der Kohle werden die Wände maschinell gespreizt, so daß der Koks selbsttätig herausfällt. Das wesentlichste Merkmal ist bei der Beheizung die Anwendung des Umwälzverfahrens[2]), für das die amerikanische Erdölasphaltindustrie und die metallverarbeitende Industrie Anregungen gegeben hatten. In kurzen Zeitabständen wird die Richtung der Heizgase gewechselt und dadurch erreicht, daß die Eisenflächen der Schwelkammern stets eine gleichmäßige mittlere Temperatur von 600⁰ besitzen.

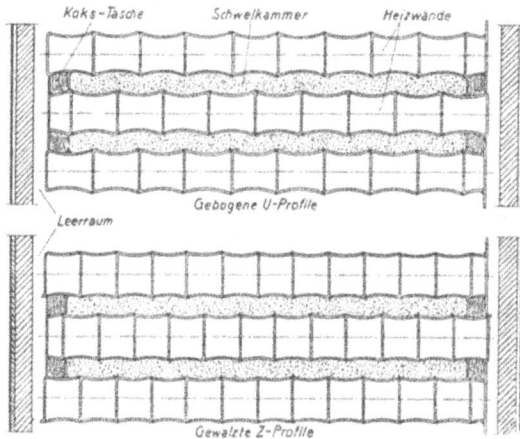

Abb. 9. Gewellte Heizwände bei dem BT-Schwelverfahren.

Ein Doppelofen bei diesem B-T-Verfahren besteht aus zwei Einheiten von je neun hängenden Wänden von 3 × 4 m Größe, zwischen denen sich acht Schwelräume von 60—120 mm Breite befinden. Dabei ist zu berücksichtigen, daß die Garungszeit etwa mit der 1,7. Potenz der Kammerbreite ansteigt. In diese Kammern wird die Feinkohle gleichzeitig von oben eingestampft. Nach Beendigung der Verschwelung, die etwa 4—8 Stunden je nach der Breite der Kammern beträgt, wird die Bodentür entfernt, die hängenden Heizwände werden nacheinander etwas zur Seite

[1]) Proceed. Inst. Conf. bitum. Coal 1, 299 (1931); Öl und Kohle 2, 251 (1934).
[2]) Umlaufheizung mit Abgasen ist erstmalig in dem zwischenzeitlich abgelaufenen DRP. 358524 niedergelegt worden.

ausgeschwenkt, der herausfallende Koks in einem darunter befindlichen Wagen gesammelt und zum Ablöschen weggefahren. Die Verbindung der Heizwände mit den Heizkanälen geschieht derart, daß eine geringe ausschwingende Bewegung derselben für die Entleerung möglich ist; die Abdichtung erfolgt dabei entweder durch von außen zugängliche Wasserverschlüsse, es können aber auch Bleiverschlüsse oder trockene metallische Abdichtungen verwendet werden. In der einfachsten Art ihrer Ausführung sind die Heizwände glatt. Dies genügt im allgemeinen. Sie können jedoch durch Aufbau aus gebogenen U-Profilen oder gewalzten Z-Profilen (vgl. Abb. 9) gewellt hergestellt werden. Dadurch wird der Wärmeübergang erhöht und es besteht bei der Schwelung treibender Kohlen eine vermehrte Sicherheit gegenüber einer Verformung der Wandungen. Die Festigkeit derartiger Eisenflächen beträgt etwa das Zehnfache der von Steinwänden. Ihr Zusammenbau erfolgt ausschließlich durch Schweißung.

Zur Beheizung des Ofens dient Schwelgas. Dieses wird (Abb. 10) in einer Vorkammer verbrannt und die Abgase werden anschließend mittels eines Ventilators durch die Heizwände umgewälzt. Durch entsprechende Schieberstellung wird der Gasweg nach wenigen Minuten umgewechselt und dadurch eine stets gleichbleibende Temperatur eingehalten. Ein Teil der Abgase wird fortlaufend abgeblasen und über Regelvorrichtungen durch frische Verbrennungsgase ersetzt.

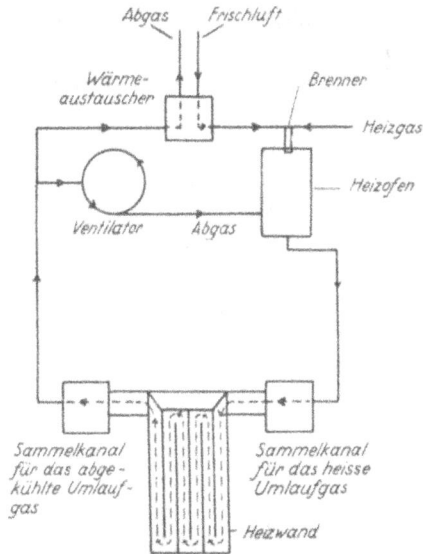

Abb. 10. Beheizung der Schwelöfen nach dem BT-Verfahren.

Als wesentlich bei dem B-T-Verfahren verdient nochmals hervorgehoben zu werden, daß in den Kammern mit den spreizbaren Wänden sämtliche Koks-, Gas- und zahlreiche Gasflammkohlen verschwelt werden können. Bei den ersteren, die bei 600° Schwelendtemperatur noch kein Schwinden aufweisen, wirkt dies nicht störend, da der Schwelkoks nach dem Spreizen der Wände stets mühelos herabfällt. Bei jüngeren Kohlen wird durch Stampfen die eingesetzte Kohle verdichtet, um einen genügend festen Schwelkoks zu erhalten.

Im Verfolg der Bestrebungen, den Schwelkoks geformt herzustellen, ist das B-T-Verfahren entsprechend ausgestaltet worden. Durch Einführung besonderer Formkästen können Würfel in jeder gewünschten Art erzeugt werden. Anderseits läßt sich das Verfahren durch Weglassung der Formkästen ohne Betriebsunterbrechung wieder auf die Herstellung von plattenförmigem Stückschwelkoks umstellen.

Die B-T-Schwelöfen, von denen eine Versuchsanlage in Essen betrieben wird, sind vorläufig drei Größen für einen täglichen Kohlendurchsatz von 10, 20 und 30 t/Ofeneinheit entwickelt. Eine Anlage für 10 t kommt Anfang des Jahres 1937 auf einer Zeche der Preußag in Hindenburg O.-S. zur Aufstellung. Erstrebenswert sind jedoch größere Einheiten, da bei diesen die Kosten des Verfahrens sich erheblich erniedrigen. Die Anlagekosten für eine B-T-Schwelanlage einschließlich Nebenanlagen mit einem täglichen Kohlendurchsatz von 100 t und 500 t werden von der Herstellerfirma zu etwa RM. 1200000,— bzw. RM. 4000000,— angegeben, die Herstellungskosten des Schwelkokses bei einem Kohleneinstandspreis von RM. 18,—/t zu RM. 24,— bzw. zu RM. 21,—/t beziffert.

Auf einer ähnlichen Grundlage beruht das bei der Firma Friedrich Krupp A.-G. entwickelte Steinkohlenschwelverfahren, das von einer Arbeitsgemeinschaft zwischen dieser Firma mit der Lurgi, Ges. f. Wärmetechnik m. b. H., Frankfurt a. M., ausgebaut wird[1]). Von diesem ist außer einer Anlage auf der Kruppschen Zeche Amalie eine zweite bei der Saargrubenverwaltung auf der Zeche Heinitz von je 50 t Tagesdurchsatz seit Sommer 1936 in Betrieb, während eine dritte bei den VEW zur Aufstellung gelangt. Im letzteren Fall soll vor allem die Frage geklärt werden, ob bei der Energiegewinnung in Wärmekraftanlagen eine Schwelung der

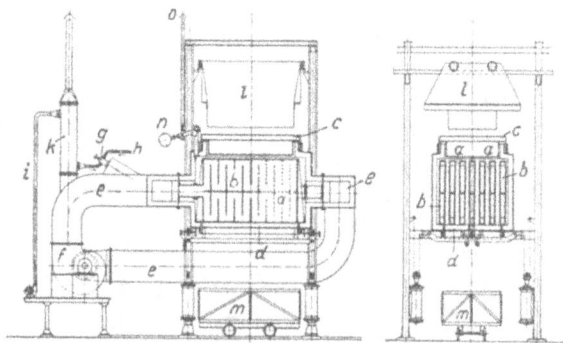

Abb. 11. Schwelofen nach Krupp-Lurgi.

Kohle vorgeschaltet werden kann. Der Krupp-Lurgi-Schwelofen (Abb. 11) besteht aus einem Kammerblock mit sieben rechteckigen, fest eingebauten Heizzellen, die einen Zwischenraum von 50—100 mm aufweisen, der wiederum direkt als Schwelzelle dient. Die Heizzellen besitzen eine Länge von 2—3 m und eine Höhe von 1,5—2,5 m und sind im Innern durch ein Leitwerk versteift. Nach unten sind die Zellen ganz schwach verengt,

---

[1]) F. Meyer, Vortrag auf der Hauptversammlung der Vereinsbezirke Hessen, Saar-Pfalz und Südwestdeutschland des DVGW in Bingen am 26. 9. 36.

damit sich die dazwischen befindlichen Schwelzellen entsprechend er-
weitern. Das Leitwerk in den Heizzellen dient gleichzeitig zur Führung
der Heizgase, damit die gesamte Fläche gleichmäßig beheizt wird. Die
Beheizung der im unteren Teil erweiterten Schwelzellen ist dabei entsprechend verstärkt. Die Wärmezuführung zu den Heizzellen erfolgt
mit durch ein Umlaufgebläse umgewälzten Verbrennungsabgasen von
Schwelgas. Die Geschwindigkeit der Abgasumwälzung ist dabei so
eingestellt, daß die Gase einen Temperaturabfall von nur etwa 50—60⁰
erfahren. Ein Teil der Abgase wird abgeführt, gibt dabei seinen Wärmeinhalt an frische Verbrennungsluft ab und wird durch frisches Abgas
ersetzt. Die Temperatureinstellung erfolgt automatisch durch entsprechende Regler. Die Füllung der Schwelzellen erfolgt von oben nach
Abheben des oberen Verschlußdeckels, die Entleerung durch Öffnen des
unteren Verschlusses, worauf der Schwelkoks in einen darunter gefah-
renen Kokslöschwagen fällt (Abb. 12). Oben und unten ist der Schwel-
kammerblock durch Wassertassen vollkommen dicht abgeschlossen.

Abb. 12. Austragen des Schwelkokses und Blick in die Schwelzellen eines Schwelkammerblocks Bauart Krupp-Lurgi.

Bei einer Vereinigung mehrerer Schwelöfen zu einer Einheit kann
deren Beheizung gemeinsam vorgenommen werden, wobei in diesem
Fall jedoch Umlenkvorrichtungen eine Umkehr der Strömungsrichtung
der Heizgase bewirken und dadurch Gewähr für eine weiterhin gleichmäßige Beheizung geben.

Als Baumaterial für die Heizzellen wird normaler Flußstahl (Kesselblech) mit einer Dauerstandsfestigkeit von 1—2 kg/cm² verwendet,
der bei einer sorgfältigen Temperatureinstellung, die 650⁰ nie überschreiten soll, sich sehr gut bewährt hat. Der Zusammenbau der Einzelteile
erfolgt durch Schweißung.

Die beiden auf den Zechen Amalie und Heinitz in Betrieb befindlichen Schwelanlagen sind in ihren äußeren Abmessungen nahezu gleich.
Jeder Ofenblock enthält jeweils sieben Heizzellen von 2 m Länge und
1,8 m Höhe und sechs Schwelzellen, die auf Zeche Amalie im Mittel
85 mm, auf Zeche Heinitz 70 mm breit sind. Ein Block auf Zeche Amalie
besitzt eine Länge von 3 m und eine Höhe von 2 m. Dabei hat sich gezeigt, daß der letzteren Baugröße der Vorzug zu geben ist.

Bei der Schwelanlage Heinitz gelangt Gaskohle mit einem Gehalt
von etwa 34% flüchtigen Bestandteilen und 7—8% Feuchtigkeitsgehalt zur Schwelung, von der täglich 35 t durchgesetzt werden. Die
Füllung eines Ofenblocks beträgt 1,15 t, das Ausbringen 0,93 t (80%).
Das Austragen des Kokses bereitet keine Schwierigkeiten. Zumeist fällt
der Schwelkoks von selbst. Beim Hängenbleiben wird er durch Auf-
setzen eines Blockes, der mit dem Kohlenkübel belastet wird, angestoßen.
Die Festigkeit des Schwelkokses erreicht nicht die von Hochtemperaturkoks. Beim Brechen auf bestimmte Körnungen fallen etwa 8—12%
Grus an.

Je Tonne durchgesetzter Kohle werden ferner 110 m³ Schwelgas
($H_0 = 7500$ kcal/m³) mit einem Gehalt von 60—90 g Benzin/m³ und
8% Schwelteer erhalten. Der Schwelteer fällt in drei Fraktionen an.
In der Rohrleitung zwischen dem Schwelofen und dem Kühler scheiden
sich bereits 0,7% Schwerteer, in dem Kühler 6% Mittelteer und in einer
dritten Stufe 1,3% Leichtteer aus; deren Gesamtwassergehalt beträgt
1,3—1,5%, bei dem Mittelteer nur 0,7—1,0%, bei dem Leichtteer nur
0,2—0,5%. Der Schwelteer kann ohne weitere Behandlung nach Entwässerung durch Absitzenlassen als Heizöl verwendet werden, das Mittel-
öl als Treibstoff für langsam- und mittelschnellaufende Dieselmaschinen.

Bei den bisher beschriebenen Verfahren wird ein ungeformter
Schwelkoksrückstand erhalten, der infolge der Notwendigkeit des Koks-
brechens stets zu einem nicht unbeträchtlichen Anfall von Koksgrus
(10—20%) führt. In Anlehnung an die Bevorzugung geformter Brennstoffe in der Braunkohlenindustrie ist es leicht verständlich, daß bei der
Steinkohlenschwelung ebenfalls der Anreiz gegeben war, diesen geformt
herzustellen. Gerade bei einem Edelbrennstoff, den der Schwelkoks
darstellt, wird von der Verbraucherschaft oft der äußeren Form Bedeutung zugemessen. Dieser Weg wurde durch die Schwelverfahren der
Firma Ofenbau-Gesellschaft Berg & Co. m. b. H., Köln-Kalk, und der
Hinselmann Koksofenbau G. m. b. H., Essen, eingeschlagen.

Bei dem Berg-Verfahren werden Kästen von etwa 700 mm Länge
und 200 mm Breite bei 100 mm Höhe mit entsprechend aufbereiteter
Kohle gefüllt. Die Kästen haben eine Unterteilung aus Stahlblech,
welche zu etwa würfelförmigen Formlingen führt. Je nach der Art der
Kohle oder der gewünschten Brikettformen kann diese Unterteilung
beliebig gewählt werden. Sie bedeutet ein Durchziehen der Kohlen-

masse mit vielen Heizflächen. Das Füllen der Kasten erfolgt außerhalb des Ofens halb- oder vollautomatisch je nach Größe der Ofeneinheit. Die gleichmäßige Verdichtung der Kohle ist durch geeignete Vorrichtungen im Füllvorgang in den verschiedensten Verdichtungsgraden möglich. Die gefüllten handlichen Kasten werden aufeinandergestellt und auf einem Hängerahmen, der insgesamt 450 kg Kohle in über 40 Kasten enthält, in den Schwelofen eingesetzt; die Wärmeübertragung von den gußeisernen Heizwänden erfolgt durch Strahlung. Der Zwischenraum zwischen Heizraum und Schwelbehälter beträgt 20 mm auf jeder Seite. Ähnlich wie bei den oben beschriebenen Anlagen mehrere Schwelkammern nebeneinanderliegen, so auch hier. Der Versuchsofen in Köln enthält drei Schwelkammern nebeneinander. Nach neuen Dauerversuchen hat sich die vertikale Beschickung der Retorten von oben her auch mit Rücksicht auf die Abdichtung der Retorten als zweckmäßig erwiesen. Die Anlage wird mit 550—600° in den Heizkammern betrieben, so daß die Schwelung noch unter 520° erfolgt. Eine bemerkenswerte Eigenheit des Berg-Verfahrens ist folgende: Von dem überschüssigen Abgas, das mittels eines Saugzugventilators aus dem Heizgaskreislauf abgesaugt wird, zweigt man einen Teilgasstrom ab und verwendet diesen zur Entwässerung des rohen Schwelteeres, der in einer Destillierblase dabei von seinem Wasser- und Leichtölgehalt befreit wird.

Von der Baufirma selbst wird der Unterfeuerungsverbrauch im Dauerbetrieb bei der Schwelung von Gaskohle mit 35% Gehalt an flüchtigen Bestandteilen zu 450 kcal/kg Rohkohle angegeben. An Schwelprodukten wurden erhalten 72% Schwelkoks, 13,1% Wasser, 8,2 % wasserfreier Teer und 80—120 m³ Schwelgas.

Bei diesem Verfahren ist noch zu erwähnen, daß die Herstellung von Formkoks eine weitere Annehmlichkeit mit sich bringt. Der Koks kann in gebündelter Form auf den Markt gebracht werden, wodurch sich Absatz und Gebrauch erleichtern. Die Firma Berg hat hier in Verbindung mit der Firma Meto G. m. b. H., Köln-Rodenkirchen, auf diesem Gebiete eine sehr glückliche und einfache Lösung gefunden. Mehrere Formkoksstücke werden in eine Bank gestellt, ein Draht wird herumgezogen und ein Druck auf eine Schließklemme genügt, den Draht anzuspannen, zu verschnüren und abzuschneiden, so daß die Herstellung eines solchen Formkoksbündels weniger als eine Minute beansprucht. Diese Bunde lassen sich auch mit zwei und mehr Reihen ohne Schwierigkeit herstellen, so daß ein einzelner Bund 5, 10, 20 usw. bis zu 40 Formlinge enthält, wodurch der Transport und die Haltbarkeit des Schwelkokses sehr begünstigt wird.

Gegen Ende des Jahres 1936 waren nach dem Berg-Verfahren vier Kleinanlagen in Betrieb bzw. im Bau. Eine bemerkenswerte Ausnützung der Abwärme der Hochtemperaturentgasungsöfen durch Kupplung von normalem Verkokungsbetrieb mit der Steinkohlenschwelung ist nach einem Vorschlag von Saugeon dabei auf dem Gaswerk Erlangen durchgeführt worden. Durch eine teilweise Abschaltung der Rekuperation wird den Abgasen ein höherer fühlbarer Wärmeinhalt belassen. Ein Teil derselben wird in der üblichen Weise dem Abhitzekessel direkt zugeführt, ein weiterer Teil den Schwelöfen durch eine Umwälzpumpe zugeleitet, dieser gibt dabei einen Teil seines Wärmeinhaltes ab und wird erst daraufhin im Abhitzekessel weiter ausgenützt. Durch entsprechende Schieberstellungen vor dem Umwälzgebläse und hinter dem nachfolgenden Schwelofen gelingt es somit, die Schweltemperatur sehr genau einzustellen.

Bei dem Hinselmann-Verfahren kommt man in ähnlicher Weise wie bei dem Berg-Verfahren zu Schwelkoksformlingen. Ein wesentlicher Unterschied besteht darin, daß hier an die Stelle des Einschleusens der Rahmen mit den Schwelkästen in den Ofen eine kontinuierliche Hindurchführung durch den Schwelofen tritt.

Der Aufbau einer Hinselmann-Ofenanlage mit übereinander angeordneten, gleich ausgebildeten Schwelkammern, in denen mit Kohle gefüllte Schwelrahmen 1 in zwei parallelen Ofenabteilungen A und B aneinanderliegen, ist in Abb. 13 wiedergegeben.

Alle Schwelrahmen 1 sämtlicher Schwelkammern werden im Verlauf der Garungsperiode durch beide Kammern A und B einmal hindurchbewegt, derart, daß durch gleichzeitiges Vorwärtsbewegen je eines Schwelrahmens 1 in den Parallelräumen A und B nebeneinander entgegenlaufend und bei allen übereinanderliegenden Ofenkammern gleichzeitig die vorliegenden Rahmen der Gruppe mitbewegt werden. Anschließend erfolgt an beiden Enden gleichzeitig die seitliche Verschiebung der Schwelrahmen aller Etagen in die nebenliegenden Parallelräume von A nach B bzw. umgekehrt.

Alle Schwelrahmen 1 sind in Zellen eingeteilt, die unten und oben offen sind; die eingelagerte Kohle liegt in einer geringen Schichthöhe entsprechend der Rahmendicke in diesen Zellen und auf der oberen Decke der Heizzüge 2 frei auf. Diese Abdeckung bildet die Heizsohle für jede Schwelkammer. Die Heizzüge 2, aus einzelnen gleichen Hohlkörpern zusammengesetzt, bilden für beide Parallelräume A und B mit ihrer Oberfläche die durchgehende Ofensohle bzw. mit ihrer Grundfläche die obere Abdeckung der Schwelkammern. An den Füllorten 3 für Kohle und den Entleerungsstellen 4 für Koks sind bei allen Schwelkammern diese Sohlen bzw. Decken durchbrochen, um für alle Stockwerke die Füllung von einer und die Entleerung nach einer Zentralstelle durchgehend von oben nach unten durchführen zu können. Die gemahlene und vorgetrocknete Kohle kommt aus einem Beschickbunkerauslauf 5; letzterer ist unten angeschlossen an die durch alle Ofenetagen führenden Kohlefüllschächte 3 zu den Schwelkammerräumen. Es ist ein Kohlefüllschacht für jedes Stockwerk durch starre Einfassungen 6 geschaffen.

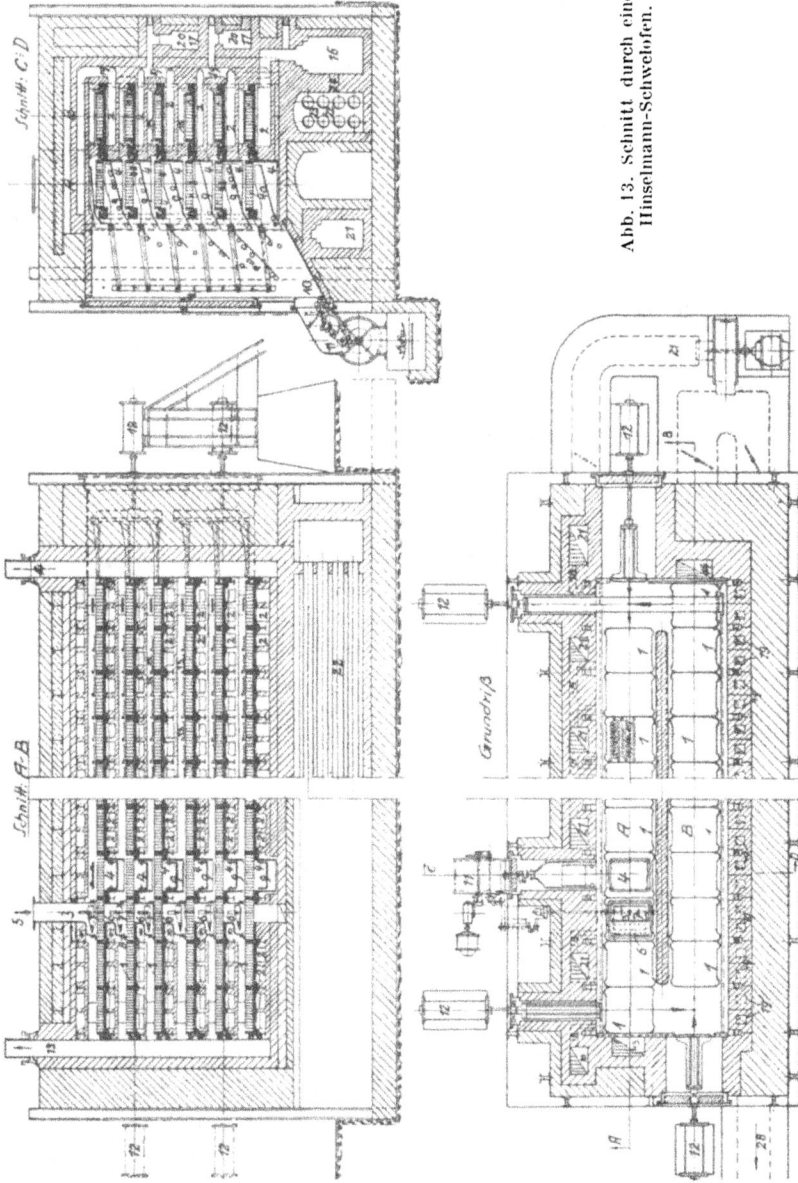

Abb. 13. Schnitt durch einen Hinselmann-Schwelofen.

Diese Schächte sind zum Durchtritt der Kohle unten und oben offen, sie enden mit ihrem unteren Rand mit geringem Abstand über den Oberkanten der Schwelrahmen *1*; nach oben hin reichen diese Einfassungen bis zur Ofensohle. In diese Füllorte *3* sind Einrichtungen *7* eingebaut, die sich innerhalb der Kohlefüllungen während jeder Längsverschiebung der Rahmen *1* dauernd bewegen und so das Rutschen und vollkommene Einfüllen aller Stockwerkrahmen untersützten, gleichzeitig aber auch durch Aufschlagen auf die Umrandung und die Kohle die Füllungen verdichten. Jede Einfassung ist unten mit entsprechendem Spielraum von einem Winkelrahmen *8* umfaßt, der mit seiner unteren Fläche rundum auf der Schwelrahmenoberkante aufliegt. Diese Einfassungen *8* verhindern ein Übertreten der Kohle außerhalb der Schwelrahmen *1* und ebnen in diesen mit der Schwelrahmenoberfläche abschließend die Einfüllung der Zellen. Es ist ferner die Möglichkeit vorgesehen, bei Stillstand des Zellenrades an der oberen Füllstelle und Öffnen eines unteren Kohleschachtabschlusses die Schächte *3* entleeren zu können. Dieses kann bei Herausnahme entleerter Führungsrahmen aus den Ofenkammern oder zu anderen Zwecken notwendig werden.

Die Füllungen der Rahmen *1* erfolgen während deren Längsverschiebung, nachdem vorher die Entleerung nebenan in einem gleichen Zeitraum fortlaufend stattgefunden hat. Die Entleerungen werden unterstützt durch auf- und abwärtsbewegliche Platten *9*, die mittels ihrer entsprechend ausgebildeten Unterfläche auf das fertige Gut in kurzen Abständen wiederholt aufschlagen, wodurch mit Sicherheit die Zellen der Rahmen *1* entleert werden. Versuche haben gezeigt, daß die fertigen Koksstücke aus Zellen ohne Konizität infolge ihres Schwindens auch ohne mechanische Einwirkung mit Sicherheit frei ausfallen. Die Oberflächen dieser Platten *9* sind glatt; sie dienen als Rutschflächen für die ausgefallenen Koksstücke. Die Ausbringung bzw. das Abrutschen wird unterstützt und sicher bewerkstelligt durch ruckartiges Heben und Senken dieser Platten *9*. Aus allen Schwelkammern werden so die Koksstücke in einen gemeinsamen Sammelschacht *10* gefördert, der unten in eine Zellenaustragung *11* mündet, die das Ausbringen nach außenhin, unter dichtem Luftabschluß, durchführt. Die Koksstücke werden von hier aus mit der nassen Feinkohle vermischt und so abgekühlt. Die Schwelkohle wird hierbei gleichzeitig getrocknet und vorgewärmt.

Die Längs- und Querverschiebungen der Schwelrahmen *1* werden mit Unterbrechungen, aber aufeinanderfolgend für alle Schwelkammern immer gemeinsam vorgenommen, und zwar durch Druckstempel, welche durch die Außenwandungen der Kammern dicht geschlossen geführt sind. Druckmaschinen *12* mit Zylinderkolben außerhalb des Ofenblocks betätigen diesen Stempel. Als Kraft hierfür können Dampf, Wasser, Druckluft oder Öl verwendet werden. Die Druckmaschinen *12* sind für jede Bewegungseinrichtung und für je 3 Stockwerke gemeinsam fest angeordnet vorgesehen. Bei 6 oder 9 Stockwerken erhalten demnach je 2 bzw. 3 gesonderte Maschinen. Es können daher verschieden große Formlinge für je 3 Stockwerke hergestellt werden. Die Entleerung wird in diesem Falle für die verschieden großen Formlinge gemeinsam erfolgen; die Trennung geschieht durch anschließende Absiebung.

Die Destillationsgase werden aus den Schachtsammelräumen *13* und *14* zu beiden Kopfseiten des Ofenblocks abgenommen und von hier aus zur Weiterverarbeitung abgeführt. In diese Schachträume *13* und *14* innerhalb des Ofenblocks können auch mitgeführte Kohle- bzw. Koksteilchen einfallen und hier nach Öffnung eines unteren Verschlusses in gewissen Zeitabständen abgenommen werden.

Die mit Kohle gefüllten Schwelrahmen *1* sind in dem Kammerteil *B* mit Ausnahme beider Endrahmen oben mit Abdeckplatten *15* abgedeckt. Diese sind nur vertikal beweglich; sie liegen lose auf den Rahmenoberkanten, in horizontaler Richtung gesperrt, auf. Die in dieser Kammer *B* beginnende Blähung der Kohle ist auch am Schlusse derselben ganz oder hauptsächlich beendet. Die Kohle kann in dieser ersten Zone nur bis unter die Abdeckungen *15* wachsen und diese bei zu starker Blähung etwas anheben, ohne jedoch hier festzubacken. Das Verschieben der Schwelrahmen *1* mit der Kohle wird hierdurch nicht erschwert; bei der gesperrten unterteilten Auflagerung der Abdeckungen *15* ist für nur geringe Längsverschiebung Raum gelassen; ein gleichzeitiges Mitführen mit den Schwelrahmen *1* ist unterbunden.

In dem zweiten Parallelrahmen *A* bleiben die Schwelrahmen *1* ohne besondere Abdeckung, da hier bis zur Austragung des fertigen Kokses die Kohle erstarrt ist und kein oder nur noch ein geringes Blähen erfolgen kann.

Die Erzeugung der für die Unterfeuerung erforderlichen Wärmemengen erfolgt an einer Längsseite des Ofenblocks in einer Feuerung *16*. Hier werden Gas und vorerhitzte Luft verbrannt, diese heißen Abgase mit den Abgasen aus dem Umlaufkanal *21a* vermischt und die Beheizungstemperatur hierdurch eingestellt. Durch die Abhitzewälzgase kann die Unterfeuerungswärme auf jeder gewünschten Temperatur gehalten werden, jedoch kann wahlweise auch mit höheren Temperaturen gearbeitet werden. Diese Unterfeuerungswärme wird, genau einstellbar, zuerst durch Kanäle *2a* auf alle Heizelemente *2* der untersten Ofenkammer verteilt, zugeführt, durchstreicht diese hin und zurück, nachdem auf halbem Wege, der Eintrittsseite gegenüber, ein kleiner Teil abgenommen und in einen Längskanal *18* geleitet wird. Die in den geteilten Heizelementen *2* im Zwillingszug zurückgeführten Hauptwärmemengen werden nun durch Verbindungskanäle *19* in die überliegenden Heizelemente *2* der nächsten Schwelkammer abgeführt, nachdem vorher durch Zuführung frischer Hitze von höherer Temperatur der Temperaturabfall wieder ausgeglichen ist. Diese Hitze wird in der feuer-

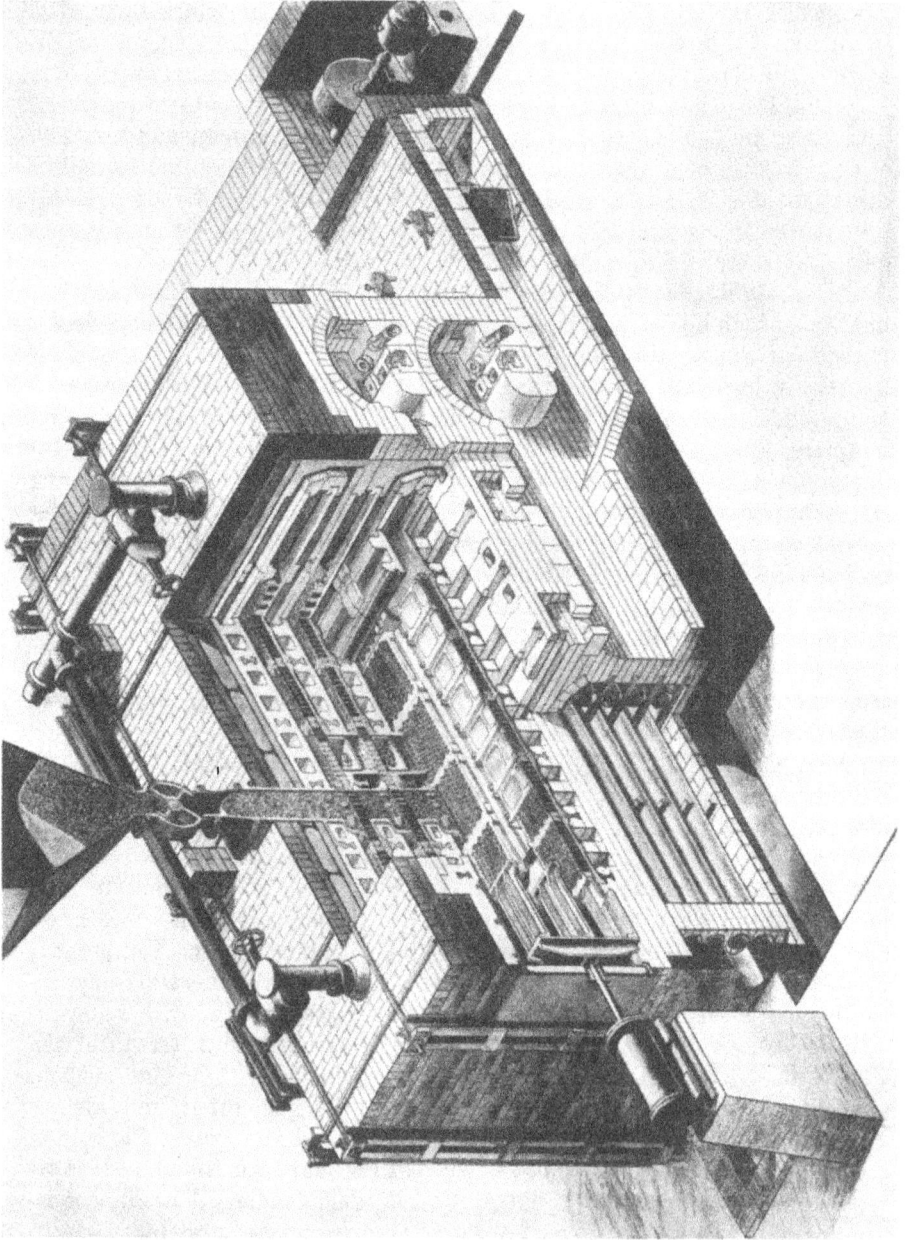

Abb. 14. Schematische Darstellung eines Schwelofens nach Hinselmann.

festen, gemauerten Zusatzbrennkammer *17* erzeugt und auf die Heizelemente der zu beheizenden Schwelkammern mit der Abhitze zusammen verteilt. Die Zuführung dieser Zusatzbeheizung erfolgt durch Längskanäle *20*, die an die Brennkammer *17* angeschlossen sind. Alle Kanäle und die Heizzüge sind durch Schieber einstellbar. Die Beheizung aller übereinanderliegenden Schwelkammern wird so in gleicher Weise nacheinander vorgenommen, wobei eine möglichst große Ausnutzung der Hauptheizmengen aus der unteren für die darüberliegenden Stockwerke in entsprechender Reihenfolge durchgeführt wird. Die Abhitze aus der obersten Beheizungszone und den Abhitzekanälen wird durch Sammelkanäle *21* mittels Gebläse *25* zum Teil der Beheizung oder dem Rekuperator für Luftvorwärmung oder der Trockentrommel zugeführt. Die Luft tritt, einstellbar an der Endseite, bei *23* in den Rekuperator *22* ein, und verläßt im Gegenstrom zur Abhitze diesen durch Kanäle *24*, die an die Brennkammern *16* und *17* anschließen. Der überschüssige Teil der Rauchgase wird durch einen Kamin abgeführt, wenn nicht eine anderweitige Ausnutzung möglich ist. Eine fortlaufende Bedienung der eingestellten Ofenanlage ist nicht erforderlich; es bedarf nur einer Beaufsichtigung derselben.

Weitere Einzelheiten über den Bau eines Hinselmann-Schwelofens zur Herstellung von geformtem Schwelkoks zeigt die Abb. 14, in der ein dreistöckiger Ofen dargestellt ist. Im linken Unterteil ist der aus Stahlrohren gefertigte Rekuperator für die Vorwärmung der Verbrennungsluft ersichtlich, am rechten Ende befinden sich das Umlaufgebläse für die Abgase und übereinander angeordnet die beiden Brennkammern. Die Beheizung der einzelnen Schwelstockwerke erfolgt in Heizungs-Zwillingszügen, wobei die Gase von unten jeweils nach dem höheren Stockwerk geleitet und in diesem mit frischen heißen Abgasen auf die gleiche Temperatur gebracht werden. Auf der vordersten Plattenreihe ist ferner noch zum Teil die festangeordnete Abdeckung der Schwelplatten ersichtlich.

Durch Auswechseln der gußeisernen Schwelrahmen können Formlinge jeder Größe und Art hergestellt werden, wie sie die nachstehende Abb. 15 zeigen.

Ein Ofen nach diesem Verfahren wurde im Jahre 1937 auf der Zeche Kaiserstuhl II in Betrieb genommen, ein zweiter auf dem Gaswerk Breslau.

Andere Wege hat die Firma Dr. C. Otto & Co., Bochum eingeschlagen. Um das bewährte Steinmaterial trotz seines geringeren Wärmeübertragungsvermögens weiterhin beibehalten zu können und einen Koks von größerer Festigkeit, als dem üblichen Schwelkoks entspricht, herzustellen, wird die Mitteltemperaturverkokung bei 650—750° empfohlen. Dieser Temperaturbereich ermöglicht die Verwendung von Steinkammern, die naturgemäß eine längere Lebensdauer als Metallkammern aufweisen. Ferner nimmt der erhaltene Mitteltemperaturkoks eine Mittelstellung zwischen Schwelkoks und Hochtemperaturkoks ein. Das Verfahren kommt somit der Mitteltemperaturverkokung nach Koppers sehr nahe. Weitere Einzelheiten über Mitteltemperaturverkokung s. Bd. I im Abschnitt »Horizontalkammeröfen«.

Abb. 15. Geformter Schwelkoks nach dem Hinselmann-Verfahren.

Neuerdings hat Dr. Otto & Co. ferner auch vorgeschlagen, ähnlich dem englischen Illingworth-Verfahren die Schwelung in Vertikalkammeröfen durchzuführen, in die Doppel-T-Eisen eingesetzt werden (Abb. 16).

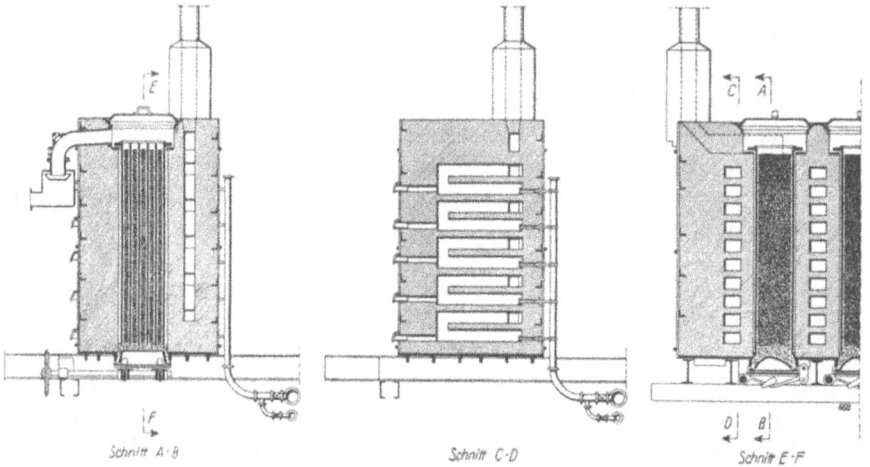

Schnitt A·B   Schnitt C·D   Schnitt E·F

Abb. 16. Otto-Schwelofen mit Vertikalkammern und Eiseneinsätzen.

Dadurch wird die Wärme von den gemauerten Ofenwänden nicht mehr durch Strahlung, sondern durch Leitung auf die Kohle übertragen und die Größe der Heizfläche auf etwa das 7fache erhöht. Damit steigert sich die Durchsatzleistung der Öfen gleichzeitig um ein Mehrfaches

(Abb. 17). Der schnelle Wärmeübergang auf die Kohle ermöglicht es, die Heizzüge für die Kammern weiterhin auf 1100—1200⁰ zu halten, ohne daß die Schweltemperatur innerhalb der Kammern die Temperatur von 550⁰ überschreitet, die nach einer Garungszeit von etwa 4 Stunden erreicht wird. Für die Fertigung der Doppel-T-Eisen sind besondere Speziallegierungen ausgewählt worden, die genügend korrosionsfest und hochhitzebeständig sind, so daß deren Verschleiß sich in engen Grenzen hält.

Der Aufbau des Vertikalschwelofens unterscheidet sich, abgesehen von den Eiseneinsätzen, kaum von den sonst im Gaswerksbetrieb verwendeten Vertikalkammeröfen und ermöglicht daher infolge einer weitgehenden Ausnützung der Abwärme in Regeneratoren oder Rekuperatoren eine hohe Wärmewirtschaftlichkeit. Es ist möglich, oben den Ofen kalt werden zu lassen, die Eiseneinsätze herauszuziehen und durch neue zu ersetzen. Ebenso können sonstige bisher für die Hochtemperaturentgasung in Betrieb befindliche Vertikalkammeröfen ohne wesentliche bauliche Umänderung mit Eiseneinsätzen für die Steinkohlenschwelung versehen werden.

Infolge der schmalen Schichtdicke der eingesetzten Kohle und der hohen Verkokungsgeschwindigkeit von im Mittel 6⁰/min bis 300⁰, 3,5⁰/min bis 400⁰ und 2,5⁰/min bis 500⁰ (jeweils von Raumtemperatur an bezogen) bildet die Kohle keine Koksnaht, sondern homogene Schwelkoksplatten mit einem dichten und gleichmäßigen Gefüge, die beim Austragen in Stücke zerbrechen und zu jeder gewünschten Stückgröße weiter zerkleinert werden können.

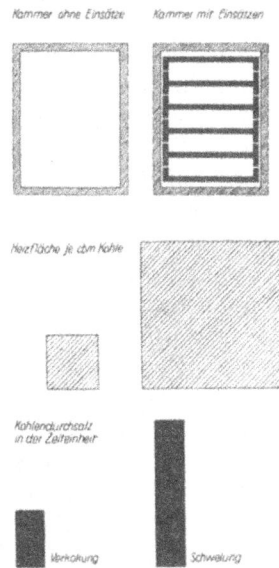

Abb. 17. Vergrößerung der Heizflächen und des Kohlendurchsatzes beim Otto-Vertikal-Schwelofen durch Eiseneinsätze.

Diese Besprechung der Entwicklung der Steinkohlenschwelung und ihre jetzige technische Gestaltung zeigt, daß sie technisch gelöst ist. Der nächste Schritt ist die Überführung der verschiedenen Verfahren in die Praxis. Hierzu sind berufen zunächst die Bergbaubetriebe als solche. Der Steinkohlenbergbau hat auch nicht gezögert, an diese neue Möglichkeit der Brennstoffveredlung heranzugehen. So hat das Rheinisch-Westfälische Kohlensyndikat im Februar 1936 beschlossen, 500 000 t Schwelkoks seinen Mitgliedern unter Anrechnung auf die Kohlenverkaufsbeteiligung freizugeben. Den Mitgliedszechen des RWK ist es somit freigestellt, zum Teil unter Berücksichtigung des eben genannten Schlüsselbetrages an Stelle Steinkohle Schwelkoks auf den Markt zu bringen, wobei der Lieferungsanspruch unter den einzelnen Mitgliedszechen übertragbar ist. Die gleichen Ansprüche stehen entsprechend ihren Verkaufsbeteiligungen den Zechen des Aachener und des Saargebietes zu. Der größte Teil der Ruhrzechen hat ferner eine Vereinigung zum Studium der Steinkohlenschwelung gegründet, die den Bau einer Gemeinschaftsanlage von zunächst 100000 t Schwelkoks, für dessen Herstellung rund 130000 t Kohle erforderlich sind, ins Auge gefaßt hat. Zunächst werden jedoch die verschiedenen Verfahren in kleineren Anlagen einer Prüfung unterzogen.

Die gleiche Bedeutung wie für den Bergbau besitzt die Steinkohlenschwelung für die Gaswirtschaft. Aus diesem Grunde ist im Herbst 1936 auf Anregung der Wirtschaftsgruppe Gas- und Wasserversorgung und des DVGW in Frankfurt a. M. eine »Kommission zur Förderung der Steinkohlenschwelung und Treibstoffgewinnung in Gaswerken« gegründet worden, in der neben Vertretern des Gasfachs auch das Reichsamt für Technik vertreten ist. Damit ist zu hoffen, daß die Gaswirtschaft auf diesem neuen Gebiet tatkräftig mitarbeitet.

Gerade die Gaswerke befinden sich hierin in einer bevorzugten Stellung. Ihnen ist die Lage des örtlichen Brennstoffmarktes jeweils sehr gut bekannt und sie vermögen am besten das Aufnahmevermögen eines neuen Edelbrennstoffes, des Schwelkokses, durch die Haushalt- und gewerbliche Verbraucherschaft zu beurteilen. Für die Verwendung von Schwelkoks als Treibstoff für Fahrzeug- und sonstige Generatoren ist eine Dezentralisierung der Herstellung ebenfalls aus nationalwirtschaftlichen wie wehrpolitischen Gründen zu begrüßen. Hinzu kommt noch, daß die Schwelung auch mit Schwachgas als Heizgas ohne weiteres durchgeführt und damit für den Gasantrieb von Nutzkraftfahrzeugen ein wertvolles Reichgas zur Verfügung gestellt werden kann. Auch wenn diese Möglichkeit nicht besteht, ist das Schwelgas ein wertvolles Zumischgas für das Stadtgas. Zur Zeit steht bei mehreren Gaswerken die Frage der Einführung der Steinkohlenschwelung im Vordergrund des Interesses. Um Rückschläge zu vermeiden, ist es dabei erforderlich, zunächst mit einer entsprechend kleinen Anlage die Aufnahmefähigkeit des Marktes zu prüfen. Wenn ein Werk in der Lage ist, für den Schwelkoks einen guten Preis zu erzielen, so können bereits Anlagen mit nur kleinen Durchsatzleistungen wirtschaftlich betrieben werden. Eine völlige Aufgabe der Hochtemperaturentgasung und Ersatz derselben durch die Schwelung kommt jedoch zumindest zur Zeit noch nicht in Frage. Den Gaswerken ist aber eine neue, nicht unbedeutende Aufgabe als Träger der dezentralisierten Versorgung mit veredelten Brennstoffen geschaffen. worden.

Die Braunkohlenschwelung besitzt im Gegensatz zu der Schwelung der Steinkohle für die Gasindustrie nur untergeordnete Bedeutung. Nur in einzelnen, besonders gelagerten Fällen wird Braunkohlenschwelgas mit zur Stadtgaserzeugung herangezogen. Dies gilt zur Zeit für das Gaswerk Dessau. Dieses bezieht Braunkohlenschwelgas von der Braunkohlengrube Leopold A.-G., Edderitz, auf der fünf Geißen-Schwelöfen in Betrieb sind[1]). Das rohe Schwelgas wird auf der Grube mit Wasser unter Druck gewaschen, um seinen Gehalt an Kohlendioxyd bis auf 5% zu entfernen, wobei es gleichzeitig von dem größten Teil des Schwefelwasserstoffes mit befreit wird. Die restliche Menge des letzteren wird in einer Trockenreinigung mit Luxmasse entfernt, worauf das Gas in einer Ferngasleitung dem Gaswerk Dessau unter einem Druck von 10 atü zugeführt wird. Der obere Heizwert des gereinigten Schwelgases beträgt 6000—6150 kcal/m³, sein spez. Gewicht 0,67. Vor seiner Verwendung als Stadtgas wird es mit Wassergas und Steinkohlengas vermischt. Bei einem Rohgaspreis von 0,62 Pf./m³ (die Gasausbeute beträgt etwa 100 m³/t Rohbraunkohle) und 2,5 Pf./m³ Reinigungskosten betragen die Selbstkosten je m³ Braunkohlenschwelgas 3,53 Pf., während 5,5 Pf./m³ erlöst werden. In bezug auf Einzelheiten über die Braunkohlenschwelung muß daher auf die entsprechende reichhaltige Literatur verwiesen werden[2]).

5. »Kohle-in-Öl«-Schwelung.

Eine neue Entwicklung für die Steinkohlenentgasung wird ferner durch Verfahren vorgezeichnet, für die der Ausdruck »Kohle-in-Öl«-Schwelverfahren geschaffen wurde und von denen das von Knowles das bekannteste darstellt. Die Hauptbedeutung derselben beruht darauf, daß hierbei ein Gemisch von Steinkohle mit hochsiedendem Schwelteer und Schwelpech zur Anwendung gelangt. Infolge der Bindekraft des verkokten Pechs wird auch aus nichtbackenden Steinkohlen ein stückiger Schwelkoks erhalten. Ferner wirkt der der Kohle zugesetzte Teer vor Beginn der eigentlichen Zersetzung der Kohle depolymerisierend auf diese, so daß die Ausbeute an Schwelteer wesentlich gesteigert wird. Der Schwelteer wird, soweit er nicht zur Anpastung der Feinkohle dient, in einer Dubbs-Anlage in Benzin und Schweröl gekrackt, so daß als Endprodukte nur Koks, Benzin und Gas entstehen. Hervorgegangen ist das Verfahren aus der Erdölindustrie, in der Erdöldestillationsrückstände nach einem ähnlichen Verfahren in Benzin und Erdölkoks aufgearbeitet werden.

Das Schema des Aufbaues einer Öl-in-Kohle-Anlage nach Knowles ist nachstehend in Abb. 18 wiedergegeben.

Ein Gemisch gleicher Gewichtsmengen Feinkohle und Teer wird in Knowles-Öfen verkokt und dabei werden aus 100 kg Kohle, 50 kg Frischöl und 50 kg Umlauföl insgesamt 80 kg Schwelkoks, 90 kg Öl und Teer

---

[1]) Brennstoffchem. 15, 192 (1934); Jahn, Öl und Kohle 2, 212 (1934).
[2]) Vgl. A. Thau, Öl und Kohle 2, 195 (1934), daselbst zahlreiche Literaturhinweise.

und 30 kg Schwel- und Zersetzungsgas erhalten. 45 kg des Öls werden nach der Anlage zurückgeleitet, die restlichen 45 kg dagegen nach einer Dubbs-Krackanlage. In dieser wird das durchgesetzte Öl zu 35 kg Rohbenzin, 5 kg Gas und 5 kg Schweröl gekrackt. Das letztere wird ebenfalls zum Anpasten der Kohle zurückgeführt. Das Verfahren ist somit an die gleichzeitige Aufarbeitung von Schwerölen, wie Erdöldestillationsrückständen, oder von hochsiedendem Schwelteer gebunden, so daß seine Anwendungsmöglichkeit vorläufig beschränkt bleibt, vor allem weil bei der Druckhydrierung von Schwelteer nach dem Verfahren der I.-G. Farbenindustrie A.-G. wesentlich höhere Benzinausbeuten erhalten werden. Dennoch soll es in diesem Rahmen kurz mitbehandelt werden.

Die Knowles-Öfen stellen 3 m breite und 10 m lange flache Retorten mit ausschließlich von unten auf 1300⁰ beheizter Sohle dar. Die Temperatur des Retortengewölbes beträgt zu Beginn der Entgasung dagegen nur etwa 450⁰ und steigt allmählich bis zum Ausstoßen des Kokses auf 750⁰ an. Infolge der einseitigen Beheizung tritt aber dennoch hinsichtlich der Beschaffenheit des erhaltenen Teers nur eine Schwelung und keine Überhitzung desselben unter Umwandlung in Hochtemperaturteer ein. Der zunächst gebildete Schwelkoks wird dagegen weiter entgast und ist in seiner Verbrennlichkeit, Härte und Abriebfestigkeit dem Hochtemperaturkoks gleich. Die Füllung der Retorten mit der Kohle-Öl-Paste erfolgt durch einen seitlich angeordneten Füllstutzen allmählich über eine Zeitdauer von etwa 2 Stunden, so daß sich die Paste stets gleichmäßig über den gesamten Retortenraum bis zu einer Höhe von 400—600 mm verteilt, die Verkokungsdauer beträgt etwa 12—16 Stunden. Der gebildete feste Kokskuchen wird anschließend mittels einer Ausdrückmaschine wie im normalen Kammerofenbetrieb ausgestoßen.

Das Verfahren ist ursprünglich von der Universal Oil Co. in Zusammenarbeit mit der H. A. Brassert & Co. Ltd. in den Vereinigten Staaten

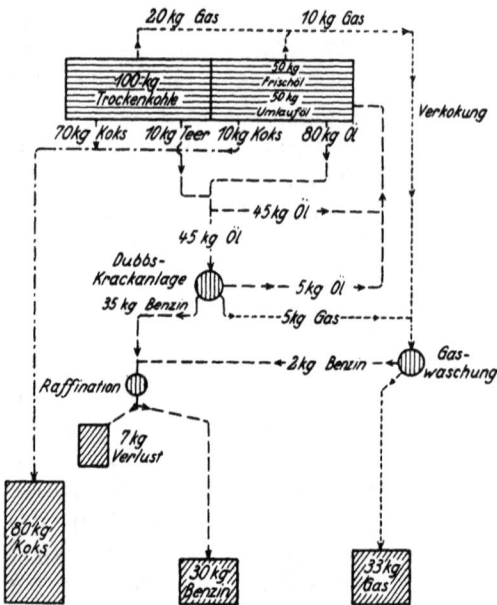

Abb. 18. Stoffbilanz für die »Kohle in Öl«-Verkokung nach dem Knowles-Verfahren.

für die Herstellung von aschearmem Petrolkoks zur Elektrodenerzeugung aus Erdöldestillationsrückständen ausgearbeitet worden und kommt auch in mehreren Anlagen zur Anwendung. Für die Entgasung einer Kohle-Öl-Paste ist kürzlich eine erste Anlage in England im Eisen- und Stahlwerk Stewarts & Lloyds Co. Ltd. in Corby mit vier Öfen in Betrieb genommen worden. In dieser wird eine Sinterkohle mit einem Gehalt von 35% flüchtigen Bestandteilen verarbeitet.

Zu dieser Art der Kohle-in-Öl-Schwelverfahren sind ferner noch das Greenstreet-, Mitford-, Stephenson-, Ryan-, Hampton-Ryan-, Thompson-Beeler-, Meiro- und Coalinoil-Verfahren zuzurechnen, die jedoch über eine versuchstechnische Entwicklung noch nicht hinausgekommen sind.

Neuerdings ist schließlich noch mehrfach vorgeschlagen worden, die Schwelung der Kohle-Öl-Paste in Anlehnung an die Erdölkrackverfahren unter erhöhtem Druck durchzuführen. Die diesbezüglichen Arbeiten sind von D. Brownlie[1]) zusammenfassend dargestellt worden.

B. Destillations- und Spaltgase von Ölen und Teeren.

Sowohl bei der Destillation als auch bei der Krackung von Ölen und Teeren fallen heizkräftige Gase als Nebenprodukt an, deren Menge jedoch verhältnismäßig gering ist, so daß sie zumeist nur im Eigenbetrieb zur Unterfeuerung Verwendung finden. Bei gegebenen örtlichen Verhältnissen, wie bei räumlicher Nähe von Erzeugungsstätte und Stadtgasverteilungsnetzen oder Gasgroßverbrauchern wird das Gas dagegen, vor allem in den Vereinigten Staaten, an diese als Heizgas oder Zusatzgas abgegeben.

Infolge der großen gegenseitigen Löslichkeit der Kohlenwasserstoffe werden bereits bei der Destillation des rohen Erdöls erhebliche Gasmengen frei, insgesamt allein in den Vereinigten Staaten etwa 5 Mia. m³ jährlich, deren durchschnittliche Zusammensetzung folgende ist: 3% Kohlendioxyd, 15—20% Äthylenkohlenwasserstoffe, 75—80% Paraffinkohlenwasserstoffe, 1% Kohlenoxyd und 1—3% Stickstoff.

Noch etwas größer sind die bei der Krackung von Erdöl anfallenden Krackgasmengen, deren Menge jedoch in Abhängigkeit von der Temperatur, der Art des Spaltverfahrens und des Ausgangsöls recht verschiedenartig ist. Je nach den vorliegenden Bedingungen werden 7 bis 15 Gew.-% des gekrackten Rohöls als Krackgas erhalten. Je niedriger die Temperatur und je höher der Druck bei der Krackung ist, desto geringer ist die Gasmenge und um so höher deren Gehalt an Methan- und ungesättigten Kohlenwasserstoffen. Mit zunehmender Kracktemperatur, insbesondere beim Arbeiten auf festen Krackrückstand, fällt die Menge

---

[1]) Ind. Eng. Chem. **28**, 629 (1936).

dieser Kohlenwasserstoffe zugunsten der vermehrten Bildung von Wasserstoff und Methan ab.

Der gesamte Anfall an Krackgasen betrug 1934 allein in den Vereinigten Staaten etwa 7 Mia. m³, der der gesamten Welt kann zu
10 Mia. m³ angenommen werden. Die Gaszusammensetzung ist etwa
folgende: 40—50% ungesättigte Kohlenwasserstoffe, 50—60% Methankohlenwasserstoffe und 0—5% Wasserstoff.

In neuester Zeit bilden diese Gase eine wertvolle Ausgangsquelle für
die Gewinnung von Flüssiggasen oder von Polymerbenzin[1]).

Das in den Erdölverarbeitungsbetrieben der DEURAG in Misburg
durch Verdichtung der Destillations- und Krackgase gewonnene Flüssiggas, bis 1937 die einzige Anlage dieser Art in Deutschland, enthält etwa
6 Vol.-% Äthan, 54 Vol.-% Propan + Propylen und 40 Vol.-% Butan
+ Butylen.

Ebenso werden bei der Destillation von Braunkohlenteer je 100 kg
Teer etwa 2—2,5 m³ Gas frei der durchschnittlichen Zusammensetzung
2—3% CO_2, 3—4% H_2S, 5—8% sKW, 0—4% O_2, 1—3% CO, 4—6%
H_2, 26—30% CH_4, 30—43% C_2H_6 + Hom., 5—15% N_2. Diese geringen
Gasmengen werden ungereinigt zur Unterfeuerung mit herangezogen.

Bei der Destillation von Steinkohlenteer entstehende Gasmengen
sind ebenfalls sehr gering und besitzen nur untergeordnete Bedeutung.
Vornehmlich im ersten Teil der Destillation enthalten sie erhebliche
Mengen an Ammoniak (aus dem im Teer emulgierten Gaswasser) und
Schwefelkohlenstoff, ferner steigt der Schwefelwasserstoffgehalt allmählich von etwa 1,5 bis auf 15% an. Die Gase werden daher entweder
über einen Wasserverschluß als Sicherheitsmaßnahme gegen ein Zurück-
schlagen der Flamme der Feuerung zugeführt oder in größeren Anlagen
auch nach Berieseln mit Teeröl zwecks Auswaschung der Dämpfe von
Kohlenwasserstoffen und Entfernung des Schwefelwasserstoffs in
Trockenreinigern unverbrannt ins Freie abgelassen.

C. Methan.

1. Erdgas.

a) Gewinnung von Erdgas.

Erdgas, auch Naturgas genannt, stellt in der Weltenergiewirtschaft
einen nicht zu unterschätzenden Faktor dar. Obwohl sein Vorkommen
im wesentlichen auf Nordamerika beschränkt geblieben ist, beträgt sein
Anteil an den insgesamt jährlich gewonnenen Energieträgern 5%, er
ist damit etwas höher als der der Braunkohle und bleibt nur wenig unterhalb des Anteils der ausgenützten Wasserkräfte.

---

[1]) Ipatiew, Corson und Egloff, Ind. Eng. Chem. **27**, 1078 (1935).

Erdgasquellen waren bereits im Altertum bekannt, in Kleinasien dienten beispielsweise die heiligen Feuer der Perser der göttlichen Verehrung, in China wurde frei austretendes Erdgas in Bambusrohren gewerblichen Brennstellen zugeführt[1]. In neuerer Zeit ist die Entwicklung der Erdgasindustrie vornehmlich durch die Vereinigten Staaten beeinflußt worden; die Entwicklung der dortigen Erdgasgewinnung in den letzten zwei Jahrzehnten ist aus der nachstehenden Zusammenstellung ersichtlich:

1914	16,6 Mia m³	1927	41,0 Mia m³	1932	44,1 Mia m³
1920	22,6 Mia m³	1929	54,3 Mia m³	1933	44,0 Mia m³
1925	33,7 Mia m³	1931	47,8 Mia m³	1934	50,1 Mia m³
				1935	54,2 Mia m³*)

*) Davon entfallen auf Texas 18,2, Kalifornien 8,0, Oklahoma 7,8 und Louisiana 7,1 Mia m³.

Der gesamte Vorrat an Erdgas in den Vereinigten Staaten wird zu 2660 Mia. m³ geschätzt. Die Gasversorgung der Vereinigten Staaten ist daher vornehmlich auf Erdgas aufgebaut. Die Abgabe desselben an die damit versorgten rd. 30 Mio. Einwohner betrug 1934 über den Selbstverbrauch an den Stellen der Gewinnung hinaus über 27 Mia. m³ mit einem Heizwert von rd. 10 000 kcal/m³. Dies entspricht dem Wärmewert nach einem mehrfachen Verbrauch von dem in Deutschland, und zwar bezogen auf das deutsche Normengas von 4200 kcal/m³, einem Verbrauch von 2163 m³ je Kopf der angeschlossenen Bevölkerung. Unter Berücksichtigung der verschiedenen Wärmeinhalte ist das Verhältnis von Erdgas, das in den Vereinigten Staaten abgegeben wird, zu dem in Gaswerken erzeugten Gas wie 84 zu nur 16. Dennoch werden etwa 50 Mio. Einwohner mit Steinkohlengas und ölkarburiertem Wassergas versorgt. Der durchschnittliche Erlös für die beiden Gase ist etwa folgender:

Zahlentafel 7.

Erlös für Stadtgas und Erdgas in den Vereinigten Staaten[2].

Verbrauchsart	Stadtgas		Erdgas	
	Pf./m³ von 5140 kcal/m³	Pf./1000 kcal	Pf./m³ von 10000 kcal/m³	Pf./1000 kcal
Haushalt . . .	10,94	2,04	6,12	0,61
Heizung	5,90	1,15	—*)	—
Gewerbe. . . .	} 6,92	} 1,35	4,17	0,42
Industrie . . .			1,39	0,14
Verschiedenes .	6,32	1,23	—	—
im Durchschnitt	9,43	1,84	3,01	0,30

*) Das Heizgas ist in diesem Fall zum Teil im Haushaltgas, zum Teil im Gewerbe- und Industriegas mit enthalten.

[1] Für Einzelheiten hierüber vgl. Engler-Höfer, Das Erdöl, Bd. 4, S. 233 (1915).
[2] R. Mezger, Ztschr. VDI 81, 103 (1937).

Aus dem Preisunterschied zwischen Erdgas und Stadtgas ist es leicht erklärlich, daß das erstere mehr Eingang in Gewerbe und Industrie gefunden hat. Erdgas wird zu nur etwa 30% als Haushaltgas, dafür zu 70% als Gewerbe- und Industriegas verwendet. Bei erzeugtem Stadtgas ist das Verhältnis gerade umgekehrt.

Die Weltgewinnung an Erdgas gliedert sich wie folgt:

Zahlentafel 8. Weltgewinnung von Erdgas.

Jahr	Ver. Staaten	Kanada	Italien	Jugo-slawien	Polen	Ru-mänien	Ruß-land	Tschecho-slowakei	Japan	Niederl.-Indien*)
	Millionen Kubikmeter									
1929	54 302	804	7,0	1,5	467	807	229	1,7	29	538
1930	50 030	832	8,7	5,3	489	1206	357	3,1	43	540
1931	47 753	733	12,1	6,4	474	1383	596	1,0	77	844
1932	44 060	663	12,9	6,2	437	1456	695	0,9	51	886
1933	44 045	655	13,8	—	462	1550	829	1,2	47	1016
1934	50 140	622	15,0	—	469	1814	1075	1,2	47	1084
1935	54 200	639	12,4	—	486	1914	1265	1,0	50	1150

*) 1000 metr. t.

Die ersten Anfänge der Erdgasverwertung in bescheidenem Umfang liegen über 100 Jahre zurück[1]). Einen merklichen Aufschwung nahm sie aber erst, nachdem am 3. 11. 1878 das Murrysville-Erdgaslager erschlossen und im Jahre 1883 die Stadt Pittsburg beliefert wurde. Zunächst fand in dieser Stadt eine Zumischung des Erdgases zu Steinkohlengas statt. Pittsburg war jedoch die erste Stadt, die daraufhin die Steinkohlengaserzeugung vollkommen einstellte und reines Erdgas als Stadtgas zur Verteilung brachte.

Die Zahl der am 1. 1. 1935 fündigen Gasbohrungen in den Vereinigten Staaten betrug 53260. Der durchschnittliche Erlös für die Lieferer betrug nur 0,53 Pf./m³. Dieses beruht vor allem darauf, daß in Texas große Gasmengen auf den Gas- und Ölfeldern direkt, beispielsweise für die Rußerzeugung zu einem Preis von 0,18 Pf./m³ abgegeben werden, während in Michigan 1,3 Pf./m³ und zum Teil mehr als 2 Pf./m³ erzielt wurden. Im Jahre 1936 waren zehn große und mehrere kleine Ferngasnetze weitgehend ausgebaut, die das Erdgas in Fernleitungen bis auf 1800 km Entfernung mit Drucken bis zu 45 at in Rohren bis zu 600 mm Dmr. verteilen (Abb. 19). Das gesamte Fernleitungsnetz betrug in den Vereinigten Staaten 1935 unter Ausschluß der Verteilungsleitungen in den angeschlossenen Städten etwa 272000 km, die einen Baukostenaufwand von etwa 6,8 Mia. RM. erforderten. Für die Fortleitungskosten des Erdgases rechnet man je nach dem Gelände und anderen Verhält-

---

[1]) Einen eingehenden Überblick über die Entwicklung der amerikanischen Erdgasindustrie hat Fieldner (Ind. Eng. Chem. **27**, 983, 1935) gegeben.

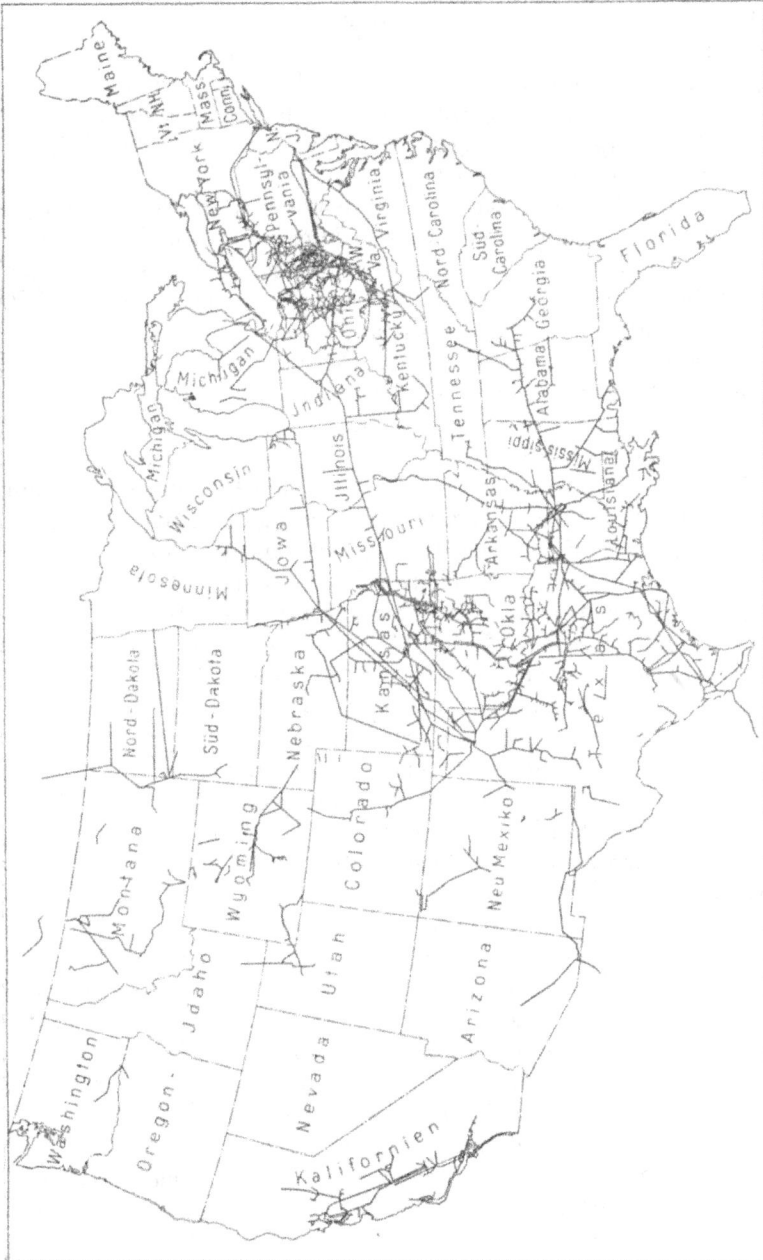

Abb. 19. Das Ferngasnetz der Vereinigten Staaten von Nordamerika.

nissen mit 0,2—0,4 Pf./100 km. Der Eigenverbrauch der Erdölindustrie war im Jahre 1934 31%, auf die Gasrußindustrie entfielen 13%, auf elektrische Kraftzentralen 7%, auf Erdölraffinerien 5%, auf Zementfabriken 2%, auf gewerbliche Betriebe und auf den Haushaltgasabsatz 21% (mit einer Gesamtzahl von 7 566 000 Anschlüssen).

In den industriell weniger entwickelten Ländern, die ebenfalls über größere Erdgasmengen verfügen, wie in Rußland, wird das Erdgas bisher nur zu einem geringen Teil ausgenützt.

In Polen ist die gesamte Erdgasindustrie in staatlichem Besitz. Von einer Jahresmenge von etwa 500 Mio. m^3 werden bisher nur 90 bis 100 Mio. m^3 industriellen Betrieben und kommunalen Gasversorgungen zugeführt, in Rumänien beträgt die jährliche Gewinnung etwa 1 900 000 m^3, von denen auf den Haushaltgasabsatz nur 2% entfallen. Die dortigen Hauptverbraucher sind die Stickstoffwerke von Diciosanmartin sowie Zement- und Kalkfabriken. Die Gewinnung von Erdgas in den übrigen europäischen Ländern wie in Ungarn, Jugoslawien und Österreich ist bisher sehr gering geblieben.

In Deutschland und in den angrenzenden Ländern finden sich Erdgasaustritte und auch Erdgasquellen an zahlreichen Orten, zumeist jedoch von nur geringer örtlicher Bedeutung. Am Nordrand der Alpen führen verschiedene Tertiärschichten Erdgas, das bei Tegernsee, Bad Heilbrunn, ferner in der östlichen Fortsetzung dieser Schichten vor allem bei Wels und im Wiener Becken, ebenso im östlichen Teil von Niederbayern zwischen Simbach und Passau an zahlreichen Orten austritt. Im Rheintalgraben hat sich Erdgas bei einer Erdölbohrung in Büchelberg im Pfälzer Bienwald nahe bei Karlsruhe, ferner aus den gleichen Tertiärschichten stammend in dem benachbarten Elsaß in Pechelbronn und dessen Umgebung sowie im Kraichgau bei Rappoldsau und Heilbronn in Verbindung mit Salzlagern gezeigt. Die meisten deutschen Erdgasquellen befinden sich in Nordwestdeutschland. Abgesehen von Erdgasaustritten bei Kuxhaven und Wilhelmshafen, die torfigen Schichten der norddeutschen Marsch entstammen, sind Methanquellen an der Ostseeküste Schleswig-Holsteins, bei Falkenburg in Pommern und bei Brake in Oldenburg bekannt geworden. Im hannoverisch-braunschweigischen Erdölgebiet tritt bei Wietze-Steinförde und bei Ölheim nur wenig Erdgas auf, in größerem Umfang dagegen im Gebiet von Nienhagen-Hänigsen in Vergesellschaftung mit Erdöl. Die dort gewonnene Erdgasmenge beträgt jährlich etwa 20 Mio. m^3; das Gas enthält beträchtliche Mengen höhere Kohlenwasserstoffe, die ihm entzogen werden (vgl. S. 92).

Erdgas tritt ferner auch in den mitteldeutschen Salz- und Kalilagern auf; beispielsweise enthält in Volkenroda das Steinsalz 8, das Kalisalz 7,5 Volumenprozent Gas, das zu 85% aus Kohlenwasserstoffen, zu 17% aus Sauerstoff + Stickstoff und zu 3% aus Kohlendioxyd besteht. Auf derartige Gasvorkommen beruhen die des öfteren auftretenden

Schlagwetterexplosionen (1904 Frischglück, 1906 Desdemona, Adolfsglück).

Zahlreiche Gasvorkommen gibt es schließlich in Westfalen in Zusammenhang mit den Steinkohlenlagern. Der Gasgehalt der Flöze ist verschieden hoch und nimmt infolge der fast ausschließlich im Westen auftretenden tektonischen Störungen von Westen nach Osten allmählich zu. Die einzelnen Gasvorkommen sind aber nicht ergiebig und versiegen nach kurzer Zeit wieder.

Die bisher für Deutschland wichtigste, jedoch vor wenigen Jahren versiegte Erdgasquelle war die von Neuengamme bei Hamburg. Bei tieferen Grundwasserbohrungen, die die Stadt Hamburg zwischen Bergedorf und Hove für die Verbesserung der Wasserversorgung ausführen ließ, wurde bei Neuengamme am 4. November 1910 ein erhebliches Erdgasvorkommen im Mitteloligozän (Alttertiär) angebohrt. Beim Erreichen einer Tiefe von 248 m erfolgte plötzlich ein starker Gasausbruch, der sich nach 18stündigem Austritt entzündete, erst nach dreiwöchigem Brand gelöscht und gegen Jahresende gefaßt und abgedichtet werden konnte. Zu diesem Zeitpunkt betrug der Gasdruck noch 28 at bei einem täglichen Ausströmen von 500000—600000 m^3 Erdgas. Ab 1912 wurde es mit einem täglichen Verbrauch von 20000 m^3 zur Beheizung der Dampfkessel des Pumpwerkes Rotenburgort und mit 25000 m^3 zur Gasversorgung der Stadt Hamburg (15% des Stadtgases) herangezogen. Ab 1918 wurde das Erdgas von Neuengamme mit seiner gesamten täglichen Förderung von 22000 m^3 vollständig dem Stadtgas zugegeben. Weitere 18 Bohrungen in der Nähe der ersten Fundstelle waren bis auf eine Ausnahme, die 1919 in 279 m Tiefe mit einem täglichen Ausstoß von zuerst 80000 m^3 fündig wurde, erfolglos. Die Erdgasausströmung sank in den kommenden Jahren allmählich ab, 1925 betrug sie täglich 3500 m^3, 1928 nur noch 2000—3000 m^3 und erlosch 1933 nahezu vollständig. Die durchschnittliche Zusammensetzung dieses Erdgases war etwa folgende: 0,3% CO_2, 1,5% O_2, 91,5% CH_4, 2,1% C_2H_6 und 4,6% N_2, die gesamte Ausbeute betrug etwa 300 Mio. m^3. Weitere in der Nähe von Hamburg in Schelswig-Holstein erbohrte Erdgasquellen haben bisher nur örtliche Bedeutung erlangt.

Geologisch ist das Erdgas den natürlichen Bitumina zuzurechnen. Zumeist kommt es zusammen mit Erdöl vor, mit dem es chemisch nahe verwandt ist, da es im wesentlichen nur aus aliphatischen Grenzkohlenwasserstoffen besteht. Ebenso ist seine Bildung eng verknüpft mit der des Erdöls. Wenn auch die Frage der Entstehung des Erdgases sowie des Erdöls noch nicht vollkommen aufgeklärt ist, so kann doch mit großer Wahrscheinlichkeit die Theorie von Engler-Höfer in ihrer Vervollkommnung durch Stadnikoff der biochemischen und nachfolgenden geochemischen Bildung aus organischen Materialien, im wesentlichen aus Fetten vegetabilischen und animalischen Ursprungs (Plankton), zugrunde gelegt werden. Die Bildung nach der Theorie von Mendejeleff aus anorganischen Karbiden ist neuerdings nahezu vollkommen aufgegeben worden.

Die charakteristischen gasführenden Gesteine sind sedimentären Ursprungs, Gebiete kristalliner oder eruptiver Gesteine führen dagegen im allgemeinen kein Erdgas. In Urgesteinen konnte es bisher ebenfalls noch nicht nachgewiesen werden, erst vom Kambrium an kann es in nahezu sämtlichen geologischen Schichtenfolgen festgestellt werden. Der weitaus größte Teil der jetzigen Gasförderung stammt jedoch aus noch jüngeren Schichten, vor allem aus dem Tertiär (Abb. 20).

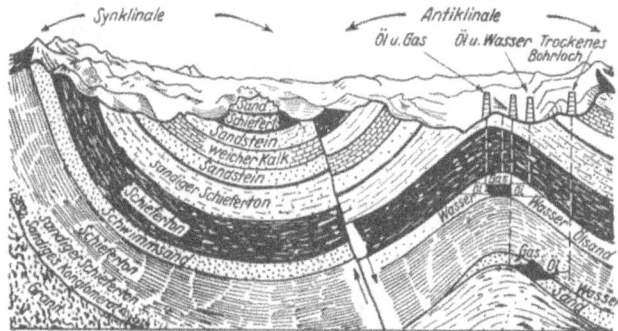

Abb. 20. Typische Formation mit den Sand- und Schutzschichten.
Nach einer Broschüre der Standard Oil Co.

Neben seiner Vergesellschaftung mit Erdöl gibt es jedoch auch ausgesprochen reine Gasfelder. Ein Beispiel hierfür bildet das Erdgasvorkommen von Neuengamme bei Hamburg, bei dem Erdöl nicht in Spuren nachgewiesen werden konnte. Eine weitere Voraussetzung für die Bildung eines Erdgas- oder Erdöllagers ist das Vorhandensein eines porösen Speichergesteins auf sandiger oder kalkiger Grundlage, das sowohl im Hangenden als auch im Liegenden von gasundurchlässigen tonigen Schichten umgeben sein muß. Die Ansammlung größerer Mengen von Erdgas erfordert ferner, daß das gasführende Gestein gemäß der Antiklinaltheorie von Höfer entweder langgestreckte Erhebungen (Antiklinalen) oder Dome bildet, in denen es zumeist von unten durch salzhaltige Grundwässer abgesperrt ist. Für das Ansetzen einer erfolgversprechenden Bohrung ist es wichtig, den Scheitel einer derartigen Antiklinale oder den Scheitelpunkt eines Domes zu erfassen, um die größtmögliche Gasausbeute zu erlangen. Zu diesem Zweck müssen im allgemeinen zunächst Probebohrungen niedergebracht werden, um die Schichtenfolge festzustellen. Bei der so erfolgreichen Bohrung von Neuengamme ist wahrscheinlich zufällig gerade der Scheitelpunkt eines Gasdomes angebohrt worden.

Die Bohrungen auf Erdgas wurden früher zumeist als Trocken-
bohrung (Freifall- oder Schnellschlagbohrung) durchgeführt, in neuester
Zeit findet dagegen fast ausnahmslos nur noch das Spülbohrverfahren
nach dem Rotarysystem Anwendung. Dieses beruht auf einem drehen-
den Bohren mittels eines Meißels, dessen Schneiden fischschwanzförmig
umgebogen sind. Die Bohreinrichtung besteht im wesentlichen aus
einem mechanisch angetriebenen Drehtisch, der mit den Schwellen des
Bohrturms fest verankert ist und den Rotationsantrieb des Gestänges
vermittelt. Die Drehtischplatte von etwa 500—1000 mm Dmr. ruht
dabei auf Kugelrollen und besitzt in der Mitte eine Aussparung zum
Durchführen des Meißels sowie zur Übertragung der Drehbewegung mittels einer Klemmvorrichtung auf die Mitnehmerstange, an die sich das
weitere, den Bohrmeißel tragende Gestänge anschließt. Die Entfernung
des abgebohrten feinkörnigen Gesteinmaterials erfolgt mittels des
»Bohrschmandes«, einer wäßrigen Tonaufschlämmung, die innerhalb des
Gestänges nach unten gedrückt, aus dem Bohrloch abgezogen und nach
Absitzenlassen des Gesteinsmehls in Gruben wieder dem Spülbohr-
anschluß zugeführt wird. Der Bohrschmand verhindert infolge seines
hohen spezifischen Gewichtes und seines eigenen Druckes gleichzeitig
weitgehend ein Zusammenfallen des Bohrlochs. Sofort nach dem Fündig-
werden wird der Kopf der Verrohrung abgesperrt und das Gas in geregel-
ter Menge dem Bohrloch entnommen.

Die Tiefe der Bohrungen ist sehr verschieden, zumeist beträgt sie
bis zum Erreichen des Gashorizonts 250—500 m. In Texas, dem Staat
mit den ergiebigsten Gaslagern, beträgt deren Tiefe im Durchschnitt
750 m und der Gasdruck 30 at; in Potter County mußte jedoch eine
Tiefe von 1500 m erreicht werden, um ein erhebliches Erdgaslager, das
unter einem Druck von 160 at stand, zu erschließen.

Die Erdgase werden, je nach ihrer Zusammensetzung, unterschieden
in trockenes und »feuchtes« oder »nasses« Erdgas, wobei jedoch zahlreiche
Übergangsstufen auftreten.

Gehalt an	CH_4	C_2H_6	C_3H_8	C_4H_{10}	Pentane usw.	N_2
Typisch trockenes Erdgas . . .	80—90	5—10	0— 3	0—2	0—2	0—2
Typisch »nasses« Erdgas	30—40	20—30	15—20	4—6	3—5	0—2

Daneben enthalten zahlreiche Erdgase noch wechselnde Mengen
Kohlendioxyd und häufig auch noch Schwefelwasserstoff oder auch
größere Anteile an Stickstoff. Das Erdgas von Neuengamme stellt
somit ein typisch trockenes Erdgas dar. Bei einem gemeinsamen Auftreten von Erdgas und von Erdöl sättigt sich dagegen das erstere mit
Kohlenwasserstoffdämpfen auf, und zwar in um so höherem Maße, je
niedriger der Druck ist, unter dem das Gas steht. So enthält beispielsweise das mit Erdöl vergesellschaftete Erdgas von Nienhagen bei Han-

nover nur $80\% \text{ CH}_4$, $0,5\% \text{ CO}_2$, $4,5\% \text{ N}_2$ und 15% höhere gesättigte aliphatische Kohlenwasserstoffe (Propan, Butan und Gasolin), die dem Gas entzogen werden; es steht somit an der Grenze zwischen trockenem und nassem Erdgas.

Die Zusammensetzung verschiedener ausländischer Erdgase an Einzelbeispielen zeigt die nachfolgende Zahlentafel:

Zahlentafel 9. Zusammensetzung verschiedener Erdgase.

	Nordamerika			Mexiko	Rumä- nien*)	Ruß- land	Persien			
	1**)	2***)	3***)				1*)	2*)	3*)	4*)
CO_2	—	—	—	14,83	6,7	7,4	—	—	—	—
H_2S	—	—	—	7,11	—	—	4	12	12	11,5
CH_4	84,0	62,2	36,8	} 60,61	76,5	87,4	76	40	29	2,5
C_2H_6	7,2	15,7	32,6		5,0	3,3	18	21	24	5,0
C_3H_8	4,9	13,8	21,1		3,4	0,9	1	18	21	44,0
C_4H_{10}	2,0	5,5	4,5	} 8,25	3,4	0,2	1	9	10	35,0
Pentan usw.	0,3	2,8	5,0		5,0	—	—	Spur	4	2,0
$\text{N}_2 + \text{O}_2$	1,6	—	—	9,20	—	0,8	—	—	—	—

   *) auf Gas frei von N_2 und O_2 bezogen.

  **) auf Gas frei von CO_2 und H_2S bezogen.

 ***) auf Gas frei von CO_2, H_2S, N_2 und O_2 bezogen.

Im Osten der Vereinigten Staaten besteht das Erdgas zumeist praktisch vollständig aus Kohlenwasserstoffen, ihr Gehalt an Kohlendioxyd beträgt nur wenige Hundertstel bis 1%, an Stickstoff $1—2\%$. In Oklahoma ist der durchschnittliche Kohlendioxydgehalt des Erdgases 5%, in Kalifornien steigt er bis auf 30 und mehr Prozent an. Hohen Stickstoffgehalt weisen verschiedene Erdgasvorkommen in Texas, wie das vom Petrolia-Feld mit 30% und das Sedalia-Feld in Kansas mit bis 80% auf. Wichtig ist ferner das Auftreten von Helium im Erdgas, dessen Anteil nahezu parallel mit dem an Stickstoff geht.

Der Heliumgehalt der Erdgase beträgt durchschnittlich nur $0,01$ bis $0,1\%$, der von Neuengamme ebenfalls nur $0,015\%$; er erreichte jedoch im Erdgas von Petrolia 0,9 und von Sedalia $2,13\%$. Verschiedene derartiger heliumreicher Erdgasquellen werden vom Bureau of Mines im Auftrage der amerikanischen Regierung nach dem Linde-Tiefkühlverfahren zur Heliumgewinnung ausgebeutet. Die tägliche Gewinnung an Helium beträgt etwa $600—1000 \text{ m}^3$.

Schwefelwasserstoff tritt in reinen Erdgasvorkommen zumeist nur in Spuren auf, bei Vergesellschaftung mit Erdöllagern, insbesondere mit schwefelreichem Erdöl, kann sein Gehalt jedoch bis auf 10% und höher ansteigen. Bei einer Verwendung des Erdgases als Haushaltgas oder für eine chemische Aufarbeitung muß es ebenso wie die Krack- und Destillationsgase zuvor von seinem Schwefelwasserstoffgehalt befreit werden. Hierfür in Betracht kommen das Eisenoxyd-, Kalk-, Girdler-, Seaboard- und in neuester Zeit das Natriumphenolatverfahren der

Koppers Co., Pittsburg. Die Reinigung mit Eisenoxyd gleicht praktisch dem im Gaswerksbetrieb verwendeten Verfahren. Wenn der Schwefelwasserstoffgehalt des Gases jedoch mehr als 1% beträgt und die Masse in den Kästen laufend durch Luftzugabe regeneriert wird, würde infolge der positiven Wärmetönung sowohl der Schwefelwasserstoffbindung wie auch der Renegerierung der Masse die Reaktionstemperatur zu hoch ansteigen. In diesen Fällen muß das Gas mit bereits gereinigtem verdünnt und umgewälzt werden, um die Schwefelwasserstoffkonzentration in den Kästen stets niedriger als 1% zu halten. Ein weiterer Nachteil des Verfahrens ist der große Platzbedarf der Reinigerkästen.

Mehr Anwendung findet das noch ältere Kalkverfahren. Dessen Vorteile sind die nur geringen Anschaffungs- und auch niedrigen Betriebskosten. Nachteilig wirken vor allem die Geruchsbelästigungen durch das entstehende Kalziumsulfhydrat, das gemäß der Reaktion

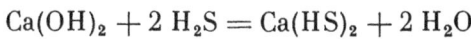

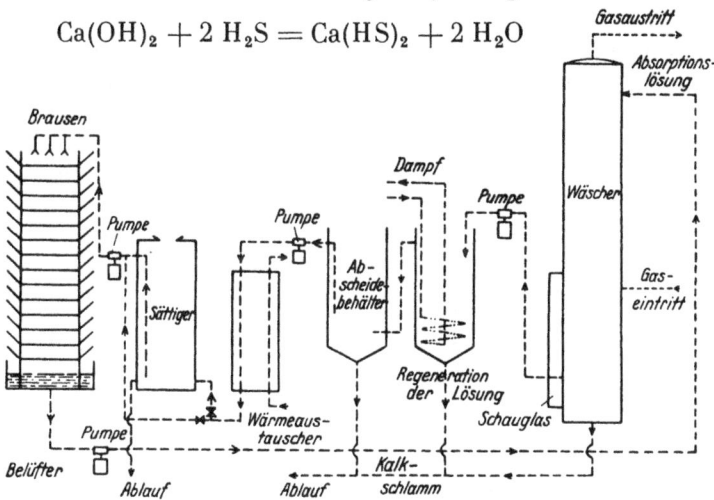

$$Ca(OH)_2 + 2 H_2S = Ca(HS)_2 + 2 H_2O$$

Abb. 21. Schwefelwasserstoff- und Kohlendioxydabsorption nach dem Kalkhydratverfahren.

gebildet wird. Die Anwendung des Verfahrens ist daher nur möglich bei einem Anfall von nur wenig Kalziumsulfhydrat und beim Vorhandensein eines genügend großen Vorfluters. Neuerdings ist das Verfahren bei seiner Ausgestaltung durch Schönwald und Ford[1]) durch Zusatz eines Alkalisalzes, wie von Chlornatrium, verbessert worden, da in Gegenwart eines Alkalisalzes die Löslichkeit des Kalkhydrats in Wasser wesentlich erhöht wird. Ferner kann die Hydrolyse des Kalziumsulfhydrates im Vorfluter durch sofortiges Behandeln der ausgebrauchten Lösung mit Abdampf und Ableitung der dabei entstehenden Abgase wesentlich

---

[1]) Bureau of Mines, Report of Investigations, R. J. 3178, Juni 1932; G. M. Ford und O. H. Schönwald, A. P. 1 930 875.

4*

herabgemindert werden. Der Aufbau einer derartigen Kalkreinigungs-
anlage Bauart Burrell-Mase Engineering Co. ist vorstehend
schematisch wiedergegeben (Abb. 21).

Die Auswaschung des Schwefelwasserstoffs sowie gleichzeitig des
Kohlendioxyds erfolgt in einem stehenden Wäscher mit einer gesättigten
Kalklösung. Das dabei entstehende Kalziumsulfhydrat ist löslich, das
gebildete Kalziumkarbonat fällt als Schlamm an, der sich zum größten
Teil bereits im Wäscherboden absetzt und zeitweilig abgezogen wird.
Die infolge ihres Kalziumkarbonatgehalts trübe Lösung wird in einem
ersten Klärbehälter mit direktem und indirektem Dampf behandelt und
dabei das Kalziumsulfhydrat hydrolytisch unter Rückbildung von
Kalkhydrat gespalten. In diesem sowie in einem nachfolgenden Klärbehälter scheidet sich das noch restliche suspendierte Kalziumkarbonat
ab. Die Lösung wird über eine Pumpe und einen Wärmeaustauscher
durch einen Kalksättiger sowie nachfolgend durch einen Belüfter geführt und auf den Wäscher zurückgeleitet.

Bei dem Girdler-Verfahren der Girdler-Corporation[1]) werden
Schwefelwasserstoff und Kohlendioxyd bei gewöhnlicher Temperatur
mittels der wäßrigen Lösung einer organischen Stickstoffbase ausgewaschen, wobei sich das entsprechende Sulfid und Karbonat bilden,
worauf beim Erwärmen auf 50° C übersteigende Temperaturen unter
Abspaltung des Schwefelwasserstoffs und Kohlendioxyds die freie Base
zurückgebildet wird:

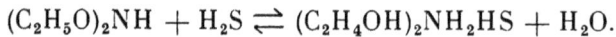

$$(C_2H_5O)_2NH + H_2S \rightleftharpoons (C_2H_4OH)_2NH_2HS + H_2O.$$

Zur Anwendung gelangt ein Gemisch von Di- und Triäthanolamin in
50 proz. wäßriger Lösung, in neuester Zeit ist ferner auch die entsprechende Tetraminbase vorgeschlagen worden.

Die physikalischen Eigenschaften des Di- und Triäthanolamins
sind folgende:

Zahlentafel 10. Physikalische Eigenschaften von Di- und
Triäthanolamin.

	Diäthanolamin	Triäthanolamin
Spezifisches Gewicht bei 15° C	1,10	1,12
Sättigungsdruck bei 25° (Torr)	0,002	0,001
Siedetemperatur °C	271 (760 Torr)	277 (150 Torr)
Molekulargewicht	105,1	149,2
Spezifische Wärme der 50 proz. Lösung bei 25° kcal/kg	0,800	0,787
Kristallisationsbeginn der 50 proz. Lö- sung bei °C	— 34	— 26
Reaktionswärme bei der Absorption von		
Kohlendioxyd	363 kcal/kg	350 kcal/kg
Schwefelwasserstoff	284 kcal/kg	222 kcal/kg

[1]) Bottoms, Ind. Eng. Chem. **23**, 501 (1931), Gas-Age Record **67**, 909 (1931),
A. P. P. 1 783 901, 2 031 632; vgl. ferner A. Thau, GWF **74**, 1150 (1931).

Die Absorption dieser Gase durch die Äthanolamine erfolgt bei gewöhnlicher Temperatur nahezu quantitativ bis auf einen Restgehalt von $< 0,01\%$. Die Amine als einwertige Basen vermögen dabei im Höchstfall je Mol ein halbes Mol Kohlendioxyd oder Schwefelwasserstoff zu

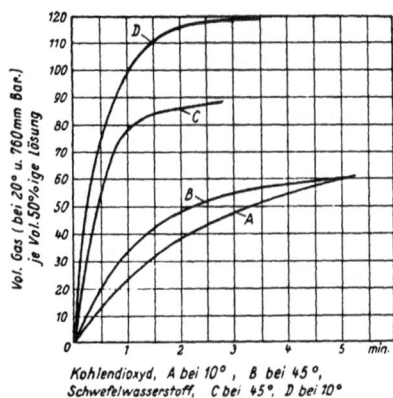

Abb. 22. Absorptionsgeschwindigkeit von Kohlendioxyd und Schwefelwasserstoff in einer 50%-igen Diäthanolaminlösung bei 10 und 45° C.

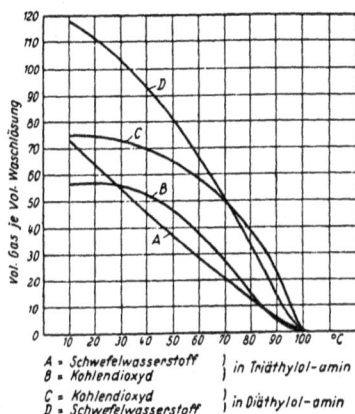

Abb. 23. Absorptionsgleichgewicht zwischen Kohlendioxyd und Schwefelwasserstoff zwischen 0 und 100° C über Äthanolaminlösungen.

binden. Dies entspricht je Volumeneinheit Diäthanolamin einer Absorption von 128 Vol. Gas und je Volumeneinheit Triäthanolamin 90 Vol. Gas. Einzelheiten über die Absorptionsgeschwindigkeit von Kohlendioxyd und Schwefelwasserstoff in einer 50 proz. Diäthanolaminlösung bei 10 und 45° C sind aus der Abb. 22 sowie über die Gleichgewichte zwischen diesen Gasen und der Absorptionslösung aus der Abb. 23 zu ersehen. Günstig ist bei dem Verfahren die wesentlich höhere Reaktionsgeschwindigkeit der Lösung mit Schwefelwasserstoff, da geringe im Gas verbleibende Kohlendioxydmengen nicht schädlich wirken.

Die technische Gestaltung des Girdler-Verfahrens (vgl. Abb. 24) ähnelt in weitgehendem Maße einer normalen Benzolgewinnungsanlage.

Das bei a in den Wäscher eintretende Gas wird in diesem

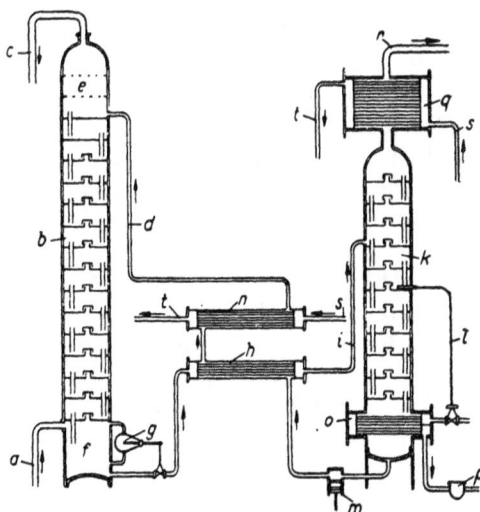

Abb. 24. Schematische Darstellung des Girdler-Verfahrens zur Absorption von Kohlendioxyd und Schwefelwasserstoff aus Gasen.

im Gegenstrom mit der bei d zugeführten Äthanolaminlösung ausgewaschen und verläßt den Wäscher nach Abtrennung darin enthaltener Flüssigkeitströpfchen in dem Abscheider e als Reingas bei c. Die verbrauchte Absorptionslösung wird in dem als Tauchtopf ausgestalteten Unterteil des Wäschers gesammelt, in dem mittels des Schwimmerventils g stets eine bestimmte Flüssigkeitshöhe eingehalten und gleichzeitig ein Austritt des Gases durch den Flüssigkeitsabfluß mittels eines Syphons vermieden wird. Die verbrauchte Lösung wird in einem Wärmeaustauscher h vorgewärmt und fließt über die Leitung i in die Abtreibekolonne k ein. In dieser wird sie mit durch die Leitung l eintretendem Wasserdampf ausgedämpft, bei o gesammelt und über die Umlaufpumpe m, den Wärmeaustauscher h und den Röhrenkühler n nach dem Wäscher b zurückgeführt. Die in dem Abtreiber k freigewordenen Gase werden in dem Röhrenkühler q mit Wasserzulauf s und -ablauf t gekühlt und bei r abgeleitet.

Die Auswaschung des Schwefelwasserstoffs und Kohlendioxyds ist um so wirksamer, je niedriger die Temperatur im Wäscher ist, die 25° C nicht übersteigen soll. Die Abspaltung der Gase erfolgt mit genügender Geschwindigkeit mit Spüldampf bei 50—60° C. Waschtemperaturen unterhalb +5° C sind ebenfalls infolge des hohen Anstiegs der Zähigkeit der Aminlösungen zu vermeiden. Die Fertigung der Geräte erfolgt zweckmäßig aus Stahl, Schmiede- oder Gußeisen, Nickel wird ebenfalls nicht angegriffen, in starkem Maße dagegen Kupfer, Zink, Messing oder Aluminium, da das Reaktionsvermögen der Amine dem des Ammoniaks nahezu gleichkommt. Der Verbrauch der Lösung ist sehr niedrig, da diese nicht mit Luft, die zur Oxydation von Schwefelwasserstoff unter Bildung von Thiosulfat führen würde, in Berührung kommt. Der jährliche Verlust an Aminlösung beträgt etwa 50% der umlaufenden Menge.

In den Vereinigten Staaten hat sich das Girdler-Verfahren auf zahlreichen Anlagen bewährt. In Deutschland dürfte es infolge der Einfachheit seiner Gestaltung und Durchführung vor allem bei der Reinigung von Schwelgasen Anwendung finden können, wobei das schwefelwasserstoffreiche Abgas zweckmäßig entweder im Clausofen zu Schwefel oxydiert oder nach dem Verfahren der Metallgesellschaft A.-G., Frankfurt a. M.[1]) auf Schwefelsäure aufgearbeitet wird.

Eine weitere Möglichkeit der Entfernung des Schwefelwasserstoffs aus Erdgas ist die Anwendung des auch für die Entschwefelung von Destillationsgasen vorgeschlagenen Seabord-Verfahrens der Koppers Co., Pittsburg. Bei diesem wird das Gas mit einer 1- bis 3proz. Natriumkarbonatlösung ausgewaschen, wobei der Schwefelwasserstoff unter Bildung von Natriumhydrosulfid absorbiert wird:

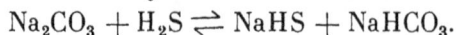

$$\mathrm{Na_2CO_3 + H_2S \rightleftharpoons NaHS + NaHCO_3}.$$

---

[1]) Chem. Fabrik 8, 415 (1935); DRP. 606235, 607017, 607216, 607751, 610448, 610449, 613677.

Neben dem Schwefelwasserstoff, der bei Anwendung eines Wäschers zu etwa 90% und bei zwei hintereinander geschalteten Wäschern zu 98 bis 99% entfernt wird, absorbiert die Lösung auch etwas Kohlendioxyd unter Bildung von Natriumbikarbonat. Die verbrauchte Lösung wird, ähnlich dem ursprünglichen Petit-Verfahren, durch kräftiges Durchblasen von Luft wieder regeneriert. Durch die Luftfrischung wird ein Teil des Schwefelwasserstoffs oxydiert und bildet unter Alkaliverbrauch in der Lösung Thiosulfat und Thionate. Dieser Verlust ist um so höher, je niedriger der Schwefelwasserstoffgehalt des Rohgases ist und kann bis zu 1 kg Sodaverbrauch je 10 kg absorbiertem Schwefelwasserstoff ansteigen. Durchschnittlich beträgt der Sodaverbrauch jedoch nur 1 kg je 250 kg absorbiertem Schwefelwasserstoff. Häufig stellen sich diesem Verfahren ferner Schwierigkeiten infolge der Verunreinigung der Atmosphäre mit Schwefelwasserstoff entgegen. Wohl das neueste Verfahren zur Schwefelwasserstoffabsorption stellt das Phenolat-Verfahren der Koppers Co., Delaware[2]) dar, das bei kohlendioxydarmen Gasen Anwendung finden soll. Dieses beruht darauf, daß eine Natriumphenolatlösung infolge ihrer starken Hydrolyse zu freiem Alkali Schwefelwasserstoff begierig absorbiert:

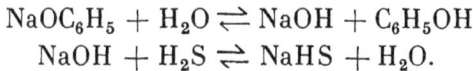

$$NaOC_6H_5 + H_2O \rightleftharpoons NaOH + C_6H_5OH$$
$$NaOH + H_2S \rightleftharpoons NaHS + H_2O.$$

Die verbrauchte Lösung wird durch Erhitzen regeneriert, wobei sich Alkaliphenolat zurückbildet und nahezu reiner Schwefelwasserstoff als Gas abgespalten wird. Apparativ gestaltet sich das Verfahren somit gleich dem von Girdler, der Auswaschungsgrad beträgt bei Anwendung eines einzigen Wäschers bereits 95%, die Kosten des Verfahrens sind etwa gleich denen der anderen.

Eine erste Anlage nach dem Phenolat-Verfahren[3]) ist in der Erdölraffinerie der Standard Oil Co. in El Segundo in Kalifornien in Betrieb genommen worden. In dieser werden täglich 620 000 m³ Raffineriegas unter einem Druck von 16 at von Schwefelwasserstoff befreit. Das Aufnahmevermögen der Lösung beträgt 10—20 g Schwefelwasserstoff/l Lösung, so daß der erforderliche Umlauf an Absorptionslösung 0,65—1,3 l/m³ Gas beträgt. Die Entfernung des Schwefelwasserstoffs erfolgt zu 95—99,5%.

Das gereinigte Erdgas wird zumeist direkt in feuchtem Zustand den Verdichteranlagen und Hochdruckferngasleitungen zugeführt. Der bei der Verdichtung kondensierte Wasserdampf wird dann in Wassertöpfen gesammelt und abgezogen.

In den letzten Jahren sind ferner mehrere Gastrocknungsanlagen für Erdgas aufgestellt worden, die sämtlich auf einer indirekten Kühlung

---

[2]) A. P. 2 028 125.
[3]) Gas Age-Record 79, 35 (1937).

des Gases unter Ausnützung der Verdampfungswärme des Propans beruhen. Der Aufbau einer derartigen Gastrocknungsanlage ist nachstehend
schematisch wiedergegeben (Abb. 25).

Das entgasolinierte Erdgas wird zunächst in zwei Wärmeaustauschern A und B mit getrocknetem Erdgas vorgekühlt und der dabei
kondensierte Wasserdampf in
dem Abscheider C zurückgehalten. Anschließend wird das
vorgetrocknete Erdgas in dem
Kühler D durch Verdampfen
von Propan auf etwa 0° C abgekühlt, das Wasserkondensat
in E abgeschieden und das getrocknete Erdgas nach Durch-
laufen der Wärmeaustauscher
A und B der Verdichteranlage
zugeführt. Der Kreislauf des
Propans ist folgender: Das

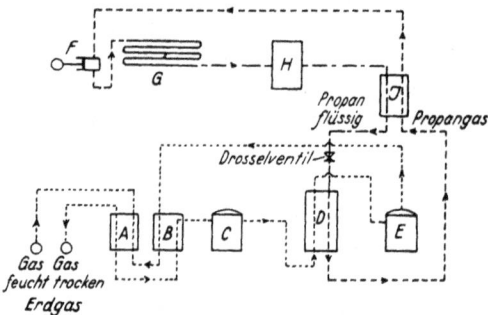

Abb. 25. Trocknung von Erdgas durch indirekte
Kühlung mit Propan.

Propangas wird in dem Verdichter F komprimiert, in dem Kühler G
verflüssigt und in dem Behälter H gesammelt. Von diesem aus fließt
es durch den Wärmeaustauscher J, wird in dem Kühler D verdampft
und das Propangas wird über den Wärmeaustauscher J nach dem Verdichter F zurückgeführt.

Zur Verdichtung des Erdgases in die Ferngasleitungen dienen im
allgemeinen doppelt wirkende Kolbenkompressoren mit Leistungsein-
heiten von 300 PS. Die Gesamtleistung der Verdichteranlagen für die
Speisung der nordamerikanischen Ferngasleitungen beträgt etwa
650000 PS. Als Leitungsmaterial finden jetzt vornehmlich bituminierte
Stahlrohre mit Schweißverbindungen Anwendung, um Gasverluste an
Muffenverbindungen zu vermeiden. Zur Entfernung von Flugstaub,
der etwa 80% Eisenoxyd und 5% Sand enthält, dienen besondere Staub-
abscheider.

b) Abscheidung von Gasolin und von Flüssiggas aus Erdgas.

Zahlreiche Erdgase enthalten, wie oben bereits gezeigt wurde,
mehr oder minder große Anteile an Kohlenwasserstoffdämpfen und
Flüssiggasen. Die Gewinnung derselben begann im wesentlichen erst
nach dem Weltkrieg, seit 1932 werden in den Vereinigten Staaten nahezu
sämtliche Gasolinbestandteile aus dem Gas entfernt, die dadurch gewonnene Menge entspricht 8,6% der gesamten Benzinerzeugung dieses
Landes. Die gleiche Entwicklung beginnt sich nunmehr auch in den
anderen Ländern, in denen Erdgas vorhanden ist, durchzusetzen. So
beträgt z. Z. in Polen die Gasolingewinnung ebenfalls bereits ungefähr
80% der möglichen.

Die Abscheidung des Gasolins aus dem Erdgas kann nach vier verschiedenen Verfahren vorgenommen werden:

a) durch Verdichtung, gegebenenfalls verbunden mit Kühlung,
b) durch Tiefkühlung,
c) durch Absorptionsverfahren,
d) durch Adsorptionsverfahren.

Bei den ersten beiden Verfahrensarten kann nur ein Teil der Gasolindämpfe abgeschieden werden, wenn nicht verhältnismäßig hohe Kosten für Hochdruckverdichtung oder Tiefkühlung aufgewandt werden. Beide Möglichkeiten haben daher auch nur bei Erdgasen mit sehr hohem Gasolingehalt Anwendung gefunden und sind fast überall wieder verlassen worden.

Der Kraftbedarf für die Abscheidung des Gasolins durch Verdichtung oder indirekte Kühlung ist nicht unbeträchtlich. Er ist mit etwa 2—2,5 PSh/kg Gasolin zu beziffern. Er läßt sich jedoch wesentlich erniedrigen durch Auswaschen des Erdgases mit stark gekühltem Benzin, das seinerseits durch Ammoniakverdampfung gekühlt worden ist. Das Prinzip einer derartigen Anlage, die von der Fa.

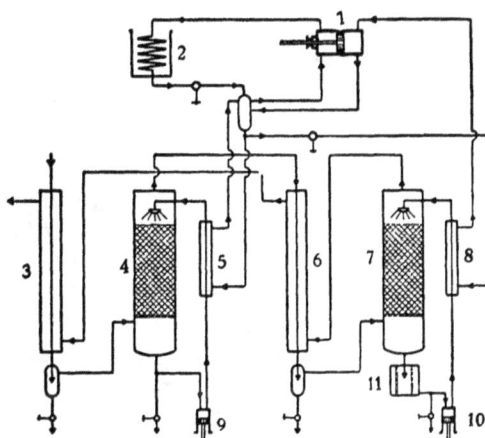

Abb. 26. Schema einer Anlage zur Gewinnung von Benzin aus Erdgas.

1 NH_3-Kompressor
2 NH_3-Verflüssiger
3 Erster Gegenstromkühler
4 » Berieselungskühler
5 » Benzin-NH_3-Kühler
6 Zweiter Gegenstromkühler
7 » Berieselungskühler
9 » Benzin-NH_3-Kühler
9 } Benzinpumpe
10 }
11 Benzinfilter

Gesellschaft für Lindes Eismaschinen A.-G.[1]) im Jahre 1917 in Galizien errichtet worden ist, zeigt die Abb. 26.

Das Verfahren stellt somit eine Vereinigung von Kühl- und Waschverfahren dar, wobei als Waschflüssigkeit kein fremder Hilfsstoff, sondern das zu gewinnende Produkt selbst dient. Bei dem zweistufig arbeitenden Verfahren wird das in einem Gegenstromkühler 3 vorgekühlte Gas in dem Kühler 4 mit Gasolin von etwa —3 bis —5° C berieselt. In diesem erfolgt sowohl eine Ausscheidung von Wasser als auch von etwa 20—30% der Gasolindämpfe. Das Gas wird in der nachfolgenden zweiten Stufe zunächst weiter gekühlt (Gegenstromkühler 6) und in dem Kühler 7 werden daraufhin die restlichen Gasolindämpfe bei etwa —20° C durch entsprechend tief gekühltes Gasolin ausgewaschen.

---

[1]) F. Pollitzer, Ztschr. ges. Kälteind. **39**, 90 (1932).

Die Verdichtung und Verdampfung des Ammoniaks erfolgt ebenfalls, wie aus der Zeichnung ersichtlich ist, in zwei Stufen. Der Kraftverbrauch bei der Anlage ergab sich bei Aufarbeitung eines Erdgases mit 50—80 g/m³ zu nur etwa 0,4 PSh/kg Gasolin.

In zahlreichen Anlagen bewährt haben sich das ältere Absorptions- und das neuere Adsorptionsverfahren, deren Durchführung der Benzol- bzw. Benzingewinnung aus Steinkohlengas und Schwelgasen sehr ähnlich ist.

Das Absorptionsverfahren beruht auf der Auswaschung der Gasolindämpfe unter erhöhtem Druck mit einem Mineralöldestillat, zumeist

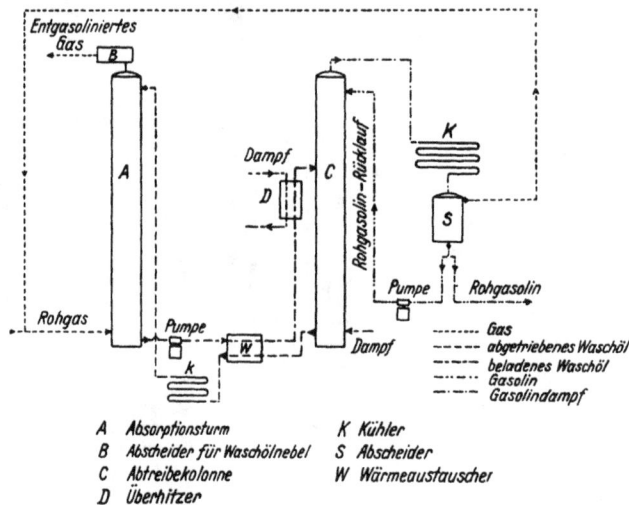

Abb. 27. Gasolingewinnung nach dem Absorptionsverfahren.

Gasöl von mittelhohem Siedebereich und niedriger Viskosität[1]). Das Waschöl kann sich dabei so weit mit Gasolin anreichern, bis der Sättigungsdruck des Gasolins aus der Lösung dem Teildruck der Gasolindämpfe im Gas gleich ist. Befördert wird die Anreicherung des Gasolins im Öl somit bei einem gleichbleibenden Ausgangsgehalt des Erdgases an Gasolin mit abnehmender Waschtemperatur. Diese findet eine Grenze jedoch in dem gleichzeitigen Anstieg der Viskosität des Waschöls und der Gefahr einer Unterschreitung der Taupunkttemperatur des Gases, da im Waschöl enthaltene Wassertröpfchen die Auswaschung nachteilig beeinflussen. Die Anreicherung ist ferner gemäß dem Planckschen Gesetz um so höher, je niedriger das durchschnittliche Molekulargewicht des Waschöls ist. Die schematische Anordnung einer Gasolin-Absorptionsanlage ist in Abb. 27 wiedergegeben.

[1]) Vgl. hierzu Standard Oil Co. of California, A.P. 1 915 781.

Das »nasse«, zumeist unter erhöhtem Druck stehende Erdgas wird in einem Hochleistungsabsorber A mit abgetriebenem Waschöl ausgewaschen, worauf das entgasolinierte Gas nach Befreiung von mitgerissenen Ölnebelteilchen die Anlage wieder verläßt. Das je nach der Zusammensetzung des Gases mit 3—10% Gasolin beladene angereicherte Waschöl wird nach Passieren eines Wärmeaustauschers W und eines Überhitzers D unter Entspannung in der Mitte einer Abtreibekolonne C eingeleitet, in der von unten ferner Dampf eingeblasen wird. In den Oberteil der Kolonne wird ferner ein Teil des Rohgasolins zurückgeführt. Der Gasolindampf wird in einem Kühler K kondensiert und das Gasolin in dem Abscheider S von gleichzeitig mitgelösten und wieder desorbierten gasförmigen Kohlenwasserstoffen abgetrennt, die in den Absorber A zurückgeführt werden. Das abgetriebene Waschöl beginnt nach Kühlung in dem Wärmeaustauscher W und dem Kühler K seinen Kreislauf von neuem. Das Gasolin wurde früher zumeist dem Topbenzin oder Krackbenzin zugemischt, in den letzten Jahren dient es immer mehr als Flugzeugmotorenbenzin. Das Rohgasolin enthält ferner wechselnde Mengen, und zwar bis zu 50% Propan und Butan gelöst, die allmählich aus dem Gasolin verdampfen. Um derartige Verluste zu vermeiden, wird das Rohgasolin stabilisiert, d. h. durch nochmalige Verdampfung und Kühlung der größte Teil seines Propan- und Butangehaltes entfernt. Das Prinzip einer derartigen Anlage zeigt Abb. 28.

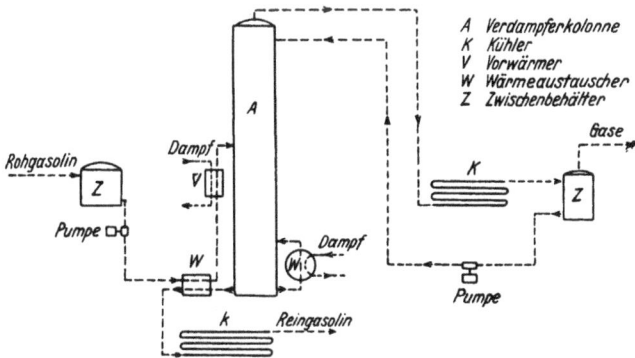

Abb. 28. Anlage zur Stabilisierung von Rohgasolin.

Das Rohgasolin wird nach Vorwärmung in einem Wärmeaustauscher und Vorwärmer in einer Kolonne A entgast. Der größte Teil des Gasolins bleibt flüssig, ein Teil jedoch wird mit den freigewordenen gasförmigen Kohlenwasserstoffen als Dampf weggeführt. Diese werden in einem Kühler K kondensiert, in einem Zwischenbehälter Z von den Gasen abgetrennt und zwecks nochmaliger Reinigung in die Kolonne zurückgeführt. Auf diese Weise kann der Gehalt des Gasolins an Propan und Butan auf weniger als 3% herabgemindert werden. Aus den Abgasen wird nachfolgend in einer Flüssiggasgewinnungsanlage Propan und Butan abgeschieden.

Die Größe derartiger Gasolingewinnungsanlagen ist recht verschieden, sie schwankt etwa zwischen 300 und 150000 kg Gasolin je 24 Stunden. Um in weniger erschlossenen Gebieten ebenfalls eine Gewinnung zu ermöglichen, sind derartige Anlagen auch transportabel gestaltet worden und können nach Erschließung neuer Erdgasquellen in kürzester Frist in Betrieb genommen werden.

Während in den Vereinigten Staaten vornehmlich das Absorptionsverfahren Anwendung findet, hat in Europa immer mehr das Adsorptionsverfahren mit Aktivkohle Fuß gefaßt. Die Grundlage dieses letzteren Verfahrens, das auf der Adsorption der Kohlenwasserstoffe an einem großoberflächigen Körper (600—1000 m² Oberfläche je 1 g Kohle) beruht, ist auf S. 93 besprochen. Wenn dabei die Beladung bis zum Durchbruch des Pentans ausgedehnt wird, ist das Gasolin sofort vollkommen rein und es erübrigt sich eine Stabilisierung desselben. Die Adsorption der Gasolindämpfe (Abb. 29) erfolgt in stehend angeordneten Adsorbern, bei größeren Anlagen zumeist 6—10, die mit der Aktivkohle gefüllt sind und durch die das Erdgas von unten nach oben durchgeleitet wird, worauf das entgasolinierte Gas den Betrieb verläßt.

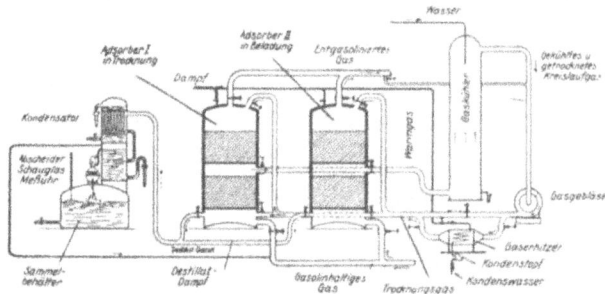

Abb. 29. Anlage zur Gewinnung von Gasolin aus Erdgas nach dem Adsorptionsverfahren.

Die Kohle reichert sich in frischem Zustand mit etwa 30—35 Gew.-% Gasolin an und kann infolge der nur geringen Verschmutzung und Verharzung an der Oberfläche für insgesamt etwa 10000 Beladungen verwendet werden. Nach Beladung der Kohlefüllung wird das Rohgas auf einen anderen Adsorber umgestellt. Anschließend wird die Kohle im Gegenstrom zu der Gasführung mit überhitztem Wasserdampf von etwa 250° C ausgedämpft und die Zeitdauer für das Anwärmen der Kohle durch gleichzeitige Dampfzugabe zu einer im Innern der Kohle angeordneten (in der Zeichnung nicht ersichtlichen) Rohrschlange verkürzt. Das Gasolindampf-Wasserdampf-Gemisch wird in einem Wasserkühler gekühlt und Wasser und Gasolin werden in einem Abscheider getrennt.

Durch die ausgedämpfte heiße Kohlenfüllung wird im Kreislauf ein durch Berieselung mit Frischwasser getrockneter und daraufhin erhitzter Gasstrom durchgeführt, gleichzeitig Frischwasser durch die Rohrschlange geleitet und die Kohle somit gekühlt und getrocknet. Die indirekte Wasserkühlung wird während der Adsorption beibehalten, um ein Erwärmen der Kohle infolge der freiwerdenden Adsorptionswärme zu vermeiden.

Wesentlich bei dem Aktivkohleverfahren der Lurgi G. m. b. H., Frankfurt, ist die Unabhängigkeit der Höhe der Beladung von dem Gasolingehalt des Erdgases. Es können mit gleicher Wirtschaftlichkeit der Anlage Gase mit 10—300 g Gasolin/m³ aufgearbeitet werden. Der Dampfverbrauch derartiger Anlagen beträgt nur etwa 2—3 kg Dampf/kg Gasolin und ist somit noch niedriger als bei dem Absorptionsverfahren (3,5—4,5 kg/kg Gasolin). Die Anlagen werden für eine arbeitstägliche Leistung von 500—15000 kg/Tag errichtet, zum Teil sind sie auch beweglich gestaltet. Die Betriebskosten sind außerordentlich niedrig, da die laufenden Aufwendungen nur im Dampfverbrauch, der Bedienung (1—2 Mann je Schicht) und dem Kraftverbrauch für das Umpumpen des Kühlwassers und das Durchblasen des Gases zur Kohletrocknung bestehen; sie betragen etwa 1,5 Pf./kg Gasolin.

c) Zersetzung von Erdgas oder Krackgas zwecks Herabminderung des Heizwertes.

Für die Verwendung von reinem Erdgas oder bei dessen Zumischung zu Kohlengas als Stadtgas wird das Erdgas zuweilen zunächst gekrackt, um seinen Heizwert herabzusetzen. Hierbei werden in Amerika zwei verschiedene Verfahren ausgeübt.

Bei dem Dayton-Verfahren wird das Erd- oder Krackgas mit vorgewärmter Luft gemischt und durch glühende Retorten geleitet, in denen unvollkommene Verbrennung zu einem Gas etwa der nachfolgenden Zusammensetzung 1,7% CO_2, 9,7% sKW, 0,3% O_2, 10,0% CO, 9,1% H_2, 23,2% CH_4, 45,8% N_2, Ho = 4000 kcal/m³, spez. Gewicht 0,813 stattfindet. Je nach der Temperatur der Retorten kann der Heizwert auf 2700—4500 kcal/m³ eingestellt werden. Durch Drosselung der Luftbeimischung lassen sich aber auch höhere Heizwerte erzielen.

Bei einem zweiten, ebenfalls angewendeten Verfahren wird in Wassergasgeneratoren das Erd- oder Krackgas zusammen mit dem Dampf eingeblasen und dabei eine weitgehende Spaltung desselben zu Wasserstoff erzielt. Dieses konvertierte Gas enthält durchschnittlich 3% CO_2, 17% CO, 60% H_2, 17% CH_4 und 3% N_2 (spez. Gewicht 0,38) und kann daraufhin mit unzersetztem Ausgangsgas zu einem Mischgas eingestellt werden, das in seinen sämtlichen Eigenschaften dem Stadtgas nahezu gleich ist.

Methan-Wasserstoffgemische, die sich durch eine hohe Verbrennungsdichte auszeichnen und daher bei zahlreichen industriellen Feuerungen angewendet werden, erhält man aus Erdgas auch durch eine teilweise rein thermische Zersetzung desselben. Zu diesem Zweck wendet man Generatoren ähnlich wie für die Ölgaserzeugung (vgl. S. 107) an, die zunächst je nach dem erstrebten Zersetzungsgrad mit einem Erdgas-Luftgemisch auf eine bestimmte Temperatur aufgeheizt werden. Bei dem anschließenden Durchleiten des Erdgases findet eine teilweise Aufspaltung der Kohlenwasserstoffe zu Wasserstoff und Kohlenstoff statt, der bei der nachfolgenden Blaseperiode wieder mitverbrannt wird.

Die Zersetzung der Kohlenwasserstoffe erfolgt um so leichter, je höher deren Molekulargewicht ist. So beginnt Äthan, das neben Methan in zahlreichen Erdgasen in beträchtlichem Maße enthalten ist, bereits bei 600° merklich gemäß der Gleichung

$$C_2H_6 = CH_4 + H_2 + C$$

zu zerfallen. Die Zersetzung des Methans beginnt daraufhin bei etwa 700°:

$$CH_4 = 2\,H_2 + C.$$

Die Regelung der Höhe des Methanzerfalles erfolgt zum Teil durch die Einstellung einer bestimmten Kracktemperatur (durchschnittlich 750—800°), ferner durch Veränderung der Verweilzeit des Gases im Generator. Die Zusammensetzung des gekrackten (»reformed«) Erdgases ist etwa folgende: 35—50% H_2, 35—50% CH_4, 1—3% CO_2, 4—10% CO und als Rest N_2.

Für die Wärmebilanz bei der Anlage von Santa Barbara der South Counties Gas Co. für die Krackung von Erdgas wurden von F. A. Hough und T. R. McLaughlin[1]) folgende Werte ermittelt:

Zahlentafel 11. Wärmebilanz einer Anlage zur Krackung von Erdgas.

	kcal/1000 m³ gekracktes Gas	%
Zugeführte Wärme:		
Wärmeinhalt des Gases für die Krackung	6 085 000	85,10
Wärmeinhalt des Gases für das Aufheizen des Generators . .	1 065 000	14,90
insgesamt	7 150 000	100,00
Abgeführte Wärme:		
Latenter Wärmeinhalt des gekrackten (»reformed«) Gases . . .	4 880 000	68,40
Latenter Wärmeinhalt des abgeschiedenen Kohlenstoffs	468 000	6,55
Fühlbarer Wärmeinhalt des Kohlenstoffs	13 600	0,19
Fühlbarer Wärmeinhalt des gekrackten Gases	810 000	11,32
Fühlbarer Wärmeinhalt der Abgase.	415 000	5,81
Sonstige Wärmeverluste	563 400	7,73
insgesamt	7 150 000	100,00

[1]) Proc. P. C. G. A. 1925.

Wärmeaufwand für die Beheizung des Generators.

	kcal/1000 m³ gekracktes Gas	%
Wärmeinhalt des Heizgases	1 065 000	
Wärmeinhalt des abgeschiedenen Kohlenstoffs	726 000	
gesamte zugeführte Wärme	1 791 000	100,00
Fühlbarer Wärmeinhalt des gekrackten Gases	810 000	45,10
Wärmeverbrauch für die Zersetzung der Kohlenwasserstoffe . .	317 000	17,70
Fühlbarer Wärmeinhalt der Abgase	415 000	23,20
Fühlbarer Wärmeinhalt des Kohlenstoffs	13 600	0,75
Sonstige Wärmeverluste	235 400	13,25
insgesamt	1 791 000	100,00

2. Klärgas.

Sämtliche gewerblichen, Haushalts- und Fabrikabwässer enthalten zahlreiche Verunreinigungen, vor allem organischer Art. Die Reinigung derselben kann entweder auf mechanischem, chemischem oder biologischem Wege erfolgen, zumeist werden jedoch zum mindesten zwei derselben gemeinsam angewendet. Die chemischen Reinigungsverfahren sind allgemein ziemlich in den Hintergrund gedrängt worden. Heute werden zumeist mechanische Reinigungsverfahren, oft in Verbindung mit biologischen Methoden, durchgeführt. Während bei der mechanischen Abwasserreinigung nur eine Abscheidung der festen Verunreinigungen beabsichtigt ist, werden bei der biologischen Reinigung neben den organischen Schwebestoffen auch die gelösten organischen Stoffe durch Kleinlebewesen abgebaut, so daß das Wasser praktisch vollkommen fäulnisfrei wird. Die mechanische Reinigung dient dazu, aus den Abwässern Sink- und Sperrstoffe sowie Fette durch geeignete Maßnahmen auszuscheiden. Hierzu dienen entsprechende Abfangvorrichtungen, mittels deren 15—20% der ungelösten Verunreinigungen entfernt werden können. Die Abscheidung der Sinkstoffe erfolgt anschließend zumeist in Absitzbecken, vor allem in Emscherbrunnen, in denen es gelingt, 80% des Feinschlammes zurückzuhalten, deren erster im Jahre 1906 von Imhoff[1]) von der Emschergenossenschaft in Recklinghausen erbaut wurde.

Für den dabei erhaltenen Schlamm bestehen verschiedene Verwertungsmöglichkeiten. Der mehrfach gemachte Vorschlag, dem Schlamm nach Vortrocknung mit Dampf den Fettgehalt zu entziehen, ist nirgends ein bleibender Erfolg beschieden gewesen. Häufig wird auch versucht, ihn an die Landwirtschaft als Dünger abzugeben oder nach Abtrocknung bis auf etwa 70% Wassergehalt zu verfeuern.

---

[1]) Mitt. Kgl. Prüfungsanstalt f. Wasserversorgung und Abwasserbeseitigung 1906, Heft 7, 157 Seiten.

Eine große Bedeutung infolge ihrer Wirtschaftlichkeit hat für die Abwasserschlammbeseitigung die Schlammfaulung erfahren. Bei dieser wird das den Feinschlamm enthaltende Abwasser auf biologischem Wege ohne Geruchsbelästigung für die Anwohner unter Wasser bei Ausschluß von Luft ausgefault und aus dem Abwasser kann als wertvolles Erzeugnis Klärgas von hohem Methangehalt erhalten werden. Für eine Einwohnerzahl von je etwa 10000 ist ein Emscherbrunnen zu rechnen. Die Gasgewinnung erfordert, den Faulraum durch eine unter Wasser liegende gasundurchlässige Decke abzudecken, damit sich kein Schwimmschlamm bilden kann. Die Schwimmschlammbildung wird anderseits durch einen überdurchschnittlichen Öl- und Fettgehalt des Abwassers begünstigt, so daß dieser zuvor zweckmäßig mittels eines Ölfängers zurückgehalten wird.

Eine bewährte Ausführungsform für Ölfänger, die vom Ruhrverband in Essen-Rellinghausen entwickelt worden ist, zeigt die neben-

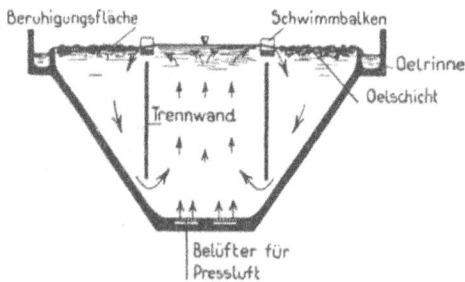

Abb. 30. Ölfänger auf der Kläranlage Essen-Rellinghausen des Ruhrverbandes.

stehende Abb. 30. Bei diesem Ölfänger wird das Abwasser durch in der Mitte von unten zugeführte Preßluft zwischen zwei Trennwänden in eine senkrecht aufsteigende Bewegung versetzt, das Wasser fließt außerhalb derselben zurück, während sich die Fett- und Öltröpfchen auf einer Beruhigungsfläche sammeln und nach einer etwas tiefer angeordneten Ölrinne abfließen. Das Auffangen des Gases kann auf verschiedene Weise durchgeführt werden, entweder mit schwimmenden oder mit fest angeordneten Gasfangdecken. Die ersteren haben den Vorteil, stets dicht auf der Wasseroberfläche aufzuliegen, so daß eine Vermischung des Gases mit Luft ausgeschlossen ist. Anderseits können bei dieser Bauart Undichtigkeiten, die zu Gasverlusten führen, nicht erkannt werden. Aus dem letzteren Grund haben sie in Deutschland bisher kaum Anwendung gefunden. In der nachfolgenden Abb. 31 nach F. Fries[1] sind je eine ältere und neuere Ausführungsform für Emscherbrunnen mit fest angeordneten Gasfängern wiedergegeben, die für 10000 Einwohner mit einer täglichen Abwassermenge von 100 l je Kopf ausreichend sind. Der wesentlichste Unterschied zwischen den beiden Bauarten ist die Verminderung der Zahl der Gasfänger von sechs auf einen einzigen und die Aufhebung der Unterteilung der Faulräume. Um jedoch eine gleichmäßige Verteilung des Schlammes im gesamten Faul-

---

[1] Gesundh.-Ing. **18**, Nr. 36 und 37 (1928).

raum und damit eine gute Ausnützung desselben zu erzielen, muß von Zeit zu Zeit die Strömungsrichtung des Abwassers umgekehrt werden.

Je 1000 l Abwasser werden in den Emscherbrunnen 990 l entschlammtes und biologisch gereinigtes Abwasser erhalten, das dem Vorfluter, Rieselfeldern oder Kanälen zugeleitet wird, während etwa 10 l frischer Schlamm anfallen, der entweder direkt auf den Schlammplatz gepumpt oder in besonderen Faulräumen ausgefault wird. Die reinen Haushaltabwässer enthalten nach Langbein[1]) im Durchschnitt je Kopf der Bevölkerung und Tag etwa 150 g Trockensubstanz. Diese besteht aus 70 g ungelösten Schwebestoffen, von denen 14 g mineralischer und 56 g organischer Zusammensetzung sind, ferner 80 g gelöste Stoffe, und zwar 50 g anorganischer, 11 g kristalloider organischer und 19 g kolloider organischer Art. Durch eine rein mechanische Reinigung mit einem Wirkungsgrad von 70% werden davon nur die 14 g anorganischen und 36 g (72%) der organischen Schwebestoffe entfernt; durch eine biologische Reinigung dagegen die Schwebestoffe vollkommen und von den gelösten Verunreinigungen die kolloiden ebenfalls vollständig sowie die kristalloiden bis auf einen Restgehalt von 5 g, so daß im wesentlichen nur die mineralischen gelösten Verunreinigungen im Abwasser enthalten bleiben, die keine Schädigungen mehr hervorrufen kön-

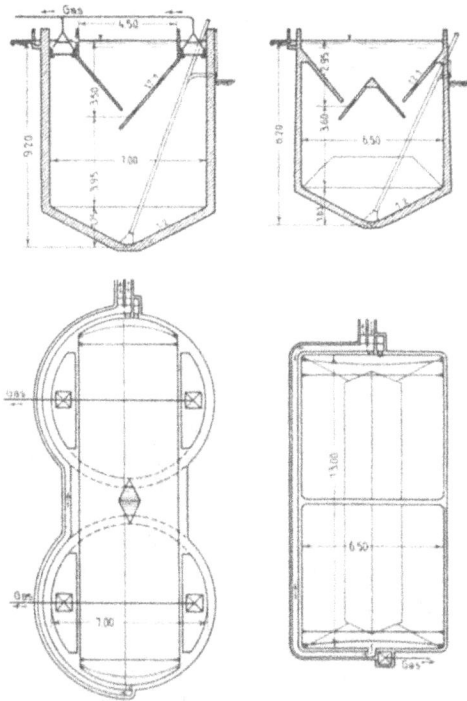

Abb. 31. Ältere und neuere Bauform von Emscherbrunnen für 10000 Einwohner mit einer täglichen Abwassermenge von 100 l je Kopf der Bevölkerung.

nen. Dieses Abwasser ist ferner praktisch vollkommen fäulnisfrei und geruchlos. Sein Permanganatverbrauch beträgt nur noch etwa 20—30% des ursprünglichen, bezogen auf filtriertes Abwasser.

Die biologische Abwasseraufarbeitung ist nicht beschränkt geblieben auf die Klärung des rohen Abwassers, sondern sie kann auch in der Form einer Schlammfaulung in getrennten Schlammräumen durchgeführt werden. Da der Schlamm jedoch nur sehr langsam vergärt, ist dessen Wasserstoffionenkonzentration und Temperatur genau zu über-

[1]) Zeitschr. VDI. **78**, 763 (1934).

wachen und der Schlamm muß gut mit reifem ausgefaultem Schlamm vermischt sein, um an Raum zu sparen. Die Entwicklung geht jetzt daher zum Teil dahin, die Emscherbrunnen durch eine Unterteilung des Verfahrens zu entlasten. In den Brunnen wird das Abwasser weiterhin ausgefault, aus diesen jedoch ein vorgefaulter wasserarmer Schlamm, der sich auf dem Boden abgesetzt hat, abgezogen und in einem Nachfaulraum getrennt ausgefault, wie dies die Abb. 32 zeigt, die den schematischen Aufbau der Anlage Essen-Frohnhausen der Emschergenossen-

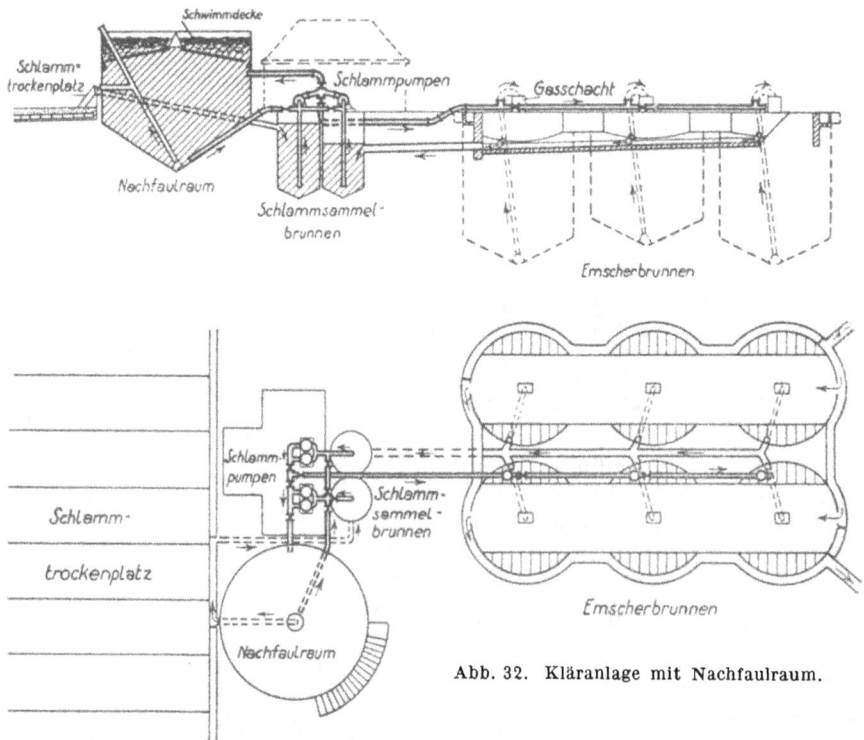

Abb. 32. Kläranlage mit Nachfaulraum.

schaft darstellt. Um das Reifen des Schlammes zu begünstigen, wird der Schlamm aus den Emscherbrunnen in einem Schlammsammelbecken mit ausgefaultem Schlamm aus dem Nachfaulraum vermischt[1]) und erst dann in den letzteren übergeführt.

Der ausgefaulte Schlamm wird daraufhin auf einem Trockenplatz abgetrocknet. In seiner Dungkraft kommt ausgefaulter getrockneter Abwasserschlamm dem Stallmist etwa gleich. Sein Gehalt an Bodenbakterien und Humusstoffen ist sehr hoch, sein Stickstoff ist in einer aufgeschlossenen, für die Pflanzen leicht assimilierbaren Form enthalten,

---

[1]) Imhoff und Blunk, DRP. 275498, 377802; Förster DRP. 306601.

seine Struktur wirkt für den Erdboden auflockernd. Ein wesentlicher Vorteil gegenüber dem phosphorsäurefreien Stallmist ist sein Gehalt an Phosphorsäure, der sich zu dem des Stickstoffs wie 1 : 2 verhält. Der Trockenschlamm wird daher zweckmäßig an benachbarte landwirtschaftliche Betriebe gegen eine geringe Vergütung abgegeben.

Neben der biologischen Reinigung des Abwassers in Emscherbrunnen beginnt in den letzten Jahren immer mehr das Belebtschlammverfahren[1]) in die Abwassertechnik einzudringen. Bei diesem Verfahren wird das Abwasser zunächst in Belüftungsbecken kräftig mit Frischluft in feinverteiltem Zustand durchgegast, wodurch sich im Verlauf von 5—8 Stunden der ausgeflockte und leicht absetzbare Belebtschlamm bildet. Dieser wird in Nachklärbecken innerhalb 1—2 Stunden abgeschieden. Die Leistung der Luftgebläse soll etwa dem einer acht- bis zehnfachen Belüftung entsprechen. Das Klarwasser braucht nicht mehr weiter gereinigt zu werden, sondern kann nach dem Vorfluter abgelassen werden, während der abgesetzte Schlamm unter gleichzeitiger Gewinnung von Klärgas ausgefault wird. Die Krafterzeugung für die Pumpen erfolgt allgemein mit Klärgas in Gasmaschinen, wobei das aufgewärmte Kühlwasser derselben zwecks Beschleunigung des Faulvorganges nach den Faulräumen geleitet wird[2]).

Die künstliche Erwärmung der Faulräume hat in den letzten Jahren weitgehenden Eingang in die Praxis gefunden, da die Einhaltung nicht zu niedriger Temperaturen, möglichst von 15—25°C, von großer Bedeutung für die Geschwindigkeit des Faulvorganges, d. h. der Bakterientätigkeit ist. Die künstliche Erwärmung der Faulräume ist anderseits um so einfacher und billiger, je konzentrierter der Schlamm ist, d. h. je weniger Wasser miterwärmt werden muß. In den geheizten Faulräumen wird daher möglichst wasserarmer Schlamm, am besten solcher, dem durch eine Vorfaulung bereits ein Teil des Wassergehaltes entzogen ist, verarbeitet. Dies ist ein weiterer Grund dafür, die Abwasserschlammfaulung in zwei Stufen durchzuführen.

Die Geschwindigkeit der bakteriellen Schlammfaulung wird ferner beeinflußt von der Wasserstoffionenkonzentration der Schlammsuspension. Unter günstigen Verhältnissen soll diese einen Wert von $p_H = 7$ besitzen, also neutral sein. Im Verlauf der Faulung fällt sie jedoch häufig ab, wodurch die Faulung gehemmt wird. Dies tritt vor allem bei einer zu niedrigen Faultemperatur ein, so daß die Bestimmung der Wasserstoffionenkonzentration eine einfache Betriebsmethode zur Überwachung des Faulvorganges darstellt. Die Einarbeitung von saurem Schlamm kann daher auch durch Zugabe von Kalk befördert werden.

Die durch die Abwasserfaulung gewinnbare Gasmenge beträgt etwa 0,01—0,18 m³ Klärgas je Tag und Kopf der Bevölkerung, so daß

---

[1]) Imhoff, DRP. 426 429.
[2]) Imhoff und Blunk, DRP. 376 697.

nach diesem Verfahren bis etwa 5—8% der gesamten Stadtgaserzeugung gedeckt werden können.

Das Klärgas besteht im wesentlichen aus Methan, ferner enthält es stets Kohlendioxyd und Stickstoff. Wasserstoff und Schwefelwasserstoff stellen Begleitgase dar, die in größerem Maße nur bei einer unsachgemäßen Führung der Kläranlage entstehen. Die durchschnittliche Zusammensetzung des Klärgases beträgt nach Sierp[1]):

Zahlentafel 12. Durchschnittliche Zusammensetzung von Klärgas.

	Rohgas eines einzelnen Brunnens	Mischgas aus mehreren Brunnen	Gereinigtes Gas
Methan.	65—95%	75—85%	90—98%
Kohlendioxyd	5—35%	10—20%	0— 2%
Stickstoff.	0— 5%	0— 5%	0— 8%
Wasserstoff.	0— 8%	0%	0%
Schwefelwasserstoff	0,1— 1%	0— 0,5%	0%

Heizwert des Gases 7500—8000 kcal/m³.

Während der Ausfaulung ändert sich der Gehalt des Klärgases an den einzelnen Inhaltsstoffen sehr wesentlich. So nimmt der Methangehalt mit fortschreitender Faulung laufend ab, der des Kohlendioxyds dagegen zu. Methan wird dabei jedoch nur zum Teil durch direkte Methangärung erzeugt, ein Teil kann sich nach Untersuchungen von Söhngens[2]) ferner aus Kohlendioxyd und Wasserstoff bakteriell gemäß der Formel

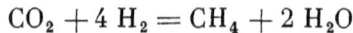

$$CO_2 + 4\,H_2 = CH_4 + 2\,H_2O$$

bilden.

Der Stickstoff wird aus den organischen Abwasserstoffen, vor allem aus Eiweißstoffen durch die Einwirkung proteolytischer Fermente abgespalten. Deren Zersetzung erfolgt sehr schnell, so daß der Stickstoffgehalt im Verlauf der Gärung schnell von etwa 20% auf 0% abfällt.

Wasserstoff bildet sich nur bei frisch sich einarbeitenden Brunnen, bei denen das Gas bis zu 50% Wasserstoff enthalten kann. Sobald sich jedoch genügend Methanbakterien gebildet haben, geht er nahezu auf Null zurück, so daß er bei gut eingearbeiteten Anlagen nicht entsteht.

Schwefelwasserstoff wird zumeist nur bei stark sulfathaltigen Abwässern durch Reduktion von SO_4-Ionen gebildet. Wenn deren Gehalt dagegen in normalen Grenzen liegt, soll der Schwefelwasserstoffgehalt 0,10% nicht überschreiten. Eine weitere Möglichkeit für das Auftreten von Schwefelwasserstoff ist eine saure Reaktion des Abwassers, wodurch Schwefelwasserstoff aus Eisensulfid freigemacht wird. Dies tritt vor

[1]) Gas- und Wasserfach **68**, 772 (1925).
[2]) Rec. Trav. chim. Pays-Bas **29**, 238 (1910).

allem bei einem zu starken Schlammablaß oder durch Zugabe von zuviel Frischwasser bei der Spülung ein.

Die Anlage getrennter Schlammfaulräume hat in den letzten Jahren besonders mit Rücksicht auf die Gasgewinnung erhöhte Bedeutung gewonnen. Es wird daher nachstehend ein Überblick über verschiedene derartige Anlagen gegeben[1]):

Getrennter Schlammfaulraum der DORR-G. m. b. H., Berlin in Ahlen (Westfalen). 900 m³ Inhalt.

I. Berechnungsunterlagen.

Einwohnerzahl: 30000.

Trockenwetterabfluß: 2400 m³/Tag häusliches Abwasser, 520 m³/Tag Abwasser von Eisenbeizereien und Emaillierwerken.

Regenwetterabfluß: 350 l/s.

Abwasserbehandlung: mechanische Klärung in quadratischem Dorr-Klärbecken von 13 m Seitenlänge und Ausfaulung des Schlammes im Dorr-Faulraum von 12 m Dmr.

Schlammanfall:

1. aus häuslichem Abwasser
   0,9 l/Einwohner mit 95% Wasser . . . . . = 27 m³/Tag
2. aus industriellem Abwasser
   12 l/m³ mit 95% Wasser . . . . = 6 »

insgesamt   33 m³/Tag

mit 1650 kg Gesamtfestsubstanz, enthaltend
1000 kg organische Stoffe
und 650 kg mineralische Stoffe.

Mit Rücksicht auf den hohen Gehalt an Eisensalzen, die den Faulprozeß verzögernd beeinflussen, wurden 0,9 m³ Faulrauminhalt je kg zu behandelnder organischer Festsubstanz bei einer Temperatur von 25° C gewählt.

II. Kosten der Anlage ohne Rechen und Sandfang RM. 130000. Die Baukosten, die etwa RM. 90000,— betragen, sind durch die außergewöhnlich schlechten Untergrundverhältnisse höher als normal. Die Kosten des Faulraums betragen minimal für

Bauarbeiten . . . . RM. 19000,—
Faulraumapparatur . . . . . » 6000,—
Heizungsanlage . . . . » 4000,—

III. Beschreibung des Betriebes. Der Rechen wird von Hand gereinigt und das zurückgehaltene Rechengut kompostiert.

---

[1]) Techn. Gemeindeblatt **39**, 287 (1936).

Der Sandfang wird von Hand gereinigt und der Sand abgefahren.

Der DORR-Ausräumer läuft 6—8 h am Tage und fördert während dieser Zeit den abgesetzten Schlamm zum mittleren Austragssumpf (Kraftverbrauch 0,5 kW/Betriebsstunde).

Die Schlammförderung geschieht mit einer Dorrco-Tauchkolbenpumpe, dreimal am Tage wird während ½—¾ h gepumpt (Kraftverbrauch 2 kW/Betriebsstunde).

Das im Schlammfaulraum eingebaute DORR-Heizschlangenrührwerk wird 4—8 h am Tage betrieben, wobei eine genügende Mischung und Zerstörung der Schwimmdecke erzielt wird. Kraftverbrauch 0,5 kW/Betriebsstunde.

Die Schlammtrockenbeete werden mit Hand ausgeräumt. Der ausgefaulte und getrocknete Schlamm wird an die Landwirtschaft abgegeben.

Die Heizungsanlage mit einem Merkaptan-Apparat wird mit dem im Faulraum gewonnenen Faulgas betrieben und ist als Schwergewichtsheizung ausgebildet.

Vorlauftemperatur	60—70° C
Rücklauftemperatur	30—35° C
Temperaturgefälle	25—35° C
Umgewälzte Wassermenge . . .	1,5 m³/h

Die Heizungsanlage besteht aus dem kombinierten Kondenstopf mit Gasdruckregler und Explosionsschutz, dem Gasmesser, dem Gliederkessel für Methangasbeheizung für 50000 kcal/h, dem Wassermengenmesser, den Thermometern für Vor- und Rücklauf und einer Vilo-Pumpe, die beim Anheizen des Kessels kurze Zeit in Betrieb ist. Außerdem sind an den erforderlichen Stellen noch Flammenrückschlagsicherungen in die Gasleitung eingebaut.

IV. Gas- und Schlammausbeute. Gegenwärtig sind 4000 bis 5000 Einwohner an die Kläranlage angeschlossen.

Schlammanfall 10—12 m³/Tag gegenwärtig mit 95% Wasser = 500—600 kg/24 h, enthaltend 275—330 kg organische Stoffe und 225—270 kg mineralische Stoffe.

Ausgefaulter Schlamm 2,3—2,7 m³/24 h mit 85% Wasser = 390 bis 460 kg/24 h, enthaltend 125—150 kg/24 h organische Stoffe und 265—310 kg/24 h mineralische Stoffe.

Beim Ausfaulvorgang wird also die Frischschlammenge um 87% und die organische Festsubstanz um 55% vermindert.

Mittlerer Gasanfall 250 m³/24 h, entsprechend 0,9 m³ je kg eingetragener organischer Festsubstanz oder 1,65 m³ je kg abgebauter organischer Festsubstanz.

V. Ausgeführte Anlagen in Deutschland: Essen-Relling-hausen, Witten und Ahlen. Die letztere wurde im August 1934 in Betrieb genommen. Im Auslande ist ebenfalls eine größere Anzahl von Anlagen ausgeführt.

Getrennte Schlammfaulräume für mittlere und größere Städte der Kremer-Klärgesellschaft m. b. H., Berlin[1]).

Im Laufe der Jahre sind in über 35 Städten Kremer-Kläranlagen mit getrennten Schlammfaulräumen erbaut worden. Von den in letzter Zeit ausgeführten Anlagen sind beispielsweise zu nennen:

Hettstedt.	12000 Einwohner,	erbaut	1934
Zeulenroda	17000 »	»	1929
Paderborn	35000 »	»	1933
Schweidnitz	40000 »	»	1926/27

Die Faulräume werden in runder, geschlossener Form hergestellt, und zwar dergestalt, daß sich die Vorfaulkammer oben befindet, während die Ausfaulkammer unten angeordnet ist. Die Einleitung des Rohschlammes erfolgt in der Vorfaulkammer. Das elektromotorisch angetriebene Rührwerk besitzt drei Flügelpaare, von denen das oberste zur Zertrümmerung der Schwimmdecke, das mittlere zum Transport des angefaulten Schlammes in die Nachfaulkammer und das unterste Flügelpaar zur Steigerung des Schlammkreislaufes dient. Der sich in dem unteren Raum bildende Schwimmschlamm wird von dem untersten Rührwerk ergriffen und entgast, so daß er durch die freie Öffnung der Zwischendecke steigen und nach Bearbeitung durch die anderen Rührflügelpaare wieder zum Absinken gebracht wird. Der Schlamm wird also zur Beschleunigung der Durchfaulung in einen Kreislauf versetzt, wobei anderseits der untere Sohlenschlamm vollkommen in Ruhe bleibt. Das Ablassen des ausgefaulten Schlammes erfolgt durch Wasserüberdruck. Durch die Unterteilung des Faulraumes wird die vorzeitige Entnahme von nicht durchgefaultem Schlamm vermieden.

In die Zwischendecke wird ein spiralförmiges Rohrsystem zur Beheizung eingebaut. Auf diese Weise wird die ganze Zwischendecke beheizt, so daß sich eine sehr große Oberfläche für die Übertragung der Wärme ergibt. Die Heizrohre selbst werden in beweglicher Form in die Zwischendecke eingesetzt, so daß eine Korrosion nicht möglich ist. Die Gasgewinnung erfolgt in der üblichen Weise durch besondere Gasfangglocken.

I. Berechnungsgrundlagen für Schlammfaulräume: Nach praktischen Erfahrungen ist eine bewährte Grundzahl für die Raumgröße 30 l/Kopf, ansteigend bis 60 l/Kopf bei kleinen Anlagen. Diese Grundzahl ist nur für häusliche Abwasser gültig.

---

[1]) Techn. Gemeindeblatt **40**, 7 (1937).

II. Schlammgasausbeute: Die Schlammgasausbeute richtet sich nach dem Gehalt der organischen Bestandteile im Schlamm; sie beträgt ohne Beheizung des Schlammfaulraumes 8—14 l/Kopf der angeschlossenen Einwohner, bei Beheizung bis zu 25 l Gas pro Kopf.

III. Baukosten: Die Baukosten der zweistufigen Schlammfaulräume in flacher Bauweise betragen rd. RM. 30,— bis 40,— je m³ nutzbarem Inhalt; die Baukosten der runden Schlammfaulräume mit Beheizung und Rührwerk rd. RM. 20,— bis 30,— je m³ nutzbarem Raum. Demnach sind die Baukosten der flachen Schlammfaulräume infolge ihrer rechteckigen mehrkammerigen Form rd. 50% höher, jedoch die Betriebskosten geringer, da keine Schlammrührwerke infolge der größeren Oberfläche der Faulräume erforderlich sind.

Ein Umwälzverfahren für die Schlammfaulung hat die Bamag-Meguin A.-G. entwickelt[1]). Die Durchschnittzahl von 30 l Faulraum je Kopf der Bevölkerung hat nur Gültigkeit, wenn das Abwasser keine größeren Mengen aus gewerblichen oder industriellen Betrieben zusätzlich zugeführt werden. Gerade die letzteren befördern aber die Schwimmschlammbildung, bei der erheblich größere Faulrauminhalte erforderlich sind. Bei dem Umwälzverfahren wird nunmehr eine Verringerung der Faulraumgrößen um etwa ein Drittel erzielt. Als Form für den Faulraumbehälter wurde hierbei eine annähernde Kugelform gewählt (Abb. 33). Dieser bedarf einer nur verhältnismäßig geringen Gründung, bietet gute statische Bedingungen, läßt sich gegen Wärmeverluste leicht isolieren und erfordert verhältnismäßig niedrige Anlagekosten. Ein wesentlicher Vorteil ist vor allem die geringe Ausdehnung der Faulraumdecke und damit gleichzeitig des Schlammspiegels. Die Bewegung des Schlammes erfolgt mit einem Schraubenschaufler, der gleichzeitig die Schlammdecke immer von neuem aufreißt. Dem Faulraum ist ferner ein Behälter für verdrängtes Faulraumwasser beigegeben, aus dem der abgesetzte Schlamm mit der Schlammdruckleitung wieder in den Faulbehälter zurückgebracht wird. Der untere, spitz zulaufende Teil des letzteren ist mittels einer festen Prallplatte gegen eine Beeinflussung durch Umwälzung geschützt, damit ist eine Ruhe- und Eindickungszone für den ausgefaulten Schlamm geschaffen. Die erforderliche Beheizung des Schlammes erfolgt durch eingehängte Heizschlangen, die von der umgewälzten Masse bespült werden. Mit Hilfe dieser Schlammumwälzung ist es gelungen, den auf den Siebscheiben anfallenden Schlamm, der nur etwa 50% Feuchtigkeit enthält, bis zu dem gleichen Maße auszufaulen, wie dies mit dem Schlamm aus Absetzbecken geschieht. Eine erste Anlage dieser Art wurde in Magdeburg erstellt.

Die Anlagekosten derartiger Schlammfaulräume in angenäherter Kugelform werden je m³ umbauten Raumes einschließlich der maschinel-

---

[1]) Techn. Gemeindeblatt 40, 33 (1937).

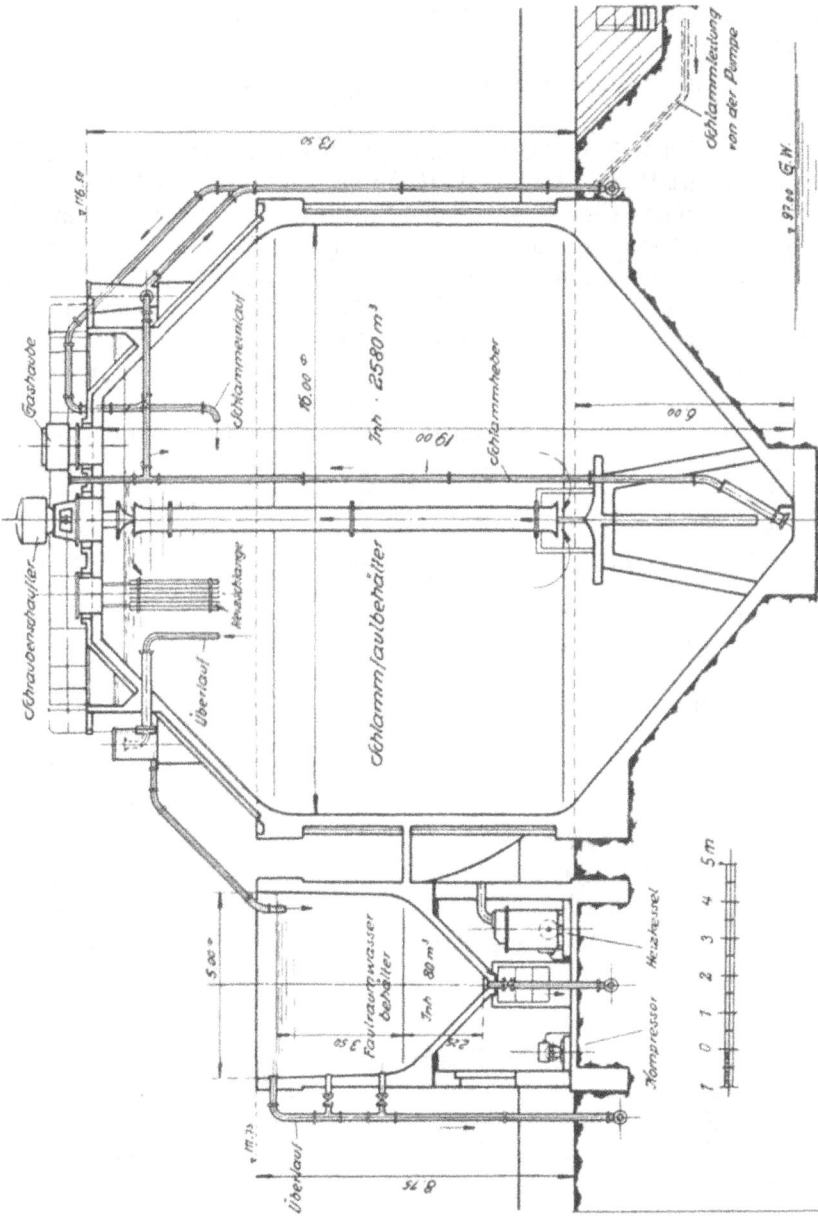

Abb. 33. Schlammfaulraum der Bamag-Meguin A.-G., Berlin.

len Ausrüstung zu RM. 40,— bis 55,— angegeben. Der Kraftbedarf der Schraubenschaufler, deren tägliche Laufzeit etwa 2 h lang erforderlich ist, beträgt je nach der Größe der Anlage 8—12 kW, der der Umwälzpumpe etwa 0,6 kW. Die letztere soll täglich im Sommer 10, im Winter 20 h laufen.

Insgesamt sind bisher etwa 30 derartige Anlagen in Betrieb genommen worden.

Für die Beurteilung der Kosten der biologischen Abwasserreinigung nach der Bauart Bamag-Meguin A.-G. unter gleichzeitiger Klärgasgewinnung soll im nachfolgenden über die Ergebnisse berichtet werden, die vor wenigen Jahren auf dem Gaswerk Pößneck[1]) ermittelt worden sind. Dabei muß betont werden, daß es sich in diesem Fall um eine Kleinanlage handelt und die Kosten sich bei einer größeren Anlage wesentlich vermindern. Daselbst waren im Jahresdurchschnitt je Kopf der Bevölkerung täglich 620 l, insgesamt im Jahr 2819330 m³ Abwasser aufzuarbeiten. Bei einer Schlammenge von 6,33 l je m³ Abwasser bei einem Wassergehalt des Schlammes von 90% belief sich die Schlammenge je Kopf täglich im Jahresdurchschnitt zu 3,94 l, wobei je m³ Schlamm 8,02 m³ Klärgas gewonnen wurden und die Jahreserzeugung an Klärgas somit etwa 150000 m³ betrug.

Als Betriebs- und Unterhaltungskosten wurden jährlich ermittelt:

Grundstücksunterhaltung.	RM. 50,—
Unterhaltung des Grobrechens, Sandfanges und Absetzbeckens	» 405,—
Unterhaltung des Maschinenraumes und der Maschinen	» 400,—
Unterhaltung des Faulraumes	» 435,—
Unterhaltung der Schlammbeete und des ausgefaulten Schlammes	» 70,—
Unterhaltung der Gasleitung	» 410,—
Beleuchtung, Heizung, Reinigung	» 50,—
Wasserverbrauch (RM. 0,38/m³)	» 150,--
Stromverbrauch (RM. 0,16/kWh)	» 4200,—
Löhne	» 3000,—

RM. 9170,—

Bei einer Aufteilung der Kosten je auf die Wasserreinigung und Gasgewinnung, und zwar für die Unterhaltung des Faulbehälters und der Löhne zu 25%, des Stromverbrauchs für die Schraubenschaufler zu 50% sowie der vollen Kosten der Unterhaltung der Gasleitung auf die Gaserzeugung ergibt sich für diese ein Aufwand von RM. 2570,— oder von 1,77 Pf./m³. Auf die Wasserreinigung entfallen somit an Unter-

[1]) O. Waldmann, Gas- und Wasserfach **77**, 49 (1934).

haltungskosten RM. 6600,—. Dies ergibt bei 2819330 m³ Abwasser an Reinigungskosten 0,23 Pf./m³.

Die gesamten Verzinsungs- und Abschreibungskosten werden bei zusammen 9% zu RM. 29000,— angegeben, von denen RM. 7000,— der Gaserzeugung und RM. 22000,— der Wasserreinigung zugerechnet werden. Dies ergibt zusätzliche Kosten in Höhe von 4,82 Pf. je m³ Gas und von 0,78 Pf. je m³ Abwasser. Daraus beziffern sich die gesamten Herstellungskosten für das Gas zu 6,59 Pf./m³ und ein Gesamtpreis für die Reinigung von 1 m³ Abwasser zu 1,01 Pf. Man ersieht daraus, daß der Kapitaldienst die eigentlichen Unterhaltungskosten um etwa das Dreifache übersteigt.

Auf eine nur im Gaswerk Pößneck[1]) angewendete Methode der Krackung des Klärgases vor Zumischung zum Stadtgas durch Ausnützung der fühlbaren Wärme des Kokses sei anschließend besonders hingewiesen. Das Klärgas der durchschnittlichen Zusammensetzung 25% CO_2, 4—5% H_2, 68% CH_4 und 1—2% N_2 wird durch Vertikalkammeröfen gegen Ende der Garungszeit durchgeleitet. An der glühenden Koksoberfläche findet dabei eine Zersetzung des Methans und eine Reduktion des Kohlendioxyds zu Kohlenoxyd statt unter Bildung eines Spaltgases der Zusammensetzung 1,5% CO_2, 26% CO, 61% H_2, 10% CH_4, 0,5% N_2 ($H_0 = 3630$ kcal/m³, spez. Gew. 0,41), wobei je 1 m³ Klärgas 2,4 m³ Spaltgas bei einem Energieaufwand von 2200 kcal/m³ Klärgas entstehen. Bei einer Spaltung von 250 m³ Klärgas/Tag bedeutet dies eine Ersparnis von jährlich 250 t Kohle. Das Verfahren dürfte vor allem auf kleineren und mittleren Werken, deren Koksabsatzmöglichkeit beschränkt ist, zweckdienlich sein.

Die Gesamtmenge an Klärgas, das in Deutschland den städtischen Gaswerken als Überschußgas zugeführt wurde, beträgt zur Zeit etwa 6,5 Mio. m³ im Jahr. Die Verrechnung[2]) erfolgt zumeist mit einem Preis von 3—5 Pf./m³.[3]) Im Ausland hat sich die biologische Abwasserreinigung unter gleichzeitiger Gewinnung von Klärgas ebenfalls in zahlreichen Städten in England und Amerika sowie in Zürich und Helsingfors durchgesetzt.

Eine wirtschaftliche Verwendung des Klärgases ist nur dann möglich, wenn sein Gehalt an Kohlendioxyd und Schwefelwasserstoff durch Waschen auf einen Restgehalt des ersteren von 1—2% herabgesetzt wird, während der Schwefelwasserstoff, gegebenenfalls durch eine Nachreinigung mit Lux- oder ähnlichen Massen vollständig entfernt werden

[1]) Waldmann, Deliwa **28**, 61 (1934).

[2]) Heilmann, Gesundh.-Ing. **25**, 764 (1935).

[3]) Im einzelnen beträgt bei der Abgabe an das Gaswerk der Erlös beispielsweise in Halle 2,7, in Essen 3,2, in München 4,0, in Nürnberg 4,5 und in Stuttgart 5,0 Pf./m³ Klärgas.

muß. Damit gelingt es, den Gehalt des gereinigten Klärgases an Methan auf 95—98% zu erhöhen.

Die ersten Versuche zur Verwendung von Methangas zum Betrieb von Kraftfahrzeugen wurden bereits 1926 von der Concordia-Bergbau A.-G., Oberhausen, aufgenommen. Eine Anlage zur Verdichtung von Klärgas zum Antrieb von auf Gas umgestellten Kraftfahrzeugen ist ferner im Sommer 1935 auf dem Gaswerk Stuttgart aufgestellt und in Betrieb genommen worden. Die Kosten der dafür erforderlichen Verdichtung des Gases hat Heilmann (s. o) zusammengestellt.

R. Pursche und W. Wichmann[1]) haben ferner darauf aufmerksam gemacht, daß der mengenmäßige Anfall an Klärgas besonders in Groß-städten dessen Ausnützung zur Stromerzeugung lohnend macht. So wird ein Teil der Berliner Abwässer in Waßmannsdorf bei Berlin in einer Zentralkläranlage, die für einen Trockenwetterzufluß von täglich rund 110000 m³ Abwasser bemessen ist, biologisch geklärt. Den schematischen Aufbau der gesamten Reinigeranlage zeigt die Abb. 34. Die Gasausbeute

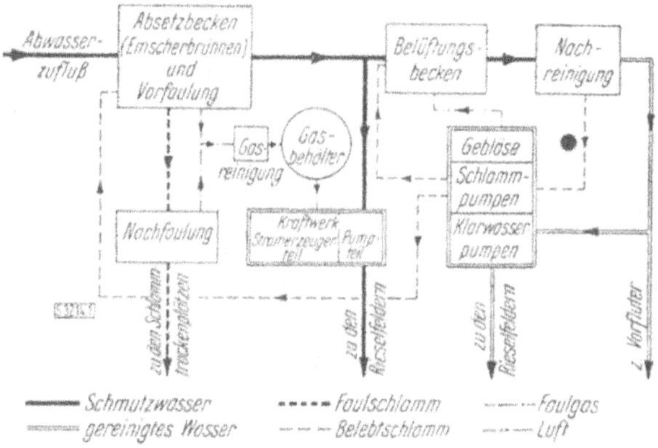

Abb. 34. Betriebsbild der Klärwerke Waßmannsdorf.

beträgt etwa 10 l Klärgas/100 m³ Abwasser mit einem unteren Heiz-wert von 5800 kcal/m³ Gas. Das Klärgas dient zunächst als Brennstoff für Heizungen sowie für Gasmaschinen zum Antrieb von Pumpen. Mehr als die Hälfte der Gaserzeugung wird jedoch als Überschußgas einem Kraftwerksbetrieb zugeführt. Dieser enthält vier Drehstrom-erzeuger mit einer Leistung von 680, 500, 500 und 200 kVA bei einem cos φ von 0,8, die von Gasmaschinen stehender Bauart angetrieben werden. Der Gasverbrauch beträgt ungefähr 0,5 m³/kWh. Der Ge-stehungspreis einer Kilowattstunde wird bei einem Ausnutzungsgrad der Stromerzeugeranlage von rd. 70% auf Grund sorgfältiger Berechnungen zu 2,4 Pf. angegeben.

---

[3]) Arch. f. Wärmewirtschaft **18**, 53 (1937).

3. Katalytische Reduktion von Kohlenoxyd und Kohlendioxyd zu Methan.

Nachdem bereits B. C. Brodie[1]) früher eine langsame Bildung von Methan bei der Einwirkung elektrischer Entladungen auf Kohlenoxyd-Wasserstoffgemische nachgewiesen hatte, er erhielt nach 5 h eine Bildung von 6% Methan, wurde von P. Sabatier und I. B. Senderens[2]) im Jahre 1902 mittels feinverteiltem Nickel und Kobalt als Katalysator erstmalig die Reduktion von Kohlenoxyd zu Methan mit quantitativer Ausbeute festgestellt:

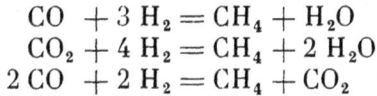

$$CO + 3 H_2 = CH_4 + H_2O$$
$$CO_2 + 4 H_2 = CH_4 + 2 H_2O$$
$$2 CO + 2 H_2 = CH_4 + CO_2$$

Der Beginn der Reduktion des Kohlenoxyds liegt für Nickel bei 170—180°, bei 200—230° verläuft die Reaktion bereits schnell und bei 250—280° quantitativ. Eingehende Untersuchungen hierüber, über die Reaktionsgeschwindigkeit und umfassende Literaturzusammenstellungen finden sich bei Neumann und Jakob[3]) und F. W. Hightower und A. H. White[4]), auf die verwiesen sei. Bei Wasserstoffüberschuß oder Einhaltung der theoretisch notwendigen Volumenmengen 1 Vol. Kohlenoxyd und 3 Vol. Wasserstoff verläuft die Reduktion bei 250° annähernd vollständig, im letzteren Falle beträgt das Reaktionsgasvolumen nach Abkühlen nur noch $\frac{1}{3}$ des Ausgangsvolumens und besteht aus fast reinem Methan. Bei Anwendung eines Kohlenoxydüberschusses erhält man hingegen bedeutend geringere Ausbeuten als der vorhandenen Wasserstoffmenge entspricht. Das katalytisch wirkende Nickel wird bei Temperaturen bis zu 250° in seiner Wirksamkeit für längere Zeit nur unwesentlich geschwächt, wenn es gelingt, Gasverunreinigungen, wie organische Schwefelverbindungen und andere Kontaktgifte vor der Reaktion vollständig zu entfernen. Es wird jedoch allmählich mit geringen Mengen hochmolekularer Kohlenwasserstoffe überzogen, die von Zeit zu Zeit durch Oxydieren des Katalysators mit Luft entfernt werden müssen. Nach Reduktion des Katalysators bei 250° mit einem gleichen Gasgemisch ist die ursprüngliche Reaktionsfähigkeit wieder vollständig hergestellt.

Die Reduktionsfähigkeit des Kohlendioxyds beginnt bei etwas höherer Temperatur, etwa 230° und verläuft erst bei 350° ebenfalls vollständig.

Diese Methode eignet sich besonders zur laboratoriumsmäßigen Reindarstellung von Methan. Man geht hier zweckmäßig von einem

[1]) Ann. **169**, 270 (1873); Chem. News **27**, 187 (1873); Proceed. Roy. Soc. London **21**, 245 (1873).
[2]) Compt. rend. de l'acad. des sciences **134**, 689 (1902).
[3]) Ztschr. Elektrochem. **30**, 557 (1924).
[4]) Ind. Eng. Chem. **20**, 10 (1928).

Gasgemisch, bestehend aus 22—25% Kohlendioxyd und 78—75% Wasserstoff aus, von denen das erstere einer Bombe oder einem Kippschen Apparat entnommen, der Wasserstoff durch Elektrolyse hergestellt wird. Das Gasgemisch wird bei 350—380⁰ über einen Nickel-Aluminiumoxydkatalysator geleitet, überschüssiges Kohlendioxyd durch Natronlauge, etwa nicht verbrauchter Wasserstoff durch Überleiten über Kupferoxyd bei 270⁰ entfernt. Der Gasrest besteht nunmehr aus reinem Methan, das nur durch geringe Stickstoffmengen verunreinigt sein kann. Die Reinigung von nicht umgesetztem Wasserstoff ist zumeist unnötig.

Bei Anwendung von Kohlenoxyd wird die Reaktion oberhalb 300⁰ erschwert, indem steigende Mengen Kohlenoxyd in Kohlenstoff und Kohlensäure zerlegt werden gemäß der Gleichung

$$2\,CO = C + CO_2.$$

Die Kohlendioxydbildung verläuft schneller als dessen Hydrierung, so daß der Kohlendioxydgehalt des Abgases mit zunehmender Temperatur stark ansteigt. Ausgehend von einem theoretisch zusammengesetzten Gas (25% CO und 75% H_2) erhielten Sabatier und Senderens (l.c.) z. B. bei 380⁰ ein Endgas von folgender Zusammensetzung: 10% CO_2, 21,6% H_2 und 67,9% CH_4; Wassergas als Ausgangsgas ergab unter gleichen Bedingungen 52,6% CO_2, 7% H_2 und 32,8% CH_4.

Bereits sehr frühzeitig setzten Versuche ein, um mit Hilfe dieser Synthese in technischem Maße ein Gas von hohem Heizwert zu erzeugen. Als heizkräftige Gase kommen für die Haushaltungs- und Industriegasbeschaffung fast ausschließlich Leuchtgas und Kokereigas in Betracht. Diese besitzen jedoch den Nachteil, zu 6—18% giftiges Kohlenoxyd zu enthalten, ferner wäre für einzelne technische Verwendungszwecke ein billig zu beschaffendes Gas von höherem Heizwert von Bedeutung.

Für die letzteren Erfordernisse besteht bei der Verkokung der Kohle zwar die Möglichkeit, durch getrennte Absaugung der während der verschiedenen Destillationsperioden entstehenden Gase ein Reich- und Armgas zu gewinnen, diese Arbeitsweise würde jedoch bedeutende Mehrkosten durch die Notwendigkeit zweier getrennt arbeitender Nebenproduktenanlagen verursachen. H. S. Elworthy und R. H. Williamson[1] schlugen daher vor, die Leuchtgasfabrikation zwecks besserer Verwertung des Kokses so umzustellen, daß der Gaskoks zu Wassergas vergast und dieses zum Teil in Methan übergeführt wird.

Nach Sabatier[2] wird die Wassergasdarstellung durch Senken der Temperatur auf etwa 700⁰ so geleitet, daß das theoretisch notwendige Gasgemisch nach der Summengleichung

$$2\,C + 3\,H_2O = CO + CO_2 + 3\,H_2$$

---

[1] DRP. 161666, 183412, 190201, 191026.
[2] DRP. 217157; Vortrag, geh. auf dem 6. internat. Kongreß f. reine und angew. Chemie, Rom 1906.

sofort erzielt wird. Nach Entfernen des Kohlendioxyds könnte dieses Gas direkt der Methandarstellung zugeführt werden. Aus 5 Volumina Wassergas würde 1 Volumen Methan erhalten. Eine weitere Möglichkeit besteht darin, das Wassergas bei 400—500⁰ über Nickel zu leiten, hierbei entsteht unter Kohlenstoffausscheidung Methan und Kohlendioxyd, letzteres wird ausgewaschen und man erhält ein Gasgemisch, bestehend aus 85% Methan und 15% Wasserstoff mit einem Heizwert von etwa 7800 kcal. Der ausgeschiedene Kohlenstoff wird anschließend mit Wasserdampf bei 500⁰ vergast und weiteres Gas, bestehend aus Kohlendioxyd, Wasserstoff und Methan gewonnen, das infolge höheren Wasserstoffgehaltes jedoch nicht so heizkräftig wie das erste ist. Diese Verfahren könnten auch in geeigneter Weise vereinigt werden.

Beide scheiterten jedoch zunächst daran, daß es nicht gelang, das Gas von organischen Schwefelverbindungen so weit zu befreien, daß der Katalysator längere Zeit unverändert haltbar blieb, ferner an den hohen Kosten des Verfahrens, das mit großem Wärmeaufwand und einer starken Volumenverminderung des Ausgangsgases verbunden ist.

Die Vergiftung des Katalysators durch organische Schwefelverbindungen suchte E. Erdmann[1]) wie folgt zu verhindern. Das Wassergas wird nach Entfernung des Kohlendioxyds nach dem Linde-Verfahren teilweise verflüssigt und so in je einen

a) kohlenoxydreichen Teil mit 93—94% CO, 6—7% N_2 und den Schwefelverbindungen,

b) wasserstoffreichen Teil mit 17% CO, 79% H_2 und 4% N_2

getrennt. Letzterer wird bei 270—280⁰ über Nickel geleitet und ein Endgas von 31,8% Methan, 61,4% Wasserstoff und 6,2% Stickstoff mit einem Heizwert von 4293 kcal/m³ gewonnen. Durch Zumischen von im verflüssigten Wassergasanteil enthaltenem Kohlenoxyd und nochmaliges Überleiten über Nickel kann der Methangehalt auf etwa 75% gesteigert werden. Eine derartige Versuchsanlage wurde von der Cedford-Gas-Process-Co. errichtet und in Betrieb genommen, nach einiger Zeit jedoch wieder stillgelegt.

Eingehende Untersuchungen über die Aufbesserung des Heizwertes von Kokereigas nach einer ähnlichen Verfahrensweise stammen von R. Schönfelder, W. Riese und W. Kempt[2]). Bei einem Kokereigas mit der durchschnittlichen Zusammensetzung von 2,3% CO_2, 1,9% skW, 0,8% O_2, 5,6% CO, 23,9% CH_4, 51,5% H_2 und 14,0% N_2 mit einem (ob.) Heizwert von 4110 kcal läßt sich günstigenfalls bei quantitativer Umwandlung des Kohlendioxyds, Kohlenoxyds und der ungesättigten Kohlenwasserstoffe in Methan ein Gas von 5425 kcal herstellen. Das Gas wird zunächst mit Wasserdampf gemischt bei 700⁰ über Nickel

---

[1]) Journ. f. Gasbel. **54**, 737 (1911).
[2]) Ber. Ges. Kohlentechnik Bd. II, S. 250 (1926).

geleitet, um die ungesättigten Kohlenwasserstoffe zu spalten und organischen Schwefelverbindungen quantitativ in leicht entfernbaren Schwefelwasserstoff umzuwandeln und darauf bei 420⁰ über einen Nickelkontakt geleitet. Bei dieser Temperatur wird die hohe Schwefelempfindlichkeit des Kontaktes verringert; der hohe Wasserstoffüberschuß verhindert ferner einen Zerfall des Methans nach der Gleichung $CH_4 = C + 2 H_2$, so daß die Reaktion annähernd quantitativ verläuft.

In zehntätigem Dauerbetrieb konnte auf diesem Wege ein Kokereigas wie folgt umgewandelt werden:

	CO_2	skW	O_2	CO	H_2	CH_4	N_2	Heizwert
Ausgangsgas	2,5%	1,9%	0,8%	5,6%	51,5%	23,9%	13,8%	4110 Kal.
Endgas	0,3%	—	—	0,8%	51,9%	29,7%	17,3%	5490 Kal.

unter gleichzeitiger Volumenabnahme 10 : 7. Wirtschaftlichkeitsberechnungen führten zu dem Ergebnis, daß ohne Apparatur- und Bedienungskosten der Preis des Gases von 1,25 Pf. (Kokereigas) auf 2,94 Pf. (Endgas) steigt, der Preis je 1000 kcal erhöht sich in gleichem Maße von 0,33 Pf. auf 0,54 Pf. Daraus ist ersichtlich, daß das Verfahren nur in solchen Fällen in Frage kommen kann, in denen eine hinreichend hohe Bewertung eines heizkräftigeren Gases für Spezialzwecke vorliegt.

Anders liegen die Bedingungen, wenn es gilt, reines Methan für chemische Zwecke herzustellen. Auf diesem Gebiet hat besonders die I. G. Farbenindustrie weiter gearbeitet und dementsprechende Patente genommen.

Das technische Kohlenoxyd-Wasserstoffgemisch wird stufenweise[1]) reduziert. Zwecks Zerstörung der organischen Schwefelverbindungen leitet man das Gas zunächst bei 700—800⁰ über Nickel, wobei diese quantitativ zu Schwefelwasserstoff reduziert werden, das leicht entfernbar ist. Das Nickel ist in diesem Temperaturbereich gegen Vergiftung bedeutend beständiger und reduziert bereits einen Teil des Kohlenoxyds zu Methan. Das von Wasser und Schwefelwasserstoff befreite Gas wird nunmehr über einen zweiten Nickelkontakt bei 300⁰ geleitet. Bei Verwendung eines schwefelfreien Ausgangsgases leitet man das Gas bei 300⁰ nacheinander über zwei Kontakte und entfernt zwischendurch das gebildete Reaktionswasser. Bei Zusatz von etwa 5% Kohlendioxyd zum Kohlenoxyd-Wasserstoffgemisch kann auch weniger Wasserstoff als dem theoretischen Verhältnis 1 : 3 entspricht, zugegen sein, ohne daß bei 260 bis 280⁰ eine Abscheidung von Kohlenstoff durch Zersetzung von Kohlenoxyd auf dem Kontakt zu befürchten ist. Das noch geringe Mengen von Kohlenoxyd, Wasserstoff sowie Kohlendioxyd enthaltende Methan kann darauf von seinen Verunreinigungen durch physikalische Abscheidungs-

[1]) I.G. Farbenindustrie A.-G., DRP. 365232, 375965, 376428, 390861, 396115.

methoden, wie fraktionierte Adsorption an kapillaraktiven Stoffen oder Tiefkühlung oder durch chemische Verfahren (Umsetzung des CO mit Wasserdampf zu CO_2) oder kombinierte Verfahrensweisen getrennt werden.

Das Verfahren kann auch wie folgt abgeändert werden[1]). Ein Kohlenoxyd-Wasserstoffgemisch mit letzterem im Überschuß wird nacheinander durch mehrere Kontaktöfen geleitet, wobei nach jedesmaliger Entfernung des Wasserdampfes von neuem Kohlenoxyd in einer Menge zugeführt wird, die 20% des vorhandenen Wasserstoffs nicht übersteigt. Der letzte Wasserstoffrest kann durch Umsetzung mit Kohlendioxyd oder Verbrennen über Kupferoxyd entfernt werden.

Vergleichende Untersuchungen über die Reduktion von Kohlenoxyd zu Methan an verschiedenen Metallen stammen von F. Fischer, H. Tropsch und P. Dilthey[2]). Da P. Sabatier und I. B. Senderens (l. c.) außer Nickel nur Kobalt als einen guten Katalysator für die Methansynthese erkannten, mit Edelmetallen, Eisen und Kupfer dagegen keinen Umsatz erzielen konnten und in den weiteren Arbeiten von Mayer und Henseling[3]), Orlow[4]), Fester und Brude[5]) manche Unklarheiten bestehen blieben, haben die Verfasser nochmals ausführliche Versuche über die Eignung der verschiedenen Metalle durchgeführt. Dabei wurde festgestellt, daß die Wirksamkeit derselben für die katalytische Reduktion des Kohlenoxyds zu Methan in der Reihenfolge Ruthenium, Iridium, Rhodium, Nickel, Kobalt, Osmium, Platin, Eisen, Molybdän, Palladium und Silber abfällt, Kupfer, Gold, Wolfram, Antimon, Manganoxyd und Chromoxyd dagegen vollkommen wirkungslos sind. Ruthenium stellt den besten Methankatalysator bei der Reduktion von Kohlenoxyd und von Kohlendioxyd dar, dieser läßt sich nach einer Vergiftung mittels Schwefelverbindungen durch Erhitzen im Luftstrom bei 600—700° wieder aktivieren und ist auch gegen Überhitzungen am unempfindlichsten. An Ruthenium beginnt die Bildung des Methans bei 200° und verläuft bei 300° und niedriger Strömungsgeschwindigkeit bereits quantitativ. Bei 400° ist die Geschwindigkeit der Reaktion so groß, daß unter Anwendung von 3 g feingepulvertem Ruthenium bei einer Strömungsgeschwindigkeit von 100—150 l/h Synthesegas die Leistungsfähigkeit dieses Katalysators noch nicht erschöpft war. Bemerkenswert war es ferner, daß an diesem Kontakt auch Kohlendioxyd bereits bei 140° merklich und bei höheren Temperaturen (300°) weitgehend zu Methan reduziert wird.

---

[1]) DRP. 362390, 364978, 365232.
[2]) Brennstoffchem. 6, 265 (1925).
[3]) Journ. f. Gasbel. 52, 170 (1909).
[4]) Ber. Deutsch. Chem. Ges. 42, 893 (1909).
[5]) Ber. Deutsch. Chem. Ges. 45, 679 (1912).

Technisch von Wichtigkeit ist die Beobachtung von Medforth[1]), daß die katalytische Wirksamkeit des Nickels eine Verstärkung um das 15fache erfährt, wenn dem Nickel zu 15% Alumiumoxyd zugesetzt wird. Es genügt jedoch nicht oder in nur unvollkommenem Maße, den Katalysator oder das Nickeloxyd mit dem Aluminiumoxyd zu vermischen, sondern letzteres muß in Form von Oxyd oder als geeignetes Salz dem Kontaktausgangsmaterial (Nickelnitrat, -formiat oder -oxalat) zugesetzt werden.

Über die Methanbildung unter Druck aus Kohlenoxyd an kompaktem Eisen[2]) sowie aus Kohlendioxyd an Nickel[3]) sei auf die entsprechenden Arbeiten verwiesen.

In der Patentliteratur finden sich Angaben, daß Molybdän und Wolfram[4]) bei 800° gute Kontakte für die Herstellung von Methan aus Kohlenoxyd-Wasserstoffgemischen darstellen, F. Fischer und Mitarbeiter (l. c.) konnten dies bei einer Nachprüfung jedoch nicht in vollem Maße bestätigen; die Soc. d'Études Minieres et Industrielles[5]) hat sich die Verwendung von Rhodiumschwarz, das auf Träger niedergeschlagen sein kann, schützen lassen. E. F. Armstrong und F. P. Hilditch[6]) untersuchten die Reduktion des Kohlenoxyds im Wassergas durch Nickel bei relativ niedrigen Temperaturen. Die Reaktion erfolgte nach der Gleichung

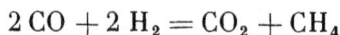

$$2\,CO + 2\,H_2 = CO_2 + CH_4$$

Bei 265° und einer Strömungsgeschwindigkeit von 45 l/h über 10 g feinverteiltem Nickel ergaben 10 Vol. Wassergas von der Zusammensetzung 7,1% CO_2, 38% CO, 41,4% H_2 und 4,4% CH_4 5 Vol. Reaktionsgas der Zusammensetzung 43,8% CO_2, 1,5% CO, 7,3% H_2 und 41,0% CH_4. Nickel ist für diese Reaktion der wirksamste Katalysator, Kobalt leitet die Reduktion des Kohlenoxyds mehr nach der Gleichung

$$CO + 3\,H_2 = CH_4 + H_2O$$

unter gleichzeitiger merklicher Kohlenstoffausscheidung. Silber und Eisen wirken nur schwach katalytisch; mit Mehrstoffkatalysatoren, wie Cu-Ni, Co-Ni, Co-Pt und Co-Pd erhält man ebenfalls nur geringen Umsatz.

Zum Schluß sei noch auf eine ausführliche Arbeit von H. Brückner und G. Jakobus[7]) über die Beeinflussung der Wirksamkeit der Kata-

[1]) Journ. Chem. Soc. London **123**, 1452 (1923).
[2]) Brennstoffchem. 4, 193 (1923).
[3]) Journ. prakt. Chem. **87**, 479 (1913).
[4]) Deutsche Glühfadenfabrik G.m.b.H. Berlin und P. Schwarzkopf; DRP. 362462.
[5]) F.P. 590744.
[6]) Proceed. Roy. Soc. London A **103**, 25 (1923).
[7]) Brennstoffchem. **14**, 265 (1933).

lysatoren zur Methansynthese durch deren Herstellungsbedingungen hingewiesen. Zur Untersuchung gelangten Nickel- und Nickel-Metalloxyd-
Katalysatoren. Bereits durch Zumischung von 10% Kieselgel zu reinem
Nickel läßt sich dessen Wirksamkeit auf das Zweieinhalbfache verbes-
sern. Bemerkenswert ist ferner, daß der reine Nickelkatalysator durch
Abrösten von Nitrat oder sonstigen zersetzlichen Salzen hergestellt
werden muß; ein aus gefälltem Nickelhydroxyd erhaltener schwach
alkalisierter Nickelkontakt ist dagegen vollkommen inaktiv. Ebenso
besitzen die durch Reduktion des entsprechenden Hydroxydgemisches
hergestellten schwach alkalisierten Katalysatoren von Nickel-Erdal-
kalioxyden (10:1) und Nickel-Thoriumoxyd keine Aktivität. Eine
außerordentlich hohe Wirksamkeit weist dagegen der aus den Hydroxy-
den hergestellte schwach alkalische Nickel-Aluminiumoxyd-Katalysator
auf, während sich wiederum bei Herstellung des letzteren aus dem durch
Abrösten der Nitrate gewonnenen Oxydgemisch keine Aktivität zeigt.

Günstig erweisen sich die folgenden aus den durch gemeinsames
Abrösten der Nitrate erhaltenen und reduzierten Oxyde bzw. Oxyd-
gemische: Nickel-Erdalkalioxyd und Nickel-Thoriumoxyd.

Bei Verwendung von je 2 g Nickel zuzüglich sonstigen Zuschlägen
und einer Strömungsgeschwindigkeit des Kohlenoxyds-Wasserstoff-
gemisches (1:3) von 5 l/h bei 300^0 wurde ein Abfall der katalytischen
Aktivität von einem Umsetzungsgrad des Kohlenoxyds von annähernd
100 auf nur noch 95% wie folgt festgestellt:

Zahlentafel 13. Wirksamkeit verschiedener Nickelkatalysatoren
für die Methansynthese.

Katalysator	Abfall der kata-lytischen Aktivität auf 95% nach Betriebsstunden	Dabei wurden gebildet	
		mg Öl	je 100 Betriebs-stunden mg Öl
a) aus Nitrat:			
Nickel	75,2	3,6	4,8
Ni + 10% Gel	79,0	14,6	18,5
Ni + 20% Gel	47,0	18,2	38,7
Ni + 10% BaO	97,6	16,2	16,5
Ni + 10% CaO	284,5	39,0	13,5
Ni + 10% ThO$_2$	212,0	2,4	1,1
b) aus Hydroxyd:			
Ni + 10% Al$_2$O$_3$	211,4	12,8	5,6

Die Ursachen der Aktivitätsverminderung der Nickelkatalysatoren
konnten durch die gleichen Verfasser ebenfalls aufgeklärt werden. Die
Erlahmungserscheinungen, die auch bei Ausschluß von Vergiftungsmög-
lichkeiten auftreten, sind weniger auf eine Sammelkristallisation als
auf Sekundärreaktionen zurückzuführen. Bei diesen bilden sich bei der
Reaktionstemperatur nichtflüchtige hochmolekulare Kohlenwasserstoffe,

die die Katalysatoroberfläche mit einem abschließend wirkenden Film überziehen. Ein geeigneter »Aktivator« muß somit die Fähigkeit besitzen, diese Nebenreaktionen möglichst zurückzudrängen. So werden beispielsweise im Laufe von 100 Betriebsstunden an einem reinen Nickelkatalysator, obwohl dieser bereits nach 22 h auf nur noch 50% Wirksamkeit abfällt, 0,25% nichtflüchtige Kohlenwasserstoffe absorbiert gegenüber nur 0,05% Ölbildung an einem Nickel-Thoriumoxydkatalysator bei gleicher Betriebsdauer und 99,5 proz. Kohlenoxydumsatz (vgl. hierzu die vorstehende Zahlentafel 11).

4. Spaltung von Methan in Kohlenoxyd-Wasserstoffgemische.

Große Bedeutung hat das Methan sowohl in Form von Erdgas als auch als Gas, das bei der Tiefkühlung von Steinkohlengas zwecks Gewinnung von Wasserstoff als Nebenprodukt anfällt, als Ausgangsstoff für chemische Verfahren, vor allem zur Wasserstoffgewinnung erhalten. Die einfachste Art der Abspaltung von Wasserstoff stellt die thermische Zersetzung des Methans durch unvollkommene Verbrennung unter gleichzeitiger Gewinnung von Ruß nach dem Channel-Verfahren (carbon black) dar[1]).

Der Gleichgewichtszustand dieser Reaktion wurde von Mayer und Altmayer[2]) zu folgenden Werten bestimmt:

Temperatur °C	300°	400°	500°	600°	700°	800°	850°
% CH_4	96,9	86,2	62,5	31,7	11,1	4,4	1,6
% H_2	3,1	13,8	37,5	68,3	88,9	95,6	98,4

Die Spaltung verläuft jedoch ziemlich langsam und nach Dominik[3]) ist für die technische Durchführung des Verfahrens eine Temperatur von mindestens 1200° erforderlich. Diese ist für eine Gewinnung von Gasruß jedoch viel zu hoch, da hierbei der Kohlenstoff in harter, gekörnter Form (Graphit) anfällt. Die Temperatur für die Gasrußherstellung soll vielmehr 550° nicht überschreiten.

Da der Wasserstoff von der thermischen Methanzersetzung jedoch noch bis 20% unzersetztes Methan enthält, muß dieser Restgehalt nach Abkühlen des Gases durch Auswaschung mit flüssigem Stickstoff entfernt werden.

Die höchste Ausbeute an Wasserstoff erhält man dagegen durch eine thermische Zersetzung des Methans mit Wasserdampf gemäß der Gleichung

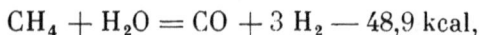

$$CH_4 + H_2O = CO + 3 H_2 - 48,9 \text{ kcal,}$$

---

[1]) Einzelheiten hierüber s. R. L. Moore, Ind. Eng. Chem. **24**, 21 (1932); ferner G. Ewald, Brennstoffchem. **17**, 41 (1936).

[2]) Ber. Deutsch. Chem. Ges. **40**, 2134 (1907).

[3]) Przemysl Chemiczny **9**, 1 (1925).

wobei theoretisch ein Reaktionsgas mit einem Höchstgehalt an Kohlenoxyd von 25% anfällt[1]).

Daneben vollzieht sich jedoch noch eine weitergreifende Oxydation des primär gebildeten Kohlenoxyds mit weiterem Wasserdampf zu Kohlendioxyd und Wasserstoff gemäß dem Wassergasgleichgewicht

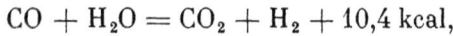

$$CO + H_2O = CO_2 + H_2 + 10,4 \text{ kcal},$$

wofür die technische Optimaltemperatur etwa 400—500° beträgt. Die Summengleichung für die beiden Reaktionen ist daher folgende:

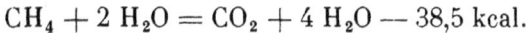

$$CH_4 + 2 H_2O = CO_2 + 4 H_2O — 38,5 \text{ kcal}.$$

Die Gleichgewichtskurven für die Umsetzung des Methans nach den beiden obigen Gleichungen für den Temperaturbereich von 500—1200° haben Klempt und Brodkorb[2]) zu Werten ermittelt, die nebenstehend in Abb. 35 wiedergegeben sind.

Rein thermisch beginnt die Aufspaltung des Methans unter normalem Druck und in Abwesenheit von reaktionsbegünstigenden Katalysatoren bei etwa 800° und wird nahezu vollständig erst bei 1400°. Dabei tritt neben der Umwandlung in Kohlenoxyd und Wasserstoff eine teilweise Spaltung unter Abscheidung von Kohlenstoff auf. Die obere Grenztemperatur dieser Kohlenstoffbildung wurde von Kubelka und Wenzel[3]) zu folgenden Werten in Abhängigkeit von der Höhe des Wasserdampfzusatzes angegeben:

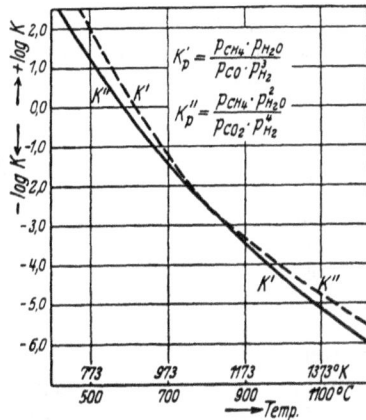

Abb. 35. Gleichgewichte bei der Einwirkung von Wasserdampf auf Methan in Abhängigkeit von der Temperatur.

Verhältnis $CH_4 : H_2O$	1:2	1:4	1:6
Ob. Grenztemperatur der Kohlenstoffabscheidung °C	810	725	675

Durch Ermäßigung des Gesamtdruckes kann die notwendige Reaktionstemperatur wesentlich erniedrigt werden, nach Fischer und Pichler[4]) beträgt der Restgehalt an Methan im Endgas bei einem Druck von 0,025 at bei 500 und 600° nur noch 4,8 bzw. 2,0%. Bei normalem Druck können gemäß den oben angegebenen Gleichgewichtsreaktionen als Endzustand folgende Umsätze bei Anwendung von reinem Methan erhalten werden:

---

[1]) Eingehende Literaturübersicht s. Fischer und Tropsch, Brennstoffchemie **9**, 39 (1928).
[2]) Ber. Ges. f. Kohlentechnik **3**, 220 (1931).
[3]) Metallbörse **21**, 1227 ff. (1931).
[4]) Brennstoffchemie **12**, 365 (1931).

Zahlentafel 14.

Gleichgewichtszustand für die Reaktion $CH_4 + H_2O$ $= CO + 3 H_2$ in Abhängigkeit von der Temperatur.

Umsatz	Temperatur	Gaszusammensetzung Vol. %			
%	°C	CO	H_2	CH_4	H_2O
20	500	8,4	25,0	33,3	33,3
40	580	14,3	42,9	21,4	21,4
60	635	18,7	56,3	12,5	12,5
80	710	21,2	67,6	5,6	5,6
90	835	23,7	71,0	2,65	2,65
98	980	24,8	74,2	0,5	0,5

Zahlentafel 15. Gleichgewichtszustand für die Reaktion $CH_4 + 2 H_2O = CO_2 + 4 H_2$ in Abhängigkeit von der Temperatur.

Umsatz	Temperatur	Gaszusammensetzung Vol. %			
%	°C	CO_2	H_2	CH_4	H_2O
20	420	5,9	23,4	23,6	47,1
40	535	10,5	42,1	15,8	31,6
60	635	14,5	57,0	9,5	19,0
80	765	17,3	69,5	4,4	8,8
90	890	18,7	75,3	2,0	4,0
98	1160	19,7	79,1	0,4	0,8

Die Anwesenheit von Inertgasen im Ausgangsgas, die den Methangehalt erniedrigen, bewirkt entsprechend dem eben dargelegten eine Erhöhung des Methanumsatzes.

Die geringe Reaktionsgeschwindigkeit der rein thermischen Umsetzung wird durch geeignete Katalysatoren wesentlich verstärkt. Als solche geeignet sind vor allem Nickel allein oder aktiviert durch Zusätze von Aluminiumoxyd[1]), Magnesiumoxyd[2]), Kalziumoxyd[3]), Ceroxyd[4]) oder Nickelborat und -phosphat[5]); ferner aber auch Eisen[6]), allein oder in Gegenwart von Chromoxyd, Thoriumoxyd oder Zinkoxyd[7]); Chrom[8]); Zinkoxyd[9]); Ceroxyd[10]); Zirkonoxyd[11]) oder Aluminiumoxyd[12]).

[1]) Linde A.-G., E.P. 317731 (1928); Standard Oil Development Co., A.P. 1904441 (1933).

[2]) Du Pont Ammonia, A.P. 1799452 (1931).

[3]) Du Pont de Nemours & Co., A.P. 1938202 (1933).

[4]) Du Pont Ammonia, A.P. 1830010, 1834115 (1931); Chafette, F.P. 734032 (1932).

[5]) I.G. Farbenindustrie A.-G., E.P. 323855, 325234 (1928); A.P. 1813478 (1931).

[6]) Harter, DRP. 581986 (1928), 585419.

[7]) Harter, DRP. 564432 (1928).

[8]) Imperial Chemical Ind. Ltd., E.P. 370457 (1931).

[9]) N. V. de Bataafsche Petroleum Mij, E.P. 373701 (1931).

[10]) I.G. Farbenindustrie A.-G., DRP. 546205 (1926); F.P. 632861 (1927).

[11]) Matignon und Séon, Compt. rend. 195, 1345 (1932); F.P. 713487 (1931).

[12]) Hydro Nitro Soc. An., F.PP. 723817, 723966, 724815 (1930).

Die rein thermische Spaltung, die Temperaturen von 1300—1400⁰ erfordert, wird bei der Gewerkschaft Ewald, Westfalen sowie in verschiedenen Anlagen im Ausland durchgeführt. Infolge des hohen notwendigen Wärmeaufwandes dürfte das Verfahren in dieser Art seiner Ausgestaltung jedoch kaum eine weitere Verbreitung finden. Wichtiger ist die kontaktkatalytische Spaltung des Methans, wobei sich als Katalysator am besten ein Nickel-Aluminiumoxydgemisch (4 : 1) mit einem Zusatz von 0,05% Kaliumkarbonat als Aktivator bewährt hat. Das Verfahren kann sowohl rekuperativ als auch regenerativ durchgeführt werden, wobei die erstere Art bisher mehr angewendet wird.

Ein Methanspaltofen der Gesellschaft für Kohlentechnik nach Gluud, Keller und Klempt[1]) ist nebenstehend (Abb. 36) wiedergegeben. Bei diesem wird das methanhaltige Gas (Koksofengas) mit Wasserdampf in zwei Stufen umgesetzt. Das auf etwa 500⁰ vorerhitzte Gas-Dampfgemisch tritt von unten in das Kontaktrohr aus hochhitzebeständigem Spezialstahl ein, das einen Kern aus Schamotte enthält, während der Ringraum mit einem auf Schamotte aufgetragenen Nickel-Magnesiumoxyd-Katalysator gefüllt ist. Die Beheizung des Kontaktrohres erfolgt von außen mit Gas. Bei einer Reaktionstemperatur von etwa 850⁰ wird der größte Teil des Methans bereits umgesetzt. Das Gas gelangt mit annähernd gleichbleibender Temperatur daraufhin in einen oberen Kontaktraum, der mit dem gleichen Katalysator gefüllt ist. Durch den inneren Schamotteeinsatz des Kontaktrohres führt

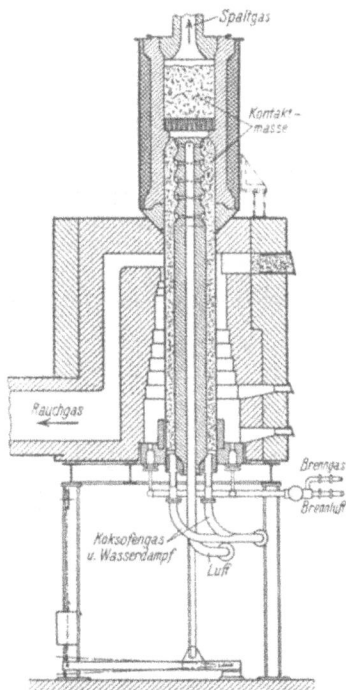

Abb. 36. Ofen zur Konvertierung von Methan in Kohlenoxyd und Wasserstoff nach dem Verfahren der Gesellschaft für Kohlentechnik.

noch ein weiteres Rohr, durch das nach oben eine regulierte Luftmenge eingedrückt wird. Dadurch findet kurz unterhalb des oberen Kontaktraumes eine teilweise Verbrennung des Gases unter gleichzeitiger Temperaturerhöhung auf etwa 1050⁰ und damit eine Spaltung des noch restlichen Methans statt. Die dabei eintretende Verdünnung des Spaltgases durch Stickstoff ist bei der Aufarbeitung desselben zu Synthesegas für Ammoniak ohne Belang. In einem Spaltofen im halbtechnischen Maßstab betrug der Verbrauch

---

[1]) Ber. Ges. f. Kohlentechnik III, 211 (1931).

je 100 m³ Koksofengas 36 m³ Wasserdampf und 50 m³ Luft. Das dabei erhaltene Spaltgas wies folgende durchschnittliche Zusammensetzung auf:

Zahlentafel 16.

Zusammensetzung von Spaltgas aus Koksofengas.

	Koksofengas (Ausgangsgas)	Spaltgas 1. Stufe	Spaltgas 2. Stufe
CO_2 . . . . %	1,8	4,9	0,9
sKW . . . . %	2,0	—	—
O_2 . . . . %	0,6	—	—
CO . . . . %	5,8	9,9	17,3
H_2 . . . . %	55,4	67,4	56,9
CH_4 . . . . %	26,5	12,2	—
N_2 . . . . %	7,9	4,8	24,9
Volumen	1,0	1,41	2,10

Nach dem gleichen Verfahren wurde in der Versuchsanlage des Kaiser-Wilhelm-Instituts für Kohlenforschung (Abb. 37) gearbeitet[1]),

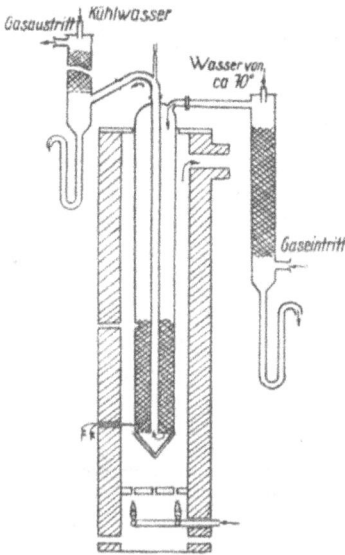

Abb. 37. Methanspaltapparat. Bauart K.W.I. für Kohlenforschung Mülheim-Ruhr.

wobei ebenfalls Koksofengas mit Wasserdampf zu Spaltgas umgesetzt wurde. Die Dosierung des Koksofengas-Wasserdampf-Verhältnisses erfolgte durch Berieseln des Gases mit Warmwasser von eingestellter Temperatur. Darauf trat das Gas von oben in das etwa 3 m hohe Reaktionsrohr von 40 cm Durchmesser ein, das aus NCT_3-Stahl hergestellt war. Dieses enthielt im unteren Drittel einen Nickel-Aluminiumoxydkatalysator und wurde auf etwa 950 bis 1000° beheizt. Das Spaltgas verließ das Kontaktrohr in einem engen schmalen Mittelrohr und wurde daraufhin sofort mit Wasser abgeschreckt. Es zeigte sich nämlich, daß bei der allmählichen Abkühlung des Gases aus dem bei der Methanspaltung aus Schwefelkohlenstoff im Gas entstandenen Schwefelwasserstoff organische Schwefelverbindungen zurückgebildet werden. Mit diesem Ofen wurde in mehrjährigem Dauerbetrieb eine Spaltung des Methans im Koksofengas bis auf 0,5—1% erzielt.

Großtechnisch hat das Verfahren der rekuperativen Methanspaltung erstmalig Anwendung in den Werken Baton Rouge (La.), Bayway (N J.) und Houston (Tex.) der I. G. Standard Oil Co. für die Herstellung von

---

[1]) Brennstoffchem. **13**, 461 (1932).

Hydrierwasserstoff bei der Druckhydrierung von schweren Mineralölen gefunden[1]). Als Spaltapparate dienen 6,4 m lange Chromnickelstahlrohre, von denen mehrere jeweils zu einem Bündel zusammengefaßt sind und gemeinsam beheizt werden. Bei einer Reaktionstemperatur von 1000° wird über einem Nickel-Aluminiumkatalysator bei hohem Dampfüberschuß Erdgas (90,0% CH_4, 3,0% C_2H_6, 7,0% N_2) in ein Spaltgas der Zusammensetzung 10,0% CO_2, 11,9% CO, 74,5% H_2, 2,0% CH_4, 1,6% N_2 unter Ausdehnung auf das 3,68fache Volumen umgewandelt.

Das Verfahren wird in der gleichen Art auch von der I. G. Farbenindustrie A.-G. in deren Hydrieranlagen unter Aufarbeitung des als Nebenprodukt bei der Kohlenhydrierung anfallenden Methan- und Äthangases angewendet.

Es ist ferner nicht auf Methan beschränkt, sondern dessen Homologe können in gleichem Maße mit Wasserdampf gespalten werden, nur ist in diesem Falle der Wasserdampfbedarf infolge der Molekülgröße höher, während anderseits die Reaktionstemperatur um etwa 100° ermäßigt werden kann.

Die Spaltung des Methans in Kohlenoxyd und Wasserstoff kann schließlich auch durch teilweise Verbrennung mit Sauerstoff oder Kohlendioxyd gemäß den Reaktionsgleichungen

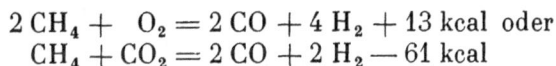

$$2\,CH_4 + O_2 = 2\,CO + 4\,H_2 + 13\,kcal \text{ oder}$$
$$CH_4 + CO_2 = 2\,CO + 2\,H_2 - 61\,kcal$$

erfolgen, zwei Möglichkeiten, die jedoch in der Praxis daran scheitern, daß der Preis für Sauerstoff zu hoch ist und Kohlendioxyd in den benötigten Mengen rein kaum beschafft werden kann.

Die regenerative Methankonvertierung von Erdgas ist kürzlich von W. A. Karzhavin[2]) in halbtechnischem Maßstab durchgeführt worden. Der Generator (vgl. die folgende Abb. 38) besteht aus einem Stahlzylinder, dessen Innenwandung mit einer doppelten Ausmauerung aus feuerfesten Steinen ausgekleidet ist. Das Innere des Generators ist ferner mit einem Gittermauerwerk aus feuerfestem Ton (22 m³ Steinvolumen) vom Smp. 1730° C und Erweichungsbeginn von 1420° C (unter einem Druck von 2 kg/cm²) ausgefüllt. Die obere Hälfte des Gittermauerwerks ist ferner durch Tränken der Steine mit geschmolzenem Nickelnitrat und nachfolgendem Glühen mit einem Nickelkatalysator überzogen. Der Generator wird zunächst von oben nach unten durch Einblasen eines Methan-Luftgemisches auf eine Temperatur von 1350° C aufgeheizt. Daraufhin wird im Gegenstrom dazu nach Ausspülen der Abgase mit einem Wasserdampfschleier Methan (3,3 m³/min) und Wasserdampf (5 kg/min) durchgeleitet. Nach einer 10 min langen Reaktionsdauer,

---

[1]) Ind. Eng. Chem. **24**, 1129 (1932).
[2]) Ind. Eng. Chem. **28**, 1042 (1936).

bei der die Temperatur in der Mitte des Gittermauerwerks auf etwa 900° C abfällt, wird der Generator nach Ausspülen mit Wasserdampf erneut aufgeheizt. Die Ausbeute an konvertiertem Gas beträgt 530 m³/h, für das Aufheizen während der Blaseperiode werden jeweils 5,3 m³ Methan benötigt. Der Gesamtbedarf an Methan je m³ konvertiertem Gas beziffert sich somit zu 0,46 m³. Der Methangehalt im Reaktionsgas sinkt auf 0,4 bis 1,2% ab, durchschnittlich weist es folgende Zusammensetzung auf: 9,0% CO_2, 22,0% CO, 64,0% H_2, 0,8% CH_4 und 4,2% N_2. Die Kohlensäurebildung beruht vornehmlich auf der Anwendung eines volumetrischen Methan-Wasserdampfverhältnisses 1:1,9, wobei der Wasserdampfüberschuß gleichzeitig die Reaktionsgeschwindigkeit erhöht. Der Restgehalt an Methan kann ferner durch Verkürzung der Arbeitsperiode noch weiter vermindert werden. Die Dampferzeugung und Überhitzung erfolgt durch Abwärmeverwertung der Blasegase sowie des Reaktionsgases, so daß hierfür besondere Aufwendungen nicht erforderlich sind. Einzelheiten über die Umwandlung des Kohlenoxyd-Wasserstoffgemisches in reinen Wasserstoff siehe Abschnitt Wasserstoff S. 175. Für die großtechnische Methankonvertierung kann die Größe eines Generators noch um ein Mehrfaches gesteigert werden.

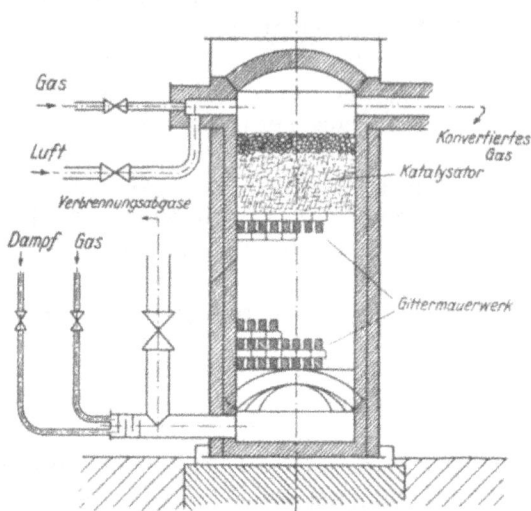

Abb. 38. Generator zur Umwandlung von Methan in Kohlenoxyd und Wasserstoff.

D. Flüssiggase.

1. Propan und Butan.

a) Gewinnung und Eigenschaften von Propan und Butan.

Propan und Butan stellen zwei heizkräftige Kohlenwasserstoffgase dar, die bis vor wenigen Jahren technisch noch vollkommen bedeutungslos waren, infolge einer von Amerika ausgehenden Entwicklung jedoch in den letzten Jahren zunehmende Beachtung finden. Nachdem diese beiden Gase nunmehr auch in Deutschland in beträchtlichen Mengen gewonnen werden, ist es erforderlich, den gegenwärtigen Stand der technischen Entwicklung der Propan- und Butangasindustrie und die physikalischen und brenntechnischen Eigenschaften dieser Gase zu besprechen.

In zahlreichen Fällen besteht das Erdgas (vgl. S. 49) neben Methan auch aus dessen Homologen, vornehmlich aus Äthan sowie Propan und Butan. So enthalten zahlreiche »nasse« Erdgase von Amerika sowie das von Groshnyi in Rußland bis zu 50%, in Rumänien und Galizien bis zu 10%, Pechelbronn im Elsaß bis zu 2,5% höhere Kohlenwasserstoffe, die neben den eigentlichen Gasolinbestandteilen Pentan, Hexan und Heptan im wesentlichen aus Propan und Butan bestehen.

Während bis etwa 1920 den in Erdgas enthaltenen höheren Kohlenwasserstoffen nur eine untergeordnete Bedeutung zukam, wurde im Verlauf des letzten Jahrzehnts deren Gewinnung insbesondere infolge des stark anwachsenden Bedarfs des Flugwesens an Leichtbenzin (Gasolin), das im wesentlichen aus Pentan, Hexan, Heptan und Oktan besteht, in steigendem Maße aufgenommen, so daß z. B. in den Vereinigten Staaten seit etwa drei Jahren nunmehr aus sämtlichen Gasolindämpfe enthaltenden Erdgasen diese praktisch vollkommen ausgewaschen werden.

Sowohl bei Absorptions- als auch bei Adsorptionsverfahren enthält das Rohgasolin erhebliche Mengen, bis zu 40%, an Propan und Butan, die, da zunächst kaum eine getrennte Absatzmöglichkeit bestand, tunlichst dem Gasolin belassen wurden. Die gesteigerten Anforderungen an das Siedeverhalten des Gasolins (Dampfdruck $1 \text{ kg/cm}^2 < 38^0 \text{ C}$) erfordern jedoch eine Entbutanisierung durch Druckdestillation, da andernfalls die Verdampfungsverluste des Gasolins zu hoch sind. Damit fiel zunächst das Propan und Butan als ein nur schwer verwertbares Nebenprodukt an, dessen vielseitige Verwendungsfähigkeit erst in den letzten Jahren erkannt wurde.

Die Produktion an verflüssigtem Propan und Butan in den Vereinigten Staaten ist in der folgenden Zahlentafel gegeben:

1922	800 000 l (flüssig)	1930	68 000 000 l
1923	1 050 000 l	1931	108 000 000 l
1924	2 420 000 l	1932	121 000 000 l
1925	1 520 000 l	1933	147 370 000 l
1926	1 760 000 l	1934	213 602 000 l
1927	4 120 000 l	1935	290 279 000 l
1928	17 100 000 l	1936	359 619 000 l (geschätzt)
1929	37 600 000 l		

Die Gewinnung von Propan und Butan hat infolge der weitgehenden Verwendungsmöglichkeit eine sprunghafte Steigerung erfahren, ohne daß vorerst bei einem weiteren Anwachsen des Bedarfs Schwierigkeiten in der Gewinnung zu erwarten sind.

In Deutschland wird Propan und Butan von der Gewerkschaft Elwerath im Erdölbezirk Häningsen-Nienhagen und ein Gemisch dieser Kohlenwasserstoffe zusammen mit Propylen und Butylen in den Erdöldestillations- und Krackanlagen der Gewerkschaft Deutsche Erdöl-Raffinerie in Misburg in Mengen von schätzungsweise 5000—10000 t hergestellt.

Die I. G. Farbenindustrie erhält Propan und Butan im Leunawerk bei der Kohleverflüssigung als Nebenprodukt; ebenso werden diese Flüssiggase auch in den neuerrichteten Anlagen der Braunkohlen-Benzin-A.-G. (BRABAG) und in den Hydrieranlagen im Ruhrgebiet als Nebenprodukte gewonnen.

Die deutsche Gewinnungsmöglichkeit beträgt allein bei der I. G. Farbenindustrie rd. 20000 t Propan; auch hier ist eine Steigerung möglich, wenn ein entsprechender Bedarf vorliegt. Insgesamt sind die für Deutschland in den nächsten Jahren zur Verfügung stehenden Mengen zu jährlich etwa 40000—50000 t anzunehmen.

Die physikalischen Eigenschaften dieser Gase in reinem Zustand sind in Bd. 6 1. Teil S. 13 zu ersehen.

Der Dampfdruck der Gase ist nachstehend zusammengestellt:

Zahlentafel 17. Dampfdruck von Propan und Butan in mm QS.

° C	Propan	n-Butan	i-Butan
—50	570 mm Hg	84 mm Hg	130 mm Hg
—40	1,2 at	160 » »	215 » »
—30	1,9 »	245 » »	345 » »
—20	2,7 »	370 » »	520 » »
—10	3,75 »	540 » »	1,065 at
0	5,0 at	1,03 at	1,55 at
10	6,6 »	1,47 »	2,2 »
20	8,6 »	2,24 »	3,0 »
30	10,75 »	3,36 »	3,9 »
40	13,25 »	4,41 »	5,05 »
60	19,6 at	7,1 at	8,5 at
80	31 »	11,45 »	13 »
100	—	16,45 »	20 »
120	—	23,8 »	28 »

Daraus ist ersichtlich, daß sowohl Propan als auch Butan geradezu ideale Flaschengase darstellen, da unter gewöhnlichen Verhältnissen die kritische Temperatur nicht erreicht wird, so daß sie in Flaschen oder Tankwagen aus Stahl oder sogar Leichtmetallflaschen in verflüssigter Form unter nur wenig erhöhtem Druck in den Handel gebracht werden können (s. Bd. 6 1. Teil S. 62).

Neuerdings finden als Behälter für Flüssiggase auch geschweißte Stahlflaschen Verwendung.

Geschweißte Flüssiggasflaschen der Leuna-Werke für Flüssiggase.

Flaschen-Rauminhalt	36 l	77 l
Prüfdruck	25 atü	25 atü
Eigengewicht im Mittel . . .	27 kg	45 kg
Füllgewicht für Propan . . .	15 kg	33 kg
» » Butan	17 kg	38 kg
» » Treibgas*) . .	15 kg	33 kg

*) Gemisch von Propan und Butan.

Propanfässer für 300 kg Inhalt.

Länge: 2060 mm. Durchmesser: 700 mm. Probedruck: 25 atü. Rauminhalt: 700 l. Leergewicht 370 kg. Füllgewicht für Propan 296 kg, Füllgewicht für Butan 339 kg.

Die Gewinnung des Propans und Butans bei der Druckwärmespaltung von Kohle oder Ölen erfolgt auf folgendem Wege. Die die Hydrieranlage verlassenden Abgase enthalten neben überschüssigem Wasserstoff Methan, Äthan, Propan, Butan und Pentan. Die Gase werden auf 15 at komprimiert und in einer hintereinander geschalteten Anlage wird bei verschiedenen Temperaturen erst das Gasbenzin, dann Butan, Propan und zuletzt Äthan abgeschieden. Die einzelnen Produkte werden dabei mit einem Reinheitsgrad von etwa 97% gewonnen.

Bei der Gasolingewinnung nach dem Absorptionsverfahren werden Propan und Butan zunächst mit im Waschöl gelöst; beim Abtreiben und der nachfolgenden Kondensation des Gasolins lösen sie sich wiederum zum Teil in diesem; aus dem Restgas wird durch stufenweise Verdichtung bei 15—20 at das Butan, bei 30—40 at das Propan verflüssigt.

Bei der Gasolingewinnung aus Erdgas nach dem Adsorptionsverfahren mit Aktivkohle belädt sich die Kohle zunächst, beginnend mit dem Methan, mit sämtlichen Methankohlenwasserstoffen, wobei mit zunehmendem Molekulargewicht der Kohlenwasserstoffe infolge des niedrigen Dampfdruckes das Adsorptionsvermögen je Gewichtseinheit Kohle ansteigt. Das Erdgaspropan der Gewerkschaft Elwerath besteht zu 93% aus Propan, 5% aus Äthan und 2% aus Butan.

Ferner besitzen die höhermolekularen Kohlenwasserstoffe die Fähigkeit, adsorbierte Moleküle niedrigeren Molekulargewichts wieder zu verdrängen, so daß allmählich eine Desorption der letzteren, beginnend mit der des Methans, unter deren Ersatz durch höhermolekulare Kohlenwasserstoffe stattfindet. Diese Adsorption und Desorption läßt sich durch die nachfolgenden Schaubilder (Abb. 39) wiedergeben[1].

Die ausgedampfte Kohle, die nur eine geringe Restbeladung besitzt, adsorbiert zunächst sämtliche Kohlenwasserstoffe. Wenn nur handels-

[1] E. Reisemann, Petroleum **28** (1932), Nr. 6.

übliches Gasolin gewonnen werden soll, führt man die Beladung bis zum Durchbruch des Butans durch, bei einer gleichzeitigen Gewinnung des Propans und Butans jedoch nur bis zum Durchbruch des Propans.

Die Anforderungen an Propan sind in den Vereinigten Staaten wie folgt festgelegt worden: Gehalt an Propan $+$ Propylen $> 95\%$, Dampfdruck bei $40{,}5^0$ $< 15{,}8$ at, Rückstand nach der »Quecksilber-Gefriermethode« < 2 Vol.-$\%$, Freiheit von Schwefelwasserstoff, Gesamtschwefelgehalt $< 0{,}344$ g/m³ Gas und Freiheit von Feuchtigkeit (Prüfung mit dem Kobaltbromid-Test).

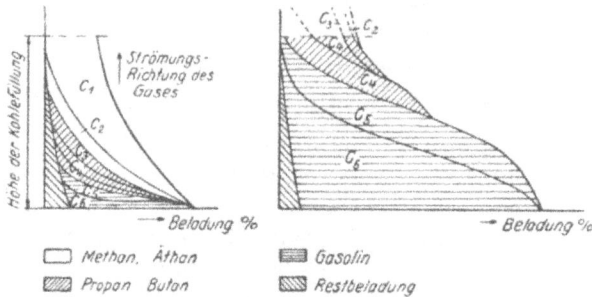

Abb. 39. Desorption von Kohlenwasserstoffen niedrigeren Molekulargewichtes unter Ersatz durch höhermolekulare Kohlenwasserstoffe.

Das verflüssigte Propan- und Butangas kommt, je nach den zu liefernden Mengen, in Flaschen oder in Tankwagen in den Handel. Der Versand durch die I. G. Farbenindustrie erfolgt als »Leuna-Propan« in Stahlflaschen von 15 und 30 kg Nettoinhalt, wobei das Leergewicht der Flaschen 28 und 50 kg beträgt.

Die Propangasflaschen der DEURAG im Gewicht von 30 kg einschließlich Kappe und Ventil fassen bei einem Rauminhalt von 52 l 22,1 kg Propan. Der Versand des Propans als Treibstoff für das Luftschiff »Graf Zeppelin« nach Friedrichshafen erfolgt in Kesselwagen, nach Pernambuco in Spezialflaschen von 53 kg Inhalt. Für je 1 kg Propan wird der Rauminhalt der Flasche zu 2,35 l bemessen. In den Vereinigten Staaten ist es infolge der gewerbepolizeilichen Vorschriften möglich, den Transport der verflüssigten Gase, die z. B. unter den Handelsbezeichnungen »Protan« und »Gas Pyrofax« bekannt geworden sind, in Leichtmetallflaschen vorzunehmen, wodurch sich die Totlast beim Transport wesentlich verringert.

Für die Beurteilung der Verwendbarkeit der Flaschengase sind deren Brennbedingungen wesentlich. In der nachfolgenden Zahlentafel sind daher zunächst Luftbedarf und Verbrennungsprodukte dieser Gase wiedergegeben, wobei als Vergleich die eines reinen Steinkohlengases, eines Mischgases und von Methan mit angeführt sind.

Zahlentafel 18. Luftbedarf und Verbrennungsprodukte von Flaschengasen sowie anderen technischen Gasen.

Gas	Propan	Butan	Stein-kohlengas	Mischgas	Methan
oberer Heizwert . . . kcal/m³	24240	30500	5250	4300	9535
unterer » . . . kcal/m³	22270	28100	4680	3870	8580
Gasvolumen je 1000 kcal H_u m³	0,0449	0,0356	0,214	0,258	0,117
theor. Luftbedarf m³/m³ . . .	23,9	31,1	4,9	3,9	9,6
dgl. m³/1000 kcal H_u	1,07	1,11	1,05	1,01	1,12
Zusammensetzung $\{$ % Brenngas	4,0	3,1	17,0	20,6	9,4
des theor. Brenn- $\{$ % O_2	20,1	20,3	17,3	16,6	18,9
gas-Luftgemisches $\{$ % N_2	75,9	76,6	65,7	62,8	71,7
Abgasvolumen					
feucht . . . . m³/m³	25,9	33,6	5,6	4,5	10,6
» m³/1000 kcal H_u	1,16	1,20	1,20	1.16	1,24
Zusammensetzung $\{$ % CO_2	11,6	11,9	8,9	10,6	9,4
der feuchten $\{$ % H_2O	15,4	14,9	21,1	20,7	18,9
Abgase $\{$ % N_2	73,0	73,2	70,0	68,7	71,7
Abgasvolumen					
trocken. . . . . . . m³/m³	21,9	28,6	4,4	3,6	8,6
» m³/1000 kcal H_u	0,982	1,02	0,94	5,93	1,01
Zusammensetzung $\{$ % CO_2	13,7	14,0	11,3	13,3	11,6
der trockenen $\{$ % N_2	86,3	86,3	88,7	86,7	88,4
Abgase					

Bemerkenswert ist vor allem der hohe Wert der Verbrennungswärme sowie für Luftbedarf und Abgasvolumen je Volumeneinheit an Brenngas, während die entsprechenden Zahlen je Heizwerteinheit gegenüber den sonstigen Brenngasen kaum Unterschiede aufweisen.

Bestimmungen der Flammengröße sowie des Löschdruckes von Propan- und Butan-Gasflammen ohne Primärluftzusatz, die im G.I. ausgeführt wurden, ergaben die in Bd. 6, 1. Teil, S. 119 mitgeteilten Werte.

Der Löschdruck des Propans und Butans, d. h. der Druck, bei dem die Flamme vom Brenner abgehoben wird, beträgt nur einen Bruchteil desjenigen des Stadtgases; der Grenzwert an ausströmenden Wärmeeinheiten ist bei beiden Gasen um 45% niedriger als der des Stadtgases.

In bezug auf die maximale Flammenhöhe und die dabei entwickelte Wärmemenge bei leuchtender Flamme und gleichem Brennerquerschnitt sind Propan und Butan dem Stadtgas ebenfalls unterlegen.

Die Zündgeschwindigkeit von Propan-Luftgemischen erreicht ihren Höchstwert bei 4,5% Gasgehalt mit 32 cm/s, ebenfalls den gleichen Wert besitzt die Zündgeschwindigkeit des Butan bei Verbrennung mit Luft. In bezug auf Einzelheiten über die Zündgeschwindigkeit von Propan-Sauerstoffgemischen wird auf Bd. 6, 1. Teil, S. 123 verwiesen. Die Zündgeschwindigkeit dieser Kohlenwasserstoffe ist außerordentlich niedrig, da normales Stadtgas beispielsweise eine höchste Zündgeschwindigkeit von

70—80 cm/s aufweist. Ebenso beträgt die spezifische Flammenleistung von Propangas nur knapp 60% der des Stadtgases, so daß bei gleichem Brennerdurchmesser und einer Erstluftzugabe entsprechend gleichen Kegelhöhen es nur möglich ist, etwas mehr als die Hälfte der Flammenleistung von Stadtgas zu erreichen, während z. B. die Flammenleistung von Wassergas das Dreieinhalbfache und von Wasserstoff mehr als das Fünffache dieser Kohlenwasserstoffe beträgt.

Die Wobbezahl $= \dfrac{\text{Verbrennungswärme}}{\sqrt{\text{Dichte}}}$ ergibt sich für Propan zu 19650 und für Butan zu 21600 gegenüber rd. 6000—6500 für normales Stadtgas.

Zusammenfassend ergibt sich für die brenntechnischen Eigenschaften des Propan- und Butangases folgendes Bild: Beide Gase ähneln in ihrem brenntechnischen Verhalten außerordentlich dem Benzin-Luftgas. Im Luftbedarf sowie im Abgasvolumen und in der Abgaszusammensetzung sind, bezogen auf gleiche Wärmeeinheiten, gegenüber den sonst üblichen technischen Brenngasen die Unterschiede nur gering. Die Zündgeschwindigkeit dieser Kohlenwasserstoffe ist dagegen, verglichen mit der des Steinkohlen- und Stadtgases, erheblich niedriger, ebenso die Flammenleistung und der Löschdruck. Diese Nachteile können jedoch durch entsprechende Änderungen des Brennerbaues teilweise ausgeglichen werden. Insbesondere kann durch Vorwärmung und Verstärkung der Turbulenz des ausströmenden Gas-Luftgemisches die Brennerleistung erhöht werden. Für Schweißzwecke sind diese Gase in reinem Zustand infolge ihrer geringen Zündgeschwindigkeit dagegen nicht brauchbar.

b) Verwendung von Propan und Butan.

Die technische Verwendbarkeit des Propans und Butans (Flaschengas) läßt sich wie folgt unterteilen:

α) *Propan und Butan als Brenngas.*

Versorgung einzelner Haushaltungen, von Gewerbebetrieben, die nicht an irgendwelche örtlichen Gasversorgungsnetze angeschlossen sind, mit Heiz- und Leuchtgas.

Die Entwicklung der Flaschengasversorgung einzelner Verbraucher begann in den Vereinigten Staaten[1]), wurde von dort nach Südamerika ausgedehnt und erfolgt seit Beginn des Jahres 1934 in Deutschland durch die I. G. Farbenindustrie und die DEURAG. Eine Belieferung mit Flaschengas kommt hierbei für abgelegene Gebiete, in denen eine Ver-

---

[1]) Von der Gesamterzeugung an Propan und Butan in USA. im Jahre 1936 von 360 Mio. l (flüssig) wurden abgegeben 102 Mio l als Flüssiggas in Stahlflaschen, 34 Mio. l für die Stadtgaserzeugung und 224 Mio l für industrielle Zwecke.

sorgung mit Stadtgas nicht lohnt, in Betracht. Fernerhin stellt das Flaschengas ein ausgezeichnetes Werbemittel für die Gaswerke dar, um in Gebieten, die der Versorgung angeschlossen werden sollen, zuerst genügend Interessenten zu gewinnen und Anhaltszahlen über den zu erwartenden Verbrauch zu erhalten. Wichtig ist in diesem Zusammenhang, daß entsprechende für Propan- und Butangas geeignete Gasgeräte in jeder Form von der einschlägigen Industrie geliefert werden und ihre Umstellung auf Stadtgas nur eine Veränderung der Düsen erfordert.

Die Belieferung einzelner Verbraucher mit Flaschengas ist nicht neu, sondern wird bereits in Deutschland und Dänemark von mehreren Gaswerken auch mit verdichtetem Stadtgas durchgeführt.

In den Vereinigten Staaten wird verflüssigtes Propan und Butan in weitgehendem Maße an Haushaltungen abgegeben; die Gesamtzahl der Verbraucher von Flaschengas betrug 1935 daselbst etwa 240 000. Der Vorteil der Verwendung von Propan und Butan als Flaschengas beruht darauf, daß diese beiden Gase bei gewöhnlicher Temperatur bei verhältnismäßig niedrigem Druck verflüssigt und somit gegenüber Stadtgas in kleinen Gefäßen (Stahl- oder Leichtmetallflaschen) größere Mengen untergebracht werden können.

1 kg Propan flüssig mit einem unteren Heizwert von 11 300 kcal/kg ergibt rd. 0,55 m³ Propangas und entspricht gemäß seinem Wärmeinhalt rd. 2,97 m³ Stadtgas von einem unteren Heizwert von 3800 kcal/m³. Ein Durchschnittsverbrauch je Haushalt von 300 m³ Stadtgas/Jahr mit H_u 3800 kcal entspricht somit einer Menge von rd. 100 kg Propan.

Der Preis für Propangas an Orten, wo eine genügend große Zahl von Abnehmern und eine Bahnstation vorhanden ist, beträgt etwa RM. 0,65 bis 0,80 je kg frei Haus, einschließlich der Rückfracht für die leeren Flaschen zum Lieferwerk. Größere Flaschen werden am Verbrauchsort außerhalb des Hauses in einem Schrank aus feuerfestem Material aufgestellt. Der Anschluß an die Verbrauchsleitung erfolgt über einen Druckregler auf einen Gebrauchsdruck von 500 mm WS. Für ununterbrochenen Betrieb dient eine Zweiflaschenanlage, bei der jeweils eine Reserveflasche vorhanden ist. Die laufenden Mietekosten betragen für eine Einflaschenanlage RM. 0,90, für eine Zweiflaschenanlage RM. 1,50 im Monat, die durch eine Hinterlegung von RM. 75,— bzw. 130,— abgelöst werden kann und von der bei Aufgabe der Propananlage zwei Drittel zurückerstattet werden.

Durch die Neufassung der Druckgasverordnung vom 1. 11. 1936 sind Klein- und Kleinstanlagen nunmehr auch innerhalb einer einzelnen Haushaltung zugelassen, wobei der Inhalt einer Flasche bis zu 5 kg betragen darf. Die kleinsten im Gebrauch befindlichen Flaschen besitzen ein Leergewicht von 4 kg und fassen 1,25 kg Propan.

Die Verteilung des Propans erfolgt in der Weise, daß das Flüssiggas in Großbehältern mit der Bahn oder in Rollfässern von 180 kg Inhalt einer Abfüllstelle zugeführt und in dieser in die Haushaltsflaschen abgefüllt wird. Der Vertrieb dieser Flüssiggase in Deutschland erfolgt zumeist direkt durch die Leunawerke, G. m. b. H., Leuna bei Merseburg, und durch die Gewerkschaft Deutsche Erdöl-Raffinerie, DEURAG, Hannover, zum Teil auch durch die Gaswerke des Versorgungsbezirks. In den Vereinigten Staaten von Nordamerika wird ein wesentlicher Teil des Flüssiggases unter der Bezeichnung Calorgas von der Calor Gas (Distributing) Co., Ltd. in den Handel gebracht, in England hat die Sugden & Co., Ltd., den Vertrieb übernommen.

Wesentliche Anwendungsgebiete für Flüssiggas sind ferner die Beleuchtung von Seezeichen, Leuchttürmen und von Eisenbahnsignalanlagen oder allgemein von Lichtquellen. In diesen Fällen ist das Flüssiggas zumeist anderen Energieträgern infolge des Speicherungsvermögens großer Energiemengen in kleinen Behältern überlegen. Dies gilt vor allem für beleuchtete Seezeichen, bei denen die Boje als solche als Flüssiggasbehälter dient, so daß einmalige Füllung für ein bis zwei Jahre Brenndauer ausreicht.

Ebenso hat sich die Verwendung von Flüssiggas als Heizstoff von Speisewagenküchen eingeführt und bewährt.

Zusammensetzung von technischem Propan und technischem Butan für die Verwendung in privaten Haushaltungen und im Gewerbe.

Propan technisch: mindestens 95 Gew.-% Propan und/oder Propylen, der Rest besteht aus Butan und/oder Butylen oder deren Isomere bzw. Äthan und/oder Äthylen.

Butan technisch: mindestens 95 Gew.-% Butan und/oder Butylen oder deren Isomere, der Rest besteht aus Propan und/oder Propylen bzw. Pentan und/oder Pentylen.

Beide Gase müssen noch folgenden Reinheitsbedingungen genügen:

Der Gehalt an organisch gebundenem Schwefel darf 200 mg/Nm³ nicht übersteigen, Schwefelwasserstoff darf in einem Nm³ überhaupt nicht, Merkaptan sowie Ammoniak bis zu 0,2 mg/Nm³ vorhanden sein.

Wassergehalt: Unter Druck dürfen sich oberhalb minus 30⁰ C keine Eis- bzw. Kohlenwasserstoffhydrat-Abscheidungen bilden.

Der untere Heizwert des technischen Propans soll 11000—11070, der des technischen Butans 10800—10920 kcal/kg betragen.

Für Propananlagen ist ein Leitungsdruck von 500 mm WS erforderlich.

Industrielle Anwendungsmöglichkeiten von Flaschengas.

Propan als Flaschengas besitzt eine nicht unbedeutende Verwendungsfähigkeit als Treibstoff für auf Gas umgestellte Lastkraftwagen.

So waren bereits 1935 etwa 2000 Kraftfahrzeuge in den Vereinigten Staaten, davon zu etwa 75% Traktoren auf Farmen, auf Flüssiggas umgestellt worden, in Deutschland waren es zur gleichen Zeit etwa 300 Nutzfahrzeuge. Hinzuweisen ist in diesem Zusammenhang auch auf den Bau von gasmotor-elektrischen Lokomotiven, bei denen die Krafterzeugung in einem mit Flüssiggas gespeisten Gasmotor erfolgt, der über einen Generator auf den Achsen angeordnete Elektromotoren antreibt. Drei derartige 70-Tonnen-Propan-elektrische Lokomotiven haben sich in den Vereinigten Staaten bewährt.

Ebenso dient es als Energiequelle für gasbeheizte Absorptionskältemaschinen in Kühlwagen. Diese Möglichkeit wird vor allem in den Vereinigten Staaten in weitgehendem Maße ausgenutzt. So haben bereits etwa 25 Eisenbahngesellschaften mindestens je 45 Wagen mit Flüssiggaskühlanlagen ausgestattet. Schließlich läßt sich Propangas im Kleingewerbe zum Glühen, Schmieden, Kohlen usw. verwenden.

Im Gemisch mit Methan stellen Propan und Butan geeignete Treibgase für die Zeppelinluftfahrt dar. Dieses Treibgas soll ein spezifisches Gewicht von 1,0 besitzen, damit bei einem Verbrauch unter Ersatz des Volumens durch Luft der Auftrieb konstant bleibt. Dies gelingt durch Anwendung eines Gemisches, bestehend aus 54% Methan und 46% Propan oder 69% Methan und 31% Butan, wobei die Verbrennungswärme dieser Gemische 16350 und 16000 kcal/m^3 beträgt.

Die Verwendung von Propan-Sauerstoffgemischen als Schweißgas ist infolge der geringen Zündgeschwindigkeit nur in beschränktem Maße möglich, dagegen können diese Kohlenwasserstoffe bis zu einem gewissen Anteil im Gemisch mit Azetylen zur Anwendung gelangen.

Unter dem Namen Treibgas wird ferner von der I. G. Farbenindustrie A.-G. ein Gemisch, bestehend zu je 50% aus Propan und Butan, als Antriebsmittel für Motoren, vorzugsweise von Omnibussen und Lastkraftwagen in den Handel gebracht. Der Versand dieses Treibgases erfolgt in Flaschen von 33 kg Inhalt mit den Abmessungen 1340 mm Höhe einschließlich Kappe, 318 mm Außendurchmesser und 41 kg Leergewicht.

Propan- und Butan-Luftgas.

Das in den Vereinigten Staaten zur Versorgung kleinerer Gemeinden eingeführte »Philfuels-Verfahren« beruht auf der Herstellung eines Butan-Luftgases vom Heizwert 4700 kcal/m^3 (spez. Gewicht 1,95). Eine erste Anlage wurde 1928 in Linton, Ind., erstellt; 1936 waren bereits über 100 derartiger Anlagen mit durchschnittlich 250—300 Abnehmern in Betrieb. Das verflüssigte Butan wird dem Verteilwerk in Kesselwagen von 38,75 m^3 Nutzinhalt zugeführt und daselbst unter seinem eigenen Druck in ortsfeste Druckbehälter abgefüllt. Aus diesen gelangt das Butan zu einem Verdampfer, der aus einem Röhrenwärmeaustauscher mit Warmwasserheizung besteht. Das Butangas wird in einem Regler auf einen Druck von 150 mm WS entspannt, mittels einer Dosiereinrichtung, die auf der Saugseite eines Luftgebläses angebracht ist, in einem bestimmten Verhältnis mit Luft gemischt und mit dem Butan-Luftgas das Rohrnetz gespeist. In Europa wurde die erste Butan-Luftgasanlage im Mai 1935 in Frankreich in der Nähe von Cambrai in Betrieb genommen, die sich ebenfalls bisher gut bewährt hat. Einzelheiten über den Aufbau der Anlage sind in der Literatur[1]) beschrieben worden.

Gegenüber dem Stadtgas besitzt das Butan-Luftgas die Vorteile der Ungiftigkeit und das Fehlen von korrosiv und verstopfend wirkenden Verunreinigungen. Dagegen ist infolge des hohen spezifischen Gewichtes die Förderleistung des Rohrnetzes bei gleichem Druck erheblich geringer; das Gas ist geruchlos, so daß eine Parfümierung als zweckmäßig erscheint; ebenso wirkt das Butan auf die üblichen Dichtungsfette, Imprägnieröle usw. lösend, so daß hierfür Spezialöle Anwendung finden müssen.

β) Sonstige Verwendung von Propan und Butan.

Propan und Butan als Karburiermittel.

Propan und Butan können zur Spitzenbedarfsdeckung bei stoßweiser Belastung oder an Stelle der Heißkarburierung als Kaltkarburiermittel heizwertarmer Gase, wie von Wasser- oder Generatorgas dienen. Dieses Anwendungsgebiet wird in den Vereinigten Staaten in zahlreichen Werken durchgeführt, da infolge der dortigen Preisgestaltung diese Kaltkarburierung erheblich billiger zu stehen kommt als die Gasölkrackung. Die Gesamtabnahme der Gaswerke an Flüssiggas in den Vereinigten Staaten bezifferte sich 1936 auf 34 Mio l, mit einem Energieinhalt von etwa 230 Mia kcal.

Propan und Butan als Rohstoffe in der chemischen Industrie.

Für Propan- und Butangas können in der chemischen Industrie zahlreiche Verwendungsgebiete erschlossen werden. So erhält man nach W. B. Plummer und T. P. Keller[2]) aus diesen Gasen durch thermisches Erhitzen und unvollkommene Verbrennung hohe Gasrußausbeuten von guter Qualität. Durch Chlorieren dieser Kohlenwasserstoffe gewinnt man Produkte, die als Lösungsmittel und ferner als Ausgangsstoffe für weitere Synthesen wertvoll sind; nach vorhergehender Krackung zu ungesättigten Kohlenwasserstoffen und Polymerisation der letzteren erhält man das sog. Polymerbenzin. Ferner stellt das Flüssiggas ein vorzügliches Raffinationsmittel für die Entparaffinierung von Schmierölen dar.

---

[1]) Gas Times **7**, Nr. 80, S. 26 (1936).
[2]) Ind. Eng. Chem. **22**, 1209 (1930).

2. Gasol.

Bei der Tiefkühlung des Koksofengases nach dem Linde-Bronn-Verfahren (vgl. S. 147) zwecks Gewinnung von Hydrierwasserstoff sowie bei Anwendung des Aktivkohle-Adsorptionsverfahrens zur Abtrennung der Kohlenwasserstoffe aus Kokereigas[1]) erhält man als Nebenprodukt ein Gemisch von gesättigten (60%) und ungesättigten (40%) Kohlenwasserstoffen mit zwei bis fünf Kohlenstoffatomen im Molekül, deren Menge etwa 1% des Ausgangsvolumens beträgt.

Dieses »Gasol« enthält, geordnet nach der Siedetemperatur der Inhaltsstoffe:

$\quad$ 12—30% Methan-Äthan-Äthylen,
$\quad$ 37—73% Propan-Propylen,
$\quad$ 12—25% Butan-Butylen,
$\quad$ 3—18% Pentan und höhermolekulare
$\qquad\quad$ Kohlenwasserstoffe.

Die wichtigsten physikalisch-technischen Daten des Gasols sind etwa folgende:

unterer Heizwert . . . . 11000 kcal/kg,
spez. Gewicht des Gases . . . . etwa 2,
Dampfdruck bei normaler Temperatur . . . . 10—15 at.

Das Gasol wird verflüssigt in Druckbehältern aufbewahrt und nach Abfüllung auf Stahlflaschen (vgl. Bd. 6, 1. Teil S. 62) fast ausschließlich als Treibstoff für Verbrennungsmotoren mit besonderen Druckregler-einrichtungen verwendet. Motorisch ist Gasol infolge seiner hohen Klopffestigkeit sehr gut geeignet, zumal auch die Motorleistung gegenüber flüssigen Kraftstoffen nicht wesentlich vermindert wird.

Die jährliche Erzeugung, die fast ausschließlich auf das Ruhrgebiet beschränkt ist, betrug 1935 etwa 2000 t und dürfte sich in den nächsten Jahren etwa verdoppeln. Es findet zur Zeit Verwendung zum Betrieb von etwa 50 Lastkraftwagen, die einen entsprechenden Umbau erfahren haben.

E. Ölgas.

Bei der thermischen Spaltung (trockenen Destillation) von flüssigen Brennstoffen, vornehmlich von hochsiedenden Erdöl- und Braunkohlen-teerdestillationsprodukten erhält man neben der Bildung geringer Mengen Koks und Teer hauptsächlich ein Gemisch von gasförmigen Kohlenwasserstoffen.

---

[1]) Eine erste Anlage nach diesem Verfahren ist im Jahre 1935 auf der Kokerei Nordstern in Betrieb genommen worden, weitere Anlagen wurden 1936 bei der Ruhrchemie A.-G., Holten, und Bergwerksgesellschaft Hibernia, A.-G., errichtet.

Erstmalig wurde Ölgas in England im Jahre 1814 von J. Taylor durch Zersetzung pflanzlicher Öle hergestellt und dem Erfinder ein englisches Patent hierfür erteilt. Die daraufhin erheblichen Umfang annehmende Ölgasindustrie — bereits 1823 bestanden in England in 11 Städten Ölgaswerke und in Deutschland wurde die erste Anlage 1828 durch Knoblauch und Schiele in Frankfurt am Main in Betrieb genommen — wurde binnen wenigen Jahrzehnten jedoch wieder vollkommen durch die immer mehr aufkommende Steinkohlenentgasung verdrängt. Die hierfür maßgeblichen Gründe waren die erheblichen Preisschwankungen für Pflanzenöle und Harze und die an sich höheren Einstandspreise für diese gegenüber den damals auf den Gaswerken verwendeten hochbituminösen Steinkohlen.

Nachdem in der Mitte des vorigen Jahrhunderts die Braunkohlenschwelerei, die schottische Ölschieferindustrie und die amerikanische Erdölindustrie in den hochsiedenden Destillationserzeugnissen, dem Gasöl und Schweröl, nun preiswürdigere Ausgangsstoffe für die Ölgaserzeugung geschaffen hatten, wurde dieser Industriezweig zwar neu belebt, seine Ausbreitung blieb jedoch weiterhin stark eingeengt. Vor allem war eine Verdrängung der zwischenzeitlich hochentwickelten Leuchtgasgewinnung in den Gasanstalten nicht mehr möglich. Dafür wurden dem Ölgas durch J. Pintsch in der Eisenbahnwagen- und Seezeichenbeleuchtung neue Anwendungsgebiete erschlossen, die eine gewisse Bedeutung erlangten, aus denen es in den letzten zwei Jahrzehnten aber allmählich wieder verdrängt worden ist.

Als Ausgangsstoff für die Ölgasgewinnung dienen die zwischen 230 und etwa 350° siedenden Anteile des Erdöls, Braunkohlenschwelteers und Ölschieferteers, wobei nicht mehr als 50% unterhalb 300° überdestillieren sollen. Das Gasöl soll ein spezifisches Gewicht von etwa 0,85—0,90 aufweisen, weniger als 3% saure Bestandteile (nach Pintsch < 6%) aufweisen, die den Entgasungswert stark erniedrigen und vornehmlich aliphatischen Charakter besitzen. Hochtemperaturteere sind dagegen für die Ölgaserzeugung nicht geeignet.

Die Grundlage der Ölgaserzeugung ist folgende. Das zur Verwendung gelangende Gasöl wird in von außen oder nach dem Regenerativverfahren erhitzten Gefäßen auf eine Temperatur von 700—800° gebracht. Zunächst tritt eine Verdampfung des Öls und anschließend eine thermische Zersetzung der gebildeten Dämpfe in der Gasphase und an den Gefäßwandungen zu thermisch höher beständigen gasförmigen gesättigten und ungesättigten Kohlenwasserstoffen und Wasserstoff ein. Verluste treten auf infolge einer teilweise vollkommenen Zersetzung von Kohlenwasserstoffen zu Wasserstoff unter Kohlenstoffabscheidung und einer Kondensation von primär gebildeten Spaltprodukten zu Teer.

Der Chemismus der Spaltung beruht darauf, daß von den langkettigen aliphatischen Kohlenwasserstoffen zunächst endgliedrige Methylgruppen abgespalten werden. Diese CH_3-Gruppen werden entweder durch vorhandenen freien Wasserstoff zu Methan abgesättigt oder lagern sich zu Äthan zusammen. In dem ungesättigten Restkohlenwasserstoff tritt daraufhin eine innermolekulare Umlagerung der ungesättigten Bindungen ein und eine weitere Abspaltung von Bruchstücken an gesättigten C—C-Bindungen, wodurch gesättigte und ungesättigte niedrigmolekulare gasförmige Kohlenwasserstoffe entstehen. Das schematische Beispiel der Zersetzung von Dekan, $C_{10}H_{12}$ soll dies näher erläutern, wobei jedoch verschiedene Zwischenreaktionsmöglichkeiten bestehen und die gasförmigen endgültigen Zersetzungsprodukte durch Unterstreichung besonders gekennzeichnet sind:

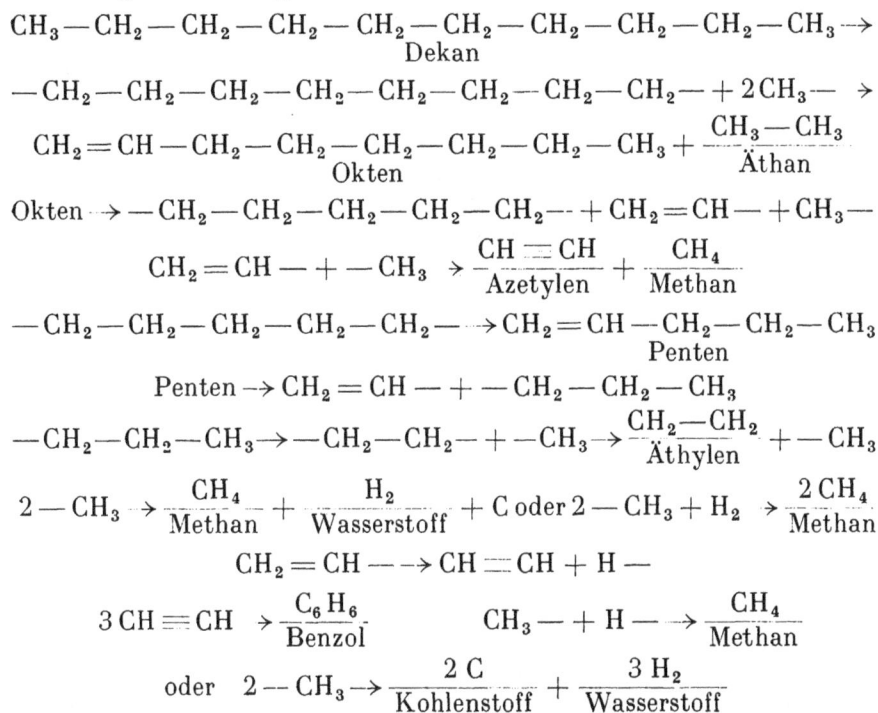

$$CH_3—CH_2—CH_2—CH_2—CH_2—CH_2—CH_2—CH_2—CH_2—CH_3 \rightarrow$$
$$\text{Dekan}$$

$$—CH_2—CH_2—CH_2—CH_2—CH_2—CH_2—CH_2—CH_2— + 2\,CH_3— \rightarrow$$

$$CH_2 = CH—CH_2—CH_2—CH_2—CH_2—CH_2—CH_3 + \underset{\text{Äthan}}{CH_3—CH_3}$$
$$\text{Okten}$$

$$\text{Okten} \rightarrow —CH_2—CH_2—CH_2—CH_2—CH_2— + CH_2 = CH— + CH_3—$$

$$CH_2 = CH— + —CH_3 \rightarrow \underset{\text{Azetylen}}{CH \equiv CH} + \underset{\text{Methan}}{CH_4}$$

$$—CH_2—CH_2—CH_2—CH_2—CH_2— \rightarrow CH_2 = CH—CH_2—CH_2—CH_3$$
$$\text{Penten}$$

$$\text{Penten} \rightarrow CH_2 = CH— + —CH_2—CH_2—CH_3$$

$$—CH_2—CH_2—CH_3 \rightarrow —CH_2—CH_2— + —CH_3 \rightarrow \underset{\text{Äthylen}}{CH_2—CH_2} + —CH_3$$

$$2—CH_3 \rightarrow \underset{\text{Methan}}{CH_4} + \underset{\text{Wasserstoff}}{H_2} + C \text{ oder } 2—CH_3 + H_2 \rightarrow \underset{\text{Methan}}{2\,CH_4}$$

$$CH_2 = CH— \rightarrow CH \equiv CH + H—$$

$$3\,CH \equiv CH \rightarrow \underset{\text{Benzol}}{C_6H_6} \qquad CH_3— + H— \rightarrow \underset{\text{Methan}}{CH_4}$$

$$\text{oder} \quad 2—CH_3 \rightarrow \underset{\text{Kohlenstoff}}{2\,C} + \underset{\text{Wasserstoff}}{3\,H_2}$$

Im einzelnen ist der Verlauf der Spaltungsreaktionen von der Temperatur und vor allem von den äußeren Bedingungen abhängig. In der Gasphase werden im allgemeinen Spaltstücke gebildet, bei heterogen verlaufenden Wandreaktionen an keramischen, metallischen oder Kohlenstoffoberflächen wird dagegen eine weitergehende Zersetzung derselben bis zur Ausscheidung von freiem Kohlenstoff gefördert.

Nach Untersuchungen von Bunte und Lang[1]) verhalten sich hierbei Schamotte- und Koksoberflächen nahezu gleichwertig. Bemerkens-

---

[1]) Gas- und Wasserfach **78**, 73, 98 (1935).

wert ist jedoch die Wirkung von Uranoxydoberflächen im Sinne einer erwünschten Erhöhung der Gesamtausbeute an Methan und dessen Homologen und einer geringen Erhöhung der Heizwertausbeute. Das Methanausbringen wird bei 800° um 12—15%, das Heizwertausbringen um etwa 5% gesteigert, während die Bildung von schweren, ungesättigten Kohlenwasserstoffen vermindert wird.

Die Bewertung eines Gasöls zur Vergasung erfolgte früher nach der Siedeanalyse und dem spezifischen Gewicht. Allgemein gilt auch jetzt noch, daß die Eignung eines Gasöls bei gleichem Siedeverlauf mit abnehmendem spezifischem Gewicht zunimmt, bei gegebenem spezifischem Gewicht dagegen mit steigendem mittleren Siedepunkt abnimmt. Dies beruht auf dem Anstieg des spezifischen Gewichts der Kohlenwasserstoffe mit zunehmendem ungesättigtem Charakter derselben. Wesentlich genauere Einblicke für die Eignung eines Gasöls erhält man durch die Bestimmung der Hempelschen Effektzahl, d. h. des Produktes der Gasmenge/100g Öl und dem oberen Heizwert des Gases in kcal/m³.

Das größte Gasausbringen weisen die gesättigten aliphatischen Kohlenwasserstoffe auf, die thermisch nur wenig beständig sind. Nur wenig verschieden von diesen sind die einfach ungesättigten Kohlenwasserstoffe. Stärker ungesättigte Kohlenwasserstoffe neigen infolge ihres geringeren Wasserstoffgehaltes zu einer vermehrten Kohlenstoffausscheidung. Aromatische Kohlenwasserstoffe sind bei der durchschnittlichen Vergasungstemperatur von 800° noch ziemlich stabil, bei diesen tritt noch keine Sprengung des Benzolringes, sondern nur eine Abspaltung von Seitenketten ein, so daß vornehmlich Ölgasteer gebildet wird. Die thermische Beständigkeit der Naphthenkohlenwasserstoffe steht etwa in der Mitte zwischen den aliphatischen und aromatischen Kohlenwasserstoffen.

Auf diese Verschiedenheit des Verhaltens der einzelnen Kohlenwasserstoffe gründen sich die Methoden zur Bewertung von Gasölen nach ihrer chemischen Zusammensetzung, von denen die bekannteste die von Griffith[1]) ist.

An Stelle der zeitraubenden, aber die zuverlässigsten Werte ergebenden Vergasungsversuche im Laboratoriumsmaßstab hat Holmes[2]) die Ermittlung einer Wertzahl y unter Einbeziehung des spezifischen Gewichtes s, der Kennziffer K (mittlere Siedetemperatur) und der Dispersion H ($n_F — n_C$) des Gasöls gemäß der Formel

$$y = \frac{K(1-s)s}{H}$$

vorgeschlagen. Nach Untersuchungen von Schläpfer und Schaffhauser[3])

---

[1]) Journ. Soc. chem. Ind. **47**, T 21 (1928).
[2]) Ind. Eng. Chem. **24**, 325 (1932).
[3]) Monatsbull. Schweiz. Ver. Gas- u. Wasserfachmännern **13**, 125, 159, 193 (1933).

besteht zwischen der Hempelschen Effektzahl und der Holmesschen Wertzahl gute Übereinstimmung. Im einzelnen wurde von diesen Verfassern zum größten Teil in Bestätigung älterer Arbeiten anderer Bearbeiter über den Einfluß der Vergasungsbedingungen auf die Ölgasausbeute folgendes festgestellt:

Der Verlauf der Vergasung wird vor allem durch die Temperatur und Erhitzungsdauer (Ölzuströmungsgeschwindigkeit) bestimmt. Die Gasausbeute nimmt bei von 650—800⁰ ansteigender Temperatur infolge stärkerer Zersetzung zu, der Heizwert fällt infolge stärkerer Wasserstoffbildung ab. Bei gleichbleibender Temperatur und zunehmender Ölmenge in der Zeiteinheit steigt der Heizwert des Gases an, während die Gasausbeute sich vermindert.

Der Höchstwert der Hempelschen Effektzahl liegt bei einer Temperatur von etwa 700—750⁰, wobei je nach den sonstigen Bedingungen eine bestimmte Zulaufgeschwindigkeit für das Öl eingehalten werden muß.

Der bei der Vergasung als Nebenprodukt gebildete Teer wird in seinen physikalischen Eigenschaften und in seiner Zusammensetzung ebenfalls wesentlich von der Vergasungstemperatur und den Strömungsverhältnissen beeinflußt. Niedrig siedende Gasöle ergeben Teere von geringerem durchschnittlichem Molekulargewicht und geringerer Dichte als hochsiedende Ausgangsöle. Die gebildete Ölteermenge nimmt ferner mit steigender Temperatur infolge stärkerer Zersetzung und vermehrter Ölkohlebildung ab, während das spezifische Gewicht und der Pechgehalt des Ölteers ansteigt.

Diese im obigen aufgeführten Abhängigkeiten der Ölgasausbeute gelten im wesentlichen auch bei der Ölkarburation von Wassergas; in Gegenwart von Wasserstoff wird jedoch die Ausbeute an gasförmigen Kohlenwasserstoffen, insbesondere an gesättigten aliphatischen wesentlich erhöht. Einzelheiten hierüber finden sich in Band II im Abschnitt »Doppelgaserzeuger«.

Die Erzeugung des Ölgases erfolgt für kleinere Leistungen bis zu 50 m³/h Gas in Retorten, für größere Leistungen in Generatoren. Technisch gliedert sich die Vergasung in drei Abschnitte: 1. die Vergasung des Öls oder Teers, 2. die Kühlung und Reinigung des Rohgases und 3. die Pressung des gereinigten Gases.

Bei dem Retortenbetrieb erfolgt die Vergasung kontinuierlich, so daß als Rohstoff nur Gasöl oder destillierter Schwelteer Anwendung finden kann. Als Retorten dienen solche aus Spezialgußeisen, die in einem Ofen aus feuerfesten Steinen so eingebaut sind, daß die Retortenköpfe aus dem Ofen herausragen. Zwei übereinander gelagerte und miteinander verbundene Retorten bilden jeweils eine Einheit (vgl. die Abb. 40). Die obere Retorte, in deren Innerem sich eine Ölauffang- und Verdampfungsschale befindet, wird auf eine Temperatur von etwa 600—700⁰, die untere etwa 100⁰ höher erhitzt. Bei Doppelöfen sind zwei

derartige Retortenpaare in einer Ofeneinheit vereinigt. Die Retorten-
fläche wird je 1 l stündliche Ölvergasungsleistung auf etwa 0,15 m²
bemessen. Bei Zwei-Retortenöfen sind jeweils zwei oder drei Einheiten
in einem geschlossenen Block zusammengefaßt, Vier-Retortenöfen bilden
stets einen Block für sich.

Die Beheizung der Retorten erfolgt allgemein mit Koksrostfeuerung,
wobei zur Kühlung der Roststäbe und zur Lockerung der Schlacke unter
dem Rost ein schmiedeeisernes Wasserschiff eingebaut ist. Die Feuerung
ist vorn durch eine Feuertür abgeschlossen; die zur Verbrennung notwendige Luft wird zum Teil unter dem Rost zugeführt, zum Teil als
Zusatzluft durch beiderseits neben der Feuerung angeordnete Regel-
schieber in den Verbrennungsraum geleitet. Die Öfen sind durch einen
Rauchgassammelkanal mit dem Schornstein verbunden. Die Einstellung
der zulaufenden Ölmenge und der Heiztemperatur der Retorten hat so

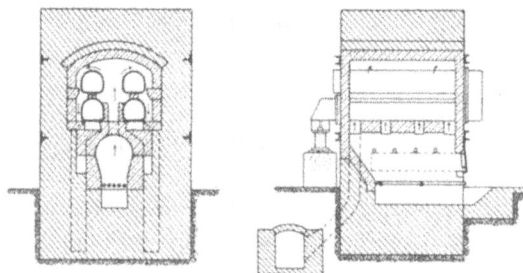

Abb. 40. Doppelretortenofen zur Ölgaserzeugung.

zu erfolgen, daß das Rohgas eine hellbraune Farbe aufweist und der Ölteer schwarz und dünnflüssig ist. Dunkelbraunes Rohgas weist auf eine
zu weit gehende, weißes Rohgas auf zu geringe Zersetzung des Gasöls hin.

Die Betriebsdauer der Retortenöfen wird auf 24 Stunden bemessen,
daraufhin wird die Abscheidung des Kokses in den Retorten nach Abschaltung der Vorlage durch Ausbrennen beseitigt und die Vergasung
von neuem begonnen.

Der von dem Gas mitgeführte Teer wird zum größten Teil in einer
mit Wasser gefüllten Vorlage, durch die das Gas seinen Weg nehmen
muß, abgeschieden, der Rest in nachgeschalteten Luft- und Wasser-
kühlern. Als Sicherheitsgefäß befindet sich in der Rohgasleitung ferner
ein Sicherheitstopf (Teerkasten), in dem das Gas bei Druckerhöhung über
das höchstzulässige Maß durch eine Wassertauchung nach einem durch
das Dach des Ofenhauses geführten Entlüftungsrohr durchschlägt.

Für die Erzeugung größerer Leistungen von Ölgas wird jetzt allgemein das periodisch arbeitende Generatorverfahren (vgl. Abb. 41
a und b) angewendet, bei dem das Gasöl durch den preiswürdigeren
Schwelteer ersetzt werden kann. Eine derartige Einheit besteht im

wesentlichen zunächst aus zwei hintereinandergeschalteten Generatoren
aus Kesselblech, die mit Schamottesteinen ausgesetzt sind. Am Kopf
der beiden Generatoren befinden sich jeweils Einspritzvorrichtungen für
den vorgewärmten Urteer. Die Vorwärmung des Vergasungsgutes erfolgt regenerativ durch das den Generator verlassende heiße Rohgas.

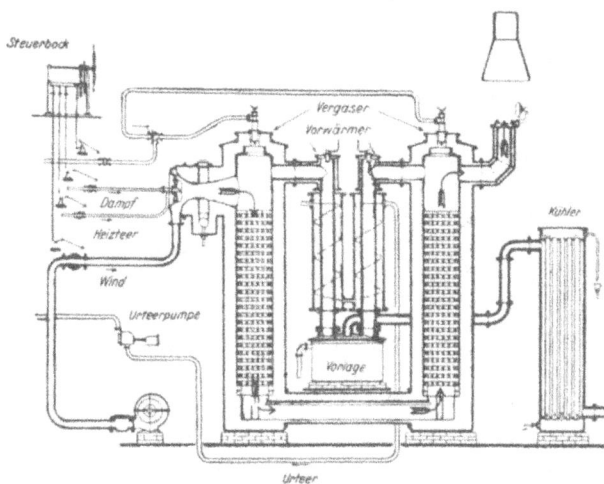

Abb. 41a. Ölgaserzeugung im Generator. Heißblaseperiode.

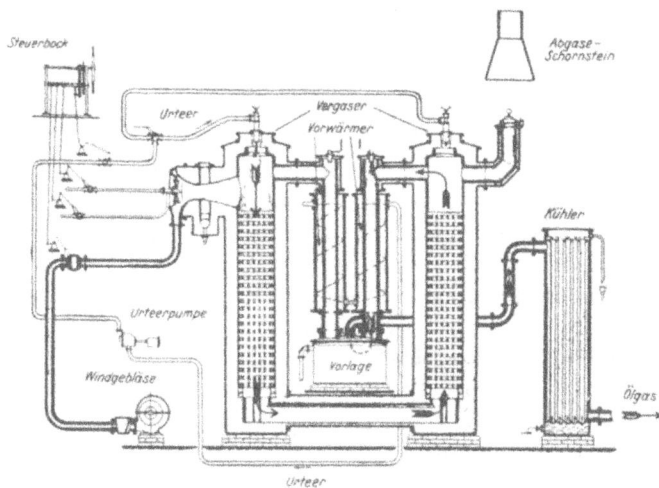

Abb. 41b. Ölgaserzeugung im Generator. Gaseperiode.

Die Generatoren werden zunächst durch Verbrennen von als Nebenprodukt gebildetem Ölteer mit eingeblasener Gebläseluft auf 750—850⁰
aufgeheizt, wobei die Abgase durch einen Schornstein abgeführt werden.

Nach Umstellung wird vorgewärmter Urteer in den ersten Generator, schließlich in den zweiten Generator eingespritzt. Die Öl- und Urteernebel werden auf den heißen Gittersteinen zu Ölgas zersetzt, das Gas dient zur Vorwärmung des Gasöls oder Urteers und wird anschließend in gleicher Weise wie bei dem Retortenverfahren gekühlt und von Teernebeln befreit. Nachdem die Temperatur in den Generatoren auf 650 bis 700° abgefallen ist, wird die Ölzuführung abgestellt und die noch in den Generatoren befindlichen Gase werden mit Wasserdampf in die Kühler übergespült. Anschließend erfolgt ein erneutes Aufheizen der beiden Generatoren, wobei das Teer-Luft-Verhältnis derart gewählt wird, daß der zwischenzeitlich auf den Gittersteinen abgeschiedene Koks ebenfalls mitverbrannt wird. Nach Erreichung der notwendigen Zersetzungstemperatur wird erneut auf Vergasung umgestellt. Die Steuerung der Generatoren und Ventile erfolgt zwangsläufig auf einer Arbeitsbühne durch Drehen eines Handrades, wobei gleichzeitig durch selbsttätige Verriegelungen falsche Schaltungen verhindert werden. Das rohe Ölgas wird nach rekuperativer Vorwärmung des Vergasungsmaterials durch eine Tauchvorlage, die ein Eindringen von Verbrennungsabgasen in die weitere Gasreinigung verhindern soll, abgeleitet.

Die Vorratsbehälter für das Gasöl bzw. den Urteer sind außerhalb der Gebäude unterirdisch angelegt. Von diesen wird das Öl in einen im Ofenhaus befindlichen Zwischenbehälter gepumpt, aus dem es entweder den Retorten zugeleitet oder mittels Druckpumpen den Einspritzdüsen der Generatoren zugeführt wird. Die Gaserzeuger, Gasreiniger und Gassammelbehälter müssen gemäß feuerpolizeilichen Vorschriften je in getrennten Räumen untergebracht werden. Der arbeitstägliche Durchsatz in einer Generatoranlage beträgt etwa 20—25 t Urteer.

Bei Retortenbetrieb wird das Gas unter seinem eigenen Druck der Gasreinigung zugeleitet, bei Generatorenbetrieb wird das Gas mittels eines Gassaugers und Umlaufreglers zunächst in einem Zwischengasbehälter gesammelt und dann der Reinigung zugeführt.

Die Reiniger bestehen aus gußeisernen Kästen mit schmiedeeisernen Deckeln, die durch Wassertauchung abdichten. In diesen befinden sich Holzhorden, auf denen übliche Gasreinigungsmasse ausgebreitet ist, um das Gas von Schwefelwasserstoff zu befreien. Anschließend wird das Gas in einem nassen Gasmesser gemessen und in einem Gasbehälter gesammelt.

Die Gasausbeute beträgt bei beiden Verfahren etwa 50—60 m³ Ölgas, 25—30 kg Ölteer und 4—6 kg Koks je 100 kg Gasöl bzw. nur 40 m³ Ölgas und vermehrten Öl- und Koksanfall bei der Vergasung von Urteer. Bei Generatorenbetrieb werden davon für das Aufheizen der Generatoren etwa 15 kg Ölteer benötigt.

Die Zusammensetzung des Ölgases ist durchschnittlich etwa folgende:

Zahlentafel 20.

Durschschnittliche Zusammensetzung von Ölgas.

Kohlendioxyd . . . . . . 0,5—2% Methan . . . 30—45%

Kohlenwasserstoffdämpfe . 15—30% Äthan . . . . 5—15%

Olefine . . . . 0—0,5% Stickstoff . . 2—6%

Sauerstoff . . . . 0,1—1% spez. Gewicht 0,6—0,9

Kohlenoxyd . . . . 2—10% organisch geb. S 25—30 g/100 m³

Wasserstoff . . . . . 10—30%

Der obere Heizwert des Ölgases schwankt je nach den Vergasungsbedingungen zwischen 8000 und 11 000 kcal/Nm³, der untere Heizwert
zwischen 7200 und 10 000 kcal/Nm³.

Bei der Vergasung von Schwelteer ist darauf zu achten, daß dieser
möglichst frei von sauren Bestandteilen ist, da diese in der Hauptsache
nur Kohlenoxyd und Wasserstoff zu bilden vermögen und der Anteil
der Methankohlenwasserstoffe im Ölgas sehr stark zurückgeht. So erhielt
Müller[1]) bei der Vergasung von Gasöl, Phenolen und Gasöl-Phenol-
gemischen bei 750⁰ folgende Ausbeute an den wichtigsten Inhaltsstoffen
des Ölgases:

Zahlentafel 21.

Ausbeute an Ölgas aus verschiedenen Ausgangsölen.

	Gasöl	Phenol	Kreosot	50⁰/₀ Gasöl 50⁰/₀ Kreosot
Gebildetes Gasvolumen l/kg	446,8	648,1	603,0	460,0
Gaszusammensetzung				
Methan . . . . %	49,1	9,0	19,1	40,3
Äthylen . . . . %	39,6	1,3	1,5	16,9
Wasserstoff . . . . . %	9,6	58,9	50,2	25,9
Kohlenoxyd . . . . . %	1,7	30,8	29,2	16,9

Der Ölgasteer besitzt im wesentlichen aromatischen Charakter,
ebenso enthält das Ölgas bereits etwa 1—2% aromatische Kohlenwasserstoffe, die sich jedoch bei der Verdichtung des Ölgases auf 10—15 at in flüssiger Form ausscheiden. Ein derartiges Ölgaskondesat enthält nach H.
Bunte[2]) etwa 70% Reinbenzol, 15% Toluol, 5% Xylol und 10% aliphatische, zumeist ungesättigte Kohlenwasserstoffe.

Der eigentliche dem Steinkohlenteer nach Geruch und Aussehen
sehr ähnliche, nur dünnflüssigere Ölgasteer besitzt nach Würth[3]) etwa
folgende Zusammensetzung:

---

[1]) Journ. f. Gasbel. **41**, 221 (1898).
[2]) Journ. f. Gasbel. **36**, 442 (1893).
[3]) Diss. München 1904.

Zahlentafel 22.

Durchschnittliche Zusammensetzung von Ölgasteer.

Benzol	1,0%	Naphthalin	4,9%
Toluol	2,0%	Rohanthrazen . . .	0,6%
Xylole	1,3%	Phenole	0,3%
Unges. Kohlenwasserstoffe < 150°	1,0%	Basen	Spur
Öle von 150—200°	1,5%	Asphalt	22,0%
» » 200—300°	26,6%	freier Kohlenstoff . .	20,5%
» » 300—360°	12,6%	Wasser (neutral) . .	4,0%

Bei niedrigeren Vergasungstemperaturen steigt der Gehalt an Neutralölen aliphatischen Charakters, bei höheren Temperaturen der Anteil an Naphthalin, Anthrazen, Asphalt und freiem Kohlenstoff an.

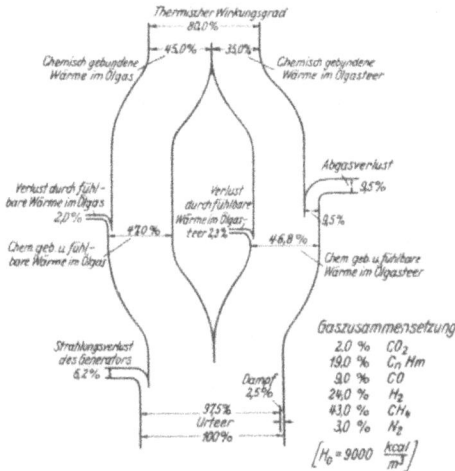

Abb. 42. Wärmeflußdiagramm für die Ölgaserzeugung im Generator aus Urteer.

Die Aufarbeitung des Ölgasteeres erfolgt, soweit er nicht bei dem Generatorenbetrieb als Heizöl benötigt wird, in den Steinkohlenteerdestillationsbetrieben.

Der Vergasungswirkungsgrad beträgt bei der Verwendung von Gasöl 60—65%, bei Urteer etwa 45%, der thermische Wirkungsgrad etwa 80%. Die Wärmebilanz im letzteren Fall ist aus dem nebenstehend wiedergegebenen Wärmeflußdiagramm ersichtlich (Abb. 42).

In seiner ursprünglichen Zusammensetzung findet das Ölgas heute kaum Anwendung. Früher diente es in beschränktem Maße als »Leuchtgas« infolge seines hohen Gehaltes an Kohlenwasserstoffen.

Die Herstellung von Ölgas ist jetzt fast ausschließlich auf die Ölgaswerke der Eisenbahnen beschränkt, soweit diese nicht ihren Wagenpark bereits auf elektrische Zugbeleuchtung umgestellt haben. In Deutschland bestanden im Jahre 1936 bei der Deutschen Reichsbahn noch 40 von der Fa. J. Pintsch A.-G., Berlin betriebene Ölgaswerke, die jedoch ihre Ölgaserzeugung von Jahr zu Jahr einschränken.

Die Ölgaserzeugung ist im allgemeinen über Jahrzehnte in der oben beschriebenen Form durchgeführt worden. Soweit jedoch an das Gas andersartige Anforderungen gestellt werden, hat es in einzelnen Fällen Abänderungen erfahren. So erzielte die Californian Light and Fuel Co.,

San Francisco[1]), durch Überhitzen des Ölgases nach Zumischung von Wasserdampf auf 900° eine Stabilisierung desselben und eine erhebliche Erhöhung des Gehaltes an Wasserstoff und Methan zuungunsten der höheren Kohlenwasserstoffe, so daß es in seinem Heizwert und spezifischem Gewicht dem eines reinen Steinkohlengases recht nahe kam: 2,0% CO_2, 8,0% sKW, 0,2% O_2, 4,0% CO, 49,0% H_2, 32,0% CH_4, 4,8% N_2, $H_o = 5910$ kcal/m³, spez. Gewicht 0,426. Der Ölverbrauch je m³ Gas war etwa 1,5—2 l Schweröl oder Ölrückstände, die Größe der einzelnen Anlagen, die zwischenzeitlich sämtlich wieder stillgelegt worden sind, betrug 1000—30000 m³/Tag.

Nach Jones[2]) erreichte man die gleiche Wirkung dadurch, indem in auf 900° überhitzte Generatoren nach Ausblasen der Rauchgase mit Wasserdampf zunächst bereits gebildetes Ölgas eingeleitet wurde. Dieses zerfiel an dem überhitzten Mauerwerk unter weitgehender Wasserstoffbildung. Bei dem nachfolgenden Einspritzen von Gasöl wirkte der Wasserstoff daraufhin als Schutzgas gegen eine zu weitgehende Zersetzung, so daß ein Ölgas der nachfolgenden Zusammensetzung entstand: 2% CO_2, 6% sKW, 0,1% O_2, 5,0% CO, 40,4% H_2, 40,4% CH_4, $H_o = 6340$ kcal/m³, spez. Gewicht 0,44.

Der umgekehrte Weg, d. h. eine möglichst weitgehende Schonung des Gasöls unter tunlicher Vermeidung der Bildung von Wasserstoff wurde bei dem Peeblesverfahren[3]) erzielt. Bei diesem erfolgte die Vergasung des Gasöls bei 500—550°, so daß kaum aromatische Teerkohlenwasserstoffe entstanden. Das in erheblichem Maße Kohlenwasserstoffdämpfe enthaltende Rohgas wurde zwecks Entfernung derselben mit frischem Gasöl ausgewaschen und dieses in die Vergasungsretorten zurückgeleitet, so daß sich als Endprodukte nur Ölgas und Koks bildeten. Die Gasausbeute betrug 54 m³/100 l Öl, die Menge des Koksrückstandes etwa 26 Gew.-%.

Die Ausbeute bei dieser schonenden Vergasung, die bis vor wenigen Jahren von der Deutschen Blaugasgesellschaft, Augsburg, für die Herstellung des Blaugases angewandt wurde, betrug etwa 30—40 kg Blaugas, 5—6 kg Benzin, 5—6 kg nicht kondensierbare Gase und 50—55 kg Teer.

Das Ölgas, das für die Beleuchtung von Eisenbahnwagen Anwendung findet, wird nach seiner Speicherung in einem Zwischengasbehälter mittels schnellaufender Pumpen zunächst auf 10—12 at verdichtet, um die im Gas enthaltenen Dämpfe von Benzolkohlenwasserstoffen (etwa 15 l flüssig je 100 m³ Gas) abzuscheiden. Anschließend wird das Gas in geschweißten zylinderförmigen Stahlblechkesseln gespeichert und aus diesen in die Vorratsbehälter der Wagen abgefüllt.

---

[1]) Journ. f. Gasbel. **57**, 139 (1914).
[2]) Gas Age Record **1913**, 58.
[3]) W. Young und A. Bell, Journ. f. Gasbel. **37**, 305 (1894).

Für den Versand des Ölgases nach entfernter gelegenen Verbrauchsstätten, wie zur Seezeichenbeleuchtung und in einzelnen Fällen auch als Gewerbegas, wird das Ölgas in Flüssiggas und Permanentgas zerlegt. Das letztere besteht vornehmlich aus Wasserstoff und den nicht kondensierbaren Kohlenwasserstoffen Methan, Äthan und Äthylen, soweit diese nicht in dem Flüssiggas gelöst werden. Dieser Industriezweig hat infolge des starken Vordringens der Flüssiggase Gasol, Propan und Butan jedoch stark an Bedeutung verloren und seine Herstellung ist in Deutschland zum überwiegenden Teil bereits ganz aufgegeben worden.

Für die Verflüssigung wird das von Kohlenwasserstoffdämpfen durch Verdichtung befreite Ölgas nach Auswaschen des Kohlendioxyds und Trocknung durch Druckerhöhung auf 100 at etwa zur Häfte verflüssigt. Das Kondensat (Blaugas) stellt eine wasserhelle Flüssigkeit mit einer mittleren Siedetemperatur von —60⁰ und einem spez. Gewicht von 0,5—0,55 dar. Seine durchschnittliche Zusammensetzung beträgt etwa 0—2% CO_2, 50—60% sKW, 0—0,5% CO, 0—5% Wasserstoff und 30—40% Paraffinkohlenwasserstoffe. Der Heizwert (H_0) beträgt 15000 bis 16500 kcal/m³, das spezifische Gewicht des Gases etwa 0,80—0,85.

Die Umfüllung des Gases aus den Vorratsbehältern in die Versandflaschen erfolgt in flüssigem Zustand. Bei seiner Verwendung wird es auf 6 at entspannt und geht dabei wieder in den gasförmigen Zustand über.

F. Benzin-Luftgas.

Benzin-Luftgas, in einem bestimmten Verhältnis mit Benzin oder anderen Kohlenwasserstoffen angereicherte Luft, stellt ein Brenngas dar, das früher eine gewisse, zumeist aber nur örtliche Bedeutung besaß. Je nach der Art des verdampften Brennstoffs wurde es als Ärogen- oder auch als Benoid- oder Pentairgas bezeichnet. Seine Herstellung beruht auf folgendem Prinzip.

Bei Zugabe einer leichtflüchtigen brennbaren Flüssigkeit zu Luft sättigt sich diese mit dem Dampf an. Dabei wird zunächst der Zündbereich des Brenndampf-Luftgemisches, d. h. das Gebiet zwischen der unteren und der oberen Explosionsgrenze erreicht, ein Konzentrationsbereich, der naturgemäß nicht für eine technische Verwendung in Betracht kommt. Bei einer noch stärkeren Aufsättigung der Luft mit Dampf wird daraufhin die obere Zündgrenze überschritten und man erhält ein ruhig abbrennendes Brenndampf-Luftgemisch. Als Vergasungsmittel kommen dabei alle brennbaren Flüssigkeiten in Betracht, deren Dampfspannung bei den niedrigsten in Betracht kommenden Temperaturen noch oberhalb der oberen Zündgrenze liegt, also vor allem Leichtbenzin, d. h. ein Gemisch von Pentan und Hexan sowie von deren

Isomeren. Benzolkohlenwasserstoffe eignen sich weniger hierfür, da deren Dampfdruck wesentlich geringer ist.

Am verbreitetsten ist die Anwendung von leichtem Petroleumbenzin, dessen Siedebereich zwischen 30 und 90° liegt und dessen spezifisches Gewicht im Winter 0,65, im Sommer 0,70 nicht überschreiten soll. Die wichtigsten Inhaltsstoffe des Petroleumbenzins sind die isomeren Pentane und Hexane mit folgenden Eigenschaften:

Zahlentafel 23. Physikalische Eigenschaften von Pentan- und Hexankohlenwasserstoffen.

Kohlenwasserstoff	Formel	Spez. Gew. $D \frac{20}{4}$	Schmelzpunkt °C	Siedepunkt °C
Pentan C_5H_{12} . . .	$CH_3 (CH_2)_3 CH_3$	0,631	—130	36
	$(CH_3)_2 CHCH_2 CH_3$	0,621	—160	31
	$(CH_3)_4 C$	—	— 20	9,5
Hexan C_6H_{14} . . .	$CH_3 (CH_2)_4 CH_3$	0,660	— 94	69
	$(CH_3)_2 CH)CH_2)_2CH_3$	0,654	—	60
	$(CH_3CH_2)_2 CH CH_3$	0,668	—	64
	$(CH_3)_2CH CH(CH_3)_2$	0,666	—135	58
	$(CH_3)_2 C(CH_2 CH_3)_2$	0,649	— 98	50

Daneben enthält das Petroleumbenzin wechselnde Mengen Heptane und zuweilen noch Oktane, deren Dampfdrucke jedoch wesentlich geringer sind.

Der Sättigungsdruck des Pentandampfes bei 0° C beträgt beispielsweise 183 Torr; die Luft vermag somit bei 0°

$$\frac{183}{760} \cdot 100 = 24,1 \text{ Vol.-}^0/_0,$$

das sind 774 g/Nm³ Luft aufzunehmen. Die obere Zündgrenze (Explosionsgrenze) des Pentan-Luftgemisches (vgl. Bd. 6, 1. Teil, S. 119) ist somit um ein Mehrfaches überschritten. Unter Zugrundelegung eines oberen Heizwertes von 11 620 kcal/kg Pentandampf errechnet sich für ein derartiges Pentan-Luftgas der obere Heizwert zu 8995 kcal/Nm³.

Im Gegensatz dazu besitzt n-Hexan bei 0° C einen Sättigungsdruck von nur 45 Torr, dies entspricht einer Anreicherungsmöglichkeit der Luft für n-Hexandampf von 5,92%, mithin ist die obere Zündgrenze dieses Gemisches noch nicht überschritten, das Dampf-Luftgemisch ist vielmehr explosiv. Bei Benzol ist die Aufsättigung der Luft noch erheblich geringer.

Wie bereits weiter oben ausgeführt worden ist, besteht das für die Herstellung des Benzin-Luftgases dienende Petroleumbenzin aus einem Gemisch verschiedener Kohlenwasserstoffe. Bei diesem setzt sich der Gesamtdampfdruck aus der Summe der Einzeldrucke der Inhaltsstoffe zusammen, deren Höhe wiederum gemäß dem Plankschen Gesetz von ihrer Konzentration im Benzin abhängig ist. Die einzelnen Bestandteile des Gemisches verdampfen demnach nicht etwa nacheinander gemäß ihren verschiedenen ansteigenden Siedetemperaturen, sondern zumindest zum Teil gleichzeitig, nur die leichtsiedenden in stärkerem Maße als die schwerersiedenden. Die während der Verdampfung zurückbleibende Flüssigkeit reichert sich daher, wenn sie im Überschuß vorhanden ist, allmählich mit den höhersiedenden Kohlenwasserstoffen an. Gleichzeitig vermindert sich, wenn kein neues Benzin zugeführt wird, der Gehalt der Luft an Kohlenwasserstoffdämpfen. Bei einer derartigen Betriebsweise würde daher das Benzin-Luftgas in seiner Zusammensetzung und in seinem Heizwert Schwankungen unterliegen, indem der letztere jeweils bis zur erneuten Zugabe von frischem Benzin in das Luftsättigungsgefäß abfiele. Hinzu kommt, daß das Benzin infolge Wärmeentzuges durch die benötigte Verdampfungswärme sich stark abkühlen und damit die Dampfspannung weiterhin erniedrigt würde.

Die Aufsättigung der Luft mit Benzindämpfen für die Herstellung eines Benzin-Luftgases ist daher an die folgenden Bedingungen gebunden. Die Zugabe des Petroleumbenzins (Leichtbenzin) soll laufend und gleichmäßig entsprechend der durch den Sättiger durchgesetzten Luftmenge erfolgen. Die Flüchtigkeit des Benzins soll so groß sein, daß in keinem Teil der Leitung des Benzin-Luftgases infolge einer Abkühlung durch atmosphärische Einflüsse eine Wiederausscheidung von flüssigem Benzin stattfinden kann. Das Sättigungsgerät soll mit der Außenatmosphäre in einer gut wärmeleitenden Verbindung stehen, um die Verdampfungswärme des Benzins durch Wärmezuführung aus der Atmosphäre auszugleichen. Das zur Vergasung gelangende Benzin soll in einem möglichst engen Bereich sieden und keine höhermolekularen Anteile aufweisen, die als Rückstand im Luftsättiger verbleiben und wiederum auf Leichtbenzin lösend einwirken. Das Benzin darf ferner keine Diolefin- oder sonstigen verharzbaren Kohlenwasserstoffe enthalten, die zu harzartigen Ausscheidungen und damit zu Störungen Anlaß geben könnten.

Die technische Durchführung der Herstellung von Benzin-Luftgas geschieht wie folgt. Die als »Trägergas« benötigte Luft wird nach Trocknung durch Chlorkalzium, um die Ausscheidung von wäßrigem Kondensat in der Rohrleitung zu vermeiden, mittels eines Verdichters in einen Windkessel als Ausgleichsbehälter gedrückt. Die Steuerung des mit Heißluft, elektrisch oder mittels eines Gewichtsmotors angetriebenen Luftkompressors erfolgt derart, daß dieser bei Unterschreitung eines Mindestdruckes an- und bei Überschreitung eines Höchstdruckes selbsttätig ausgeschaltet wird. Die Luft durchstreicht daraufhin den Sättiger, in dem ihr eine je nach dem Luftvolumen durch eine Schöpfvorrichtung entsprechend eingestellte Benzinmenge feinverteilt oder in einem Zickzackweg entgegenfließt und verdampft. Etwaige nicht verdampfte Benzinreste werden über einen gesicherten Überlauf abgeführt. Das Benzin-Luftgas wird in einem weiteren Ausgleichsbehälter, um stoßweise Belastungen abzufangen, gesammelt und anschließend durch Verteilleitungen den Verbrauchsstellen zugeführt.

Die Sättigung der Luft mit Leichtbenzin erfolgt zumeist mit etwa 250—280 g/m³, so daß das Luftgas etwa 7,5—8% Benzindämpfe enthält und einen Heizwert von etwa 3000 kcal/m³ besitzt. Bei einer höheren Aufsättigung besteht die Gefahr einer Kondensation von Benzindämpfen, bei einer geringeren die Möglichkeit der Bildung zurückschlagender explosiver Dampf-Luftgemische.

Das Anwendungsgebiet des Benzin-Luftgases erstreckt sich vor allem als Leuchtgasersatz auf Gasverbraucher, die keiner Stadtgasversorgung angeschlossen sind. Dies gilt beispielsweise für abgelegene Gasthöfe, Landhäuser, sehr kleine Gemeinden, aber auch für gewerbliche Kleinbetriebe, insbesondere von Glasbläsereien und als Laboratoriumsgas von abgelegenen Fabrikanlagen.

Das weitgehende Vordringen der Elektrizitätsversorgung auch in schwach besiedelte Gegenden hat weitgehend zu einem Aufgeben der in Betrieb befindlichen Benzin-Luftgasanlagen geführt.

Die an sich geringe Bedeutung des Benzin-Luftgases ist durch das Flüssiggas (Gasol, Propan- und Butangas) noch weiter stark vermindert worden, so daß zur Zeit eine Neuerrichtung derartiger Anlagen nur in besonders gelagerten Fällen noch in Betracht kommen könnte. Daher hat die überwiegende Zahl der Firmen, die früher Benzin-Luftgasanlagen erstellten, den Bau derselben eingestellt.

Im Ausland ist dem Benzin-Luftgas ferner ein scharfer Wettbewerb im Butan-Luftgas entstanden, das an anderer Stelle ausführlich besprochen ist (vgl. S. 99). Das letztere besitzt vor allem den Vorteil, daß mit Butan infolge seiner niedrigen Siedetemperatur ein Gas-Luftgemisch von einem wesentlich höheren Heizwert eingestellt werden kann, dessen Brenneigenschaften daher denen des Benzin-Luftgases erheblich überlegen sind.

G. Luftverflüssigung.

Zahlreiche, weitausgedehnte Untersuchungen haben ergeben, daß die Zusammensetzung der Luft überall auf der Erdoberfläche nahezu gleich ist. Die beiden wichtigsten Bestandteile derselben sind Sauerstoff und Stickstoff neben geringen Mengen an Edelgasen. Der Sauerstoffgehalt zeigt im einzelnen Schwankungen zwischen 20,4 und 21,0%, im Mittel beträgt er 20,93 Vol.-%. Nur in Städten und Industriegegenden vermag er zugunsten eines höheren Kohlenoxyd- und Kohlendioxydgehaltes noch stärker abzufallen. Die durchschnittliche Zusammensetzung der Luft ist folgende:

Zahlentafel 24. Durchschnittliche Zusammensetzung der Luft.

Luftbestandteil	Vol.-%	Gew.-%	Luftbestandteil	Vol.-%	Gew.-%
Sauerstoff	20,93	23,1	Helium	$5 \cdot 10^{-4}$	$7 \cdot 10^{-5}$
Stickstoff	78,03	75,6	Neon	$1,5 \cdot 10^{-3}$	$1 \cdot 10^{3}$
Kohlendioxyd . .	0,03	0,046	Krypton.	$1 \cdot 10^{-5}$	$3 \cdot 10^{-4}$
Wasserstoff . . .	$5 \cdot 10^{-5}$	$3,5 \cdot 10^{-3}$	Xenon	$1 \cdot 10^{-5}$	$4 \cdot 10^{-5}$
Argon	0,932	1,285			

Auf die Bedeutung des Sauerstoffgehaltes der Luft als Grundlage für alles Leben und die Verbrennungsvorgänge braucht in diesem Zusammenhang nicht näher eingegangen werden. Wichtig ist vor allem die Luft als eine der Grundlagen der Kältetechnik.

Sämtliche Gase, somit auch die Luft, können bei bestimmten Temperaturen unter einem gewissen Druck in den verflüssigten Zustand übergeführt werden, indem ihnen gleichzeitig Wärme entzogen wird. Bei einheitlichen Gasen entspricht unterhalb der kritischen Temperatur jedem Druck eine bestimmte Verflüssigungstemperatur. Bei Luft als einem Gemisch verschiedener Gasbestandteile erfolgt die Kondensation dagegen in einem Temperaturbereich, der durch die verschiedenen Verflüssigungstemperaturen des Sauerstoffs und Stickstoffs festgelegt ist; ein geringer Teil der Luft, der Wasserstoff und einige der Edelgase, werden sogar erst bei einer wesentlich niedrigeren Temperatur verflüssigt. Im einzelnen sind die für die Verflüssigung der Luftbestandteile wesentlichen physikalischen Konstanten nachstehend zusammengefaßt wiedergegeben.

Zahlentafel 25.

Physikalische Eigenschaften der Bestandteile der Luft.

Luftbestandteil	Siede-temperatur bei 760 Torr in °C	Kritische Temperatur °C	Kritischer Druck at	Verdamp-fungswärme kcal/kg
Sauerstoff	−182,97	−118,8	49,7	50,9
Stickstoff	−195,5	−147,1	33,5	47,7
Kohlendioxyd	− 78	+ 31,0	72,9	137 (fest)
Wasserstoff	−253	−239,9	12,8	114
Argon	−185,7	−122,4	49,6	37,6
Helium	−268,9	−267,9	2,34	6,0
Neon	−245,9	−228,7	27,8	16
Krypton	−151,7	− 62,5	56,1	27,4
Xenon	−109,1	+ 16,6	60,1	24,0

Die kritische Temperatur der Luft beträgt —140,7° C, der kritische Druck 38,4 at. Die Unkenntnis dieser Werte führte lange Zeit hindurch zu vergeblichen Versuchen, Luft bei nur wenig erniedrigter Temperatur durch

Anwendung sehr hoher Drucke in den flüssigen Zustand überzuführen. Als den ersten gelang es im Jahre 1877 Pictet und unabhängig davon Cailletet, Sauerstoff zu verflüssigen. Auf das von Pictet angewendete Verfahren gründete sich daraufhin die Arbeitsweise von Kammerlingh-Onnes, der das erste im Laboratoriumsmaßstab brauchbare Luftverflüssigungsverfahren schuf. Dieses beruht auf folgendes Prinzip.

Chlormethyldampf wird verdichtet, durch Kühlung mit Frischwasser verflüssigt, in einer Drossel entspannt und dabei infolge der benötigten Verdampfungswärme eine Temperatur von —87° C erzielt. Diese erste Kühlstufe wird dazu verwendet, verdichtetes Äthylengas zu verflüssigen, das nach seiner Entspannung eine Temperatur von —145° C erreicht. In der gleichen Weise wird in einer dritten Stufe verdichtete Luft teilweise nach Entspannung verflüssigt, wobei eine Temperatur von —193° C die unterste Grenze darstellt.

Dieses Verfahren eignet sich dennoch nicht für eine großtechnische Durchführung der Luftverflüssigung. Die Lösung dieser Aufgabe blieb C. von Linde[1]) vorbehalten. Linde verzichtete auf die Mitwirkung von Hilfskälteträgern, sondern erzielte die für die Verflüssigung benötigte Kälteleistung allein durch Ausnützung des Thomson-Joule-Effektes. Bei adiabatisch verlaufender Drucksenkung durch eine Drossel tritt bei fast sämtlichen realen Gasen infolge einer inneren Arbeitsleistung in dem technisch wichtigen Druck- und Temperaturbereich eine Abkühlung ein, die beispielsweise für Luft je 1 at Druckabfall bei 15° C 0,25° beträgt, mit steigendem Druck abnimmt, mit sinkender Temperatur stark zunimmt. Einzelheiten über die Größe dieses differentialen Thomson-Joule-Effektes in Abhängigkeit von der Temperatur bei verschiedenen Drucken[2]) zeigt die nachstehende Abb. 43. Eine Inversion dieses Thomson-Joule-Effektes, d. h. der Umschlagpunkt von Abkühlung zu Erwärmung tritt bei Luft erst bei hohen Drucken und tiefer Temperatur auf.

Noch höher ist die Abkühlung bei Entspannung eines Gases in einer Expansionsmaschine, da hierbei dem Gas neben dem Thomson-Joule-Effekt weitere Energie in Form von Wärme durch die Arbeitsleistung gegen die Atmosphäre entzogen wird. Für Luft ergibt sich beispielsweise theoretisch unter Annahme einer kälteverlustfreien Entspannung unter Arbeitsleistung von 70 auf 1 at bei einer Anfangstemperatur von +17° C ein Temperaturabfall um 204° C. Praktisch läßt sich jedoch eine Wärmeeinstrahlung nicht ausschließen, so daß die wirklich erreichte Temperaturerniedrigung wesentlich hinter der theoretischen zurückbleibt. Die Entspannung des Gases in einer Expansionsmaschine ist das den Luftverflüssigungsverfahren von Heylandt und Claude zugrunde liegende Prinzip.

Bei dem Lindeschen Luftverflüssigungsverfahren in der einfachsten

---

[1]) DRP. 88824.
[2]) Vogel, Forschungsarb. a. d. Geb. d. Ingenieurwesens H. 108/109 (1911); Hansen, Forschungsarb. a. d. Geb. d. Ingenieurwesens H. 274 (1926).

Form seiner Ausführung (Abb. 44) wird die Luft stufenweise auf etwa 150—200 at verdichtet, die Verdichtungswärme durch Wasserkühlung abgeführt, in einem Gegenstromwärmeaustauscher mit entspannter kalter Luft stark gekühlt und in einem Drosselventil entspannt, wodurch sich ein Teil der Luft unter Anreicherung ihres Sauerstoffgehaltes verflüssigt. Der dabei erforderliche Energiebedarf für die Gasverdichtung kann durch Zwischenschaltung eines Mitteldruckkreislaufes, durch stärkere Vorkühlung oder gemeinsame Anwendung beider Möglichkeiten weitgehend ermässigt werden.

Das Prinzip der Einschaltung eines Mitteldruckkreislaufes zeigt die schematische Abb. 45. Die Luft wird stufenweise zunächst auf 50 at verdichtet, mit Frischwasser gekühlt und vereinigt sich mit der aus der Anlage zurückgeführten Mitteldruckluft, die ebenfalls nur auf 50 at entspannt worden ist. Die vereinigten Luftströme werden nunmehr auf 200 at verdichtet, wiederum mit Wasser gekühlt, in zwei Gegenstromwärmeaustauschern mit der zurückgeführten kalten Mitteldruckluft und mit kalter entspannter Luft gekühlt und in einer ersten Drossel auf 50 at entspannt. Dabei findet eine teilweise Verflüssigung der Kaltluft statt, während der restliche Anteil, die Mitteldruckluft, in einem Kreislauf zurückgeführt wird. Anschließend wird die verflüssigte Luft vollkommen entspannt, dabei verdampft ein Teil derselben wieder und wird nach Abgabe seines Kälteinhaltes in den Gegenstromwärmeaustauschern in die Atmosphäre oder der Frischluft zugeleitet.

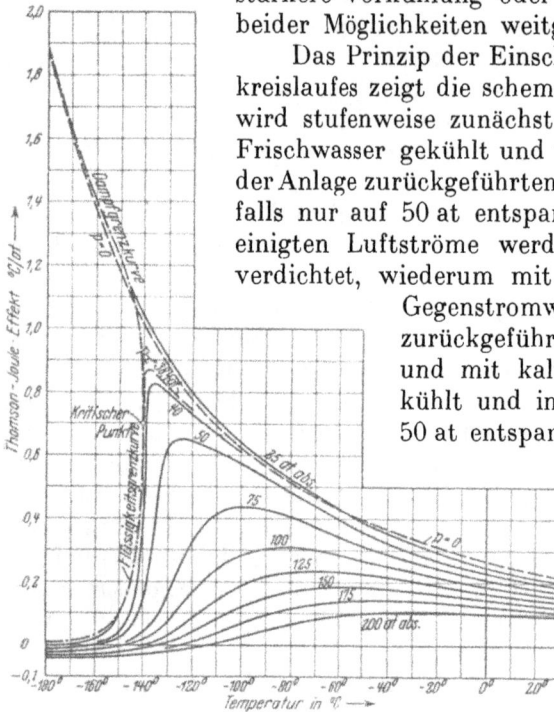

Abb. 43. Differentialer Thomson-Joule-Effekt der Luft.

Der Kohlendioxyd- und Wasserdampfgehalt der Luft muß zuvor sorgfältig entfernt werden, um Ansätze und Verstopfungen in den Gegenstromwärmeaustauschern zu vermeiden. Zu diesem Zweck wird die Luft vor Eintritt in den Verdichter mit Natron- oder Kalilauge gewaschen. Die Hauptmenge des Wasserdampfes wird bei der Verdichtung der Luft kondensiert und in einem nachfolgenden Abscheider abgetrennt, in dem gleichzeitig die aus dem Kompressor mitgerissenen Öltröpfchen entfernt werden. Daran schließt sich eine Trocknung der verdichteten Luft durch festes gekörntes Kalziumchlorid an.

In Kleinanlagen genügt es, die verdichtete Luft durch Trocken-
flaschen zu leiten, die mit stückigem Kaliumhydroxyd gefüllt sind, das
die Luft sowohl trocknet als auch von ihrem Gehalt an Kohlendioxyd
befreit.

Wenn die Frischluft vorgekühlt werden soll, schaltet man zwischen
den Verdichter und den Gegenstromwärmeaustauscher eine Ammoniak-
kältemaschine ein, wodurch die Eintrittstemperatur der Luft in diesem
auf etwa —40 bis —50° herabgesetzt werden kann.

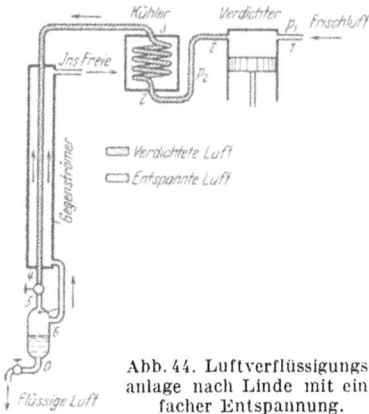

Abb. 44. Luftverflüssigungsanlage nach Linde mit einfacher Entspannung.

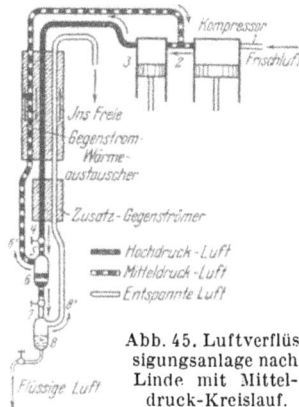

Abb. 45. Luftverflüs-
sigungsanlage nach
Linde mit Mittel-
druck-Kreislauf.

Der Arbeitsaufwand für die Verflüssigung von 1 kg Luft nach dem
Lindeschen Verfahren unter Vergleich der verschiedenen Möglichkeiten
ist von Hansen zu folgenden Werten berechnet worden:

Zahlentafel 26.

Arbeitsaufwand für die Verflüssigung von 1 kg Luft.

Betriebsart	Hoch-druck-luft at	Mittel-druck-luft at	Eintritts-temperatur der Luft in den Wärmeaus-tauscher °C	Arbeits-aufwand PSh/kg Luft	Bemerkungen
a) Ohne Vorkühlung:					
Einfache Entspannung	50	—	15	8,46	
» »	100	—	15	5,17	
» »	200	—	15	3,38	
Mit Mitteldruckkreislauf	200	50	15	1,83	} 20% der Gesamtluft auf 1 at entspannt
b) Mit Vorkühlung;					
Einfache Entspannung	200	—	—50	1,63	
Mit Mitteldruckkreislauf	200	50	—50	1,07	} 35% der Gesamtluft auf 1 at entspannt

Die Luftmenge, die verflüssigt werden kann, läßt sich theoretisch aus dem Thomson-Joule-Effekt berechnen. Dabei wird vorausgesetzt, daß die bei der Luftverflüssigung gewonnene Kältemenge Q unter Annahme eines kälteverlustfreien Betriebes vollkommen in der flüssigen Luft enthalten ist. Diese Kältemenge Q ist gleich groß der Wärmemenge, die der gesamten verarbeiteten Luft zugeführt werden müßte, wenn diese bereits unmittelbar vor Eintritt in den Gegenstromwärmeaustauscher von dem Ausgangsdruck p_2 auf den Enddruck p_1 abgedrosselt und dabei wieder auf die Ausgangstemperatur t_1 aufgewärmt würde. Wenn mit Δt die bei der Entspannung in dem Drosselventil auftretende Abkühlung und mit c_p die spezifische Wärme von 1 kg Luft beim Druck p_1 bezeichnet werden, so ergibt sich die je 1 kg verflüssigte Luft erzeugte Kältemenge Q zu

$$Q = c_p \cdot \Delta t.$$

Damit wird die Kälteleistung durch den Wert Δt des Thomson-Joule-Effektes am warmen Ende des Gegenstromwärmeaustauschers bestimmt. Wenn also bei dem Verfahren die Entspannung bei wesentlich tieferer Temperatur vorgenommen wird und damit der Wert für den Thomson-Joule-Effekt (vgl. Abb. 43) ansteigt, so bedeutet dieses für die Kälteleistung dennoch keinen Gewinn. Der Wärmeaustausch in den Gegenstromaustauschern ist weitgehend vervollkommnet, so daß der Temperaturunterschied zwischen der Frischluft und der ursprünglichen Kaltluft 1—2° nicht überschreitet. Ein weiterer Kälteverlust ist dadurch bedingt, daß ein geringer Teil der flüssigen Luft bei ihrer Entnahme wieder verdampft. Diese Verluste betragen zusammen etwa 10—15% der erzeugten Kälte.

Flüssige Luft wird als solche vornehmlich in physikalischen und chemischen Laboratorien, zum Teil aber auch in Industriebetrieben benötigt. Anlagen zur ausschließlichen Luftverflüssigung ohne Weiterverarbeitung derselben auf Sauerstoff und Stickstoff sind in ihrer Größe daher zumeist auf eine Stundenleistung von 1, 2, 5 oder 10 l flüssige Luft beschränkt. Den effektiven Energiebedarf für derartige Luftverflüssigungsapparate der Gesellschaft für Lindes Eismaschinen zeigt die nachstehende Zusammenstellung:

Zahlentafel 27.

Energiebedarf von kleinen Luftverflüssigungsanlagen.

Stündliche Leistung l flüssige Luft/h	1	2	5
Arbeitsverbrauch in PS	8	9,5	22
desgl. bei Vorkühlung durch Verdunstungskühlung auf etwa +2°	6	7,5	17,5

Eine Schnittzeichnung durch ein derartiges Gerät ist in Abb. 46 wiedergegeben. Dieses enthält in Isoliermasse eingebettet einen Weinhold-Becher, in dessen Unterteil die verflüssigte Luft in einem Kupfergefäß gesammelt wird. Darüber befindet sich, zum größten Teil ebenfalls noch in dem Weinhold-Becher angeordnet, der Gegenstromwärmeaustauscher, dem eine sehr gedrängte Form gegeben ist. Die verdichtete Luft wird in diesem durch bandartig zusammengelötete Kupferrohre a, die in Form flachgängiger Schraubenwindungen um den kupfernen Hohlzylinder b so aufgewickelt sind, daß zwischen den Rohrlagen ein nach unten etwas enger werdender Zwischenraum entsteht, nach unten geführt. Der Außenmantel c des Wärmeaustauschers besteht ebenfalls aus Kupfer. Entgegen der Frischluft strömt die bei der Entspannung nicht verflüssigte Kaltluft schraubenförmig nach oben. Weitere Einzelheiten über den Bau des Gerätes sind aus der Abb. 46 ersichtlich.

Bei Anlagen für größere Leistung wird der Kälteschutz nur durch Isolierstoffe unter Verzicht auf die Verwendung von Weinhold-Bechern durchgeführt. Einzelheiten über deren Bau sind in dem Abschnitt »Sauerstoff«, S. 124, besprochen.

Den schematischen Aufbau einer Luftverflüssigungsanlage nach dem Verfahren von Claude zeigt die Abb. 47. Dieser hatte bei der Entwicklung seines Verfahrens der Entspannung der verdichteten gekühlten Luft in einer Expansionsmaschine zunächst erhebliche Schwierigkeiten zu überwinden. Eine direkte Verflüssigung der entspannten Luft in der Maschine bei der Entspannung erwies sich undurchführbar. Eine Lösung ergab sich erst dadurch, daß die dabei erzeugte Kälte auf weitere verdichtete Luft übertragen und die letztere nach dieser starken Abkühlung in Wärmeaustauschern in einem Drosselventil entspannt und teilweise verflüssigt wird.

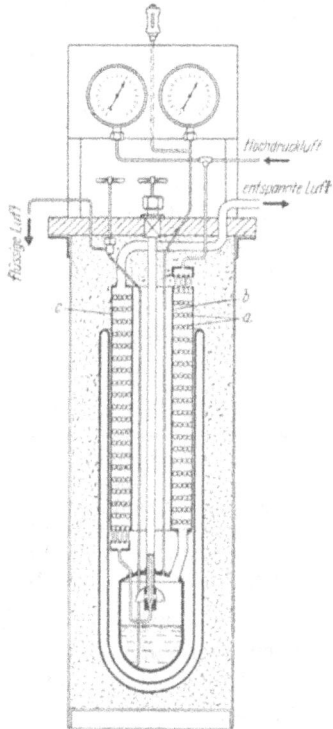

Abb. 46. Laboratoriumsapparat zur Herstellung von flüssiger Luft nach Linde.

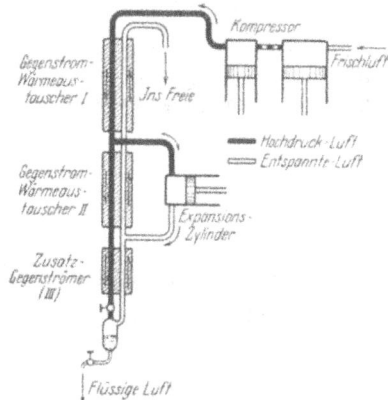

Abb. 47. Luftverflüssigungsanlage nach Claude.

Die Frischluft wird in Stufen auf etwa 50 at verdichtet (schwarze Linie) und zunächst in dem Gegenstromwärmeaustauscher *I* durch entspannte Kaltluft (Doppellinie) vorgekühlt. Nunmehr wird die Druckluft geteilt. Ein Teil derselben wird der Expansionsmaschine zugeführt, entspannt, gibt die dabei gewonnene Kälte in dem Gegenstromwärmeaustauscher *II* an den anderen Drucklufteilstrom ab und entweicht schließlich ebenfalls in die Atmosphäre. Die Druckluft wird in *II* bereits zum Teil verflüssigt, ein weiterer Anteil in dem Wärmeaustauscher *III*. Schließlich wird die kalte Druckluft in einem Drosselventil entspannt und ihr verflüssigter Anteil in einem Sammelgefäß abgeschieden, während die restliche Luft nacheinander durch die Wärmeaustauscher geführt wird. Nach Hansen ist der Energieaufwand für die Herstellung von 1 kg flüssiger Luft nach dem Verfahren von Claude etwa zu folgenden Werten anzunehmen:

Zahlentafel 28.

Energieaufwand für Luftverflüssigungsanlagen nach Claude.

Angewendeter Druck	at	20	30	40	60	100
Günstigster Anteil der in der Expansionsmaschine entspannten Luftmenge	%	88	84	80	75	68
Eintrittstemperatur der Luft	°C	—118	—100	—82	—58	—32
Energieaufwand für 1 kg flüssige Luft	PSh	1,68	1,55	1,42	1,30	1,21

Hinsichtlich ihres Energieaufwandes sind die Luftverflüssigungsverfahren von Linde und Claude nahezu gleich.

Einzelheiten über das Verfahren von Heylandt zur Luftverflüssigung, das dem von Claude ziemlich ähnlich ist, nur mit dem Unterschied, daß die Verdichtung der Luft auf 200 at erfolgt, sind auf S. 132 zu ersehen.

Zusammenfassende Literatur: C. von Linde, Aus der Geschichte der Kältetechnik. Beitrag zur Geschichte der Technik und Industrie. 8. Band, Berlin 1918. — O. Kausch, Herstellung, Verwendung und Aufbewahrung flüssiger Luft. 5. Aufl. Weimar 1919. — Gesellschaft für Lindes Eismaschinen A.-G., 50 Jahre Kältetechnik, Berlin 1929. — H. Hansen, »Flüssige Luft« in Ullmann, Enzyklopädie der technischen Chemie, 2. Aufl. 1931, Bd. VII, S. 386. — G. Claude, Air liquide, Oxygène, Azote, Gas rares. 2. Aufl. Paris 1926. — Zahlreiche Patentliteratur.

H. Sauerstoff.

1. Bedeutung der Sauerstoffverwendung in der Technik.

Die Möglichkeit einer großtechnischen billigen Sauerstofferzeugung ist für zahlreiche brennstofftechnische Verfahren von großer Wichtigkeit.

Bei Verbrennungsvorgängen unter Anwendung von Sauerstoff an Stelle von Luft werden infolge des Wegfalles des reaktionsverzögernden und die Flammentemperatur herabsetzenden Stickstoffballastes wärmetechnisch wesentlich veränderte Bedingungen geschaffen. Neben der Steigerung der Verbrennungstemperaturen wird bei Verbrennung mit Sauerstoff der Wärmeübergang sowohl der oxydierend als auch reduzierend betriebenen Feuerungen stark erhöht, da der Anteil der selektiv wärmestrahlenden Gase Kohlendioxyd und Wasserdampf in den Abgasen heraufgesetzt wird. Dies bedingt wiederum eine Steigerung der Ofenleistungen.

Das gleiche gilt für die Vergasung mit Sauerstoff, für die vor allem im Winkler-Generator ein großes industrielles Anwendungsgebiet erschlossen worden ist. Erst der Ersatz der Luft durch Sauerstoff hat es ermöglicht, die restlose Vergasung von Brennstoffen mit Dampfzusatz zu einem Gas, das praktisch frei von Inertgasbestandteilen ist, durchzuführen. So erhält man im Winkler-Generator bei der Vergasung von staubförmiger Braunkohle mit Sauerstoff und Wasserdampf bei einer stündlichen Erzeugung von bis zu 3700 m³ Gas/m² Schachtquerschnitt ein Gas folgender durchschnittlicher Zusammensetzung[1]): 22% CO_2, 38% CO, 38% H_2 und 2% CH_4 + N_2. Dieses Gas liefert nach Konvertierung des Kohlenoxyds und Auswaschung des Kohlendioxyds praktisch reinen Wasserstoff für die Kohlehydrierung oder dient als Ausgangsgas für sonstige Gasreaktionen. Bei Belassung eines Teiles des Kohlenoxyds stellt das Gas eine Ausgangsquelle für die Benzinsynthese nach Fischer-Tropsch oder für die Methanolsynthese dar. Der Sauerstoffbedarf beträgt dabei je m³ Wasserstoff oder Kohlenoxyd-Wasserstoffgemisch nur 0,3 m³. Für die Ammoniaksynthese kann durch Ersatz eines Teiles des Sauerstoffs durch Luft ferner gleich in einem Arbeitsgang das notwendige Stickstoff-Wasserstoffverhältnis 1 : 3 erzielt werden.

Die Sauerstoffvergasung ist nicht auf den Winkler-Generator beschränkt geblieben. Nach Drawe[2]) kann auch aus Braunkohlenbriketts im Drehrostgenerator durch Vergasung mit Sauerstoff (200—250 m³/t Briketts) und Wasserdampf (0,6—0,7 t/t Briketts) ein wertvolles Industriegas erzeugt werden.

Die Vergasung von Braunkohle mit Sauerstoff und Wasserdampf unter Druck nach dem Lurgiverfahren führt zu einem Gas, das in seiner Zusammensetzung und seinen Brennbedingungen dem Stadtgas gleichkommt.

Die einfachste trockene Vergasung von Koks mit Sauerstoff stellt der Generator der CIBA[3]) dar. Bei diesem wird der Sauerstoff mittels einer Düse in einen einfachen Generator eingeführt. Die Vergasung erfolgt nahezu schneidbrennerartig auf einem kleinen Raum, wodurch eine Vergasungstemperatur von nahezu 2500° erzielt wird. Einzelheiten

---

[1]) Bütefisch, Ztschr. Elektrochem. **41**, 375 (1935).
[2]) Forschung und Fortschritte **9**, 400 (1933).
[3]) DRP. 280 968.

hierüber s. S. 160. Von großer Bedeutung für die Zukunft ist ferner der Abstichgenerator, bei dem die hohe Vergasungstemperatur die Mineralbestandteile des vergasten Brennstoffs zum Schmelzen bringt und die Schlacke flüssig abgezogen werden kann (s. Band II, Abstichgeneratoren).

Die Anwendung einer an Sauerstoff angereicherten Luft oder von reinem 98proz. Sauerstoff bleibt aber nicht auf brennstofftechnische Verfahren beschränkt. Nachdem es nunmehr gelungen ist, die Kosten für die Sauerstoffherstellung wesentlich zu senken, eröffnen sich auch bei zahlreichen metallurgischen Prozessen und chemischen Verfahren neue Anwendungsgebiete[1]).

2. Sauerstofferzeugung

a) nach Linde.

Das erste und weiterhin wichtigste Verfahren zur Sauerstofferzeugung ist dessen Gewinnung aus verflüssigter Luft. Die Verflüssigung der Luft wurde erstmalig 1895 von Professor von Linde durchgeführt.

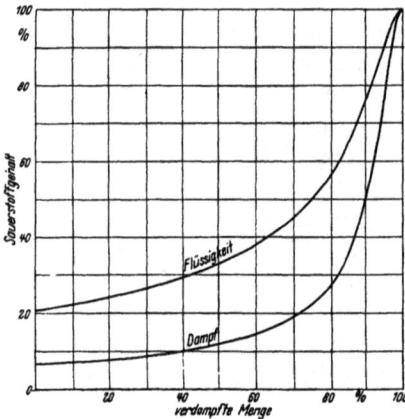

Abb. 48. Sauerstoffanreicherung bei der Verdampfung von verflüssigter Luft.

Die verflüssigte Luft enthält infolge der höheren Siedetemperatur des Sauerstoffs zu Beginn der Kondensation 48% Sauerstoff, bei Schluß derselben nur noch 7%, so daß man bei einer nur unvollständigen Verflüssigung bereits eine Sauerstoffanreicherung erzielt. Ebenso erhöht sich in verflüssigter Luft der Sauerstoffanteil bei deren Verdampfung, wie die nebenstehende Abb. 48 zeigt. Es läßt sich somit bereits durch einfaches Stehenlassen eine Sauerstoffanreicherung der verflüssigten Luft auf 50 und mehr Prozent erzielen. Daß diese Trennung von Sauerstoff und Stickstoff trotz eines Unterschiedes der Siedetemperaturen von 13° nicht noch vollkommener ist, hat seinen Grund darin, daß diese beiden Gase in flüssigem Zustand unbeschränkt ineinander löslich sind. Die Gleichgewichtszustände der siedenden Sauerstoff-Stickstoff-Gemische hinsichtlich des Sauerstoffgehaltes des Dampfes und der flüssigen Phase zeigt die Abb. 49.

Bei der Verdampfung verflüssigter Luft im Vakuum erhält man zunächst eine Verdampfung von nahezu reinem Stickstoff bei einer

---

[1]) Eine eingehende Übersicht hierüber bringt E. Karwat, Brennstoffchem. **17**, 141 (1936).

gleichzeitigen Abkühlung infolge des Entzuges der Verdampfungswärme
auf etwa —220⁰, wobei der Rückstand infolge Unterschreitung der
Schmelztemperatur in eine feste kristalline Masse übergeht. Die Sauerstoffanreicherung von verflüssigter Luft läßt sich infolge der Verschiedenheit der spezifischen Gewichte leicht mittels eines Aräometers feststellen. Mit zunehmendem Druck (vgl. Abb. 50) gleichen sich die Unterschiede in der Zusammensetzung der flüssigen und der Dampfphase
immer mehr aus. Dieses Prinzip der fraktionierten Verdampfung wurde
zunächst auch von v. Linde[1]) zur Sauerstoffanreicherung aus verflüs-

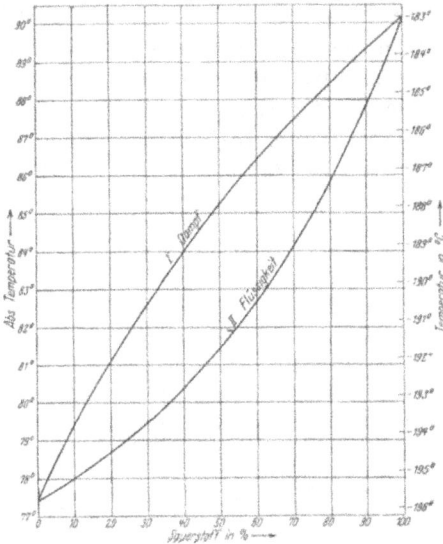

Abb. 49. Gleichgewichte bei Atmosphärendruck
siedender Sauerstoff-Stickstoff-Gemische.

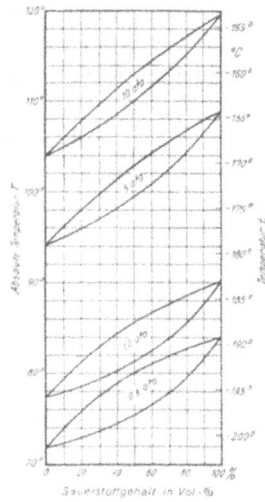

Abb. 50. Kurven der Siedetemperaturen von Sauerstoff-
Stickstoff-Gemischen bei verschiedenen Drucken.

sigter Luft angewendet. Das Verfahren hatte jedoch den Nachteil, daß
mit zunehmender Sauerstoffanreicherung die Verdampfungsverluste sich
sehr stark erhöhten.

Wesentlich günstigere Ausbeuten konnten später durch Anwendung
der Rektifikation erzielt werden. Dabei kommt in der Rektifiziersäule der
wärmere Dampf stets mit der kälteren flüssigen Phase in innige Berührung, wobei ein teilweiser Temperaturausgleich stattfindet und gleichzeitig Sauerstoff aus der Gasphase wieder gelöst wird, während dafür
Stickstoff verdampft. Dieser Austausch von verdampftem Sauerstoff
gegen Stickstoff wird noch dadurch verstärkt, daß die Verdampfungswärme des letzteren etwas größer ist als die des Sauerstoffs, so daß mehr
Stickstoff verdampft, als Sauerstoff kondensiert wird.

[1]) DRP. 88824.

Während der Rektifikation in einer einzigen Trennsäule findet dabei von Boden zu Boden nach oben zu eine Stickstoffanreicherung des Dampfes und umgekehrt dazu nach unten zu eine Anreicherung des flüssig bleibenden Sauerstoffs statt. Den Aufbau einer derartigen Anlage zeigt die Abb. 51a. Die auf etwa 50 at verdichtete und in Gegenstromwärmeaustauschern gekühlte Luft wird in einer Rohrschlange a im untersten Teil der Trennsäule auf etwa —180⁰ abgekühlt, wobei gleichzeitig der darin gesammelte verflüssigte Sauerstoff verdampft, in dem Drosselventil b entspannt, dabei verflüssigt und tritt bei c am Kopf der Säule in diese ein. Beim Herabrieseln über die Kolonnenböden findet die Verdampfung und Anreicherung des Stickstoffs bis auf einen Restgehalt von etwa 7% Sauerstoff in der Gasphase statt, während gleichzeitig der flüssig bleibende Sauerstoff sich unten ansammelt und nach Verdampfung seitlich abgezogen wird. Bei einer derartigen einstufigen Rektifikation bei Atmosphärendruck kann der Sauerstoffgehalt des gasförmig austretenden Stickstoffs 6% theoretisch nicht unterschreiten, praktisch beträgt er bei einer günstigen Rektifikationswirkung noch etwa 7—8%.

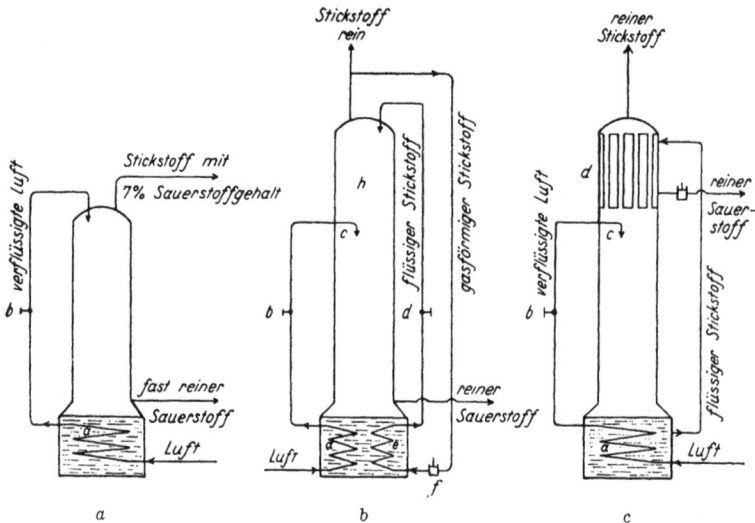

Abb. 51. Einsäulenapparate zur Trennung von verflüssigter Luft.

Mit zunehmendem Sauerstoffgehalt des Stickstoffs wird die Reinheit des Sauerstoffs, der im unteren Teil der Säule abgezogen wird, erhöht und kann etwa 99,8% erreichen. Infolge des Restsauerstoffgehaltes des Stickstoffs geht jedoch etwa ein Drittel des Sauerstoffs zwangsläufig verloren.

Die Reinheit des Stickstoffs kann bei dieser Arbeitsweise durch folgende zwei Verfahren[1]) erhöht werden. Die eine Möglichkeit beruht

[1]) DRP. 180014.

darauf, daß (vgl. Abb. 51b) die eigentliche Abtriebssäule um die Verstärkersäule *h* erhöht wird. Ferner wird ein Teil des gasförmig abgezogenen Stickstoffs nochmals bei *f* auf etwa 5 at verdichtet, in der Spirale *e* gekühlt, bei *d* entspannt und die Verstärkersäule mit diesem nunmehr verflüssigten Stickstoff berieselt.

Ferner kann auf die Abtriebssäule ein Verdampfer *d* aufgesetzt werden (vgl. Abb. 51c), in der der flüssige Sauerstoff bei Unterdruck (Pumpe *e*) verdampft wird. Durch diesen Aufbau wird gleichzeitig der Stickstoff geleitet, infolge des Wärmeentzuges wird er dabei nochmals stark gekühlt und sein restlicher Sauerstoffgehalt verflüssigt, der nach der Abtriebssäule abläuft, so daß als Endprodukte je reiner Sauerstoff und Stickstoff erhalten werden.

In neuerer Zeit wird die Rektifikation der flüssigen Luft zwecks Gewinnung von Sauerstoff und Stickstoff allgemein in einem Zweisäulenapparat[1]) vorgenommen. Wie die nebenstehende Abb. 52 zeigt, besteht dieser aus zwei hintereinandergeschalteten Rektifikationssäulen. Die in Gegenstromwärmeaustauschern gekühlte, auf 50 at verdichtete Luft tritt im untersten Teil der Trennsäule ein, wird in der Rohrschlange *a* weiter gekühlt, verflüssigt, in der Drossel *b* auf 5 at entspannt und bei *c* in den Mittelteil der unteren Säule eingeführt. In dieser verdampft nur ein Teil des Stickstoffs, während sich am unteren Boden etwa 35—40 proz. flüssiger Sauerstoff sammelt. Ebenso ist es möglich, die gekühlte verdichtete Luft gasförmig in die untere Säule eintreten zu lassen. Das flüssige sauerstoffreiche Gemisch wird nach Entspannung bei *i* auf 1,5 bis 2 at in den Mittelteil der darüber befindlichen Säule eingeleitet. Der noch etwa

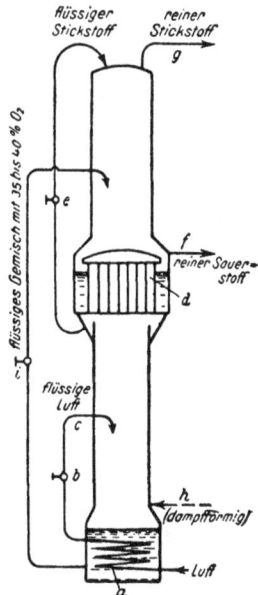

Abb. 52. Zweisäulenapparat zur Trennung von Luft in reinen Sauerstoff und reinen Stickstoff.

3—5% Sauerstoff enthaltende Stickstoff wird in dem Kondensator *d* verflüssigt. Ein Teil dieses verflüssigten Stickstoffs läuft nach der unteren Trennsäule ab und dient im oberen Teil derselben zum Auswaschen des aufsteigenden gasförmigen unreinen Stickstoffs von noch enthaltenem Sauerstoff. Der andere Teil des flüssigen Stickstoffs (je etwa die Hälfte der Gesamtmenge) wird nach Entspannung in der Drossel *c* dem Kopf der oberen Trennsäule zugeführt. In dieser wird bei *g* daraufhin reiner (99 proz.) Stickstoff abgezogen, während sich in dem den Kondensator umschließenden Gefäß nahezu völlig reiner

---

[1]) DRP. 203 814.

(99 proz.) Sauerstoff sammelt, der wiederum infolge der Kondensation des Stickstoffs im Innern des Kondensators wieder verdampft und bei f austritt.

Die untere Drucksäule verlassen somit sowohl der angereicherte Sauerstoff als auch der Stickstoff im flüssigen Zustand. Nur die Edelgase Helium und Neon sowie geringe Mengen Wasserstoff bleiben gasförmig und werden durch ein Ventil aus dem Kopfende dieser Säule abgezogen. Dieses noch etwa 80% Stickstoff enthaltende Gasgemisch kann auf die Herstellung von Edelgasen aufgearbeitet werden.

Die Reinheit des Sauerstoffs sowie des Stickstoffs bis zu je 99,8% kann nach Lachmann[1]) noch weiter dadurch gesteigert werden, daß aus dem Mittelteil der oberen Säule etwa 5—10% des Luftvolumens gasförmig unzerlegt abgezogen werden. Im allgemeinen wird in den Lufttrennungsanlagen jedoch nur entweder auf eine Sauerstoff- oder Stickstoffgewinnung hingearbeitet. Im ersteren Fall wird der in der unteren Säule angereicherte verflüssigte Sauerstoff in der oberen Säule mehr nach deren Kopf zu eingeführt, so daß die Waschwirkung vollständiger ist und der Sauerstoff eine Reinheit von 99,8% erreicht. Für die Herstellung von reinem Stickstoff wird der verflüssigte Sauerstoff umgekehrt etwas tiefer in die obere Säule eingeführt. Im übrigen hängt der Wirkungsgrad der Rektifikation selbstverständlich von der Ausgestaltung der Kolonnenböden ab.

Den vollständigen schematischen Aufbau je einer Luftzerlegungsanlage mittels eines Einsäulenapparates sowie mittels Vorkühlung und eines Zweisäulenapparates zeigen die Abb. 53 und 54. Der Kältebedarf derselben ist infolge des hohen Wirkungsgrades der Gegenstromwärmeaustauscher von 98—99% und einer sorgfältigen Isolierung der Apparate sehr gering und beträgt bei kleinen Anlagen etwa 5 kcal/m³, bei Großanlagen ermäßigt sich dieser Betrag bis auf 2 kcal/m³ zerlegter Luft.

Bei kleineren und älteren Anlagen wird stets die gesamte Ausgangsluftmenge auf etwa 50 at verdichtet. Der hierfür erforderliche Kraftbedarf kann um etwa 20—25% ermäßigt werden, wenn der Luftstrom geteilt wird. Da der Kraftaufwand sich mit steigendem Druck wesentlich erniedrigt, werden etwa 70—90% der Luft auf nur 4—6 at verdichtet, der Rest dagegen auf etwa 150—200 at.

Die Ergebnisse der Betriebsweise von Luftzerlegungsanlagen, die mit den von der Gesellschaft für Lindes Eismaschinen A.-G. gebauten gebräuchlichen Typen erzielt werden, sind in Zahlentafel 29 zusammengestellt.

Darin stellen die Typen E, D, DV, MD und ND Anlagen mit Abdrosselung der Luft dar, wobei E nur eine einfache, D dagegen eine zweistufige Rektifikationssäule besitzt. E und D arbeiten ferner ohne Vor-

---

[1]) DRP. 332548.

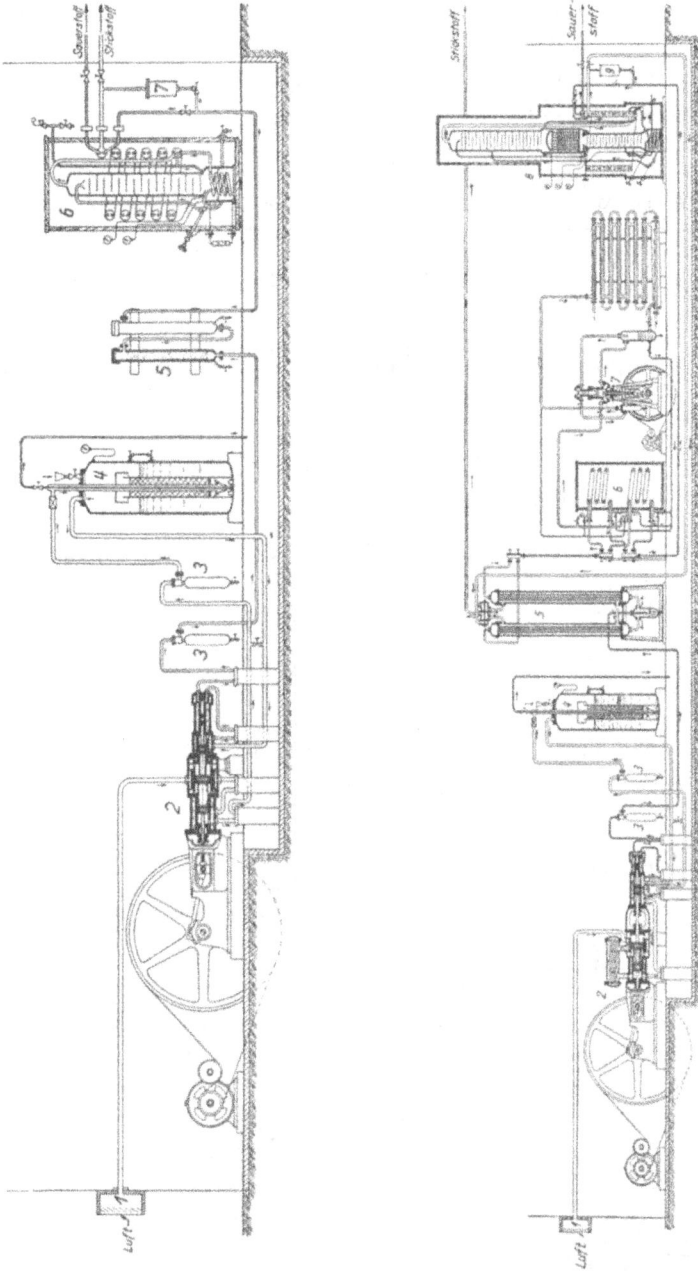

Abb. 54. Luftzerlegungsanlage mit Vorkühlung und Zweisäulenapparat nach Linde.

1 Luftfilter; 2 Luftkompressor; 3 Ölabscheider; 4 Laugebehälter; 5 Gegenstromkühler; 6 Vorkühler; 7 Kältemaschine; 8 Trennungsapparat; 9 Anwärmer.

kühlung mit Verdichtung der gesamten Luft auf 35—80 at. Bei DV entfällt die chemische Trocknung, die durch eine Vorkühlung mit Ammoniak auf —45° ersetzt wird. Die Type MD weist einen dreistufigen Verdichter für 20—30 at Betriebsdruck und eine weitgehende Vorkühlung auf. Bei den Typen ND und C schließlich wird die Luft getrennt als Niederdruck- und Hochdruckluft der Trennsäule zugeführt.

Zahlentafel 29.
Energieaufwand bei Lindeschen Sauerstoffanlagen.

Leistung m³ O₂/h	10	50			100		500		1000
Typ	E	E	D	DV	MD	ND	MD	ND	ND
Energiebedarf in PS an Kompressorwellen									
a) zum Abkühlen	31	136	93	96	157	100	—	400	750
b) im Beharrungszustand	23	104	72	70	122	108	570	450	860
c) desgl. je m³ O₂	2,3	2,1	1,46	1,4	1,2	1,1	1,14	0,9	0,86
Kühlwasserverbrauch m³/h	1,5	5,5	4	4,5	7,5	6,5	36,5	30	55

Die stündlichen Betriebskosten verschiedener derartiger Sauerstoffanlagen zeigt die nachfolgende Zahlentafel:

Zahlentafel 30.   Stündliche Betriebskosten von Lindeschen Sauerstoffanlagen.

Typ			E	D	DV	DM	ND
Leistung m³/h			10	50		500	
Tägliche Betriebszeit in Stunden			8	24		24	
Energie (einschl. Abkühlen und Auftauen)	1 PS-Std. = 0,10 RM.		2,67	7,62	6,91	—	—
	1 PS-Std. = 0,02 RM.		—	—	—	12,12	9,24
Chemikalien	Ätznatron	100 kg = 30 RM.	0,05	0,13	0,13	1,35	1,35
	Chlorkalzium	100 kg = 23 RM.	0,02	0,05	—	—	—
Schmieröl	Kompressoröl	100 kg = 105 RM.	0,01	0,02	0,02	0,10	0,12
	Maschinenöl	100 kg = 52 RM.	0,01	0,01	0,01	0,08	0,08
	Eismaschinenöl	100 kg = 40 RM.	—	—	0,002	0,02	0,02
Wasser, Putzwolle, Dichtungsmaterial, Reparaturen und dgl.			0,20	0,40	0,40	1,00	1,00
Bedienung (einschl. Abkühlen und Auftauen)	1 Maschinist	Stundenlohn eines Maschinisten = 1,10 RM.	1,24	—	—	—	—
	1 Maschinist und 1 Helfer	eines Helfers = 0,80 RM.	—	1,96	1,94	2,03	2,01
Stündliche Betriebskosten RM.			4,20	10,19	9,41	16,70	13,82
Betriebskosten für 1 m³ Sauerstoff (unverdichtet, ohne Abschreibung und Verzinsung) Pf.			42,0	20,4	18,8	3,3	2,8

Sämtliche angegebenen Energiezahlen sind Meßwerte, die an den Wellen der Arbeitsmaschinen festgestellt worden sind. Mißt man bei elektrischem Antrieb den effektiven Energieverbrauch am Schaltbrett, so sind die elektrischen Verluste der Motoren sowie evtl. Übertragungsverluste für Riemenantrieb zu berücksichtigen.

Den Berechnungen ist eine Reinheit des Sauerstoffs von 99,5% zugrunde gelegt. Wie sich der Sauerstoffgehalt des als Nebenprodukt abziehenden Stickstoffs und die Sauerstoffausbeute ändert, wenn die Sauerstoffreinheit vergrößert oder verringert wird, zeigt die folgende Aufstellung:

Reinheit . . .) von O_2 %	99,7	99,5	99,0	98,5	98,00	97,00
(in Vol.-% O_2) ∫ . . N_2 %	4,0	3,0	2,5	2,0	1,5	0,6
m^3 O_2 aus 100 m^3 Luft . .	17,67	18,55	19,07	19,59	20,11	21,06
Ausbeute an O_2 . . . . %	84,3	88,3	90,3	92,4	94,3	97,7

Der Hauptanteil der Kosten entfällt auf den Energieverbrauch; für den Energiepreis sind in der Zahlentafel 30 dabei je nach der Größe der Anlage verschiedene Werte zugrunde gelegt worden. Den nächstwichtigsten Anteil bildet der Betrag für Abschreibung und Verzinsung der Anlage, der in der obigen Zusammenstellung nicht enthalten ist und der naturgemäß stark ansteigt, wenn die Anlage nicht ohne Unterbrechung in Betrieb ist. Deshalb ist die Herstellung von Sauerstoff in kleineren Anlagen bei nicht voll gesichertem Absatz vielfach teurer als der Bezug des Sauerstoffs in Stahlflaschen bzw. Tanks aus großen und wirtschaftlich arbeitenden Werken. Zu den Betriebskosten, die im Beharrungszustande einer Anlage anfallen, sind noch die Kosten für die nicht produktive Betriebszeit, insbesondere das Abkühlen des Apparates, hinzuzurechnen. Die Zeit, welche erforderlich ist, um einen Apparat von Zimmertemperatur aus bis zum Beginn der Sauerstoffproduktion abzukühlen, liegt je nach der Größe und dem Anlagetyp zwischen 3 und 12 h. Die Betriebszeiten, innerhalb deren ein Apparat ohne Unterbrechung Sauerstoff erzeugen kann, betragen bei mittleren Anlagen 1—2 Monate und können bei großen Anlagen, bei denen Teile der Gegenströmer doppelt und umschaltbar ausgeführt werden, auf mehrere Monate ausgedehnt werden. Demgegenüber spielt dann die Abkühlzeit eine verschwindende Rolle. Dagegen erhöht diese die Kosten der Sauerstofferzeugung bei wenig ausgenutzten Anlagen, die mit häufigen Unterbrechungen betrieben werden.

Für das Anwärmen eines außer Betrieb gesetzten Trennungsapparates zwecks Entfernung von Eis und fester Kohlensäure rechnet man 4—20 h. Bei Anlagen, von denen eine kontinuierliche Erzeugung von Sauerstoff ohne jede Unterbrechung verlangt wird, muß man mindestens zwei vollständige Einheiten aufstellen, so daß für jeden Teil eine Reserve vorhanden ist. Bei großen Leistungen sieht man eine Reserveeinheit auf 3—4 Betriebseinheiten vor.

9*

b) nach Heylandt und nach Claude.

Während bei dem Lindeschen Luftverflüssigungsverfahren die gekühlte und verdichtete Luft unter Ausnutzung des Thomson-Joule-Effektes in einem Drosselventil entspannt wird, haben Heylandt und Claude eine andere Möglichkeit gewählt. Sie entspannen die Luft in einer Kolbenexpansionsmaschine, wodurch die Kälteleistung durch Arbeitsabgabe nach außen erfolgt. Die dadurch erzielte Abkühlung der Luft ist bei gleichem Druckabfall wesentlich größer als bei Entspannung in einem Drosselventil, jedoch erhöhen sich die Kälteverluste infolge Verstärkung der Wärmeeinstrahlung von außen, so daß bei beiden Verfahrensmöglichkeiten der gesamte Energieaufwand annähernd gleich ist. Bemerkenswert bei dem Heylandt-Verfahren ist besonders, daß bei diesem der gesamte, in der verdichteten Luft enthaltene Sauerstoff flüssig gewonnen wird.

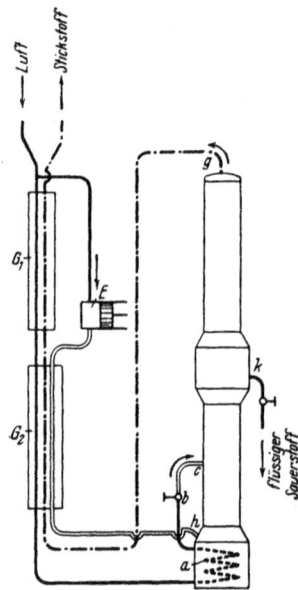

Abb. 55. Anlage zur Sauerstoff-gewinnung nach Heylandt.

Eine schematische Schnittzeichnung des Heylandt-Verfahrens zeigt die Abb. 55. Die Luft wird nach Vorreinigung von Wasserdampf und Kohlendioxyd auf 200 at verdichtet. Der Luftstrom wird nunmehr in zwei annähernd gleiche Teile unterteilt. Der eine derselben wird nacheinander in den Gegenstromwärmeaustauschern G_1 und G_2 durch den aus der Verflüssigungskolonne abziehenden Stickstoff sehr stark abgekühlt und in dem Rohrschlangensystem a vollständig verflüssigt. Der zweite Teilstrom der Luft wird in der Kolbenexpansionsmaschine auf etwa 5 at entspannt, dabei auf —140° vorgekühlt, worauf er sich in dem Gegenstromwärmeaustauscher G_2 weiter abkühlt. Sein Eintritt in die Kolonne erfolgt gasförmig bei h. Die bei a verflüssigte Luft wird in der Drossel b ebenfalls auf 5 at entspannt und wäscht nach Eintritt bei c die bei h zugeführte gasförmige Kaltluft aus, deren Sauerstoffanteil nunmehr infolge des Wärmeentzuges durch Verdampfung des Stickstoffs ebenfalls verflüssigt wird. Der gasförmig bleibende Stickstoff wird bei g abgeführt, der Sauerstoff bei k in flüssiger Form abgezogen. Die Entspannung der Luft erfolgt in liegend angeordneten, direkt neben dem Wärmeaustauscher aufgestellten Expansionsmaschinen, die mit Kolbenringen und Ölschmierung ausgestattet sind, da die verdichtete Luft bei gewöhnlicher Temperatur eintritt.

Während das Verfahren von Heylandt zu flüssigem Sauerstoff führt, wird bei dem diesem ähnlichen Claudeschen Verfahren der Sauerstoff gasförmig erhalten. Ein schematisches Bild einer älteren Claudeschen Anlage zur Zerlegung der Luft durch fraktionierte Kondensation zeigt die Abb. 56. Hierbei ist in dem Sauerstoffverdampfungsgefäß unterhalb der Trennsäule ein aus zwei konzentrischen Rohrbündeln bestehender Kondensator angeordnet. Die auf die Verflüssigungstemperatur in Gegenstromwärmeaustauschern vorgekühlte und verdichtete Luft wird zunächst in dem Innenteil a des Rücklaufkondensators etwa zur Hälfte verflüssigt und sammelt sich bei b, wobei sie sich in ihrem Sauerstoffgehalt wesentlich anreichert. Der restliche, nahezu nur noch Stickstoff enthaltende Anteil der Luft wird anschließend in den Röhrenbündeln c nahezu vollständig verflüssigt und nach Entspannung bei i auf den Oberteil der Trennsäule geführt, während der sauerstoffreichere verflüssigte Luftanteil nach Entspannung bei i in die Mitte der Säule eingeleitet wird. Durch die Vorzerlegung der Luft und getrennte Aufgabe der beiden Fraktionen an verschiedenen Stellen der Trennsäule wird eine weitgehende Zerlegung der Luft in je nahezu reinen Sauerstoff und Stickstoff herbeigeführt.

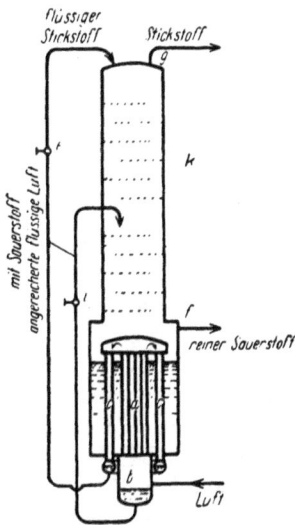

Abb. 56. Schema einer Zerlegungssäule nach Claude.

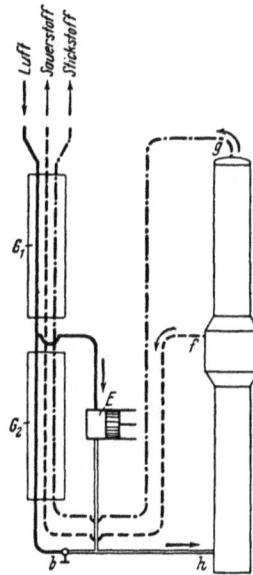

Abb. 57. Anlage zur Sauerstoffgewinnung nach Claude.

Eine andere Bauweise unter Ausnützung der Expansionskälte zeigt die Abb. 57.

Die Luft wird zunächst in einem auf der Zeichnung nicht ersichtlichen Kompressor auf etwa 20—30 at verdichtet, mit Kühlwasser auf Raumtemperatur vorgekühlt und daraufhin nacheinander durch die Gegenstromwärmeaustauscher G_1 und G_2 geführt. Die Luft erreicht nach dem ersten Kühler eine Temperatur von etwa —100⁰ . Hier teilt sich der Luftstrom, der größere Anteil desselben wird in der Expansionsmaschine E entspannt, die Restmenge in G_2 auf etwa —150⁰ gekühlt, in einem Drosselventil auf 5 at entspannt und die vereinigten Luftströme werden bei h der Luftzerlegungssäule zugeführt. In dieser findet bei weiterer Entspannung eine Verflüssigung der Luft und Trennung in bei f abziehenden flüssigen Sauerstoff sowie bei g abgeführten Stickstoff statt. Die beiden Gase geben daraufhin ihren Kälteinhalt in den Gegenstromwärmeaustauschern an die Frischluft ab.

Angaben über den Betriebsaufwand bei Sauerstoffanlagen je nach dem Heylandt- und Claude-Verfahren sind nachstehend zusammengestellt.

Zahlentafel 31. Betriebsergebnisse von Sauerstoffanlagen nach Heylandt und Claude.

Bauart	Heylandt	Claude	
Leistung . . . . m³ O₂/h	100	100	500
Energiebedarf an den Kompressorwellen			
a) zum Abkühlen . . . . PS	—	110	500
b) im Beharrungszustand . . . . PS	180*)	100	440
c) desgl. je m³ O₂ . . . . PS	1,8*)	1,0	0,9
d) Kühlwasserverbrauch . . . . m³/h	9,1	5,5	22

*) Für flüssigen Sauerstoff (1 m³ = 1,31 kg).

c) nach Fränkl-Linde.

Das Lindesche Luftzerlegungsverfahren ist durch M. Fränkl[1]) wesentlich verbessert worden. Die wesentliche Neuerung ist dabei, daß für den Wärmeaustausch der Luft nicht wie bisher Röhrenwärmeaustauscher im Rekuperativsystem, sondern regenerativ wirkende Kältespeicher angewendet werden. Diese Speicher werden immer paarweise angeordnet; während durch den einen kalter Stickstoff oder Sauerstoff durchgeführt wird, überträgt man im zweiten die aufgspeicherte Kälte auf die zu kühlende Luft in entgegengesetzt gerichteter Strömung. In festgelegten Zeitabständen von 1—3 min werden die beiden Speicher umgeschaltet, der erste dient nunmehr zur Kühlung der Luft und der andere wird gekühlt. Um den Wärmeübergang in den Speichern zu begünstigen, werden diese mit geriffelten, zu Spiralen aufgewickelten Aluminium- oder Eisenbändern gefüllt. Die Kühlfläche beträgt dadurch mehr als 1000 m² je 1 m³ Speicherraum.

Der Wirkungsgrad dieser regenerativen Wärmeaustauscher beträgt etwa 98—99%, die Kosten derartiger Speicher sind dabei wesentlich

---

[1]) DRP. 490878, 573038, 589916, 604119, 617841, 625424 und zahlreiche Auslandspatente; E. Karwat, Stahl u. Eisen **55**, 860 (1935).

niedriger als die von Röhrenwärmeaustauschern mit gleich vollkommenem Wärmeaustausch. Der letztere ist in den Speichertürmen so gut, daß die mittleren Temperaturunterschiede, mit denen die Luft bzw. ihre Zerlegungsprodukte die Austauscher verlassen, nur etwa 1—2° betragen. Weitere Vorzüge dieser Kälteaustauscher sind deren viel geringere Bauhöhe der Türme von nur etwa 3 m und eine Verkleinerung der Strömungswiderstände auf etwa 0,1 at. Das regenerativ arbeitende Doppelsystem macht ferner eine vorhergehende Entfernung des Kohlendioxyds und Wasserdampfs aus der Luft unnötig. Diese beiden Verunreinigungen werden vielmehr beim Eintritt der Luft sofort auf der großen Oberfläche des Kältespeichers in fester Form niedergeschlagen und nach der Umschaltung mit dem in entgegengesetzter Richtung durchgeführten Stickstoff oder Sauerstoff wieder fortgeführt.

Eine weitere Neuerung des Linde-Fränkl-Verfahrens ist die Verwendung von Gleichstromverdampfern. Eine Schnittzeichnung eines derartigen Verdampfers ist nebenstehend wiedergegeben (Abb. 58). In diesen wird von unten auf Sättigungstemperatur vorgekühlte, auf 4—5 at verdichtete Luft eingeblasen, die durch das Rohrbündel nach oben strömt. Infolge der Umspülung mit einem verflüssigten Sauerstoff-Stickstoff-Gemisch wird ein Teil der Luft unter Anreicherung ihres Sauerstoffgehaltes verflüssigt. Sie sammelt sich unterhalb der Rohrbündel an und enthält beispielsweise 42% Sauerstoff. Dieses

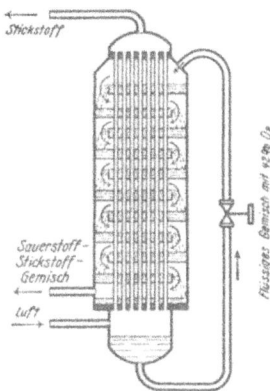

Abb. 58. Gleichstromverdampfer nach Linde-Fränkl.

Kondensat wird außerhalb des Gleichstromverdampfers durch eine Drossel entspannt, tritt in diesen von oben ein und wird bei normalem oder schwach vermindertem Druck verdampft, wobei die benötigte Verdampfungswärme zur teilweisen Luftverflüssigung dient. Nahezu reiner gasförmiger Stickstoff wird am Kopf des Verdampfers, der angereicherte Sauerstoff am unteren Verdampferboden abgezogen. Auf diese Weise gelingt es, Sauerstoff bis zu 50% Reinheit zu erzeugen. Dieser genügt bereits bei zahlreichen technischen Verfahren. In diesem Falle sind die erforderlichen Druckunterschiede nur gering; wenn die Verdampfung des Sauerstoff-Stickstoff-Gemisches in der Bödenkolonne bei Atmosphärendruck erfolgt, genügt für die Luft ein Überdruck von 1,5 atü, für eine Verdampfung bei Unterdruck eine Verdichtung der Luft auf 1,0 atü.

Für die Erzeugung von höherprozentigem Sauerstoff (bis etwa 90%) wird die Luft in einem Gleichstromverdampfer der oben beschriebenen Bauart zu einem 42proz. Gemisch vorzerlegt. Dieses verflüssigte Gemisch wird in einer oberen Säule bei niedrigerem Druck durch Rektifikation auf etwa 80% angereichert und erst daraufhin für die Berieselung des Gleichstromverdampfers verwendet. Da die mittlere Siedetemperatur dieses 80proz. Sauerstoffs erheblich höher ist als die des 42proz. Gemisches, ist für die teilweise Verflüssigung der Luft ein Überdruck von 2,5 atü erforderlich.

Die Erzeugung des 98proz. Sauerstoffs wird weiterhin in Zweisäulenapparaten der üblichen Ausführung (vgl. S. 127) vorgenommen.

Im einzelnen ist der gesamte Anlageplan für die Erzeugung von 80proz. Sauerstoff bei Verwendung von Ausgangsluft mit einem Überdruck von 1 atü aus Abb. 59 ersichtlich. Die Luft wird zunächst auf den Zerlegungsdruck von 2 atü nachverdichtet, in dem Stickstoffkältespeicher a gekühlt und im Gleichstromverdampfer c in flüssigen 42proz.

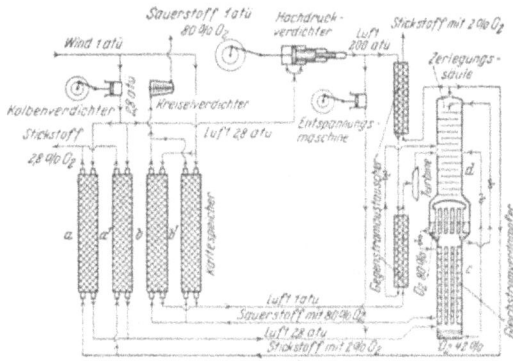

Abb. 59. Anlage zur Gewinnung von 80proz. Sauerstoff.

Sauerstoff und Stickstoff zerlegt. Eine der Menge des erzeugten 80proz. Sauerstoffs gleiche Luftmenge wird mit dem Ausgangsdruck von 1 atü in den Sauerstoffkältespeichern b gekühlt, in einer Turbine entspannt und anschließend in die obere Rektifikationssäule d eingeführt. Schließlich werden in einem Hochdruckverdichter noch einige Prozent der verarbeiteten Luft von 2,8 auf 200 atü nachverdichtet, zum Teil unter Leistung äußerer Arbeit in einer Maschine entspannt, zum anderen Teil in den Gegenstromwärmeaustauschern gekühlt und dann ebenfalls der Zerlegungssäule zugeführt. In der oberen Säule werden als Endprodukte flüssiger 80proz. Sauerstoff und gasförmiger Stickstoff mit 2% Sauerstoffgehalt erzeugt. Der Sauerstoff verläßt den Zerlegungsapparat über den Gleichstromverdampfer c und die Kälteaustauscher b. Die Verdichtung der Luft erfolgt in den Luftzerlegungsanlagen für geringe Drücke allgemein mit elektrisch oder mit Dampf angetriebenen Kreiselverdichtern und nur für Hochdruckluft mit Kolbenverdichtern. Wenn Schwach- oder Starkgase billig zur Verfügung stehen, können jedoch auch Gaskraftkolbenverdichter für niedrige oder mittlere Drucke angewendet werden.

Der Kraftbedarf sowie die Anlage- und Betriebskosten für eine Anlage zur Erzeugung von 80proz. Sauerstoff bei einer Stundenleistung von 4430 Nm³ nach E. Karwat (s. o.) sind nachstehend zusammengestellt, wobei noch eine Unterteilung für verschiedene Antriebsarten, mit Gaskraft und mit Strom, getroffen worden ist:

Zahlentafel 32. Anlage- und Antriebskosten einer Sauerstoffanlage nach Linde-Fränkl.

Art der Kraftmaschinen	Gaskolben-verdichter PSe	Elektrisches Kreiselgebläse[1]) und Hochdruck-kolbenverdichter kWh
Kraftbedarf		
Vorverdichtung im Gebläse auf 2 ata	825	690
Nachverdichtung in der Sauerstoffanlage auf 3,8 und teilweise 200 ata	860	825
Zusammen	1685	1515
Stoffverbrauch		
Schwachgaswärme[2]) . . . . kcal	$4{,}21 \cdot 10^6$	—
Schmiermittel[3]) . . . . kg	2	0,5
Kühlwasser[3]) . . . . m³	50	25
Erzeugter Abhitzedampf[4]) . . . . t	1,26	—
Anlage- und Betriebskosten	RM.	RM.
Kosten der betriebsfertigen aufgestellten Anlage einschließlich Ersatzteile und Gebäude[5]) . . .	$8{,}05 \cdot 10^5$	$6{,}2 \cdot 10^5$
15% Kapitaldienst bei 8300 Betriebsstunden. .	14,55	11,20
Kraftkosten[6])	10,50	30,30
Dampfgutschrift[7])	— 3,78	—
Kühlwasser und Schmieröl[8])	1,70	0,55
Löhne	4,00	3,00
Verwaltung und Soziallasten	0,83	0,83
Ausbesserungsarbeiten.	2,00	1,60
Gesamtkosten für 4430 Nm³ O₂ von 80%	29,80	47,48
Gesamtkosten für 1000 Nm³ O₂ von 80%	6,72	10,70

[1]) Am Schaltbrett $\eta = 0{,}92$ gemessen. — [2]) 1 PS_eh = 2500 kcal. — [3]) Ohne
Gebläse. — [4]) 1 t Dampf von 15 atü und 400° = 10⁶ kcal. — [5]) Instandsetzung
vorhandenen Gebäudes zu RM. 70000 angenommen; im Anlagenpreis ist ein
Kreiselverdichter nebst Motor eingeschlossen. — [6]) 10⁶ kcal im Schwachgas =
RM. 2,50; 1 kWh = 2 Pf. — [7]) 1 t Dampf von 15 atü und 400° = RM. 3. — [8]) 1 m³
Rückkühlwasser = 1 Pf.; 100 kg Schmieröl = RM. 60.

Bei dem Gaskraftverdichter ist der Kraftbedarf aus dem Gasverbrauch mit 2500 kcal = 1 PSh berechnet; der eingesetzte Verrechnungs-
preis von 2 Pf./kWh ergibt sich ungefähr, wenn Strom aus Gaskraft in
8300 Jahresbetriebsstunden hergestellt wird und dabei im Kapitaldienst
sämtliche Anlagen bis zum Schaltbrett der Sauerstoffanlage berücksichtigt werden. Die niedrigeren Kraftkosten bei der Sauerstofferzeugung mit Gaskraft werden durch höhere Aufwendungen für Kapitaldienst,
Lohnanteil und Hilfsstoffe nur teilweise ausgeglichen. Die Zahlen für den
Kraftbedarf sind bei Gaskraft ferner um 15% niedriger als bei elektrischem Antrieb angegeben, da im Strombedarf die Verluste im Getriebe
zwischen dem Kreiselverdichter und dem Elektromotor sowie die Wir-
kungsgradverluste bis zum Schaltbrett mit eingeschlossen sind. Die angegebenen Endpreise für den Sauerstoff gelten für unverdichteten Zustand.

Bemerkenswert für derartige Sauerstoffanlagen ist, daß sie über sehr lange Zeit ohne Unterbrechung im Betrieb gehalten werden können.

Die Errichtung von Sauerstoffanlagen nach dem Linde-Fränkl-Verfahren hat durch die Errichtung der neuen Hydrierwerke der Braunkohle-Benzin A.-G. in den Jahren 1935/36 einen wesentlichen Aufschwung erfahren. In diesen wird ebenso wie im Leunawerk der für die Schwelteer- und Kohlehydrierung erforderliche Wasserstoff aus Wassergas erzeugt, das in Winkler-Generatoren aus Braunkohlenschwelkoks unter Zuführung von Sauerstoff hergestellt wird. Die in diesen Betrieben errichteten Sauerstoffanlagen nach Linde-Fränkl sind die größten, die bisher in Deutschland gebaut wurden.

3. Aufbewahrung und Versand von Sauerstoff.

Soweit der Sauerstoff nicht bei gewöhnlichem oder nur schwach erhöhtem Druck direkt nach seiner Herstellung Verwendung findet, wird er zumeist unter einem Druck von 150 at in Stahlflaschen abgefüllt. Dies erfolgt nach Entnahme des Sauerstoffs aus einem Gasbehälter in mehrstufigen Kompressoren stehender Bauart. Die Ausführung und Betriebsweise derselben erfordert besondere Vorkehrungen gegenüber der Bauart anderer Verdichteranlagen, da hochverdichteter Sauerstoff mit Ölen und sonstigen organischen brennbaren Stoffen explosionsartig reagiert. Die Zylinder der Verdichter werden daher zunächst aus Spezialstählen, wie V2A-Stahl oder aus Bronze hergestellt, deren Dichtung erfolgt aus Stulpen von Vulkanfiber oder Spezialleder, ihre Schmierung mit wäßriger Glyzerinlösung. Um einen Übertritt von Schmieröl aus dem Triebwerk des Verdichters zu vermeiden, werden die Kolbenstangen mit Stopfbüchsen, die gleichzeitig als Ölabstreifer dienen, ausgerüstet. Nach Abtrennung des Wassers in Abscheidern wird der restliche Wasserdampfgehalt des verdichteten Sauerstoffs mit Chlorkalzium entfernt und der Sauerstoff anschließend in die Stahlflaschen abgefüllt, die zumeist einen Inhalt von etwa 40 l aufweisen und somit 6 m³ Sauerstoff aufnehmen.

Um das verhältnismäßig hohe Leergewicht der Stahlflaschen zu vermeiden, das etwa das Zehnfache des Nutzgewichtes beträgt, geht man in den letzten Jahren in vermehrtem Ausmaß dazu über, den Sauerstoff in verflüssigter Form zu transportieren. Dies ist um so eher möglich, da der Sauerstoff bei seiner Entnahme aus den Flaschen an sich entspannt wird. Für diese Neuerung des Versandes von flüssigem Sauerstoff hat sich vor allem Heylandt eingesetzt, bei dessen Lufttrennungsverfahren (vgl. S. 132) der Sauerstoff bereits in flüssigem Zustand anfällt, so daß nochmalige Verflüssigungsaufwendungen in Fortfall kommen. Der frisch hergestellte verflüssigte Sauerstoff wird dabei in Standtanks von kugelförmigem oder zylindrischem Bau mit einem Fassungsvermögen

bis zu 15 m³ gesammelt und aus diesen in Transporttanks gleicher Bauart, die auf Lastkraftwagen angeordnet sind und bis zu 3 m³ fassen,
abgefüllt. Die Isolierung derselben gegen Wärmeeinstrahlung erfolgt
mit feingepulvertem Magnesiumkarbonat oder ähnlichen anderen Isolier-
materialien, wobei der Kälteinhalt der geringen dennoch verdampfenden
Sauerstoffmengen dadurch ausgenutzt wird, daß man diese durch die
Isolierschicht durchleitet. Das Eigengewicht derartiger Transporttanks
beträgt weniger als ein Drittel des Nutzgewichtes. Ein Lastkraftwagen
vermag daher bei der Beförderung von flüssigem Sauerstoff nahezu die
zehnfache Menge aufzunehmen als bei Transport von verdichtetem
Sauerstoff in Stahlflaschen.

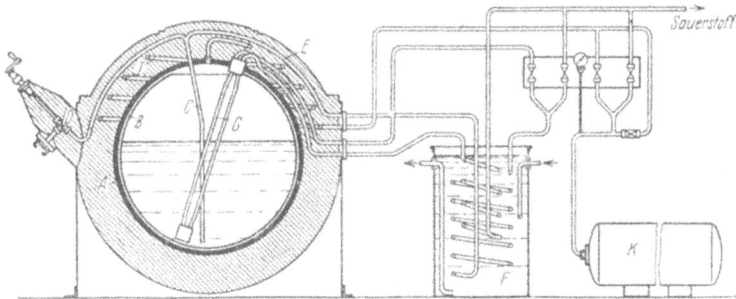

Abb. 60. Gerät zur Kaltvergasung von flüssigem Sauerstoff.

Die Verdampfung des Sauerstoffs erfolgt bei Verbrauch in Kalt-
oder in Warmvergasern. Den Aufbau eines derartigen Kaltvergasers
zeigt die Abb. 60. Der flüssige Sauerstoff wird zunächst über das Ventil D
und das Rohr C nach dem kugelförmigen Aufnahmegefäß B, das einen
Inhalt bis zu 2 m³ besitzt, übergeführt. Dieses besteht aus einem dünn-
wandigen inneren Kugelbehälter aus Neusilber, der oben offen ist und
einem äußeren Druckmantel A aus Stahl. Diese Unterteilung des Auf-
nahmegefäßes mit einer gasgefüllten Zwischenschicht bewirkt, daß beim
Einfüllen des flüssigen Sauerstoffs die Verdampfungsverluste sehr gering
bleiben. Die Entnahme des flüssigen Sauerstoffs erfolgt unter einem
Druck von 10—20 at mittels des Eintauchrohres C, daraufhin wird er
über E nach der in die in einem Wasserbad befindliche Spirale F übergeführt, darin vergast und sein Wärmeinhalt nochmals zur indirekten
Verdampfung in B ausgenutzt, indem er durch die darin angeordnete
Rohrschlange G geleitet wird. Damit werden bei steigendem Sauerstoff-
verbrauch, d. h. zunehmender Sauerstoffverdampfung in F gleichzeitig
infolge Druckerhöhung in B vermehrte Mengen flüssigen Sauerstoffs
über das Rohr C nach F gedrückt. Geringe, durch Wärmeeinstrahlung
bei Nichtentnahme verdampfende Sauerstoffmengen werden von dem
Zwischendruckbehälter k aufgenommen und geben zuvor ihren Kälteinhalt in der Spirale I an die Isolationsschicht ab. Verluste an Sauer-

stoff können somit bis auf eine unbeträchtliche Menge eingeschränkt werden.

Bei Warmvergasern, die zur schnellen Verdampfung kleinerer Mengen flüssigen Sauerstoffs dienen, ist das Aufnahmegefäß ebenfalls als Doppelmantel ausgebildet. Im Gegensatz zu der im obigen beschriebenen Ausführungsform befindet sich jedoch der äußere Stahlmantel direkt in einem Warmbad angeordnet, so daß der Sauerstoff sofort vergast. Derartige Geräte werden zumeist für Drücke bis zu 150 at gebaut, so daß der Sauerstoff sofort in Stahlflaschen eingefüllt werden kann.

Seit der Inbetriebnahme von Linde-Fränkl-Sauerstoffanlagen für die Herstellung von Synthesegas durch Sauerstoffvergasung von Braunkohle in Winkler-Generatoren hat die deutsche Sauerstofferzeugung gegenüber einem früheren Jahresdurchschnitt von etwa 70—80 Mio. m^3 in den Jahren 1936/37 eine sprunghafte Steigerung auf nahezu 300 Mio. m^3/Jahr erfahren. Für die autogene Metallbearbeitung werden jährlich etwa 45 Mio. m^3, für sonstige chemische Zwecke etwa 30—40 Mio. m^3 benötigt.

Die Sauerstofferzeugung in anderen, industriell hochentwickelten Ländern betrug im Jahre 1935 beispielsweise in den Vereinigten Staaten von Nordamerika 144 412 000 m^3, in Italien 8 850 000 m^3, in Kanada 2 648 000 m^3 und in Schweden 2 213 000 m^3.

Zusammenfassende Literatur: G. Claude, Air Liquide, Oxygène, Azote. Paris 1926. — M. Laschin, Der flüssige Sauerstoff, Aufbewahrung, Transport und Erzeugung. Halle 1929. Bräuer D'Ans, Fortschr. in der anorg.-chem. Industrie, I.—III. Band, 1920—1928. — Gesellschaft für Linde's Eismaschinen A.-G., 50 Jahre Kältetechnik, Berlin 1929. — H. Hausen und F. Pollitzer, »Sauerstoff« in Ullmann, Enzyklopädie der technischen Chemie, 2. Aufl. 1931, Bd. IX, S. 76.

I. Stickstoff.

Chemische Verfahren zur Gewinnung von Stickstoff aus Luft durch Bindung des Sauerstoffs mit Absorptionslösungen oder mit leicht oxydierbaren Metallen haben trotz zahlreicher patentrechtlicher Schutzansprüche keine Bedeutung erlangen können. Der Betrieb von vor Jahrzehnten errichteten Anlagen, Luft durch Überleiten über auf 300—500° erhitzte Kupferdrehspäne von ihrem Sauerstoff zu befreien und das dabei gebildete Kupferoxyd nachfolgend durch Generator- oder Wassergas wieder zu reduzieren, ist ausnahmslos wieder aufgegeben worden.

Das wichtigste Verfahren zur Stickstoffherstellung bildet die physikalische Trennung der verflüssigten Luft, bei der je nach der Art der Betriebsführung die Reinheit des Stickstoffs 95—99,9% beträgt. Insbesondere bei der Rektifikation des Stickstoffs in zwei Stufen oder bei der Nachrektifikation des Stickstoffs von der Sauerstoffherstellung in einer Zusatzsäule, deren Kondensator mit unter Atmosphärendruck siedendem flüssigem Stickstoff gekühlt wird, lassen sich die Verunreinigungen auf weniger als 0,1% Sauerstoff herabdrücken. Von den Luftzerlegungsanlagen mit zweistufiger Rektifikation (vgl. S. 127) haben sich für die Stickstoffgewinnung vor allem zwei Ausführungsformen bewährt. Bei mittleren Leistungen von 500—2000 m³/h Stickstoff wird die Luft zunächst auf 60 at verdichtet und anschließend weiter aufgearbeitet. Bei Anlagen für größere Leistungen genügt dagegen Niederdruckluft. Der Energieverbrauch beträgt dabei in beiden Fällen je m³ Stickstoff etwa 0,25—0,28 PSh. Die Betriebskosten für Stickstoffanlagen nach dem Lindeschen Verfahren sind nach Angaben von Linde's Eismaschinenfabrik A.-G. folgende:

Zahlentafel 33.

Betriebskosten von Lindeschen Stickstoffanlagen.

Anlagetyp		E	MD	MD	ND	ND
Leistung. . . . . m³/h		40	400	2000	2000	4000
Tägliche Betriebszeit . . . . h		8	24	24	24	24
Energiekosten (einschl. Ab-	1 PSh = RM. 0,10	2,67	12,48			
kühlen und Auftauen) . .	1 PSh = » 0,02			11,32	9,09	17,37
Chemikalien						
Ätznatron	100 kg = » 30,00	0,05	0,25	1,35	1,35	2.70
Chlorkalzium.	100 » = » 23,00	0,02	—	—	—	—
Schmieröle						
Kompressoröl	100 » = »105,00	0,01	0,04	0,10	0,12	0,21
Maschinenöl	100 » = » 52,00	0,01	0,02	0,08	0,08	0,12
Eismaschinenöl	100 » = » 40,00	—	0,01	0,02	0,02	0,04
Wasser,Putzwolle,Dichtungs-						
material, Reparaturen usw.		0,20	0,40	1,00	1,00	1,50
Bedienung einschl. {1 Maschinist	Stundenlohn eines	1,24				
Abkühlen und {1 Masch. .	Maschinist. RM. 1.10		1,95	2,03	2,01	2,01
Auftauen {1 Helfer	Stundenlohn eines Helfers RM. 0.80					
Stündliche Betriebskosten . . . . . . RM.		4,20	15,15	15,90	13,67	23,95
Betriebskosten für 1 m³ Stickstoff (einschl. Anlagekosten und Kapitaldienst) . . . Pfg.		10,5	3,9	0,8	0,7	0,6

Bei Stickstoffanlagen mit großer Leistung, denen billige Energie zur Verfügung steht, beträgt somit der Gestehungspreis je m³ Stickstoff einschließlich Anlagekosten und Kapitaldienst weniger als 1 Pf.

Der aus der zweiten Säule der Stickstoffabtrennung austretende Sauerstoff von nur 50—80% Reinheit ist nur schwer verwertbar. Man ist daher dazu übergegangen, diesen einer dritten Rektifikationssäule zuzuführen, die durch kondensierenden Stickstoff aus der Drucksäule beheizt wird, so daß etwa die Hälfte des rohen Sauerstoffs zu rund 99% Reinheitsgrad angereichert werden kann.

Im Gegensatz dazu ist von Lachmann vorgeschlagen worden, bei der Zerlegung der verflüssigten Luft in reinen Sauerstoff aus dem mittleren Teil der ersten Rektifikationssäule ein Stickstoff-Sauerstoff-Gemisch abzuziehen; in dem darüber befindlichen Teil der Zerlegungskolonne treffen die aufsteigenden Dämpfe eine verhältnismäßig große Menge an Waschflüssigkeit an, die den Sauerstoff aufnimmt und gleichzeitig die Gewinnung von reinem Stickstoff ermöglicht. Damit werden die Schwierigkeiten in der Einregulierung der Zerlegungsapparaturen für eine gleichzeitige Gewinnung von Sauerstoff und Stickstoff je in reiner Form erheblich vermindert.

Ferner lag es nahe, für die Stickstoffgewinnung die Abgase von technischen Feuerungen heranzuziehen. Es ist dabei nur erforderlich, die Verbrennung mit nahezu der theoretisch erforderlichen Luftmenge durchzuführen, wie dies bei Gasfeuerungen ohne Schwierigkeit ermöglicht werden kann. Aus den Abgasen wird ein etwaiger Restgehalt durch Überleiten über auf etwa 400° erhitztes Kupfer und das Kohlendioxyd nachfolgend durch eine Wäsche mit Wasser bei etwa 20—30 at entfernt. Durch Entspannung des Stickstoffs in einer Expansionsmaschine unter Leistung von Arbeit gelingt es, den Stickstoff stark abzukühlen und dabei weitgehender zu trocknen als bei Kühlung mittels einer Ammoniakkältemaschine. Eine weitere Feinreinigung des Stickstoffs läßt sich schließlich mit Aktivkohle erzielen, wodurch sonstige in geringen Mengen enthaltene Begleitstoffe restlos entfernt werden. Die chemische Reinigung von Rauchgasen zwecks Gewinnung von reinem Stickstoff hat sich jedoch bisher gegenüber der Trennung von verflüssigter Luft nur in Ausnahmefällen durchzusetzen vermocht.

Zusammenfassende Literatur: Linde, Ztschr. VDI. 65, 1356 (1921). — F. Pollitzer, Ztschr. f. d. ges. Kälteindustrie 28, 125 (1921). — Lachmann, DRP. 332548. — F. Pollitzer, »Stickstoff« in Ullmann, Enzyklopädie der technischen Chemie, 2. Aufl. 1931, Bd. IX, S. 712.

K. Edelgase.

1. Reindarstellung der Edelgase.

Unter der Bezeichnung Edelgase werden die Gase Helium, Neon, Argon, Krypton und Xenon zusammengefaßt. Sie unterscheiden sich von den sonstigen Gasen vor allem dadurch, daß sie infolge der Art ihres inneratomaren Aufbaues keine freien Valenzen (Bindungsmöglichkeiten) aufweisen, aus diesem Grund in atomarer Form vorkommen und gegenüber sämtlichen anderen Stoffen chemisch vollkommen indifferent sind. Beachtenswert ist jedoch, daß Argon, Krypton und Xenon in der Lage sind, mit Wasser Hydrate zu bilden.

Die wichtigsten physikalischen Eigenschaften dieser Edelgase sind nachfolgend zusammengestellt:

Zahlentafel 34. Physikalische Eigenschaften der Edelgase.

Edelgas	Formel	Atomgewicht	Molvolumen bei 0° und 760 Torr N m³/kmol	Norm-kubikmeter-gewicht kg/Nm³	Spez. Gewicht des Gases bei 0° und 760 Torr
Helium	He	4,002	22,42	0,1785	0,1381
Neon	Ne	20,183	22,43	0,8999	0,6961
Argon.	Ar	39,944	22,39	1,7839	1,3799
Krypton. . . .	Kr	83,7	22,42	3,708	2,8682
Xenon	X	131,3	22,44	5,851	4,5261

Edelgas	Schmelz-temperatur °C	Siede-temperatur °C	Spez. Gewicht der Flüssigkeit	Krit. Temperatur °C	Krit. Druck at abs.
Helium	—	— 269	0,1225	— 268	2,26
Neon	— 248,5	— 245,9	1,204	— 228	26,9
Argon.	— 189,3	— 185,9	1,403	— 122	48
Krypton. . . .	— 169	— 151,8	2,4	— 62,6	54,3
Xenon	— 140	— 109,2	3,063	+ 16,6	58,2

Das Vorkommen der Edelgase Neon, Argon, Krypton und Xenon ist auf die Atmosphäre beschränkt. Diese enthält im Durchschnitt je 100 m³ Luft etwa 0,93 l Argon, 1,5 cm³ Neon, 0,1 cm³ Krypton und 0,01 cm³ Xenon. So weit diese Gase in Erdgasen vorkommen, entsprechen deren Mengenanteile stets dem Stickstoffgehalt. Eine Anreicherung findet infolge der höheren Löslichkeit der Edelgase im Meer- und Regenwasser statt.

Helium findet sich dagegen erheblich angereichert in zahlreichen Quellgasen und Erdgasvorkommen. Kohlendioxydreiche Gase sind arm an Helium, der Gehalt am letzteren steigt jedoch mit zunehmendem Stickstoffgehalt an und hat bei einzelnen, jedoch bereits erschöpften Vorkommen 2,13% erreicht. Durchschnittlich enthalten die Erdgase nur 0,01—0,1% Helium, beispielsweise das von Neuengamme 0,015%. Ergiebige Quellen finden sich vor allem in den Vereinigten Staaten in Texas und Oklahoma, die durchschnittlich 0,1—1% Helium führen und zum Teil vom Bureau of Mines ausgebeutet werden. Die heliumreichen Erdgase entstammen zumeist nicht dem Erdölhorizont, sondern tiefer liegenden Schichten. Da das Helium dem langsamen Zerfall radioaktiver Elemente entstammt, sind zu seiner Bildung erhebliche Zeitspannen erforderlich gewesen und die erschlossenen Erdgasausströmungen versiegen in der Regel bereits nach wenigen Jahren. In vulkanischen Gasen ist Helium stets in nur sehr geringen Mengen enthalten, dagegen findet es sich häufig okkludiert in Mineralien, wie Uraniten (5—7 l/kg),

Thorianit (8—10 l/kg) und Monazitsand (0,8—2,5 l/kg), aus denen es durch Erhitzen bei Unterdruck ausgetrieben wird.

Die atmosphärische Luft enthält je 100 m³ nur etwa 0,5 cm³ Helium, in beträchtlichen Konzentrationen wird es dagegen in zahlreichen Quellgasen gefunden. So weist die Grabenbäckerquelle in Bad Gastein einen Heliumgehalt von 1,18%, das Quellgas von Wildbad 0,71%, das Quellgas aus dem Höllengasstollen von Baden-Baden 0,85% auf.

In Deutschland beschränkt sich die Gewinnung von Helium auf die Aufarbeitung von Monazitsand, von dem jährlich etwa 400 t von der Glühstrumpfindustrie benötigt werden. Zu diesem Zweck wird der Monazitsand in eisernen Retorten auf etwa 1100° erhitzt und das abgespaltene Gas bei hohem Unterdruck abgepumpt, das nach Reinigung einen Heliumgehalt von etwa 75% besitzt.

Die Heliumerzeugung in den Vereinigten Staaten wird in Fort Worth nach dem Lindeschen Tiefkühlungsverfahren durchgeführt. Das Erdgas wird nach Verdichtung in der üblichen Weise in Gegenstromwärmeaustauschern stark gekühlt und in einem Drosselventil entspannt, wobei die Kohlenwasserstoffe, der Sauerstoff- und Stickstoffgehalt verflüssigt werden und als Restgas Helium von 30—95% Reinheit erhalten wird. Die durchschnittliche Zusammensetzung des Ausgangsgases vom Petroliaerdgasfeld war früher beispielsweise folgende: 0,25% CO_2, 0,52% O_2, 95,17% CH_4 + Hom., 3,13% N_2, 0,93% He.

Diese Heliumgewinnungsanlage, das einzige größere Werk auf der Welt, besteht aus sechs Einheiten mit einer stündlichen Verarbeitungsmöglichkeit von zusammen 7200 m³ Erdgas. Die tägliche Heliumgewinnung beziffert sich zu etwa 800 m³, die Kosten werden zu etwa 4 RM./m³ angegeben.

Ein weiteres, praktisch nicht mehr durchgeführtes Verfahren zur Abtrennung von Helium aus Gasgemischen beruht darauf, daß bei hinreichend tiefer Temperatur (etwa —120°) sämtliche Gase außer Helium an ausgeglühter Aktivkohle adsorbiert werden. Die beste Eignung hierfür weist Kokosnußkohle auf. Auf diese Weise gelingt es, Helium von 98—99% Reinheit herzustellen.

Gewinnung von Edelgasen aus Luft.

Das bei der möglichst weitgehenden Verflüssigung der Luft verbleibende Restgas enthält neben restlichem Stickstoff (rd. 60%) etwa 10% Helium und 30% Neon neben 1—2% Wasserstoff. Der letztere wird durch Überleiten des Gasgemisches über auf etwa 400° erhitztes Kupferoxyd entfernt. Zur Trennung der Edelgase von Stickstoff wird bei dem Verfahren der Gesellschaft für Linde's Eismaschinen A.-G.[1] das Gasgemisch unter einem Druck von 50—100 at durch Spiralkühler ge-

[1] DRP. 417572.

leitet, die mit siedendem Stickstoff gekühlt werden. Dabei wird eine praktisch vollkommene Verflüssigung des Stickstoffs erzielt, in dem die Edelgase nur wenig löslich sind.

Claude[1]) behandelt das aus den Edelgasen Helium und Neon bestehende und noch etwa 50% Stickstoff enthaltende Restgas der Luftverflüssigung ebenfalls unter erhöhtem Druck mit bei Atmosphärendruck siedendem Stickstoff, wodurch die Reinheit des Gemisches der Edelgase wesentlich erhöht wird.

Zur Trennung von Helium und Argon wird das Gemisch der beiden Gase entweder durch flüssigen Wasserstoff gekühlt, wobei nach mehrfacher Fraktionierung reines verflüssigtes Neon und reines Helium gewonnen werden. Die andere Möglichkeit beruht darauf, an Aktivkohle durch stufenweise Abkühlung bei —100° zunächst den Stickstoff und darauf bei —185° das Neon zu adsorbieren, während das Helium unverändert bleibt. Durch Desorption wird anschließend reines Neon gewonnen.

Der Argongehalt der Luft wird bei der Luftverflüssigung mit dem Sauerstoff und Stickstoff zusammen abgeschieden. Da seine Siedetemperatur zwischen denen der beiden letzteren Gase liegt, findet er sich bei der Trennung der verflüssigten Luft im Falle der Herstellung von reinem Sauerstoff in dem durch Sauerstoff verunreinigten Stickstoff, im Falle der Gewinnung von reinem Stickstoff in dem flüssig zurückbleibenden, durch Stickstoff verunreinigten Sauerstoff vor. Da bei den meisten Lufttrennungsanlagen jedoch auf nur technisch reinen 96- bis 97proz. Sauerstoff hingearbeitet wird, findet sich der Argongehalt der Ausgangsluft in den 3—4% Verunreinigungen des Sauerstoffs wieder, die zu etwa aus 80—90% aus Argon bestehen. Durch chemische Absorption des Sauerstoffs kann daraufhin das Argon ziemlich rein erhalten werden. Eine weitere Möglichkeit beruht darauf, dem Sauerstoff ein äquivalentes Volumen Elektrolytwasserstoff zuzumischen, das Knallgasgemisch zu verbrennen und das Abgas nach Abscheidung des Verbrennungswassers auf Argon aufzuarbeiten.

Argonreiche Gasgemische lassen sich ferner dadurch erhalten, daß bei der Rektifikation der flüssigen Luft im Verdampfer das Argon sich im Mittelteil desselben anreichert und daselbst abgezogen werden kann. Dieses Verfahren ist durch die Gesellschaft für Linde's Eismaschinen A.-G.[2]) ebenfalls weiter ausgebaut worden. Danach wird die Rektifikation der flüssigen Luft in drei Stufen vorgenommen. In einer ersten Kolonne wird reiner Stickstoff abgezogen und ein flüssiger Sauerstoff zurückbehalten, dessen Argongehalt bereits auf etwa 4% angereichert worden ist. Dieser wird in einer zweiten Säule in reinen Sauerstoff und

---

[1]) DRP. 239322, 321241.
[2]) DRP. 301940, 311958, 313120, 319992.

ein aus 10% Sauerstoff, 45% Stickstoff und 45% Argon bestehendes Gemisch zerlegt, aus dem in einer dritten Rektifikationssäule ein Gemisch von 30% Sauerstoff, 10% Stickstoff und 60% Argon neben reinem Stickstoff erhalten wird. Die weitere Anreicherung des Rohargons zu einem 90proz. bzw. 99,5proz. Gas erfolgt durch nochmalige Verflüssigung und Rektifikation in Trennsäulen.

Bei dem Verfahren von Claude[1]) zur Argongewinnung ist der Arbeitsgang nahezu der gleiche. Durch Anwendung von schärfer trennenden Rektifikationssäulen gelingt es ihm jedoch sofort, den etwa 4% Argon enthaltenden Sauerstoff in reinen Sauerstoff, nahezu reinen Stickstoff und Argon zu zerlegen, das als Verunreinigungen nur 1—2% Stickstoff und 15—25% Sauerstoff enthält, der wiederum leicht entfernt werden kann.

Große Hoffnungen sind früher auf ein Verfahren zur direkten Aufarbeitung von Luft durch gemeinsame Absorption des Sauerstoffs und Stickstoffs mittels des Polzeniuß-Gemisches (90% Kalziumkarbid und 10% Kalziumchlorid) gesetzt worden[2]). Dieses bindet Sauerstoff unter Bildung von Kalziumoxyd, Kohlenoxyd und Kohlendioxyd sowie Stickstoff unter Bildung von Kalziumzyanamid. Das nach Überleiten der Luft bei 800—900° erhaltene Restgas besteht aus Argon, Kohlenoxyd, Kohlendioxyd, Azetylen und Wasserstoff, wobei diese Verunreinigungen leicht entfernbar sind. Das Verfahren konnte sich jedoch gegenüber dem der physikalischen Aufarbeitung von flüssiger Luft nicht durchsetzen.

Die Darstellung der Edelgase Krypton und Xenon in technischem Maßstab ist bisher nicht durchgeführt worden, sie ist theoretisch möglich ebenfalls durch Verflüssigung der Luft und Aufarbeitung des Verdampfungsrückstandes von flüssigem Sauerstoff.

2. Verwendung der Edelgase.

Das Hauptanwendungsgebiet des Heliums ist die Füllung von Luftschiffen und Ballonen. Seine Tragkraft unterschreitet die des Wasserstoffs nur um 7%, dafür besitzt es den wesentlichen Vorzug der Unbrennbarkeit. Dabei ist es nicht notwendig, reines Heliumgas zu verwenden, sondern diesem können bis zu 15% Wasserstoff zugesetzt werden, ohne daß das Gemisch explosive Eigenschaften aufweist. So besitzt das amerikanische Kriegsluftschiff Los Angeles eine Helium-Wasserstoff-Füllung.

Ebenso verhindert Helium bei Tiefseetauchern das Auftreten der Stickstoffembolie, so daß bei Tiefseetauchgeräten als Atmosphäre ein Sauerstoff-Helium-Gemisch zugeführt wird.

---

[1]) DRP. 329542, 403654.
[2]) Ges. f. Stickstoffdünger, G.m.b.H., DRP. 163320; F. Fischer, Ber. Deutsch. Chem. Ges. **40**, 1110 (1907); **41**, 2017 (1908); **42**, 534 (1909).

Argon dient vornehmlich infolge seiner geringen Wärmeleitfähigkeit als Füllgas für elektrische Spezialbirnen, Neon für Leuchtröhren infolge seines geringen elektrischen Durchgangswiderstandes.

Weitere Anwendungsgebiete für die Edelgase in der Elektrotechnik sind die mit diesen Gasen gefüllten Glimmröhren, Ventilröhren u. a. m. Schließlich werden Edelgase in zahlreichen Fällen in wissenschaftlichen Laboratorien benötigt.

Zusammenfassende Literatur: G. Claude, Air liquide, Oxygène, Azote, Gaz rares, Paris 1926. — R. J. Meyer, »Edelgase« in Gmelins Handbuch der anorgan. Chemie, 8. Aufl., Leipzig-Berlin 1926. — E. Rabinowitsch, »Die Edelgase« in Abeggs Handbuch der anorganischen Chemie, Bd. IV, 3. Abt., H. 1, Leipzig 1928. — G. Cohn, »Edelgase« in Ullmann, Enzyklopädie der technischen Chemie, Bd. IV, S. 104—118, 2. Aufl. Berlin 1929.

L. Zerlegung des Steinkohlengases durch Verdichtung.

Steinkohlengas stellt ein wertvolles Gemisch verschiedener Gase dar, die aus ihm durch stufenweise Verdichtung in technisch genügendem Reinheitsgrad gewonnen werden können (Abb. 61). Anwendung hat dieses Verfahren bisher vornehmlich zur Reindarstellung von Wasserstoff aus dem Überschußgas der Kokereien für die Ammoniaksynthese erhalten. Es wird in Zukunft durch entsprechende Vereinigung verschiedener Verfahren sicher auch für sonstige Synthesen Bedeutung erlangen. Es sei hierbei auf die Heranziehung des Methans für die Synthese von Benzol oder für die Herstellung von chlorierten Produkten, wie von Tetrachlorkohlenstoff und des Äthylens für die Erzeugung von Äthylalkohol verwiesen.

Das Prinzip der Zerlegung des Steinkohlengases gründet sich auf das Verfahren der Luftverflüssigung und Sauerstoffherstellung der Gesellschaft für Linde's Eismaschinen

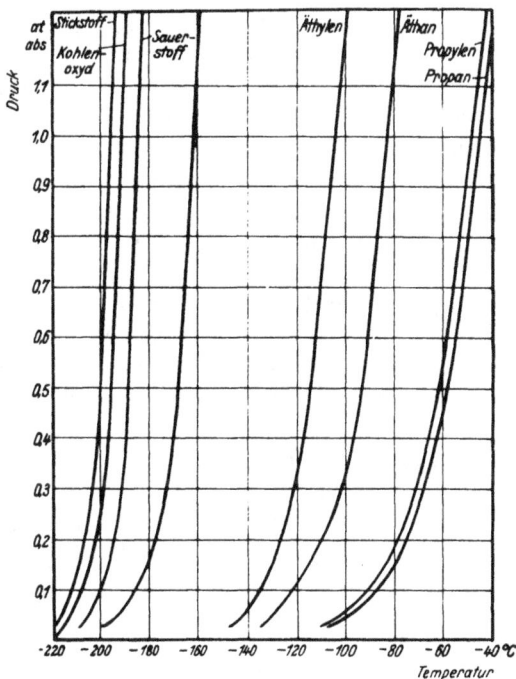

Abb. 61. Sättigungsdrucke verschiedener im Kokofengas enthaltener Gase.

A.-G. und hatte seinen Vorläufer in dem von der gleichen Firma entwickelten Verfahren zur Trennung von Wassergas durch Tiefkühlung (s. u.), das bis zum Jahre 1915 auf dem Werk Oppau der I. G. Farbenindustrie A.-G. betrieben wurde. Zum ersten Male wurde der Gedanke, Wasserstoff für die Ammoniaksynthese durch Verflüssigung von Steinkohlengas zu gewinnen, im Jahre 1914 von J. Bronn[1]) sowie von Rodde[2]) ausgesprochen.

Eine erste Versuchsanlage kam auf der Zeche Concordia bei Oberhausen 1919 in Betrieb und diente zunächst vor allem dem Studium der Möglichkeit der Gewinnung von Methan aus Koksofengas. Auf Grund der gesammelten Erfahrungen wurde eine erste großtechnische Anlage mit einer Verarbeitungsmöglichkeit von täglich 80000 m³ Koksofengas daraufhin im Jahre 1925 von der Gesellschaft für Linde's Eismaschinen A.-G. in Höllriegelskreuth bei München für die Soc. Semet-Solvay et Piette bei Ostende errichtet. Daran schloß sich der Bau mehrerer Anlagen in Belgien und Frankreich an. Die erste deutsche Anlage zur Zerlegung von Koksofengas wurde 1929 auf der Zeche Mont Cenis bei Sodingen in Westfalen in Betrieb genommen, worauf noch mehrere weitere Anlagen ebenfalls im Ruhrgebiet zur Aufstellung gelangten. Insgesamt bestanden 1935 5 Anlagen zur Trennung von Koksofengas im Ruhrgebiet, von denen jedoch nur drei im Betrieb waren. Weitere Anlagen sind in Belgien, Frankreich, Holland und Rußland erstellt worden.

All diesen Anlagen ist gemeinsam, daß für die Weiterverarbeitung kein reiner Wasserstoff, sondern ein Wasserstoff-Stickstoff-Gemisch im Verhältnis 3 : 1 benötigt wird, so daß der im Koksofengas enthaltene Stickstoff im Restgas belassen werden kann. Dieses Gemisch ergibt sich zwangsläufig bei dem Lindeschen Verfahren durch Zumischen von weiterem Stickstoff zu dem Wasserstoff innerhalb des Gaszerlegungsapparates. Diese Verknüpfung der Koksofengaszerlegung mit der Ammoniaksynthese ist jedoch nicht erforderlich, sondern das Verfahren ist ohne wesentliche Abänderungen stets anwendbar, wenn es sich darum handelt, irgendeinen oder mehrere der Bestandteile des Koksofengases aus diesem zu gewinnen. Dies gilt beispielsweise für die Herstellung von Hydrierwasserstoff bei der Steinkohlenverflüssigung nach dem Bergius-I -G.-Verfahren, bei dem für den Reinheitsgrad des Wasserstoffs ebenfalls keine sehr hohen Anforderungen gestellt zu werden brauchen.

Im einzelnen ist der Aufbau einer Gasverdichtungs- und Gastrennungsanlage nach dem Linde-Bronn-Concordia-Verfahren[3]) folgender:

Zunächst ist es erforderlich, sämtliche Bestandteile aus dem Steinkohlengas zu entfernen, die bei der für die Gaszerlegung erforderlichen

---

[1]) DRP. 301984.
[2]) Gas- und Wasserfach **70**, 838 (1927).
[3]) DRP. 261735, 301941, 302674, 316343, 459348, 469446, 470429, 476269, 476844, 488416, 499819, 513234, 521031, 524352, 527876.

tiefen Temperatur von etwa —200⁰ fest werden und somit zu Verstopfungen in den Gegenstromkälteaustauschern führen können. Dies sind
Kohlendioxyd und Azetylen, von denen das letztere noch aus dem
weiteren Grunde sehr gefährlich ist, daß es mit gleichzeitig flüssig aus-
geschiedenem Stickoxyd ein stark explosives Gemisch bildet. Das
Gas wird zunächst in Kompressoren auf 10—12 atü verdichtet und mit
Druckwasser ausgewaschen, wobei neben Kohlendioxyd und Azetylen
noch restliche Spuren von Schwefelwasserstoff, Ammoniak und Benzol
mit entfernt werden.

Azetylenkohlenwasserstoffe, die bei der Druckwäsche zum größten
Teil entfernt werden, sind im Koksofengas, nach Untersuchungen von
Schuftan[1]) im Durchschnitt nur zu 0,04—0,1% enthalten. Zumeist
gelingt es, diese geringen Mengen mittels der Druckwäsche vollkommen
auszuscheiden. Für diejenigen Fälle, in denen dies nicht gelingt, hat die
Gesellschaft für Linde's Eismaschinen A.-G.[2]) vorgeschlagen, das Gas bei
300⁰ über hydrierend wirkende Kontaktmassen, wie Nickel, Eisen u. a.
zu leiten, um die Azetylenkohlenwasserstoffe zu gesättigten Kohlenwasserstoffen zu hydrieren. Nach Claude[3]) können die Azetylene ferner
durch Erhitzen des Gases auf Rotglut zersetzt werden. Beide Verfahren
werden jedoch bisher nicht angewendet.

Die Konzentration der Stickoxyde im Gas ist noch geringer und
überschreitet nur selten 1.10^{-4} Vol.-%. Diese werden durch Wasser nur
zu einem geringen Teil ausgewaschen. Wenn die Stickoxyde in gefahr-
drohendem Maße auftreten, müssen sie daher zuvor durch entsprechende
Reinigungsverfahren aus dem Gas entfernt werden. Dies gelingt beispielsweise auf einfachem Wege durch Vorschalten von Aktivkohle[4]) oder
Waschen des Gases mit Chromatlösung[5]). Vorschläge, die Stickoxyde
katalytisch durch Überleiten des Gases bei erhöhter Temperatur über
Kupfer[6]) oder Molybdänoxyd[7]) zu entfernen, besitzen nur theoretisches
Interesse.

Neben diesen Gasen werden im Waschwasser infolge des erhöhten
Druckes noch weitere Gasbestandteile, wenn auch in untergeordnetem
Maße, gelöst. Bei der Entspannung des Wassers werden diese gemeinsam
mit dem Kohlendioxyd wieder abgespalten, eine Rückleitung derselben
zum Frischgas oder eine sonstige Verwendung ist jedoch nicht lohnend.
Das entspannte Wasser wird entweder zwecks Wiederverwendung
in einem Kühlturm belüftet oder fortgelassen.

---

[1]) Von den Kohlen und Mineralölen, Bd. I, 1928, S. 198.
[2]) DRP. 503012.
[3]) E.P. 281670.
[4]) DRP. 513815.
[5]) DRP. 520793.
[6]) DRP. 484055.
[7]) Tropsch und Kassler, Brennstoffchem. **12**, 345 (1931).

Die Behandlung des verdichteten Gases erfolgt in Waschtürmen, in die eine Zentrifugalpumpe das Berieselungswasser hineingedrückt, worauf das Wasser nach Verlassen der Türme auf eine mit der Pumpe direkt gekuppelten Freistrahlturbine beaufschlagt wird. Die zusätzliche Energie wird durch einen Motor zugeführt. Dieser ist mit der Turbine und der Zentrifugalpumpe direkt gekuppelt, wobei sich infolge der Rückgewinnung von etwa 40—50% der zugeführten Energie durch die erstere der Stromverbrauch entsprechend verringert. Die letzten Spuren Kohlendioxyd, etwa 0,2—0,5%, werden nachfolgend mit Natronlauge in Tauch- oder Rieselwäschern ausgewaschen. Sonstige im rohen Koksofengas enthaltene Verunreinigungen werden zuvor durch die üblichen Reinigungsverfahren entfernt.

Wenn der Benzolgehalt des Gases jedoch 1 g/m³ Gas überschreitet, ist es erforderlich, die Benzolkohlenwasserstoffe nach der Verdichtung des Gases vor der Druckwasserwäsche durch Kühlung getrennt abzuscheiden. Zu diesem Zweck wird das Gas durch zwei nacheinander geschaltete Röhrengegenstromkühler geführt, sodann in einem Ammoniakkühler auf —45° abgekühlt. Auf diese Weise werden die Kohlenwasserstoffdämpfe restlos abgeschieden und anschließend wird das Gas durch Führung durch die beiden ersten Gegenstromkühler unter Abgabe seines Kälteinhaltes an Frischgas wieder aufgewärmt. Da die Benzolkohlenwasserstoffe bei ihrer Kondensation zum Teil in fester Form ausgeschieden werden, wird die Strömungsrichtung des Gases durch die beiden Röhrenkühler in festgelegten Zeitabständen umgekehrt. Die festen Kondensate im zweiten Kühler werden dabei wieder aufgetaut und können in flüssiger Form abgezogen werden. Die Verdichtung des Gases wird in dieser ersten Stufe mittels zweistufiger Kompressoren üblicher Bauart vorgenommen.

An diese Vorreinigung schließt sich nunmehr die eigentliche Zerlegung des Koksofengases an. Dieses weist nunmehr etwa folgende Zusammensetzung auf: 2,5% sKW, 6—8% CO, 50—55% H$_2$, 24—27% CH$_4$ und 8—12% N$_2$. Durch Ammoniakmaschinen wird das Gas zunächst in doppelt ausgeführten Kühlern auf etwa —40 bis —45° abgekühlt, um etwaige noch im Gas enthaltene bei dieser Temperatur ausscheidbare Verunreinigungen zu entfernen. Einer der beiden Kühler befindet sich jeweils in Betrieb, der zweite wird während dieser Zeit durch Auftauen gereinigt. Die Anordnung ist hierbei nahezu die gleiche wie bei der eben beschriebenen Benzolausscheidung. Das tiefgekühlte Gas tritt nunmehr bei —40 bis —45° in die Trennapparatur ein, mit der gleichen Temperatur, mit der das Wasserstoff-Stickstoff-Endgas diese verläßt. Die Zerlegung des Gases wird durch Abkühlung auf immer tiefere Temperaturen bewirkt, bis zum Schluß nur noch der Wasserstoff als das am schwierigsten kondensierbare Gas zurückbleibt. Diese tiefe Temperatur wird dadurch erreicht, daß das Gas mit flüssigem siedendem Stickstoff ausgewaschen wird, wobei dessen Verdampfungswärme dem Gas die entsprechende Wärme entzieht. Das dabei übrig bleibende Restgas überträgt seine Kälte in Gegenstromapparaten dem zugeführten Gas, das sich allmählich fortschreitend bis zur Verdampfungstemperatur des Stickstoffs abkühlt, während das Restgas in entsprechendem Maße wieder bis auf etwa —50⁰ aufgewärmt wird, wie die schematische Abbildung 62 zeigt. Durch Unterteilung des Wärmeaustausches in mehrere Stufen können bestimmte Fraktionen der Gasinhaltsstoffe getrennt abgezogen werden. Diese verflüssigten Gase werden in Verdampfern bei Atmosphärendruck wieder verdampft und dabei wird die hierfür aufzuwendende Verdampfungswärme dem bis zu dieser Temperatur gas-

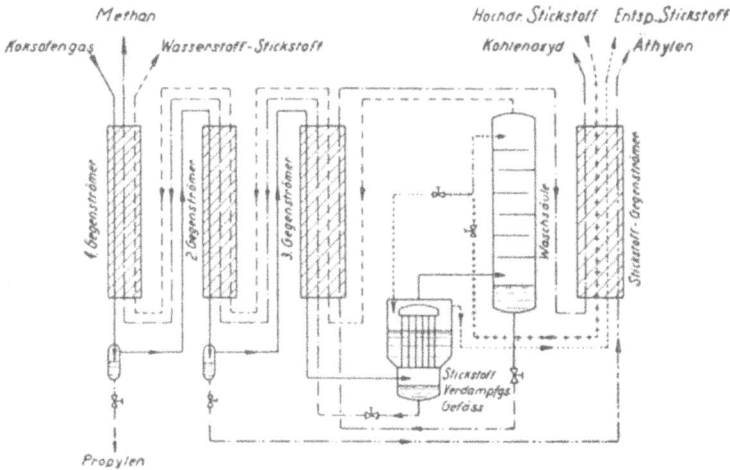

Abb. 62. Schematischer Aufbau einer Anlage zur Zerlegung von vorgereinigtem Koksofengas nach Linde.

förmig gebliebenen Teil des Koksofengases wieder entzogen. Mit der fortschreitenden Temperaturerniedrigung kann somit ein Bestandteil nach dem anderen getrennt abgeschieden werden, bis schließlich nur noch Wasserstoff und von den sonstigen Gasen die gemäß ihren Teildrücken noch entsprechende Anteile vorhanden sind. Der Wärmeaustausch in den Gegenstromwärmeaustauschern erfolgt mit einem Wirkungsgrad von 98%, so daß der Bedarf an zuschüssiger Kälte nur gering ist, wenn sich die Anlage im Beharrungszustand befindet, zumal auch Wärmeeinstrahlungen von außen her durch sorgfältige Isolierungen weitgehend verhindert werden. Diese letzten Verunreinigungen werden schließlich in einer Waschkolonne durch Berieseln mit flüssigem Stickstoff ausgewaschen. Durch die Einhaltung einer bestimmten Waschtemperatur des Stickstoffs ist es ferner möglich, bereits bei diesem Trennverfahren dem Wasserstoff gerade so viel Stickstoff zuzumischen, daß sich das für die Ammoniaksynthese benötigte Gemisch 75% H_2 + 25% N_2 einstellt.

Die Erzeugung des für die Waschung des Wasserstoffs erforderlichen Stickstoffs erfolgt getrennt von der Koksofengastrennung in einer Luftzerlegungsanlage (vgl. S. 140). Der Stickstoff wird auf 100 at verdichtet und mittels einer Ammoniak-Kältemaschine auf —45° vorgekühlt. Ein Teil des Stickstoffs wird auf Atmosphärendruck entspannt, in Gegenstromwärmeaustauschern mit einem Teil der Zerlegungsprodukte des Koksofengases weiter abgekühlt und als Kühlflüssigkeit dem Stickstoffverdampfungsgefäß zugeführt. Die Hauptmenge des Stickstoffs wird auf 12 at entspannt und der Waschsäule für den Wasserstoff zugeleitet.

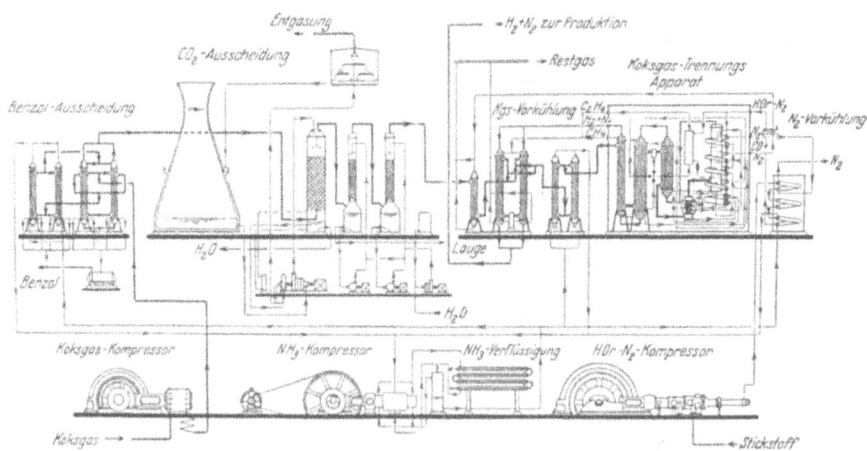

Abb. 63. Schematisches Gesamtbild einer Anlage für die Zerlegung von Koksofengas nach Linde.

Theoretisch läßt sich auf diese Weise jeder der aus dem Gas entfernten Bestandteile in ziemlich reiner Form ausscheiden. Da sich für diese Gase jedoch bis jetzt eine Aufarbeitung zu anderen technischen Produkten noch nicht durchgesetzt hat, begnügt man sich vorerst, diese Nebenbestandteile nur in drei Fraktionen unterzuteilen. Damit wird gleichzeitig die Trennungsapparatur einfacher gestaltet. Als erste wird eine »Äthylenfraktion« abgeschieden, darauf folgt das Methan, während das Schlußkondensat im wesentlichen nur aus einem Kohlenoxyd-Stickstoff-Gemisch besteht. Den vollständigen Aufbau einer nach diesem Prinzip arbeitenden Gaszerlegungsapparatur zeigt die Abb. 63.

Eines der wesentlichsten Kennzeichen dieses Lindeschen Gastrennungsverfahrens ist die Waschung des Restgases mit flüssigem Stickstoff, der das im Gas enthaltene Kohlenoxyd vollständig auswäscht, so daß nur noch Spuren des letzteren, je nach den Betriebsbedingungen 0,001—0,05% und etwa 0,01% Sauerstoff enthalten sind, die mittels verfeinerter analytischer Methoden nachgewiesen werden müssen. Darauf beruht es im wesentlichen, daß die Zerlegung von Koksofengas die Grundlage für die meisten Fabrikationsverfahren von synthetischem Ammoniak bildet. Von gleicher Reinheit ist nur noch der Wasserstoff, der nach dem Verfahren der I. G. Farbenindustrie A.-G. durch Konvertierung von Wassergas und nachfolgende Auswaschung der letzten Restmengen Kohlenoxyd mittels ammoniakalischen Kupfer-1-Formiatlösungen erhalten wird.

Die Zerlegungsapparate werden zumeist in Einheiten für eine stündliche Aufarbeitung von 3000—7000 m³ Koksofengas errichtet und je nach der Größe des Werks wird eine entsprechende Anzahl derselben nebeneinander aufgestellt. Für einen störungsfreien durchgehenden Betrieb sind mindestens zwei Einheiten erforderlich. Sie können je nach der Gasbeschaffenheit stets 2—8 Wochen lang ununterbrochen in Betrieb gehalten werden, daraufhin ist eine Reinigung derselben durch Aufwärmen auf Raumtemperatur erforderlich. Die Mengen- und Wärmebilanz für die Zerlegung von Koksofengas zwecks Gewinnung von Wasserstoff ist nachstehend für ein Beispiel wiedergegeben:

Zahlentafel 35. Mengen- und Wärmebilanz bei der Zerlegung von Koksofengas für die Wasserstoffgewinnung.

		Mengenbilanz	Wärmebilanz
Zugeführt:	Koksofengas	6611 Nm³	$27{,}82 \cdot 10^6$ kcal
	Stickstoff (verflüssigt) . .	1495 »	
		8106 Nm³	
Abgeführt:	Äthylenfraktion	330 Nm³	$3{,}95 \cdot 10^6$ kcal
	Methanfraktion.	1959 »	$13{,}37 \cdot 10^6$ »
	Kohlenoxydfraktion . . .	882,5 »	$0{,}78 \cdot 10^6$ »
	Wasserstoff-Stickstoffraktion	4932 »	$9{,}66 \cdot 10^6$ »
		8103,5 Nm³	$27{,}76 \cdot 10^6$ kcal

Daraus ergibt sich, wie auch zu erwarten ist, daß bei der Gaszerlegung praktisch nichts von dem Wärmeinhalt des zugeführten Gases verloren geht. Im Wasserstoff-Stickstoff-Gemisch stehen mithin noch 35,0% des Heizwertes des verarbeiteten Koksofengases zur Verfügung, in den abgetrennten Fraktionen die restlichen 65,0%.

Ein vollständiges Bild über die Gasbilanz einer Gaszerlegungsanlage für eine Verarbeitung von 7000 m³ Koksofengas/h ergibt ferner die nachfolgende Zahlentafel.

Zahlentafel 36.

Gasbilanz für eine Anlage zur Zerlegung von Koksofengas.

Gas		Zusammensetzung								H_u kcal/m³	Menge m³/h
		CO_2	sk W	O_2	CO	H_2	CH_4	C_2H_6	N_2		
Ausgangsgas	%	1,7	2,1	0,9	5,4	56,1	24,6	0,8	8,4	} 4216	7000
	m³	119	147	63	378	3927	1719	59	588		
Im Druckwasser bleiben gelöst	m³	97,7	13	—	1	10	15,5	0,5	—	*)	138
Entgasungsgas nach Entspannung des Wassers	%	8,5	6,4	1,0	4,8	41,2	32,0	1,0	5,2	} 5140	250
	m³	21,3	16	2,5	12	10,3	80,5	2,5	13		
Gaszusammensetzung nach der Wäsche mit Wasser . . .	%	—	1,8	0,9	5,5	57,7	24,5	0,9	8,7	} 4216	6611
	m³	—	118	60,5	365	3814	1620	56	575		
Äthylen-Fraktion . .	%	—	34,5	0,2	0,7	0,6	47,0	16,0	1,0	}11987	330
	m³	—	114	0,7	2,3	2	155	53	3,3		
Methan-Fraktion . .	%	—	0,2	2,1	9,3	4,1	73,9	0,1	10,2	} 6821	1959
	m³	—	4	4,1	182	80	1449	3	200		
Kohlenoxyd-Fraktion	%	—	—	2,1	20,5	3,8	1,8	—	71,8	} 877	882,5
	m³	—	—	18,8	180,7	33	16	—	634		
Wasserstoff-Stickstoff-Fraktion . .	%	—	—	—	—	75,0	—	—	25,0	} 1961	4932
	m³	—	—	—	—	3699	—	—	1233		
Von außen zugeführter Stickstoff	m³	—	—	—	—	—	—	—	1495	—	—

*) Heizwertverlust 0,39 · 10⁶ kcal.

Wie im obigen bereits erwähnt wurde, fehlt für die einzelnen Fraktionen bisher die Möglichkeit einer chemischen Verwertbarkeit. Erst im Jahre 1934 wurde begonnen, aus der Äthylenfraktion die kondensierbaren Stoffe auszuscheiden und als »Gasol« (vgl. S. 101) für den Betrieb von Kraftfahrzeugen zu verwenden. Die Concordia-Bergbau A.-G. trennt ferner noch das Methan ab und verwendet es auf die gleiche Weise, da sonstige Verbrauchsmöglichkeiten noch nicht erschlossen worden sind. Im allgemeinen werden die bei der Druckwasserwäsche und in den einzelnen abgetrennten Fraktionen erhaltenen Gase vereinigt und als Heizgas für die Unterfeuerung der Koksöfen oder in benachbarten Industriebetrieben verwendet.

Die Kosten für die Zerlegung des Koksofengases nach dem Lindeschen Verfahren werden wie folgt angegeben:

Zahlentafel 37. Kosten für 1 m³ Wasserstoff-Stickstoff-Gemisch (75% H_2 + 25% N_2).

Gaskosten	0,57 Pf.
Kraftverbrauch	0,89 »
Löhne	0,16 »
Chemikalien und Wasser	0,22 »
Reparaturen usw.	0,03 »
Amortisation und Verzinsung der Anlage . .	0,41 »
	2,28 Pf.

Dabei ist zugrunde gelegt ein Koksofengaspreis von 1,2 Pf./m³ bzw. 0,26 Pf./1000 kcal unter Abzug des im Restgas enthaltenen Wärmeinhaltes zu gleichem Wert. Die Strom- und Wasserkosten sind zu 2 Pf./kWh und 8 Pf./m³ angenommen worden. Vermindert werden die angegebenen Gesamtkosten um den Erlös für das bei dem Verfahren anfallende Benzol, die etwa 0,1—0,6 Pf./m³ Synthesegasgemisch betragen. Die gesamten Gaskosten je kg Ammoniakstickstoff beziffern sich daraus auf etwa 10,5 Pf.

Wenn der Wasserstoff nicht für die Synthese von Ammoniak, sondern für Hydrierzwecke, wie die Druckwärmespaltung von Kohle, Teer oder Erdöl, für die Fetthärtung und andere Verfahren verwendet werden soll, so wird das Lindesche Verfahren wie folgt abgeändert:

Nach der Tiefkühlung in den Röhrenwärmeaustauschern schließt sich eine weitere indirekte Kühlung mit im Vakuum siedendem Stickstoff an, wodurch die letzten Verunreinigungen aus dem Wasserstoff entfernt werden und ein Gas von 95 bis 98,5% Reinheit gewonnen wird.

Ein weiteres Verfahren zur Koksofengaszerlegung ist von G. Claude[1]) (Société L'Air Liquide) in Frankreich ausgearbeitet worden, der sich ebenfalls auf weitgehende Erfahrungen, die er bei der Luftverflüssigung gewonnen hatte, stützen konnte. Dieses deckt sich in seiner Durchführung weitgehend mit dem Lindeschen Verfahren. Es ist jedoch von dem letzteren insofern unterschieden, daß die Abkühlung des Gases durch die Leistung von äußerer Arbeit in einer Expansionsmaschine erzeugt wird, wobei gleichzeitig der Wasserstoff bei

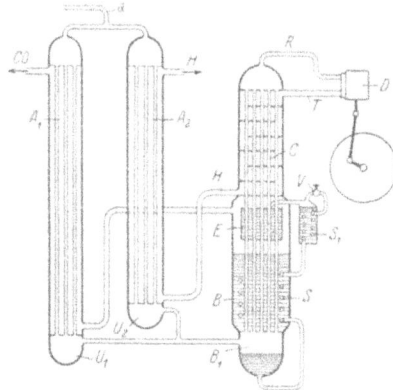

Abb. 64. Trennung von Koksofengas nach dem Verfahren von Claude (L'Air Liquide).

a Gaseintritt; A_1, A_2 Wärmeaustauscher; B_1, U_1, U_2 Flüssigkeitssammler; B, C, S, S_1 Trennkolonnen; V Entspannungsventil; E Kohlenoxydbehälter; D Expansionsmaschine; H, R, T Leitungen.

Atmosphärendruck anfällt. Ferner verzichtet Claude im allgemeinen bei den von ihm errichteten Anlagen auf eine Waschung des Wasserstoffs mit flüssigem Stickstoff, so daß dieser noch etwa 0,5—2% Kohlenoxyd als Verunreinigung enthält (Aufbau der Anlage vgl. Abb. 64).

Für eine Verwendung dieses Wasserstoffs bei der Ammoniaksynthese ist es daher erforderlich, das Gas zunächst über einen Methankatalysator zu leiten, da das sodann gebildete Methan auf den Katalysator einflußlos ist.

[1]) DRP. 339490, 368464, 398572, 438780, 453407, 455016, 479331, 485257, 495429, 502906, 502990, 510418.

Im einzelnen untergliedert sich die Koksofengaszerlegung nach
Claude wie folgt. Das Gas wird auf etwa 10 atü verdichtet, der restliche
Benzolgehalt unter Druck mit Waschöl entfernt, das Kohlendioxyd durch
ammoniakhaltiges Druckwasser ausgewaschen, getrocknet und in Gegenstromwärmeaustauschern werden zunächst die Kohlenwasserstoffe und
anschließend wird die Hauptmenge des Kohlenoxyds flüssig ausgeschieden. In der Expansionsmaschine wird das Restgas dabei auf —210°
abgekühlt. Die Schmierung derselben erfolgt durch Stickstoff, der dem
Restgas zugegeben wird und sich dabei zum größten Teil verflüssigt.

Erheblich einfacher als die Zerlegung von Koksofengas durch Tiefkühlung ist die Trennung von Wassergas nach dem gleichen Verfahren.
Den ersten Vorschlag hierfür machte A. R. Frank[1]) bereits im Jahre
1909, worauf eine erste Versuchsanlage in Höllriegelskreuth durch die
Ges. f. Linde's Eismaschinen A.-G. errichtet wurde. Dieses Linde-
Frank-Caro-Verfahren[2]), das noch vor dem Weltkrieg in Oppau und in
verschiedenen Anlagen im Ausland zur Aufstellung gelangte, arbeitet
nach folgendem Prinzip.

Das auf etwa 10 at verdichtete Wassergas wird in einem Druckwäscher
durch Behandeln mit Wasser von seinem Gehalt an Kohlendioxyd und
Schwefelwasserstoff befreit und die letzten Reste dieser Verunreinigungen
werden mit Natronlauge entfernt. Sodann wird das Gas mittels Ammo-
niakkältemaschinen auf etwa —40° vorgekühlt und in Gegenstromwärmeaustauschern allmählich auf —200° tiefgekühlt. Die erforderliche
hohe Kälteleistung erzielt man durch Verdampfung von flüssigem
Stickstoff im Vakuum. Das dabei gebildete Kondensat besteht zu etwa
80—90% aus Kohlenoxyd und im Rest aus Stickstoff, während das
Restgas Wasserstoff von etwa 97% Reinheit darstellt. Das abgetrennte
Kohlenoxyd dient zum Antrieb von Gasmotoren, die den Energiebedarf
der Anlage vollkommen decken. Je m³ Wasserstoff werden etwa 2,2
bis 2,5 m³ Wassergas und mithin 1,3—1,5 kg Koks benötigt.

Nachdem dieses Verfahren zuerst eine ziemliche Verbreitung gefunden hatte, ist es nahezu überall durch das der Konvertierung von
Wassergas auf katalytischem Wege wieder verdrängt worden, das mit
niedrigeren Kosten und auch in kleineren Einheiten wirtschaftlich betrieben werden kann.

Eine Trennung sonstiger technischer Gase in ihre Einzelbestandteile
durch Tiefkühlung ist bisher nicht zur Anwendung gekommen.

Zusammenfassende Literatur: P. Borchardt, Gas- und Wasserfach,
70, 1183 (1927); Proceed. of the Second Internat. Conference on Bituminous Coal,
Pittsburg 1928, Bd. 1, S. 178; Bericht Nr. 213 der Section 4 der zweiten Weltkraft-
konferenz 1930; A. Thau, Gas- und Wasserfach 73, 717 (1930); A. Sander, »Wasserstoff« in Ullmann, Enzyklopädie der technischen Chemie, 2. Aufl. 1932, Bd. X,
S. 404; Brückner, Ztschr. VDI, 75, 93 (1931); J. Schmidt, Kohlenoxyd, 1935,
S. 66, Leipzig 1935.

[1]) DRP. 174324, 177703.   [2]) DRP. 261735.

M. Kohlenoxyd.

1. Allgemeines.

Kohlenoxyd ist in nahezu sämtlichen technischen Brenngasen in mehr oder minder hohen Konzentrationen enthalten, ebenso kann es nach verschiedenen Verfahren in technisch reinem Zustand hergestellt werden. Seine Bedeutung ist dennoch bisher beschränkt geblieben. Oft bildet es sogar einen unerwünschten Bestandteil des Gases. Dieses hat mehrere Gründe. Zunächst weist Kohlenoxyd einen nur mäßig hohen Heizwert auf. Seine Brennbedingungen sind ungünstiger als die der meisten anderen Gase, vor allem ist die Zündgeschwindigkeit des Kohlenoxyds nur gering und die Kohlenoxydverbrennung verläuft langsam. Bei einer unvollkommenen Verbrennung technischer Gasgemische ist der unverbrannte Anteil des Kohlenoxyds daher relativ größer als der der anderen Gase. Schließlich erfordert die Giftigkeit des Kohlenoxyds eine sorgfältige Vermeidung von Undichtigkeiten, zumal Kohlenoxyd ein farb- und geruchloses Gas darstellt.

Je nach ihrem Kohlenoxydgehalt werden die Gase in zwei Gruppen unterteilt:

a) Kohlenoxydarme Gase (Kohlenoxydgehalt $< 18\%$),
b) kohlenoxydreiche Gase (Kohlenoxydgehalt $> 18\%$).

Zu den kohlenoxydarmen Gasen werden gerechnet:

Leuchtgas	mit 6— 8%	Kohlenoxydgehalt
Kokereigas	» 7—10 »	»
Steinkohlenschwelgas . .	» 4— 8 »	»
Braunkohlenschwelgas . .	» 6—18 »	»
Torfgas	» 5—10 »	»
Stadtgas	» 12—18 »	»

Kohlenoxydreiche Gase sind folgende:

Generatorgas	mit 27—32%	Kohlenoxydgehalt
Wassergas	» 40—45 »	»
Halbwassergas	» 30—40 »	»
Kohlenwassergas	» 25—35 »	»
Koksofenspaltgas	» 25—35 »	»
Gichtgas	» 20—28 »	»
Karbidofengas	» 60—70 »	»

Die Herstellung von technisch reinem Kohlenoxyd erfolgt in beschränktem Maße in der chemischen Industrie für die Herstellung von Formiat, Blausäure, Phosgen, Eisenpentakarbonyl und andere Synthesen, für die jedoch zumeist bereits die als Nebenprodukt bei der Wasserstoffreinigung mit Kupfer-1-Salzlösungen oder bei der Trennung des Koksofengases durch Tiefkühlung anfallenden Mengen ausreichen.

In vereinzelten Fällen wird Kohlenoxyd durch Vergasung von Koks mit reinem Sauerstoff gewonnen.

2. Gewinnung von Kohlenoxyd durch Absorptionsverfahren mit Kupfer-1-Salzlösungen.

Während der nach dem Lindeschen Verfahren durch Tiefkühlung von Koksofengas erhaltene Wasserstoff praktisch frei ist von Kohlenoxyd, enthält der Wasserstoff bei dem diesem ähnlichen Verfahren von Claude davon noch etwa 0,5—2,0%. Ebenso ist der Wasserstoff, der nach dem Wassergaskonvertierungsverfahren gewonnen wird, nicht völlig kohlenoxydfrei (Restgehalt 0,1—2% je nach der Höhe des Dampfüberschusses).

In diesen Fällen wird der Rohwasserstoff in Anlehnung an die gasanalytische Bestimmung des Kohlenoxyds mit geeigneten Absorptionslösungen ausgewaschen. Sämtliche sauren und ammoniakalischen Kupfer-1-Salzlösungen absorbieren Kohlenoxyd unter Bildung einer Anlagerungsverbindung, die je Atom Kupfer ein Mol Kohlenoxyd enthält. Die Beständigkeit dieser Molekülverbindungen ist jedoch ziemlich gering, sie weisen vielmehr bereits bei gewöhnlicher Temperatur einen beträchtlichen Kohlenoxyd-Teildruck auf. Das praktische Absorptionsvermögen dieser Lösungen wird daher durch die Anwendung höherer Drücke begünstigt, ebenso können die verbrauchten Lösungen durch Erwärmen, gegebenenfalls unter gleichzeitiger Entspannung, regeneriert werden. Eine häufig beobachtete Schwierigkeit bei der Durchführung des Verfahrens ist die Ausscheidung von metallischem Kupfer aus der Lösung, die vor allem beim Erwärmen der verbrauchten Lösung eintritt, aber durch Belassung oder Zugabe geringer Mengen Sauerstoff zum Gas behoben werden kann. Der Sauerstoff wird unter Bildung von Kupfer-2-Salz absorbiert, das wiederum unter Reduktion zu Kupfer-1-Salz das abgeschiedene Kupfer in Lösung bringt.

Von den sauren Kupfer-1-Lösungen sind nach Gluud, Klempt und Ritter[1]) vor allem die salzsauren geeignet. Bei diesen ist jedoch eine hohe Salzsäurekonzentration erforderlich, um genügende Mengen Kupfer-1-Chlorid in Lösung zu bringen. Anderseits bereitet das starke Korrosionsvermögen der Salzsäure erhebliche apparative Schwierigkeiten. Die Absorptionsgeschwindigkeit der salzsauren Kupfer-1-Chloridlösungen für Kohlenoxyd ist zwar sehr hoch und übertrifft die der ammoniakalischen Lösungen, ihr Gesamtaufnahmevermögen ist jedoch infolge des hohen Zersetzungsdruckes der Molekülverbindung $CuCl \cdot CO \cdot 2 H_2O$ gemäß der umkehrbaren Reaktionsgleichung

$$CuCl \cdot CO \cdot 2 H_2O + HCl \rightleftharpoons CuCl \cdot HCl + CO + 2 H_2O$$

nur gering.

---

[1]) Ber. Ges. Kohlentechnik **3**, 505, 525, 534 (1931).

Da die Löslichkeit der Kohlenoxyd-Molekülverbindung ebenso wie die der Salzsäure-Molekülverbindung verhältnismäßig niedrig ist, haben Gluud und seine Mitarbeiter (s. o.) das Verfahren wie folgt abgeändert. Als Absorptionsmittel dient eine konzentrierte Aufschlämmung von Kupfer-1-Chlorid in Salzsäure, das nach Bildung der Kohlenoxyd-Molekülverbindung einen neuen Bodenkörper bildet, während weiteres Kupfer-1-Chlorid in Lösung geht. Die verbrauchte Aufschlämmung wird durch Erwärmen auf etwa 50° regeneriert. Das Verfahren hat bisher nur in halbtechnischem Maße Anwendung gefunden, nach den dabei gewonnenen Erfahrungen werden die Herstellungskosten je m³ Kohlenoxyd auf 12 Pf. geschätzt[1]).

Größere Bedeutung besitzen die ammoniakalischen Kupfer-1-Salzlösungen, die allein bisher in der Praxis zur Einführung gelangt sind. Von diesen haben sich vor allem die ammoniakalischen Kupfer-1-Formiatlösungen und verschiedene andere, bei denen ebenfalls das Kupfer an schwache organische Säuren gebunden ist, bewährt. Kupfer-1-Chlorid, -Sulfat oder -Phosphat ist dagegen nicht brauchbar, da diese Mineralsäuren auch in ammoniakalischer Lösung stark korrodierend wirken. Das Verfahren ist erstmalig bei der Badischen Anilin- und Sodafabrik A.-G., Ludwigshafen[2]) zur Durchführung gelangt. Daselbst wird der noch etwa 0,5% restliches Kohlenoxyd enthaltende Wasserstoff nach Verdichtung auf 200 at in etwa 10 m hohen Waschkolonnen mit ammoniakalischer Kupfer-1-Formiatlösung ausgewaschen, worauf Kohlenoxyd selbst in Spuren nicht mehr nachweisbar ist. Die Regeneration der Lösung erfolgt nach Erwärmen auf etwa 50° durch Entspannung, worauf sie sofort wieder verwendungsfähig ist. Das entbundene Kohlenoxyd wird zwecks Entfernung seines Ammoniakgehaltes mit Wasser ausgewaschen und anschließend in die Wassergaskonvertierungsanlage zurückgeleitet.

Neue Untersuchungen von Gump und Ernst[3]) zeigten ferner, daß die Ammoniumsalze anderer organischer Säuren dem Formiat wesentlich überlegen sind. Dies gilt vor allem für das Kupfer-1-Ammoniumlaktatkomplexsalz, das für die Auwaschung von Kohlenoxyd am geeignetsten ist. Diese Lösung ist gegen Eisen vollkommen beständig und bewirkt an diesem keine Korrosion. Das Absorptionsvermögen derartiger Lösungen beträgt nach Angaben der gleichen Verfasser 0,94 Mol Kohlenoxyd je Mol Cu_2O. Die Temperaturabhängigkeit des Absorptionsvermögens einer Kupfer-1-Ammoniumlaktatlösung ergab sich zu folgenden Relativwerten:

[1]) Bestehorn und Curland, Ber. Ges. Kohlentechnik 3, 534 (1931).

[2]) DRP. 289694; vgl. ferner Hainsworth und Titus, Journ. Amer. Chem. Soc. 43, 1 (1921); Larson und Teilsworth, Journ. Amer. Chem. Soc. 44, 2878 (1922).

[3]) Ind. Eng. Chem. 22, 382 (1930).

Temperatur . . . . °C	0	10	20	60	80	90	100
Absorptionsvermögen der Lösung	100	88,9	55,5	19,8	9,7	3,6	0,4

Bei dem Betrieb einer Versuchsanlage im halbtechnischen Maßstab mit einem Stundendurchsatz von 2—3 m³ Wassergas, das 40%
Kohlenoxyd enthielt, wurde über längere Zeit eine quantitative Auswaschung des Kohlenoxyds erzielt. Die Lösung zeigte ferner weder
Korrosionserscheinungen an Eisen noch ergaben sich Ausscheidungen
von metallischem Kupfer.

Nach Gluud und Klempt[1]) weist die Laktatlösung jedoch den Nachteil auf, daß das im Gas enthaltene Kohlendioxyd ebenfalls quantitativ
absorbiert und somit das Gesamtaufnahmevermögen für Kohlenoxyd erniedrigt wird.

3. Gewinnung von Kohlenoxyd durch Tiefkühlung von Koksofengas.

Bei der Tiefkühlung von Koksofengas (vgl. S. 147) wird als die sog.
Kohlenoxydfraktion bei der Auswaschung des Wasserstoffs mit flüssigem
Stickstoff ein Gasgemisch erhalten, das je nach der Art der Betriebsführung 20—40% Kohlenoxyd, 55—75% Stickstoff und im Rest noch
je etwa 2—3% Methan und Wasserstoff enthält. Eine chemische Aufarbeitung dieses an Kohlenoxyd verhältnismäßig armen Gases wird bisher
nicht durchgeführt; es wird vielmehr den sonstigen Gasfraktionen zugemischt.

4. Gewinnung von Kohlenoxyd durch Sauerstoffvergasung von Koks.

Während bei der Vergasung von Koks mit Luft der Kohlenoxydgehalt des Generatorgases 34,7% nicht überschreiten kann, steigt dieser
bei der Verwendung sauerstoffreicherer Atmosphären rasch an und erreicht mit reinem Sauerstoff einen Kohlenoxydgehalt von 100%, wie die
nachfolgende Zahlentafel zeigt.

Zahlentafel 37. Höchste theoretische Kohlenoxydgehalte
im Generatorgas bei Zuführung von Atmosphären von
zunehmendem Sauerstoffgehalt.

Sauerstoffgehalt der Atmosphäre . . . . . %	20,9	25	50	75	100
Kohlenoxydgehalt des Generatorgases . . . %	34,7	40,0	66,7	85,7	100,0
Stickstoffgehalt des Generatorgases . . . . %	65,3	60,0	33,3	14,3	—
ob. Heizwert des Generatorgases. . . kcal/Nm³	1050	1205	2020	2590	3020

Theoretisch bedeutet die Vergasung von Koks mit Sauerstoff an
Stelle mit Luft, wenn ersterer preiswürdig zur Verfügung steht oder hergestellt werden kann, eine wesentliche Verbesserung des Verfahrens. Die
höhere Vergasungstemperatur erniedrigt den Restgehalt des Gases an

---

[1]) Ber. Ges. f. Kohlentechnik **3**, 505, 525, 534 (1931).

Kohlendioxyd und das Generatorgas besitzt einen erheblich höheren Heizwert. In der Praxis scheiterte die Einführung der Koksvergasung mit Sauerstoff bis vor kurzer Zeit an den erheblichen Kosten für die Herstellung eines höherkonzentrierten Sauerstoffs, die erst durch das neue Fränkl-Linde-Verfahren (vgl. S. 134) auf ein tragbares Maß gesenkt werden konnten. Daneben ergaben sich auch bei der betriebsmäßigen Durchführung des Verfahrens apparative Schwierigkeiten infolge vermehrter Materialbeanspruchung durch die hohe Temperatur in der Verbrennungszone. Generatoren für die Sauerstoffvergasung von Koks sind daher bisher nur in einzelnen Fällen, so bei der Gesellschaft für Chemische Industrie, Basel[1]), und dem Verein für Chemische Industrie, Aussig, in Betrieb genommen worden.

Die dabei zur Ausführung gelangten Bautypen bestehen aus einem Generatormantel aus Kesselblech mit Innenauskleidung aus keramischem Material, wobei die Wandung zum Teil mit einem äußeren Wassermantel umgeben ist. Die Zuführung des Sauerstoffs erfolgt aus einer engen Düse, so daß eine nahezu punktförmige Vergasung vor derselben erreicht wird. Schwierigkeiten bereitet vor allem der Schlackenaustrag, da die Koksasche niederschmilzt und nur bei aschearmen Koksen zum Teil staubförmig mit dem Generatorgas mitgerissen wird, um anschließend in einem Aschesammelgefäß abgeschieden werden zu können. Der Austrag der Krusten bildenden Schlacke erfolgt mittels eines Hilfsrostes. Die Geschwindigkeit des Sauerstoffstrahles, der im Generator aus der Düse austritt, soll etwa 35—40 m³/s betragen[2]). Das Gas enthält etwa 92 bis 96% Kohlenoxyd neben nur je etwa 2% Wasserstoff und Stickstoff als Verunreinigungen.

5. Gewinnung von reinem Kohlenoxyd im Laboratorium.

Bei gastechnischen Arbeiten im Laboratorium wird häufig reines Kohlenoxyd benötigt. Das im Handel in Stahlflaschen erhältliche Gas enthält aber stets 1—2% Wasserstoff als Verunreinigung, wodurch die brenntechnischen Eigenschaften des Kohlenoxyds bereits wesentlich verändert werden.

Für die Herstellung von reinem, vollkommen wasserstoffreiem Kohlenoxyd hat sich die Zersetzung von Ameisensäure mit konz. Schwefelsäure am besten bewährt. Zu diesem Zweck wird konz. Schwefelsäure oder Phosphorsäure in einem Sandbad auf etwa 125° erhitzt, in diese heiße Lösung läßt man konz. Ameisensäure eintropfen, die augenblicklich in Kohlenoxyd und Wasser zerfällt. Nach genügendem Ausspülen des Zersetzungsgerätes erhält man ein Gas von 99,9% Reinheit. Die Ausbeute an Kohlenoxyd beträgt theoretisch je 46 g reiner 100proz. Ameisensäure 22,4 l Kohlenoxyd, praktisch werden etwa 20 l erhalten.

---

[1]) Schilling, Schweiz. P. 149398; Lonza, Schweiz. P. 156425.
[2]) I.G. Farbenindustrie A.-G. F.P. 658108.

N. Wasserstoff.

1. Allgemeines.

Die Verwendung von Wasserstoff in der chemischen Industrie hat in den letzten dreißig Jahren durch die Entwicklung der Ammoniaksynthese, der Öl- und Fetthärtung, sonstiger katalytischer Reduktionen und Hydrierungen und in neuester Zeit für die Kohlehydrierung eine früher ungeahnte Entwicklung erfahren. Hand in Hand damit ging die Entwicklung zahlreicher Verfahren für die Erzeugung von Wasserstoff, da die Wirtschaftlichkeit seiner Herstellung in zahlreichen Fällen für die Gestehungskosten der Endprodukte von ausschlaggebender Bedeutung ist. Die verschiedenen Vorschläge der technischen Gewinnung des Wasserstoffs haben ihren Niederschlag in zahlreichen Patenten gefunden, deren gesamte Aufzählung im Rahmen des Abschnittes jedoch unmöglich ist. Im einzelnen lassen sich die praktisch durchgeführten Verfahren zur Wasserstofferzeugung in folgende Gruppen unterteilen:

Umsetzung von Metallen mit Säuren oder Laugen.
Zerlegung von Wasserdampf mit Metallen bei höheren Temperaturen.
Katalytische Oxydation von Kohlenoxyd mit Wasserdampf.
Elektrolytische Wasserzersetzung.
Tiefkühlung von Wasserstoff enthaltenden Gasen.

Dagegen hat die thermische Zersetzung von Kohlenwasserstoffen, wie von Methan oder Ölgas, bei gleichzeitiger Gewinnung von Kohlenstoff für die Elektrodenherstellung in besonderen Generatoren sich nicht durchsetzen können.

2. Wasserstofferzeugung durch Umsetzung von Metallen mit Säuren oder Laugen.

Die Einwirkung von Säuren auf Metalle, wie von Schwefelsäure auf Eisen oder Zink, ist das älteste technische Verfahren zur Herstellung von Wasserstoff. Es fand Anwendung für die Füllung der Fesselballone und Luftschiffe in verschiedenen europäischen Heeren und bewährte sich vor allem im russisch-japanischen Krieg. Die Erzeugeranlagen waren zumeist fahrbar auf Wagen angeordnet. Eine Einheit bestand zumeist aus zwei eisernen, innen homogen verbleiten Entwicklergefäßen, in die zunächst Eisendrehspäne und anschließend verdünnte Schwefelsäure eingefüllt wurden. Die Wasserstoffentwicklung in jedem dieser Gefäße betrug in der Stunde etwa 50—60 m³, bei intensivem Betrieb und gleichzeitig höherem Materialverlust bis 100 m³ Wasserstoff. Zur Mischung von Säure und Wasser dienten entweder Bottiche oder Pumpen, die zwangsläufig gleichzeitig die konzentrierte Schwefelsäure und das Wasser in dem gewünschten Verhältnis förderten. Der entwickelte rohe Wasserstoff wurde zwecks Entfernung mitgerissener Schwefel-

säurenebel in zwei nacheinander geschalteten Skrubbern mit Koks-
füllung mit Frischwasser gewaschen und schließlich in einem Trocken-
reiniger, der mehrere Lagen Luxmasse oder Raseneisenerz enthielt, von
seinem Gehalt an Schwefelwasserstoff befreit. Bei der Schwefelsäure
mußte auf Freiheit von Antimon und Arsen geachtet werden, um Ver-
giftungsmöglichkeiten durch Antimon- oder Arsenwasserstoff auszuschließen. Der Wasserstoff enthielt als Verunreinigungen nur geringe
Mengen Kohlenwasserstoffe, die durch Einwirkung von Säure auf Eisenkarbid gebildet werden.

Für die Erzeugung von 1 m³ Wasserstoff sind theoretisch 2,5 kg
Eisen (Drehspäne) und 4,4 kg konz. Schwefelsäure erforderlich, praktisch
wurden bei ortsfesten Anlagen 2,8—3 kg Eisen und etwa 5 kg Säure,
bei beweglichen fahrbaren Gaserzeugern 4—5 kg Eisen und 8 kg Säure
verbraucht. Ein wesentlicher Nachteil des Verfahrens war das erhebliche
Gewicht der verbrauchten Materialien, so waren für die Füllung eines
Fesselballons von 500 m³ Inhalt etwa 4000—6500 kg Ausgangsstoffe
mitzuführen.

Bereits vor dem Weltkrieg wandte man sich daher in zahlreichen
Ländern der Wasserstofferzeugung aus Leichtmetallen mit 25—30 proz.
Alkalilauge zu. Diese Verfahren besitzen zunächst den erheblichen Vor-
teil der Einfachheit des Baues der Gaserzeuger aus gewöhnlichem Blech.
Ebenso ist der Materialaufwand gewichtsmäßig wesentlich geringer als
bei dem Eisen-Schwefelsäure-Verfahren. Nachteilig ist die starke
Wärmetönung bei diesen Reaktionen, die eine laufende Kühlung der
Gasentwickler bedingen. Die letzteren bestehen zumeist aus eisernen
Zylindern von 1,5—2 m Höhe und 0,5 m Durchmesser. In diesen wird die
erforderliche Lauge durch Auflösen von Ätznatron in Wasser hergestellt
und damit gleichzeitig die für die Einleitung der Reaktion

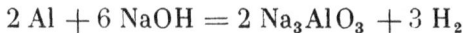

$$2\,Al + 6\,NaOH = 2\,Na_3AlO_3 + 3\,H_2$$

benötigte Reaktionstemperatur von etwa 60⁰ erhalten. Die Zugabe des
Leichtmetalls, Aluminium oder Silizium, erfolgt durch Eindrehen eines
mit diesem gefüllten Korbes, bis dieser in die Lauge eintaucht. Die
Wasserstofferzeugung kann daher auch jederzeit beliebig unterbrochen
werden. Das Reaktionsgefäß wird indirekt mit Wasser gekühlt, um ein
»Kochen« der Lösung zu vermeiden. Der Wasserstoff ist nahezu rein,
geringe Mengen von Flüssigkeitsnebeln werden in einem Skrubber mit
Frischwasser ausgewaschen. Das Aluminium ist dabei fast ganz durch
Silizium[1]) verdrängt worden, bei dem der Materialaufwand mit etwa
2 kg/m³ Wasserstoff verhältnismäßig niedrig ist. Fahrbare Anlagen
werden für eine stündliche Erzeugung von 100—300 m³/h, ortsfeste

---

[1]) Consortium für elektrochemische Industrie A.-G., DRP. 216 768, 241 669.

Anlagen für 100—1000 m³/h, vornehmlich von der Elektrizitäts-A.-G. vorm. Schuckert & Co., Nürnberg, gebaut[1]).

Mit Silizium verläuft die Reaktion nach der Gleichung

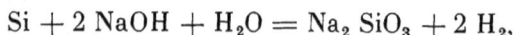

$$Si + 2\,NaOH + H_2O = Na_2\,SiO_3 + 2\,H_2,$$

worauf das gebildete Natriumsilikat unter Rückbildung von Natronlauge sich wieder hydrolysiert:

$$Na_2SiO_3 + (x + 1)\,H_2O = 2\,NaOH + SiO_2 \cdot x\,H_2O$$

Die Reaktion erfordert eine Temperatur von etwa 90°, die zum Teil durch die Lösungswärme des Ätznatrons gedeckt wird, ferner kann sie durch Zugabe von Aluminiumschnitzeln eingeleitet werden. Ferner hat es sich gezeigt, daß bei Zugabe von größeren Mengen Ätzkalk die Auflösung des Siliziums nahezu quantitativ vonstatten geht. Die hohe Reaktionstemperatur hat anderseits den Nachteil, daß der Wasserstoff erhebliche Wasserdampfmengen mit sich fortträgt. Diese Schwierigkeit kann man dadurch umgehen, indem die Konzentration der Lauge auf 35—45% eingestellt oder die Zersetzung unter erhöhtem Druck vorgenommen wird[2]). Höhere Laugekonzentrationen begünstigen ferner die Reaktionsgeschwindigkeit, wobei die verschlechterte Mischbarkeit der dickflüssigen Masse mit dem Silizium durch Zusatz von etwas Paraffin verbessert werden kann[3]).

Nach einem bereits älteren Vorschlag von Jaubert[4]) kann das reine Silizium auch durch weitaus leichter zugängliches 80—90proz. Ferrosilizium ersetzt werden, mit dem in konzentrierter Alkalilauge ein saures Silikat entsteht, wodurch sich der Alkaliverbrauch gleichzeitig vermindert. Mit Ferrosilizium ist die Reaktionsgeschwindigkeit am höchsten bei einem Siliziumgehalt von 80—90%, oberhalb 90% tritt eine Verminderung derselben ein, ebenso unterhalb 75%; mit einem 50proz. Produkt beträgt fernerhin die Ausbeute nur noch etwa 15% der theoretischen. Bei diesem »Silikolverfahren« kommt ebenfalls eine 35—45-proz. Natronlauge zur Anwendung. Bei gewöhnlicher Temperatur beginnt die Reaktion zunächst nur sehr langsam, oberhalb 60° steigert sich die Zersetzungsgeschwindigkeit daraufhin sehr rasch und erreicht ihren Höchstwert bei etwa 90—95°. Je langsamer die Reaktion verläuft, um so geringer ist der Alkaliverbrauch[5]). Die Bauart der Silikolgaserzeuger, die für Stundenleistungen bis zu 2000 m³ Wasserstoff erprobt worden sind, ähnelt sehr der der Schuckertschen Gaserzeuger, der

[1]) Einzelheiten über den Bau und Betrieb von Kleinanlagen s. Petz, Ztschr. f. Instrumentenkunde, 52, 365 (1932).
[2]) L'Oxyhydrique Française, S.A., DRP. 489932, F.P. 751384; Jaubert, F.P. 759522, 43218, E.P. 399110.
[3]) Jaubert, DRP. 272609.
[4]) DRP. 262635.
[5]) Weaver, Ind. Engin. Chem. 12, 232 (1920).

Materialverbrauch beträgt je m³ Wasserstoff etwa 1,9 kg zuzüglich des erforderlichen Wassers, die Kosten beziffern sich zu etwa 70—80 Pf./m³. Der erhaltene Wasserstoff ist bei sorgfältigem Arbeiten sehr rein (99,9%), er wird bei fest angeordneten Anlagen zumeist in Gasbehältern aufgespeichert, bei beweglichen Anlagen in Stahlflaschen oder in größeren Druckgasbehältern. Ein Vorschlag von Jaubert[1]), den Verbrauch an Alkali einzusparen und die Zersetzung des Ferrosiliziums gemäß der Formel

$$3\,FeSi_6 + 40\,H_2O = Fe_3O_4 + 18\,SiO_2 + 40\,H_2$$

in Gegenwart von etwas Kalk bei höherer Temperatur mit Wasserdampf vorzunehmen, hat sich für die Dauer nicht durchzusetzen vermocht. Bei verschiedenen nach diesem Verfahren errichteten Anlagen zeigte es sich, daß der Materialaufwand für die Wasserstoffherstellung etwa das Siebenfache gegenüber dem beim Eisen-Wasserdampf-Verfahren betrug, während sich anderseits die Anlagekosten auf etwa 20% verminderten. Derartige Anlagen haben ferner den Nachteil, erst nach einer bestimmten Vorbereitungszeit betriebsfertig zu sein.

Für rein militärtechnische Verwendungszwecke, bei denen die Kosten eine geringere Rolle spielen, kann das Silizium ferner durch Kalziumhydrid[2]) ersetzt werden. Dieses reagiert mit Wasser unter starker Wärmeentwicklung gemäß der Gleichung

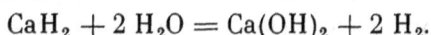

$$CaH_2 + 2\,H_2O = Ca(OH)_2 + 2\,H_2.$$

Je kg Kalziumhydrid werden etwa 1,05 m³ Wasserstoff entwickelt. Die hohe positive Wärmetönung bedingt, daß ein Teil des zugegebenen Wassers nur verdampft und mit dem entwickelten Wasserstoff weggetragen wird. Um den Wasserverbrauch so gering als möglich zu gestalten, werden daher zweckmäßigerweise zwei Generatoren hintereinander geschaltet, von denen im zweiten, ebenfalls mit Hydrid gefüllten Reaktionsgefäß der Wasserdampf noch umgesetzt wird. Da eine Reinigung des Wasserstoffs von Fremdbestandteilen nicht notwendig ist, wird die Kühlung soweit als möglich durch Intensivkühler mit Luft vorgenommen, um den Wasserbedarf einzuschränken und damit jederzeit betriebsbereit zu sein.

Das Kalziumhydrid läßt sich auch durch Aluminiumfeilspäne ersetzen, die durch aufgestäubtes Kaliumzyanid oder Quecksilberchlorid aktiviert worden sind. Eine derartige Masse bleibt bei sorgfältigem Schutz vor Feuchtigkeit durch Aufbewahren in verlöteten Blechbüchsen lange Zeit voll wirksam. Ein Nachteil ist jedoch die hohe positive Wärmetönung bei der Reaktion mit Wasser, die etwa das Doppelte der von Kalziumhydrid beträgt, während anderseits die Reaktionstemperatur 80⁰ nicht überschreiten soll. Die Wasserstoffentwicklung beträgt etwa

[1]) D.R.P. 248384.
[2]) Anon, Chem. met. Eng. **20**, 289 (1919).

1,3—1,5 m³/kg Masse, ist also höher als bei sämtlichen anderen Materialien. Reines Aluminium wird durch Wasser nicht zersetzt, es ist vielmehr die vorhergehende Aktivierung seiner Oberfläche mit Quecksilber notwendig, wofür beispielsweise Quecksilberchlorid hervorragend geeignet ist. Wegen seiner Giftigkeit kann dieses auch durch ein Gemisch von Quecksilberoxyd und Natriumhydroxyd ersetzt werden[1]). Die Reaktionsgeschwindigkeit des Aluminiums kann durch Legierung mit bis zu 15% Zink und bis 7% Zinn noch gesteigert werden[2]). Die Verwendung von Kalzium[3]) sowie von den Alkalimetallen zur Wasserstofferzeugung durch Zersetzung derselben mit Wasser hat sich trotz zahlreicher Vorschläge nicht durchzusetzen vermocht. Entgegen stehen Preisnachteile, die Heftigkeit der Reaktion zwischen den Alkalimetallen und Wasser und zumeist eine Nichtverwertbarkeit der gebildeten Lauge.

Kurz zu erwähnen ist schließlich in diesem Zusammenhang das Hydrogenitverfahren[4]) von Jaubert, das bereits kurz vor dem Weltkrieg in verschiedenen ausländischen Heeren, vor allem im französischen, Eingang fand. Es unterscheidet sich von den bisher genannten vor allem dadurch, daß bei diesem die Wasserstoffgewinnung auf trockenem Wege vonstatten geht, also das sonst stets in reichlichen Mengen erforderliche Kühl- und Zersetzungswasser in Wegfall kommt. Der Hydrogenit besteht aus einem homogenen Gemisch von pulverisiertem Silizium und Natronkalk, der eine sandige graue Masse darstellt, die in Blöcken gepreßt und mittels einer Zündmasse zur Reaktion gebracht wird:

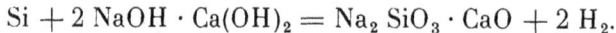

$$Si + 2\,NaOH \cdot Ca(OH)_2 = Na_2\,SiO_3 \cdot CaO + 2\,H_2.$$

Der geformte Hydrogenit, der unter Luftabschluß nahezu unbegrenzt haltbar ist, besteht aus Blöcken zu 25 und 50 kg, deren Versand in verlöteten oder verschraubbaren Blechbüchsen erfolgt. Die Wasserstoffentwicklung beträgt etwa 0,3—0,35 m³ Wasserstoff/kg Hydrogenit. Infolge der nur geringen Gasausbeute ist das Verfahren ziemlich teuer, die Gestehungskosten je m³ Wasserstoff betragen etwa RM. 1,50,

Im einzelnen erfolgt das Abbrennen des Hydrogenits in Generatoren mit Wassermantel und ist binnen wenigen Minuten beendet. Die von dem Wassermantel aufgenommene Wärme dient zur Dampferzeugung, der anschließend durch die Masse geleitet wird und die Gasausbeute noch etwas erhöht. Zwecks Entfernung mitgerissener Staubteilchen wird das Gas, das im übrigen sehr rein ist, mit Wasser ausgewaschen und durch Kokspulver oder Sägespäne filtriert.

---

[1]) Griesheim-Elektron, DRP. 229162.
[2]) Uyeno, DRP. 259530.
[3]) O. Emersleben, DRP. 591753.
[4]) DRP. 236974, 241929.

Bei den im vorstehenden beschriebenen Verfahren ist stets die Wasserstofferzeugung der Hauptzweck, während die Kosten eine nur untergeordnete Bedeutung besitzen. Daneben gibt es noch eine Reihe von chemischen Verfahren, bei denen Wasserstoff als Nebenprodukt anfällt. Hierzu ist als erstes das der Chloralkali-Elektrolyse zu rechnen. Einzelheiten hierüber sind der einschlägigen Fachliteratur zu entnehmen. Die Gesamtmenge des jährlich bei der Chloralkali-Elektrolyse anfallenden Wasserstoffs beträgt in Deutschland etwa 40 Mio. m^3. Die Hauptmenge desselben wird für die katalytische Wiedervereinigung mit Chlor zu Chlorwasserstoff, der restliche Anteil für zumeist katalytische Hydrierungen und Reduktionen verbraucht.

Ferner wird versucht, die Überführung des nach der Reduktion aus Phosphaten erhaltenen Phosphors in Phosphorsäure mit Wasserdampf vorzunehmen, um gemäß der Reaktionsgleichung

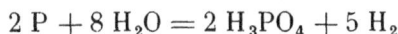

$$2 \, P + 8 \, H_2O = 2 \, H_3PO_4 + 5 \, H_2$$

Wasserstoff als wertvolles Nebenprodukt zu erhalten. Dieses Verfahren wurde erstmalig 1925 von Liljenroth[1]) vorgeschlagen und hat seitdem zahlreiche Bearbeiter gefunden, es hat sich jedoch infolge mannigfacher Schwierigkeiten noch nicht im Großbetrieb durchzusetzen vermocht. Zunächst sind für die Reaktion Temperaturen von etwa 500° erforderlich. Daneben hat es sich gezeigt, daß der Reaktionsablauf wahrscheinlich in den zwei Stufen

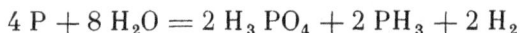

$$4 \, P + 8 \, H_2O = 2 \, H_3PO_4 + 2 \, PH_3 + 2 \, H_2$$
$$PH_3 + 4 \, H_2O = H_3PO_4 + 4 \, H_2$$

vonstatten geht, wobei die Entfernung der letzten Spuren Phosphorwasserstoff aus dem Reaktionsgas nur schwer möglich ist. Wenn die Erhitzung des Phosphors vor der Reaktion zu lange Zeit andauert, wird dieser teilweise in seine reaktionsträge rote Modifikation umgewandelt und bewirkt alsdann Verstopfungen[2]). Schließlich ist die dabei gebildete Phosphorsäure, wenn das Verhältnis Wasserdampf: Phosphor nicht zumindest 100:1 beträgt, durch niedrigere Phosphorsäuren verunreinigt. Britzke und dessen Mitarbeiter[3]) nehmen bei einem ungenügend hohen Wasserdampfüberschuß daher folgenden Reaktionsverlauf an:

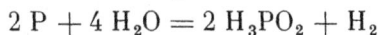

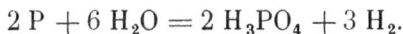

$$2 \, P + 4 \, H_2O = 2 \, H_3PO_2 + H_2$$
$$2 \, P + 6 \, H_2O = 2 \, H_3PO_4 + 3 \, H_2.$$

In diesem Fall ist es erforderlich, die phosphorige Säure mit Sauerstoff oder Luft nachzuoxydieren[4]).

---

[1]) I.G. Farbenindustrie A.-G., DRP. 406411, 408925, 409344, 423275, 426388, 431504, 435387, 438178, 444797, 446399, 447837, 456996, 485068, 504343.
[2]) I.G. Farbenindustrie A.-G., DRP. 498809.
[3]) Mineralische Rohstoffe und Nichteisenmetalle (russ.) **4**, 375 (1929).
[4]) Bayerische Stickstoffwerke A.-G., DRP. 514173.

Da die bei dem eben kurz beschriebenen Verfahren erhaltene Phosphorsäure auf Düngemittel verarbeitet wird, sind ferner noch Vorschläge bekannt geworden, die Oxydation des Phosphors bereits in Gegenwart von Ammoniak durchzuführen[1]). Dadurch wird das Verfahren in seinem Reaktionsablauf und in seiner technischen Gestaltung wesentlich vereinfacht. So ist es möglich, in Gegenwart von Schwermetallphosphaten als Katalysatoren unter erhöhtem Druck bei Temperaturen von 120—150⁰ aus Phosphor mit Ammoniaklösungen unmittelbar zu Ammoniumphosphat zu gelangen:

$$2\,P + 8\,H_2O + 4\,NH_3 = 2\,(NH_4)_2\,HPO_4 + 5\,H_2.$$

Der so erhaltene Wasserstoff ist nach Befreiung von mitgetragenen Ammoniakdämpfen vollkommen rein, insbesondere enthält er keinen Phosphorwasserstoff. Bei gleichzeitiger Anwesenheit von Kaliumchlorid wird sofort Kaliumphosphat erhalten:

$$2\,P + 8\,H_2O + 4\,NH_3 + 4\,KCl = 2\,K_2\,HPO_4 + 4\,NH_4\,Cl + 5\,H_2.$$

Beide Verfahrensarten befinden sich zwar noch in ihrer Entwicklung, erscheinen jedoch sehr aussichtsreich. Einzelheiten sind aus der reichhaltigen Patentliteratur ersichtlich[2]).

3. Zerlegung von Wasserdampf mit Metallen bei höheren Temperaturen.

Das älteste Verfahren zur technischen Wasserstofferzeugung ist das der Zersetzung von Wasserdampf durch Eisen bei erhöhter Temperatur, das auf Grund vorhergehender Versuche von Lavoisier und Meusnier[3]) erstmalig in größerem Maßstab im Jahre 1792 von Coutelle durchgeführt wurde. Zu diesem Zweck wurden Eisenspäne in eisernen Retorten auf Rotglut erhitzt und anschließend wurde überhitzter Wasserdampf durchgeleitet, der unter gleichzeitiger Bildung von Eisenoxyd nahezu reinen Wasserdampf erhalten ließ. Eine wesentliche Verbesserung erfuhr das Verfahren 1846 durch Gillard, der das Eisenoxyd nachfolgend durch Generatorgas wieder reduzierte und damit einen Wechselbetrieb ermöglichte. Die Eisenfüllung der Retorten mußte bei Verwendung von Drehspänen infolge Sintererscheinungen des öfteren ausgewechselt werden, Giffard[4]) ersetzte diese daher durch das beständigere und noch heute gebräuchliche Eisenerz und aktivierte Massen.

---

[1]) Bayerische Stickstoffwerke A.-G., DRP. 514890; I.G. Farbenindustrie A.-G., DRP. 532860.

[2]) Bayerische Stickstoffwerke A.-G., DRP. 506543, 540965, 544521; I.G. Farbenindustrie A.-G., DRP. 453833, 529803, 531498, 531887, 538548, 542782, 546659; Établissements Kuhlmann, DRP. 484568, 508481; Soc. d'Études et d'Entreprises, Ind., DRP. 524184, 531498, 535864, 540068.

[3]) Mém. Acad. **269** (1784).

[4]) Monit. scient. [3] **3**, 156 (1873).

Die theoretischen Grundlagen dieses Eisen-Wasserdampf-Verfahrens sind folgende:

Metallisches Eisen wird in zwei Reaktionsstufen reversibel nach den Gleichungen

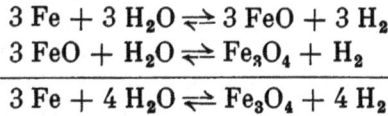

$$3\,Fe + 3\,H_2O \rightleftharpoons 3\,FeO + 3\,H_2$$
$$3\,FeO + H_2O \rightleftharpoons Fe_3O_4 + H_2$$
$$\overline{3\,Fe + 4\,H_2O \rightleftharpoons Fe_3O_4 + 4\,H_2}$$

unter starker positiver Wärmetönung in Eisenoxyduloxyd umgewandelt. Theoretisch werden aus 100 kg Eisen somit etwa 52 Nm³ Wasserstoff erhalten. Das Eisenoxyduloxyd läßt sich daraufhin durch den Kohlenoxydgehalt von Generatorgas oder durch Wassergas wieder zu metallischem Eisen reduzieren:

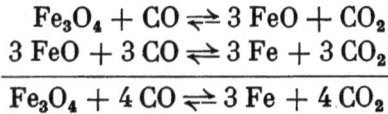

$$Fe_3O_4 + CO \rightleftharpoons 3\,FeO + CO_2$$
$$3\,FeO + 3\,CO \rightleftharpoons 3\,Fe + 3\,CO_2$$
$$\overline{Fe_3O_4 + 4\,CO \rightleftharpoons 3\,Fe + 4\,CO_2}$$

Bei der Zerlegung des Wasserdampfes hat Chaudron[1]) für das System Fe, H_2O, H_2, FeO folgende Gleichgewichtseinstellungen in Abhängigkeit von der Temperatur ermittelt:

Temp. der festen Phasen °C	875	760	660	630	600	550	500	440	360
P_{H_2O}/P_{H_2}	0,74	0,55	0,39	0,36	0,31	0,27	0,23	0,18	0,12

Für das System FeO, H_2O, H_2, Fe_3O_4 gelten entsprechend folgende Werte:

Temp. der festen Phasen °C	860	800	700	615	500	480	440
P_{H_2O}/P_{H_2}	2	1,35	1	0,54	0,33	0,31	0,24

Bei 570⁰ besteht nach Chaudron[2]) ein Tripelpunkt, bei dem die drei Phasen Fe, FeO und Fe_3O_4 koexistieren, unterhalb 570⁰ ist FeO unbeständig. Bei der technischen Durchführung des Verfahrens wird das Temperaturgebiet von 600—800⁰ eingehalten.

Vor allem mit Kohlenoxyd verläuft die Reduktion des Eisenoxyduloxyds verhältnismäßig langsam. Es ist daher zweckmäßiger, diese mit Wassergas vorzunehmen. Einzelheiten über die Gleichgewichtsverhältnisse des Systems Fe_3O_4, FeO, CO, CO_2, Fe sind in ausgezeichneter Weise ferner von Schenck und seinen Mitarbeitern klargelegt worden. Daneben kann auch Steinkohlen- oder Kokereigas als Reduktionsgas verwendet werden.

Die technische Durchführung des Verfahrens erfolgt entweder in Schachtöfen stehender Bauart oder in waagrecht liegenden Retorten.

---

[1]) Compt. rend. **159**, 237 (1914).
[2]) Ann. Chim. [9] **16**, 221 (1921).

Bei dem älteren und vor allem in England noch jetzt gebräuchlichen Retortenverfahren werden 6—12 eiserne Retorten von 3—4 m Länge und 25 cm Durchmesser ähnlich den Horizontalretortenöfen der Gaswerke in einer Verbrennungskammer aus Ziegelmauerwerk zusammengefaßt und mit Generatorgas beheizt. Dabei muß auf eine reduzierende Atmosphäre geachtet werden, um eine Verzunderung zu vermeiden, wodurch die Lebensdauer der Retorten auf etwa 12 Monate verlängert werden kann. Jede Retorte besitzt einen Anschluß für Dampf und Reduktionsgas und zwangsläufig getrennte Abführungsrohre für den Wasserstoff und das Abgas. Die Retorten sind in drei Gruppen zusammen gefaßt, zwei derselben werden jeweils reduziert, während in der dritten durch Dampfen Wasserstoff erzeugt wird. Vor der Dampfung wird jeweils der letzte Anteil des Reduktionsgases durch Spülen mit Dampf entfernt. Das Reduktionsgas wird nur teilweise ausgenützt und dient mit seinem restlichen Wasserstoff- und Kohlenoxydgehalt zur Dampferzeugung; zum Überhitzen des Dampfes dienen Rekuperatoren. Von Zeit zu Zeit muß ferner die Eisenoberfläche von aufgenommenem Kohlenstoff und Schwefel durch Ausbrennen mit Luft gereinigt werden. Der Kohlenstoff führt sonst zur Bildung von Karbiden, aus denen bei Einwirkung von Wasserdampf Kohlenwasserstoffe entstehen. Dies läßt sich durch Zugabe geringer Mengen Aluminium, Kupfer oder Blei[1]) zu dem Eisen vermeiden. Die Karbidbildung tritt ferner nur mit Generatorgas in stärkerem Maße auf, nicht dagegen mit Wassergas. Die in neuerer Zeit gebauten Retortenöfen sind zum größten Teil stehender Bauart, zahlreiche derartige Anlagen sind von der Bamag-Meguin A.-G., Berlin, errichtet worden.

Ein ähnlicher, von Jaubert[2]) in Frankreich erbauter Ofen besteht aus 36 senkrecht angeordneten Eisenretorten, die 3 m hoch sind und 22 cm lichte Weite besitzen. Das Dampfen und die Reduktion in den Retorten erfolgt von oben nach unten, während der Wasserstoff und die Abgase am unteren Retortenkopf abgezogen werden. Die Zeitdauer des Dampfens beträgt 10 min, die der Reduktion 20 min.

Die Eisenfüllung reagiert nur auf ihrer Oberfläche, so daß für die Erzeugung von 100 m³ Wasserstoff/h gegenüber einem theoretischen Wert von 188 kg praktisch 7200 kg Eisen erforderlich sind. Eine Auswechslung der Eisenfüllung ist nach einer Betriebsdauer von 2—4 Wochen erforderlich. Um die Temperaturverteilung in den Retorten möglichst gleichmäßig zu gestalten, ist ferner vorgeschlagen worden, an Stelle der bisher üblichen Retorten solche von nur sehr geringem Durchmesser in Verbindung mit einem besonderen Wärmeaustauscher anzuwenden[3]).

---

[1]) DRP. 234175.

[2]) Pascal, Techn. moderne 17, 450 (1925).

[3]) Comp. Prod. Chim. Électrométallurgiques, DRP. 430818; L'Oxhydrique Française, DRP. 421736, 433519.

Die neuere Entwicklung des Eisen-Wasserdampf-Verfahrens ist gekennzeichnet vor allem durch einen Ersatz der Retorten, die eine nur geringe Haltbarkeit besitzen und keine größeren Durchsatzleistungen erzielen lassen, durch Schachtöfen. Derartige Wasserstoffgeneratoren nach Messerschmitt[1]), die sich durch besondere Wärmewirtschaftlichkeit auszeichnen, werden von den Francke-Werken A.-G., Bremen, gebaut. Der Messerschmitt-Generator (Abb. 65) besteht aus einem Doppelzylinder mit einer Zwischenwand, dessen Innenteil mit Schamottemauerwerk ausgesetzt und dessen Zwischenteil mit Eisenkontaktmasse gefüllt ist. Der Schamotteinnenraum dient gleichzeitig als Heizraum für die Eisenmasse und als Überhitzer für den Wasserdampf. Während der Reduktionsperiode werden Wassergas oder Generatorgas von unten durch die Eisenmasse durchgeleitet, worauf das noch brennbare Bestandteile enthaltende Abgas mit Luft vermischt in dem inneren Schamottezylinder verbrannt wird und beim Strömen nach unten diesen Regenerator erhitzt, wobei gleichzeitig die Eisenmasse durch die strahlende Wirkung des Heizraumes miterwärmt wird. Bei der nachfolgenden Dampfung tritt von unten in der Mitte der Wasserdampf ein, überhitzt sich an dem Gittermauerwerk und setzt sich nach Richtungswechsel

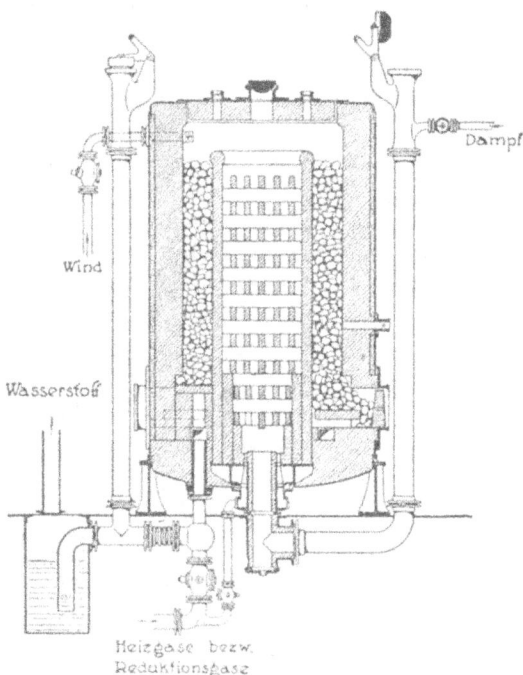

Abb. 65. Wasserstoffgenerator nach Francke-Messerschmitt.

im oberen Hohlraum an dem reduzierten Eisen in Wasserstoff um. Der erste Anteil desselben wird infolge seiner Vermischung mit Reduktionsgas durch eine Spülklappe ins Freie abgelassen, daraufhin unten abgezogen und über eine Tauchung nach einem mit Gasreinigungsmasse gefüllten Reiniger geführt, um die in ihm enthaltenen Spuren Schwefelwasserstoff zu entfernen. Jeder Arbeitsgang dauert etwa 30 min und zerfällt in 15—18 min Reduktion, 8—10 min Dampfung und 3—5 min

---

[1]) DRP. 263391, 266863, 267594, 268062, 268339, 274870, 276132, 276719, 277500, 284532, 291603, 291902, 297900, 306314.

Luftdurchleitung, um Ansätze von Kohlenstoff und von Schwefelverbindungen zu verbrennen. Sämtliche Hebelstellungen erfolgen mit selbsttätiger zwangsläufiger Verriegelung, so daß falsche Ventilstellungen ausgeschlossen sind. Als Eisenmasse dient sorgfältig ausgelesenes, stückiges und hartes Brauneisenerz, das unter dem hohen Druck im Generator nicht zerfällt, dabei aber sehr porös ist und nach seiner Reduktion eine große schwammartige Oberfläche aufweist. Die Füllung eines Generators beträgt etwa 3000—3500 kg Brauneisenerz, sie liefert in frischem Zustand bei jeder Dampfung zunächst 70—75 m³ Wasserstoff, worauf die Ausbeute infolge Sinterung der Oberfläche allmählich auf die Hälfte sich vermindert. Insgesamt können mit einer Erzfüllung etwa 70000—100000 m³ Wasserstoff erzeugt werden, worauf das verbrauchte Erz durch frisches ersetzt werden muß. Der erhaltene Wasserstoff ist sehr rein (98,5—99proz.), die Verunreinigungen bestehen aus Methan, Kohlenoxyd und Stickstoff. Zumeist werden zwei bis drei derartiger Generatoren nebeneinander betrieben, zu denen noch ein gemeinsamer Wassergasgenerator mit Zwischengasbehälter gehört. Bei größeren Gaserzeugern wird der mit Eisenmasse gefüllte Ringraum außen nochmals von einer Verbrennungskammer umgeben, um Wärmeabstrahlungsverluste nach außen zu vermeiden[1]).

Der Bamag-Gaserzeuger ist in seinem Aufbau dem Messerschmitt-Schachtofen sehr ähnlich. In seiner Betriebsweise enthält er jedoch wesentliche Abänderungen, die die Wirtschaftlichkeit des Verfahrens und die Ausbeute günstig beeinflussen[2]). Die während der Dampfung erforderliche Wärme wird durch Zusatz von Sauerstoff erzeugt, für die Reduktion des Eisenoxyds wird Steinkohlengas oder ein Wasserstoff-Methan-Gemisch vorgeschlagen. Bis 1918 sind allein von der Bamag-Meguin A.-G. 75 Wasserstoffanlagen nach diesem Verfahren mit einer Jahresleistung von 125 Mio. m³ errichtet worden.

Weitere Baufirmen für Wasserstoff-Gaserzeuger sind die Pintsch-A.-G.[3]), Kali-Ind. A.-G.[4]), L'Oxyhydrique Française[5]) und Comp. Prod. Chimiques et Électrométall. Alais.

Nur theoretisches Interesse beansprucht das Verfahren von Bergius[6]), das Eisen nicht mit Wasserdampf, sondern mit überhitztem Wasser unter hohem Druck reagieren zu lassen. Hierfür gelten folgende Reaktionsgleichungen:

[1]) F. Müller, Ztschr. f. kompr. flüss. Gase **20**, 4 (1919).
[2]) DRP. 289208, 290529, 291022, 491789, 501197, 518890.
[3]) DRP. 283160.
[4]) DRP. 491789, 503111, 506041, 514393.
[5]) DRP. 411047, 421736, 433519.
[6]) DRP. 254593, 262831, 277501, 286961.

$$3\,\text{Fe} \rightarrow 3\,\text{Fe}^{\cdot\cdot} + 6\,\ominus$$
$$2\,\text{Fe} \rightarrow 2\,\text{Fe}^{\cdot\cdot\cdot} + 2\,\ominus$$
$$8\,\text{H}^{\cdot} + 8\,\ominus \rightarrow 4\,\text{H}_2$$
$$8\,\text{H}_2\text{O} \rightarrow 8\,\text{H}^{\cdot} + 8\,\text{OH}^{-}$$
$$\text{Fe}^{\cdot\cdot} + 2\,\text{Fe}^{\cdot\cdot\cdot} + 8\,\text{OH}^{-} \rightarrow \text{Fe}_3\text{O}_4 + 4\,\text{H}_2\text{O}$$
$$\overline{3\,\text{Fe} + 4\,\text{H}_2\text{O} \rightarrow \text{Fe}_3\text{O}_4 + 4\,\text{H}_2}$$

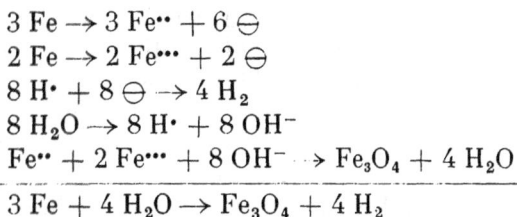

Hierfür ist eine Zersetzungstemperatur von etwa 300—320⁰ erforderlich. Vor allem in Gegenwart von etwas Eisenchlorür, Kochsalz oder ähnlichen Elektrolyten soll die Zersetzung, die in Druckgefäßen vorgenommen werden muß, sehr rasch verlaufen. Nach Anstieg des Druckes in diesen auf etwa 300 at wird der Wasserstoff mittels eines Ventils abgelassen und kann nach Abkühlung und Trocknung sofort in Stahlflaschen abgefüllt werden. Als Ausgangsmaterial werden Drehspäne verwendet, das aus diesem gebildete Eisenoxyduloxyd wird aus dem Druckgefäß herausgenommen, nach Trocknung mit Kohlenpulver vermischt, durch Erhitzen auf 1000⁰ reduziert und dadurch ein hochreaktionsfähiger Eisenschwamm erhalten, der wesentlich schneller reagiert als Drehspäne. Die Reinheit des Wasserstoffs beträgt 99,9%, als Verunreinigungen kommen nur geringe Mengen Kohlenwasserstoffe, die aus Eisenkarbid entstehen, in Betracht. Bei einer in Hannover vor längerer Zeit errichteten Versuchsanlage unter Verwendung von Druckgefäßen mit insgesamt 30 l Inhalt wurden aus einer Füllung derselben im Verlauf von etwa 5 Stunden etwa 45 m³ Wasserstoff erzeugt[1]. Größere, nach diesem Verfahren arbeitende Anlagen sind dagegen nicht gebaut worden. Der Grund hierfür dürfte in der unterbrochenen Arbeitsweise und den Schwierigkeiten bei der Beschickung und Entleerung der Druckgefäße zu suchen sein.

Als Kontaktmasse wurden für das Eisen-Wasserdampf-Verfahren ursprünglich zumeist Eisendrehspäne verwendet. Deren freie und damit allein wirksame Oberfläche ist jedoch im Verhältnis zum Gesamtgewicht sehr klein. Man ging daher bald dazu über, diese durch poröse Massen zu ersetzen. Als solche haben sich verschiedene, natürlich vorkommende Eisenerze bewährt, die bei einer verhältnismäßig geringen Dichte genügend Festigkeit aufweisen, wie Brauneisenerz oder abgerösteter Spateisenstein. Vor allem der letztere besitzt je Gewichtseinheit eine sehr große freie Oberfläche. Die Verwendung von schwedischen Eisenerzen haben die B.A.S.F.[2] und die Aktiebolaget Kväfveindustri[3] vorgeschlagen, wobei die letztere empfiehlt, den durch Reduktion erhaltenen Eisenschwamm durch Imprägnieren mit Alkali noch zu aktivieren.

---

[1] Ztschr. f. kompr. flüss. Gase **17**, 37 (1916).
[2] DRP. 283501.
[3] DRP. 332891.

Mangan enthaltende Eisenerze[1]) haben den Vorteil, daß bei deren Reduktion mit Kohlenoxyd keine Kohlenstoffausscheidung eintritt, da diese durch Manganoxyd unter Bildung von Mangan oxydiert wird. Künstlichen Eisen-Mangan-Legierungen sind diese Mangan-Eisenerze infolge ihrer Porosität überlegen. Künstliche Kontaktmassen haben sich aus preislichen Gründen nicht eingeführt, da der Verbrauch an Eisenmasse je m³ Wasserstoff infolge ihrer schnellen Inaktivierung etwa 0,06—0,1 kg beträgt[2]). An die Festigkeit der Kontaktmasse werden in neuerer Zeit nicht mehr so hohe Anforderungen gestellt, nachdem man in vermehrtem Maße dazu übergeht, die Masse schichtweise auf Horden aus Spezialstahl einzusetzen.

Die verhältnismäßig geringe Reaktionsgeschwindigkeit der Umsetzung des Eisens mit Wasserdampf in dem Temperaturgebiet von 600—800⁰ erfordert die Anwendung überschüssigen Dampfes. Von Rideal[3]) wurde bei der Zersetzung einer 18% Mangan enthaltenden Eisenlegierung folgendes Wasserdampf-Wasserstoff-Verhältnis im Abgas festgestellt:

Temperatur ⁰C 600 650 660 720
Vol. Dampf/Vol. H_2 . . . . . 2,0 1,8 1,5 1,25

Als Reduktionsgas dient bei den meisten Anlagen Wassergas; mit Generatorgas erfolgt die Reduktion der Kontaktmasse infolge des hohen Anteils an Inertgasen erheblich langsamer. Der Verbrauch an Wassergas beträgt etwa 1,5 Vol. je Vol. erzeugtem Wasserstoff. Das Reduktionsgas wird zunächst von Staub und anschließend mit Reinigungsmasse, die gleichzeitig als Nachfilter dient, von Schwefelwasserstoff befreit. Andernfalls tritt eine Bildung von Eisensulfid auf der Oberfläche der Kontaktmasse ein, die ein Sintern derselben und schnelles Inaktivwerden bedingt[4]).

Bei der praktischen Durchführung des Verfahrens wird die Reduktion des Eisenoxyds zwecks Ersparnis an Reduktionsgas nur bis zu der FeO-Stufe durchgeführt, da bis zur Bildung von reduziertem Eisen etwa 2,7 Vol. Wassergas/Vol. Wasserstoff erforderlich sind. Die Ausbeute an Wasserstoff ermäßigt sich, auf die Gewichtseinheit der Kontaktmasse bezogen, im ersteren Falle dabei auf etwa ein Viertel. Anderseits ist die Reaktionsgeschwindigkeit bis zur Reduktionsstufe FeO wesentlich höher als bis zu metallischem Eisen. Das letztere besitzt ferner den Nachteil, daß bei dem in Frage kommenden Temperaturbereich auf seiner Oberfläche eine Zerlegung von Kohlenoxyd zu freiem Kohlenstoff gemäß der Reaktionsgleichung

[1]) DRP. 290869.
[2]) von Skopnik, Chem.-Ztg. **50**, 473 (1926).
[3]) Journ. Soc. chem. Ind. **40**, 11 T (1921).
[4]) von Skopnik, Chem.-Ztg. **50**, 473 (1926).

$$2\,CO \rightleftharpoons C + CO_2$$

stattfindet. Dieser Kohlenstoff ist sehr reaktionsfähig, er wird mit dem Wasserdampf schnell vergast und verunreinigt den Wasserstoff dadurch mit Kohlenoxyd. Diese Kohlenstoffausscheidung an Eisen kann dadurch verhindert werden, indem im Reduktionsgas das Verhältnis CO_2/CO sehr hoch gewählt[1]) oder diesem Gas etwas Wasserdampf zugefügt wird. Am einfachsten erzielt man eine Erhöhung der Kohlendioxydkonzentration im Reduktionsgas durch Zugabe entsprechender Luftmengen oder durch Behandlung des vollkommen verbrauchten Eisenoxyds mit frischem, des bereits teilweise reduzierten Oxyds mit nahezu verbrauchtem Reduktionsgas.

Der nach dem Eisenkontaktverfahren erhaltene Wasserstoff enthält an Verunreinigungen 1—2% Kohlendioxyd und 0,1—0,5% Kohlenoxyd, ferner geringe Mengen Schwefelwasserstoff, organische Schwefelverbindungen und Stickstoff. Das Kohlendioxyd wird durch Waschen mit Wasser entfernt, anschließend wird das Gas zwecks Befreiung von Schwefelwasserstoff mit alkalisch reagierender Reinigungsmasse (Lux- oder Lautamasse), die gleichzeitig Kohlenoxysulfid bindet, behandelt. Bei einer Verwendung des Wasserstoffs für katalytische Zwecke, wobei das Kohlenoxyd als Kontaktgift wirkt, muß dieses nach bekannten Verfahren entfernt werden.

4. Wasserstofferzeugung durch katalytische Oxydation von Kohlenoxyd mit Wasserdampf.

a) Katalytische Oxydation von Kohlenoxyd mit Wasserdampf.

Das für die Technik wichtigste Verfahren der Darstellung von reinem Wasserstoff ist das der Mischung von Wassergas mit Wasserdampf gemäß dem Wassergasgleichgewicht:

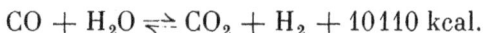

$$CO + H_2O \rightleftharpoons CO_2 + H_2 + 10110 \text{ kcal.}$$

Die Gleichgewichtskonstante K dieser Reaktion in Abhängigkeit von der Temperatur ist von zahlreichen Forschern sehr genau festgelegt worden; dabei wurden für das technisch in Betracht kommende Temperaturbereich folgende Zahlenwerte bestimmt:

Temperatur ^{0}C	400	500	600	700	786
Gleichgewichtskonstante K	0,05	0,15	0,33	0,59	0,81

Daraus ergibt sich für den Quotienten $K = \dfrac{[CO][H_2O]}{[H_2][CO_2]}$, daß bei einer gegebenen Zusammensetzung des Ausgangsgases die Endkonzentration an Kohlenoxyd um so geringer wird, je niedriger die Reaktionstemperatur

---

[1]) Maxted, A.P. 1253622, 1438387.

ist. Bei gleichbleibender Temperatur läßt sich die Umwandlung des Kohlenoxyds in um so stärkerem Maße erreichen, je größer das Verhältnis H_2O/CO ist. Theoretisch wäre es demnach möglich, reinen Wasserstoff durch Vergasung von Kokskohlenstoff bei möglichst tiefer Temperatur (von etwa 500°) mit Wasserdampfüberschuß zu erhalten. In diesem Temperaturbereich ist jedoch die Vergasungsgeschwindigkeit des Kohlenstoffs selbst in Gegenwart von Aktivatoren, wie von Alkali, zu gering, um nennenswerte Ausbeuten an Wasserstoff und Kohlendioxyd zu erhalten. Der einzig gangbare Weg ist daher der der Vergasung von Kokskohlenstoff oder sonstigen Brennstoffen bei hoher Temperatur zu Wassergas geblieben. Anschließend wird das Kohlenoxyd kontaktkatalytisch mit Wasserdampf bei möglichst tiefer Temperatur nach dem Wassergasgleichgewicht in Wasserstoff und Kohlendioxyd umgewandelt. Messungen über den Einfluß der Menge des Dampfzusatzes und der Reaktionstemperatur auf den Endgehalt eines Wassergases an Kohlenoxyd zeigt die Abb. 66.

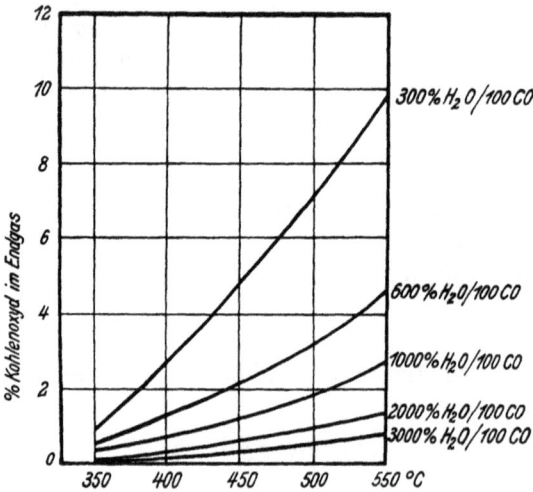

Abb. 66. Einfluß der Menge des Dampfzusatzes und der Reaktionstemperatur auf den Kohlenoxydgehalt im Endgas bei der katalytischen Umwandlung von Wassergas.

Das rohe Wassergas oder für die Ammoniaksynthese ein Gemisch von Wassergas und Generatorgas im Verhältnis 2:1 wird zunächst in Skrubbern oder rotierenden Wäschern (Turbowäschern) von seinen mechanischen Verunreinigungen befreit, von seinem Gehalt an Schwefelwasserstoff mittels Luxmasse oder Aktivkohle[1]) gereinigt, durch Berieseln in 17 m hohen Waschtürmen mit 85° warmem Wasser mit Dampf beladen, in Wärmeaustauschern auf etwa 400° vorgewärmt und schließlich den Kontaktkammern zugeführt. Die sorgfältig isolierten Kontaktöfen besitzen bei einer Grundfläche von 3×6 m eine Höhe von 5,5 m und enthalten auf fünf eisernen Lochblechen den gekörnten Eisenoxyd-Chromoxyd-Katalysator. In diesem Ofen fällt der Kohlenoxydgehalt bereits auf etwa 5% ab; nach erneuter Vorwärmung in einem weiteren Wärmeaustauscher wird er in einem zweiten Kontaktofen gleicher Bauart auf 1—1,5% erniedrigt, wobei gleichzeitig der Kohlendioxydgehalt auf etwa 30% ansteigt.

---

[1]) Engelhardt, Gas- und Wasserfach **71**, 290 (1928).

Eine besondere Beheizung der bei 500° arbeitenden Öfen ist infolge der positiven Wärmetönung der Reaktion nicht erforderlich. Zum Aufheizen nach Betriebsunterbrechungen dienen Verbrennungsabgase, die in besonderen Öfen durch Verbrennen von Wassergas mit überschüssiger Luft erzeugt werden. Die ersten Anlagen dieser Art wurden von der Badischen Anilin- und Sodafabrik A.-G., Ludwigshafen, in Oppau und später in Leuna errichtet[1]).

Das Reaktionsgas wird zunächst auf 90° abgekühlt, wobei ein Teil des Wasserdampfes bereits kondensiert wird und das Heißwasser wieder zum Anfeuchten von Frischgas dient, dann auf gewöhnliche Temperatur gekühlt, um den überschüssigen Wasserdampf zu entfernen. Nachfolgend wird es bei 25 at in Türmen von 1,4 m Durchmesser und 16 m Höhe, die mit Raschigringen gefüllt sind, mit Wasser von gleichem Druck gewaschen, um das Kohlendioxyd zu entfernen (Löslichkeit von Kohlendioxyd in Wasser bei erhöhtem Druck s. Bd. 6, 1. Teil S. 31). Das verbrauchte Druckwasser wird in einer mit einem Elektromotor und Wasserpumpe gekuppelten Pelton-Turbine entspannt, so daß etwa 50—60% des zur Verdichtung erforderlichen Kraftbedarfs wiedergewonnen werden. Das bei der Entspannung gewonnene Kohlendioxyd ist sehr rein und wird zumeist für chemische Zwecke, wie für die Herstellung von Harnstoff, Ammoniumkarbonat usw. verwendet.

Das auf diese Weise vorgereinigte Gas enthält an Verunreinigungen nur noch 0,5—1% Kohlendioxyd und etwa 2% Kohlenoxyd. Diese werden darauf durch Waschen des Gases mit ammoniakalischen Kupfer-1-lösungen[2]), bei einer nachfolgenden Verwendung des Wasserstoffs zu Hochdrucksynthesen unter entsprechend hohem Druck, praktisch vollkommen entfernt. Ferner ist es möglich[3]), das restliche Kohlenoxyd durch Überleiten des gereinigten konvertierten Gases bei Atmosphären- oder nur wenig erhöhtem Druck über einem Nickelkatalysator bei 300° quantitativ in Methan umzuwandeln, das gegenüber sämtlichen Katalysatoren, die für Kohlenoxyd empfindlich sind, sich vollkommen einflußlos verhält. Bemerkenswert ist ferner der Vorschlag[4]), das restliche Kohlenoxyd in Methanol überzuführen.

Für die Umsetzung des Kohlenoxyds nach dem Wassergasgleichgewicht ist die Verwendung geeigneter Katalysatoren von ausschlaggebender Bedeutung.

Die Vielzahl der vornehmlich in der älteren Patentliteratur vorgeschlagenen Kontaktmassen läßt sich unterteilen in Eisen-, Nickel- und Kobalt- und oxydische Katalysatoren. Kobalt und Nickel haben

---

[1]) Chem.-Ztg. **45**, 529 (1921); B.A.S.F., DRP. 268 929, 271 516, 293 943, 303 952, 337 153.

[2]) B.A.S.F., DRP. 254 344, 279 954, 282 505, 288 450, 288 843, 289 694.

[3]) I.G. Farbenindustrie A.-G., DRP. 396 115.

[4]) I.G. Farbenindustrie A.-G., DRP. 488 256.

den Vorteil, bereits bei 400° die Umsetzung des Kohlenoxyds mit genügender Reaktionsgeschwindigkeit zu bewirken; nachteilig ist jedoch die Neigung dieser Metalle, gleichzeitig einen Teil des Kohlenoxyds in Methan umzuwandeln und ihre Empfindlichkeit gegenüber organischen Schwefelverbindungen. Die Verwendbarkeit von Kalziumoxyd hatte erstmalig Mond[1]) erkannt, der feststellte, daß dieses die Reaktion ebenfalls katalytisch beschleunigt, sich dabei jedoch in Kalziumkarbonat umwandelt und daraufhin unwirksam wird. Der Chemischen Fabrik Griesheim-Elektron[2]) wurde daraufhin die Verwendung von stückigem gebranntem Kalk geschützt, der in vertikal angeordneten Kontaktöfen eingefüllt werden soll und sich dabei vollkommen in Karbonat umwandelt, das anschließend durch das übliche Brennen wieder regeneriert wird. Magnesiumoxyd in Mischung mit Kalziumoxyd ist ebenfalls als Katalysator vorgeschlagen worden[3]).

Die bestgeeigneten Katalysatoren stellen durch Zusätze aktivierte Eisenoxydmassen dar, deren Entwicklung vornehmlich durch die BASF[4]) erfolgte. Das Eisenoxyd soll dabei eine möglichst großoberflächige Struktur besitzen, als Aktivatoren haben sich vor allem Chromoxyd, Ceroxyd, Thoriumoxyd und andere Oxyde als geeignet erwiesen. So wird von der I. G. Farbenindustrie A.-G. ein Eisenoxyd-Chromoxyd-Gemisch im Verhältnis 9:1 verwendet.

Untersuchungen von Taylor[5]) über die Aktivität verschiedener Eisenoxydkontakte unter Verwendung eines Ausgangsgases der Zusammensetzung 38% CO, 57% H_2 und 5% N_2 und einem Gas-Wasserdampf-Verhältnis 1:2 hatten folgendes Ergebnis:

Kontakt	Reaktions- temperatur °C	Durchsatz je 1 l Kontakt- masse 1Gas/h	% CO_2 im Abgas	% CO im Abgas
1. Eisenoxyd aus Natriumferrit. .	510	1200	15,0	15,0
2. Bauxit	450	660	2,5	30,0
3. Eisenoxyd-Chromoxyd	450	6500	24,8	1,6
4. Eisenoxyd-Chromoxyd-Thorium- oxyd	450	5000	25,2	1,2

Der Eisenoxyd-Chromoxyd-Kontakt wurde erhalten durch Ausfällen der Hydroxyde aus einem Gemisch von 85 Teilen Eisennitrat und 15 Teilen Chromnitrat und nachfolgendem Glühen derselben bei 500°.

Aufschlußreiche Untersuchungen über die Eignung der verschiedenen Kontaktmassen haben ferner Evans und Newton[6]) durchgeführt,

[1]) Journ. Soc. Chem. Ind. 1, 506 (1889).
[2]) DRP. 263 648.
[3]) Bomke, DRP. 516 843, 555 003.
[4]) DRP. 253 943, 271 516, 279 582, 282 849, 284 176, 292 615, 293 585, 297 258, 300 032, 303 718.
[5]) Industrial Hydrogen, New York 1921.
[6]) Ind. Eng. Chem. 18, 513 (1926).

deren Ergebnisse bei 444⁰ auszugsweise nachfolgend wiedergegeben sind. Als Ausgangsgas diente Wassergas mit 33% Kohlenoxydgehalt, dem das dreifache Volumen Wasserdampf zugemischt wurde. Die Volumeneinheit Kontaktmasse wurde stündlich mit 600 Vol. Wassergas belastet.

Zahlentafel 38. Eignung verschiedener Katalysatoren für die Wassergasoxydation bei 444⁰ nach Evans und Newton.

Zusammensetzung des Katalysators	$\frac{\text{Vol CO im Endgas}}{100 \text{ Vol Wassergas}}$	% CO im Endgas
Fe als Fe_3O_4	1,2	0,9
Fe	1,4	1,1
Co	1,5	1,2
Cr	8,1	6,5
95% Fe, 5% Mn	1,3	1,0
99% Fe, 1% K	1,6	1,2
99% Co, 1% K	1,2	0,9
94% Fe, 5% Al, 1% K	1,3	1,0
65% Fe, 25% Co, 10% Al	1,2	0,9
84% Fe, 10% Co, 5% Al. 1% K	1,3	1,0

Wertvolle Unterlagen für die Aktivität derartiger Metallkatalysatoren haben ferner R. Yoshimura[1]) mit seinen Mitarbeitern geliefert. Bei dem Eisenoxydkatalysator wird das primär vorhandene Fe_2O_3 durch das Kohlenoxyd zu einer niedrigeren Oxydationsstufe reduziert, das daraufhin als Katalysator wirkt. Zwischen dem Fe_2O_3 und Fe_3O_4 als Ausgangsmaterial bestehen in ihrem Verhalten nach längerer Einarbeitungszeit keine Unterschiede mehr. Chromoxyd zeigt bei 500⁰ etwa die Hälfte der katalytischen Wirksamkeit des Eisenoxyds, bei 600⁰ ist es diesem gleichwertig und bei 800⁰ dadurch überlegen, daß es mit der Zeit keine Abnahme der Wirkung aufweist. Aluminiumoxyd ist bei niedrigeren Temperaturen dem Eisenoxyd und Chromoxyd unterlegen. Die höchste Wirksamkeit zeigen diese drei Katalysatoren bei folgenden Temperaturen: Eisenoxyd bei 450⁰, Chromoxyd bei 550⁰, Aluminiumoxyd bei etwa 1000⁰.

Durch Zusatz von Chromoxyd läßt sich die Wirksamkeit des Eisenoxyds wesentlich steigern; zur Aktivierung genügen nach Yoshimura 5—7 Mol-% Chromoxyd. Eine gemeinsame Ausfällung des Oxydgemisches aus Lösungen ist hierbei nicht erforderlich, es genügt ein sorgfältiges Mischen und Pressen der beiden Oxyde. Ein 10 min andauerndes Erhitzen derartiger 10 Mol-% Chromoxyd enthaltender Preßlinge genügt, um das letztere gleichmäßig im Eisenoxyd zu verteilen. Ferner zeigt dieses Gemisch die dem Eisenoxyd eigene Aktivitätsabnahme nicht mehr, es wird daher die Bildung von Mischkristallen wahrscheinlich. Auch bei

[1]) Journ. Soc. xhem. Ind. [Suppl.] **36**, 48 B, 282 B, 306 B (1933); **37**, 182 B, 350 B (1934).

natürlich vorkommendem Eisenoxyd wird durch Zumischung von Chromoxyd eine Verbesserung der katalytischen Eigenschaften erzielt.

Nach Angaben der Du Pont Ammonia Corp.[1]) stellen Chromoxydgele, die durch Pressen bei 300° aktiviert worden sind, Kupferoxyd-, Zinkoxyd-, Chromoxyd- sowie Chromoxyd - Uranoxyd - Gemische in chemischer Verbindung Katalysatoren dar, die bereits bei sehr niedriger Temperatur arbeiten und zugleich auch schwefelfest sind. Die Verwendung von Magnesiumoxyd hat sich die American Magnesium Metals Corp.[2]) schützen lassen, wobei die konstruktive Durchbildung des Verfahrens von der Vergasungs-Industrie A.-G., Wien, übernommen worden ist. In Abb. 67 ist vergleichweise dieUmsetzungsgeschwindigkeit eines Magnesiumoxydkatalysators (I) und eines Eisenkatalysators (II) für Wassergas mit 40% Kohlenoxydgehalt in Abhängigkeit von der Temperatur bei gewöhnlichem Druck wiedergegeben. Man erkennt daran

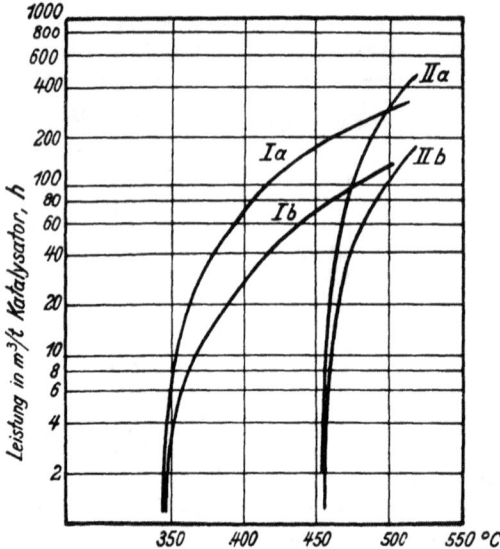

Abb. 67. Konvertierung von Warmgas mit einem Magnesiumoxyd (I)- und Eisenoxyd (II)-Katalysator.

a bezogen auf Rohgas mit 40% Kohlenoxydgehalt,
b bezogen auf die in Wasserstoff umgewandelte Kohlenoxydmenge.

die erheblich größere Aktivität des Magnesiumoxydkatalysators. Zu einer Bildung von Methan ist der Katalysator nicht befähigt, so daß er auch bei einer Kohlenoxydumwandlung unter Druck verwendbar ist.

b) Oxydation von Kohlenoxyd mit Wasserdampf unter gleichzeitiger Bindung des gebildeten Kohlendioxyds.

Bereits im Jahre 1880 erkannten Merz und Weith[3]), daß durch Anwendung von Erdalkalioxyden das Wassergasgleichgewicht infolge Absorption des gebildeten Kohlendioxyds zugunsten eines höheren Kohlenoxydumsatzes gestört werden kann. Es ist auf diese Weise möglich, das Kohlenoxyd bis auf geringe Spuren nahezu vollkommen in Kohlendioxyd und Wasserstoff umzuwandeln, wobei gleichzeitig die Höhe des Wasserdampfüberschusses gegenüber der katalytischen Umsetzung wesentlich gesenkt werden kann. Das verbrauchte Erdalkali-

[1]) A.P. 1789538, 1809978, 1834116, 1837254.
[2]) A.P. 1836919, 1926587.
[3]) Ber. Deutsch. Chem. Ges. 13, 718 (1880).

oxyd läßt sich daraufhin durch Brennen regenerieren. Das Verfahren wurde zunächst von Griesheim-Elektron[1]) in die Praxis übergeführt, wegen verschiedener Schwierigkeiten jedoch bald wieder aufgegeben. Vor allem war die Beständigkeit des als Absorptionsmittel verwendeten Kalkes ungenügend, der insbesondere infolge Hydratisierung zu einem Zerfall des ursprünglich gekörnten Gutes führte. Im Dolomit fanden schließlich Gluud und dessen Mitarbeiter[2]) ein Bindemittel für Kohlendioxyd von genügend andauernder Festigkeit. Das Verfahren zerfällt in drei nachfolgende Arbeitsstufen:

1. Brennen des Dolomits bei 800—850⁰, um die Karbonate in die entsprechenden Oxyde umzuwandeln. Diese Temperatur darf nicht überschritten werden, um eine Sinterung und damit verbundene Oberflächenverringerung des Dolomits auszuschließen. Die Einstellung der Brenntemperatur erfolgt durch Zugabe entsprechenden Luftüberschusses zu den Brenngasen.

2. Der gebrannte Dolomit wird durch Blasen mit Frischluft auf etwa 450⁰ abgekühlt. Durch mehrfachen Richtungswechsel der Luft wird eine weitergehende Abkühlung einzelner Teile des Reaktionsgefäßes vermieden.

3. Nach Ausspülen der restlichen Luft mit überhitztem Wasserdampf wird das Wassergas-Wasserdampf-Gemisch (1:1) mit einer Geschwindigkeit von 1000 m^3 Gas/h je m^3 gekörntem, gebranntem Dolomit zugegeben. Die dabei freiwerdende Reaktionswärme genügt, um Wärmeabstrahlungsverluste nach außen auszuschließen. Der Wärmeüberschuß und die zunehmende Absättigung des Dolomits mit Kohlendioxyd führt ferner allmählich im Verlauf von etwa 5—7 Stunden dazu, daß im Reaktionsendgas geringe Mengen Kohlenoxyd verbleiben. Diese Zeitdauer läßt sich durch Hintereinanderschaltung von zwei Dolomitschachtöfen auf etwa 14 Stunden verlängern. Der Durchbruch des Kohlenoxyds erfolgt, wenn der Dolomit etwa zu 32% mit Kohlendioxyd abgesättigt ist; durch die Hintereinanderschaltung wird dagegen eine Kohlendioxydaufnahme von etwa 80—85% erzielt. Um Überhitzungen zu vermeiden, kann ferner zeitweise überschüssiger Wasserdampf eingeblasen werden. Der verbrauchte Dolomit im Schachtofen wird nunmehr durch Brennen regeneriert und anschließend als zweiter Ofen geschaltet.

Der erhaltene Wasserstoff enthält nur noch etwa 0,05% Kohlenoxyd, der nach Entfernung des Schwefelwasserstoffs aus dem Gas bei etwa 270⁰ über Luxmasse durch Überleiten über einen Nickelkatalysator in Methan umgewandelt wird. Der restliche Kohlenoxydgehalt ermäßigt sich damit auf etwa 0,01%. Eine weitere Ausgestaltung hat das Verfahren der Kohlenoxydkonvertierung unter gleichzeitiger Bindung des

---

[1]) DRP. 263649, 284816; A.P. 989955; E.P. 2523.
[2]) Ber. Ges. f. Kohlentechnik **3**, 211, 347, 505, 525, 534 (1931); DRP. 460422, 516843, 533461; vgl. ferner F. Gülker, DRP. 446488, 525288.

Kohlendioxyds durch Bössner und Marischka[1]) erfahren. Hierbei wird die Umsetzung an dem in der Natur vorkommenden Mineral Ankerit, einem Kalk-Eisenspat, vollzogen. Bei diesem kommt dem Eisen vornehmlich die katalytische Aktivität zu, während der Kalkgehalt das Kohlendioxyd absorbiert. Der gekörnte Kontaktstoff wird in einem Regenerationsofen bei etwa 800—900⁰ durch Verbrennungsabgase in die Oxydform umgewandelt und daraufhin unter möglichster Vermeidung von Wärmeverlusten in zwei hintereinandergeschaltete Kontaktöfen übergeführt. In diesen findet die Konvertierung des Kohlenoxyds bei etwa 500⁰ statt. Nach Verbrauch des zwischenzeitlich mit Kohlendioxyd abgesättigten Kontaktstoffes wird dieser im Kreislauf erneut im Regenerationsofen abgeröstet.

5. Elektrolytische Wasserzersetzung.

a) Allgemeines.

Die Möglichkeit, mit einer Säure versetztes Wasser elektrolytisch in Wasserstoff und Sauerstoff zu zersetzen, wurde erstmalig vor etwa 150 Jahren von Trostwijk und Deimann erkannt. An eine technische Verwertung des Verfahrens konnte man jedoch erst vor wenigen Jahrzehnten herangehen, nachdem die Elektroindustrie durch den Bau von Großkraftwerken die Stromkosten auf den jetzigen Stand zu senken vermochte.

Die theoretischen Grundlagen der Elektrolyse des Wassers sind in weitgehendem Maße wissenschaftlich geklärt. Das für die elektrolytische Wasserstoffentwicklung theoretisch erforderliche Elektrodenpotential beträgt 1,23 V. Diese Spannung genügt jedoch nur bei Platin- und Palladiumelektroden; bei sämtlichen anderen Elektrodenmaterialien ist eine »Überspannung« erforderlich, indem die Wasserstoffentwicklung erst bei einem höheren Potentialunterschied beginnt. Diese Überspannung, d. h. der Unterschied zwischen der praktisch erforderlichen Spannung und dem Potential von 1,23 V steigt mit zunehmender Stromdichte an, bei Erhöhung der Temperatur und des Druckes fällt sie dagegen ab. Die letztere Beobachtung hat daher auch mit zur Entwicklung der Druckelektrolyse beigetragen.

Die genauen Ursachen der Überspannung sind noch nicht völlig geklärt. Allgemein wird angenommen, daß auf der Kathodenoberfläche sich eine Schutzschicht von Metallhydrid[2]) ausbildet, die dem Elektrolyt den Zugang zu der eigentlichen Metalloberfläche bis auf die in ihm enthaltenen Poren versperrt. Bei der praktischen Gestaltung des Verfahrens gilt es daher, diese »chemische Passivität« so weitgehend als

---

[1]) Zahn, Chem.-Ztg. **61**, 298 (1937).
[2]) F. Foerster. Elektrochemie wäßriger Lösungen, 4. Aufl. Leipzig 1923.

möglich herabzudrücken. Dies ist zum Teil bereits durch die Auswahl
geeigneter Elektrodenmaterialien und eine Formierung der Oberflächen
derselben möglich. So konnten Thiel und Hammerschmidt[1]) beispielsweise die Größe der Überspannung verschiedener Metalle bei gleicher
Stromdichte in 2 n-Schwefelsäure als Elektrolyt zu folgenden Werten
feststellen:

Zahlentafel 39. Überspannung verschiedener Metalle in
2 n-Schwefelsäure bei gleicher Stromdichte.

Metall	Überspannung in V	Metall	Überspannung in V
Platin	0,000	Nickel	0,136
Palladium	0,000	Kupfer	0,190
Gold.	0,004	Blei	6,402
Silber	0,097	Quecksilber.	0,570

An der Eisenkathode ergab sich fernerhin unter Verwendung einer
0,1 n-Schwefelsäure eine Überspannung von 0,175 V. In alkalischen
Elektrolytflüssigkeiten werden diesen ähnliche Werte erhalten. Neben
dem rein elektrochemischen Verhalten der einzelnen Metalle wird die
Auswahl der Elektrodenmaterialien mitbestimmt von deren Beständigkeit bei langandauernder Verwendung und der Preisfrage.

Für die Abhängigkeit der Überspannung von der Stromdichte ist
mit genügender Genauigkeit von Baars[2]) die Gleichung

$$e = a + b \log \frac{i}{q}.$$

aufgestellt worden, in der e die Höhe der Überspannung, i die Stromstärke, q die Elektrodenfläche und a und b zwei Konstanten darstellen,
von denen der Wert für b vom Elektrodenmaterial bestimmt wird. In
der Praxis werden als Elektroden fast ausschließlich für die Kathode
Eisen und für die Anode Nickel verwendet.

Von großer allgemeiner Wichtigkeit ist ferner die Richtunggebung
der elektrischen Stromführung durch Schirme. Diese sind unterhalb
und seitlich des Elektrolysiergefäßes angebracht, um die die Leitfähigkeit
des Elektrolyten herabsetzende Streuung der Stromlinien abzuschwächen.
Eingehende Untersuchungen hierüber stammen von Holmboe[3]). Dieser
stellte für die Korrektur der Spannung e auf Grund eigener und fremder
Beobachtungen folgende Gleichung auf:

$$e = i \left[\frac{1}{x} \cdot \frac{\delta}{s} \right].$$

---

[1]) Ztschr. anorgan. u. allgem. Chem. **132**, 15 (1923).
[2]) Ztschr. f. Elektrochem. **36**, 428 (1930).
[3]) Holmboe, Der Einfluß der Schirmwirkung auf die elektrische Stromführung
in wäßrigen Lösungen, Oslo 1929.

Darin bedeuten i die Stromstärke, x das Leitvermögen (reziproke Ohm) des Elektrolyten, δ die Entfernung der Elektroden und s den Querschnitt der Elektrolytsäule. Der Einfluß der Seitenschirme kann nach Untersuchungen des gleichen Verfassers durch die erweiterte Gleichung

$$e = i\left[\frac{1}{x} \cdot \frac{\delta}{s} \cdot k\right] + \Omega$$

dargestellt werden. Ω ist ein der Überspannung entsprechener Potentialwert, in dem sämtliche unveränderlichen Nebenerscheinungen zusammengefaßt werden. k bedeutet einen Wert, der der Änderung des Quotienten δ/s bei gleichbleibender Stromstärke entspricht. Vollkommen können ferner Schleichströme nie unterdrückt werden, diese Verluste lassen sich durch möglichst weitgehende Verringerung der Abstände der Elektroden auf etwa 3—5% ermäßigen. Hierzu trägt ferner die Beschränkung von Rohrleitungen auf ein Mindestmaß und die Aufstellung der Elektrolytgefäße auf Porzellanfüßen mit bei. Die Schaltung der Zellen kann entweder einpolig oder zweipolig erfolgen. Im ersteren Fall (Parallelschaltung) ist eine Elektrode entweder nur Kathode oder Anode, so daß sich die Stromstärken addieren. Im letzteren Fall (Serienschaltung) ist jede Elektrode auf der einen Seite Kathode und auf der anderen Anode, so daß sich die Spannungen addieren.

b) **Elektrolytische Wasserzersetzung bei atmosphärischem Druck.**

Die technische Gewinnung von reinem Wasserstoff und Sauerstoff durch elektrolytische Zersetzung von alkalisiertem Wasser hat in den letzten Jahren recht bemerkenswerte Fortschritte gemacht. Nach zahlreichen anfänglichen Fehlschlägen, die zumeist auf einer Undichtigkeit der Zellen beruhten, ist es nunmehr gelungen, Hochleistungszellen zu bauen, die ferner gegenüber den früheren Ausführungsformen erheblich weniger Bodenfläche und Bedienung erfordern. Gleichzeitig hat sich der Energieverbrauch für die Erzeugung von 1 m³ Wasserstoff und 0,5 m³ Sauerstoff gegenüber früher 5,5—6 kWh nunmehr auf 4,5—5 kWh vermindert und es werden Stromausbeuten bis zu 99,5% erzielt, wobei die Stromdichte durchschnittlich 500—1000 A/m² Elektrodenfläche beträgt. Damit hat sich die Wettbewerbsfähigkeit des elektrolytisch hergestellten Wasserstoffs vor allem in Ländern mit billigen Möglichkeiten der elektrischen Energieerzeugung, wie in Schweden, Italien, in der Schweiz und anderen, wesentlich erhöht. Hierzu kommt der hohe Reinheitsgrad des Elektrolytwasserstoffs, der an Fremdbestandteilen nur wenige Zehntelprozente Sauerstoff enthält, die fast in keinem Fall störend wirken. Von sonstigen in Gasen enthaltenen Verunreinigungen, wie Schwefelverbindungen, Kohlenoxyd u. a., ist er völlig frei und bedarf daher keines irgendwelchen Reinigungsverfahrens. Elektrolytwasserstoff findet daher vornehmlich Verwendung für die Öl- und Fetthärtung und ähnliche katalytische Hydrier- und Reduktionsverfahren, bei denen als Katalysator Nickel Verwendung findet, das gegenüber Kontaktgiften außerordentlich empfindlich ist. Bei billigenWasserkräften wird Elektrolytwasserstoff auch in vermehrtem Ausmaß für die Ammoniaksynthese nach Haber-Bosch herangezogen.

Für die Erhöhung der Leitfähigkeit des Wassers bei dessen Zersetzung verwendete man anfangs zumeist verdünnte Schwefelsäure und als Elektroden solche aus Blei. Dieses geht auf der Anode jedoch in Bleisuperoxyd über und erfordert daher höhere Zersetzungsspannungen. Man ist daher allgemein dazu übergegangen, Alkali dem Wasser für die Erhöhung der Leitfähigkeit zuzugeben, so daß gleichzeitig die Elektrolyseure aus Eisen erstellt werden können und als Elektroden vernickelte Eisenbleche dienen. Neben der Erniedrigung der erforderlichen Zersetzungsspannung sind weitere Vorteile die Verbilligung der Anlagekosten und ein geringeres Gewicht der Zersetzungsgeräte. Letztere werden in ihrer Bauweise ferner unterschieden in Geräte mit nichtleitenden Scheidewänden zwischen dem Anoden- und Kathodenraum und Geräte mit leitenden Scheidewänden. Bei dem zum Ansetzen der Bäder verwendeten Alkali soll dessen Gesamtgehalt an Chloriden, Sulfaten und Nitraten 1% nicht überschreiten.

Die ersten Zersetzungsgeräte bestanden zumeist aus runden Holztrögen oder gußeisernen Behältern, die mit 15-—20proz. Natronlauge gefüllt waren und eiserne, durch Asbesteinsätze getrennte Elektroden enthielten, soweit nicht der Gefäßmantel direkt als Kathode diente. Die entwickelten Gase wurden durch Trichter abgefangen und abgeleitet.

Weite Verbreitung hat der Großerzeuger von Wasserstoff und Sauerstoff der Elektrizitäts-A.-G. vorm. Schuckert & Co.[1]) gefunden. Dieser besteht aus einem mit Profileisenversteifungen verstärkten Zementtrog. Die Diaphragmenrahmen und die Elektrodenbleche werden von oben eingesetzt und durch Aussparungen in den Zellenwänden gehalten. Die Diaphragmen bestehen aus zwei engmaschigen Drahtnetzgeweben, zwischen denen das eigentliche Diaphragma schwimmen kann. Auf die Elektrodenbleche sind ferner Vorstöße aufgeschweißt, um den Abstand der durch das Diaphragma getrennten Elektroden so gering wie möglich zu halten und damit gleichzeitig den Leitungswiderstand zu erniedrigen. Das auf den Elektroden entwickelte Gas wird in Glocken, deren Unterteil durch eine isolierende Eckplatte abgedeckt ist, gesammelt und durch Rohrleitungen abgeführt. Zur Vermeidung von Stromverlusten sind in die Leitungen Isolierflanschen eingebaut. Die Auffangglocken werden ferner durch Winkelgesimse getragen.

---

[1]) DRP. 410772, 416494, 469328, 469329, 469330, 499434, 501304, 513290, 527614.

Die Stromzuführung zu der Zelle erfolgt bipolar zu den Endelektroden.

In einer Zelle sind 11 Elektroden hintereinander geschaltet, die mittlere Belastung derselben beträgt 1000—1200 A bei 23 V Klemmenspannung. Wichtig bei dieser Ausführungsform ist die weitgehende Anpassungsfähigkeit auf schwankende Belastung. Der Stromverbrauch je m³ Wasserstoff und 0,5 m³ Sauerstoff beträgt etwa 4,6—5,2 kWh.

Die nach dem ebengenannten Prinzip gebauten Wasserstoff- und Sauerstofferzeuger besitzen einen erheblichen Platzbedarf. Man ist daher frühzeitig auch dazu übergegangen, die Elektrolytzellen nach Art der Filterpressen zu bauen, d. h. großoberflächige Elektroden, die ähnlich den Scheidewänden der Pressen dicht benachbart angeordnet sind. Von den hierzu gehörenden Ausführungsformen ist zunächst die von Pechkranz zu nennen, die von der Maschinenfabrik Sürth, Sürth bei Köln[1]) gebaut wird. Bei dieser Bauart finden Diaphragmen Verwendung, die aus Nickelfolie hergestellt sind. Deren Erzeugung auf galvanoplastischem Wege ermöglicht Schichtdicken von nur 0,1—0,15 mm, die feinporös sind und je cm² Oberfläche etwa 1000 feine Durchlaßöffnungen aufweisen. Dadurch bleibt der Widerstand dieser Trennwände äußerst klein, während sie anderseits einen vollkommen dichten Gasabschluß bilden. Diese Diaphragmen werden von Rahmen aus festen Formeisen gehalten, die wiederum gegeneinander gut abgedichtet sind. Als Elektroden dienen stark vernickelte Eisenbleche. Die Gasabführung erfolgt durch Öffnungen, die in den Rahmen enthalten sind. Die Stromzuführung erfolgt bipolar, so daß keine kupfernen Stromverteilungsschienen oberhalb der Zellen benötigt werden. Das Stromaufnahmevermögen einer derartigen Zelle beträgt bis zu 500 kW. Eine der größten Pechkranz-Anlagen ist die von Vemork der Norsk Hydro. Diese besteht aus 324 Elektrolyseuren mit je 100 zweipoligen Zellen und insgesamt 36000 Diaphragmen. Die Stromaufnahme der gesamten Anlage beträgt bei 500 V 240000 A, die Gaserzeugung stündlich 19822 m³ Wasserstoff und 9911 m³ Sauerstoff. Die Anlage ist aufgestellt in einem achtstöckigen Gebäude aus Eisenbeton mit 1950 m² Bodenfläche je Stockwerk.

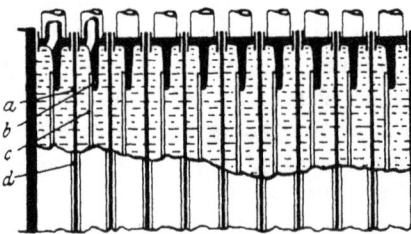

Abb. 68. Schnitt durch einige Zdansky-Elektrolytzellen.

a Elektroden; b Zellenrahmen; c Diaphragma; d Isolierung und Abdichtung.

Der elektrolytische Großerzeuger für Wasserstoff und Sauerstoff Bauart Zdansky[2]) der Bamag-Meguin A.-G., Berlin, ist ebenfalls nach

---

[1]) DRP. 359299, 370118, 396994, 400375, 403713.
[2]) DRP. 468452; A. E. Zdansky, Chem. Fabrik 6, 49 (1933).

der Art einer Filterpresse gebaut. Er besteht aus Zellen, die durch
Stahlgußrahmen mit durchgehenden Zugankern zusammengepreßt werden. Als Anoden (vgl. Abb. 68) dienen stark vernickelte Stahlbleche;
um Anfressungen der Zellenwände zu vermeiden, sind diese ebenfalls
stark vernickelt, die Kathoden bestehen aus oberflächig formiertem
Eisenblech. Zwischen den Zellenrahmen befindet sich als Diaphragma
ein sehr dichtes Asbestgewebe, dessen Steifheit durch Einlagen aus
Nickelstahldraht noch erhöht ist. Als Elektrolyt wird Kalilauge verwendet, die sich während des Betriebes auf etwa 70⁰ erwärmt. Der
Elektrodenabstand ist so gering wie möglich gehalten. Bei einer Zellen-
spannung von etwa 2 V beträgt die Stromdichte 1200—2000 A/m²
formierte Elektrodenoberfläche. Die entwickelten Gase werden in Ab-
scheidetrommeln von mitgerissenen Alkalinebeln befreit, strömen in je
einen Sammelkanal und werden in einer Vorlage nochmals gewaschen.

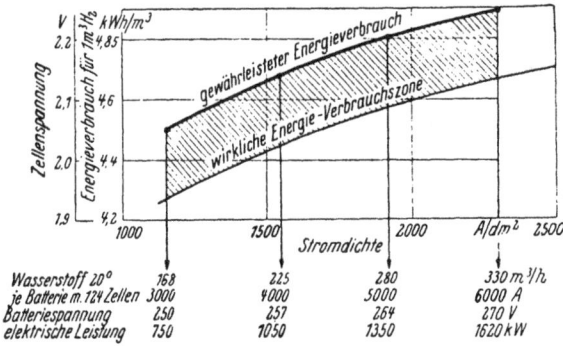

Abb. 69. Energieverbrauch eines elektrolytischen Wasserstoff-
erzeugers Bauart Zdansky bei wechselnder Belastung für 450 l/h
Wasserstoff (760 Torr, 20⁰, feucht).

Die Vorlagen für beide Gase stehen miteinander in Verbindung, um
sowohl im Kathoden- als im Anodenraum stets einen gleichen Druck zu
gewährleisten. Das durch die Elektrolyse verbrauchte Wasser wird
laufend durch frisches destilliertes Wasser ersetzt, das über einen Speise-
kanal jeder einzelnen Zelle zugeführt wird. Die Batterie hat eine Leistungsfähigkeit von 200 m³/h Wasserstoff und von 100 m³/h Sauerstoff.
Bei 4 m Gesamthöhe ist sie 8 m lang und 2 m breit. Ihre Leistung beträgt somit 12,5 m³/h Wasserstoff je 1 m² Bodenfläche. Die Batterie
wiegt leer etwa 45 t, sie faßt 17 m³ Elektrolyt, zu dessen Bereitung
5000 kg Alkali erforderlich sind, so daß das Gewicht der betriebsfertigen
Batterie, die auf 10 Porzellanfüßen ruht, etwa 70 t beträgt. Bei der
Normalbelastung der Zellen beträgt der Energieverbrauch für die Erzeugung von 1 m³ Wasserstoff und 0,5 m³ Sauerstoff nur 4,55 kWh bei
einem Reinheitsgrad des Wasserstoffs von 99,9% und des Sauerstoffs
von 99,7%. Den Energieverbrauch einer derartigen Batterie in Abhängig-

keit von der Belastung für 450 l/h Wasserstoff (760 Torr, 20°, feucht) zeigt die Abb. 69.

Die Anlage- und Erzeugungskosten für einen Großerzeuger von Wasserstoff mit einer Leistung von 5000 m³ Wasserstoff/h bei 20° werden unter Zugrundelegung eines Energiepreises von 0,8 Pf./kWh von Zdansky (s. o.) zu folgenden Werten angegeben:

Zahlentafel 40.

Anlage- und Erzeugungskosten von Elektrolytwasserstoff für 5000 m³/h nach dem Verfahren Bamag-Meguin.

A. Anlagekosten.

1. 12 Großbatterien mit je 150 Zellen . . . . . etwa 1 320 000,— RM.
2. Montagekosten und Leitungen . . . . » 80 000,— »
3. 100 t Ätzkali . . . . » 70 000,— »
4. 3 Großgleichrichter, 6500 A, 1250 V . . . . » 650 000,— »
5. Montage und Leitungen . . . . » 70 000,— »
6. Destillieranlage für Wasser, mit Kesselanlage, Vorratsbehälter, Montage, Leistung 5000 l/h . » 30 000,— »
7. Gebäude mit 1500 m² Bodenfläche . . . . » 100 000,— »

etwa 2 320 000,— RM.

B. Erzeugungskosten.

Jährliche Erzeugung 8500 · 5000 = 42,5 Mio m³ Wasserstoff.

1. 42,5 · 4,5 = 190 Mio kWh, 1 kWh = 0,8 Pf. . . . . 1 520 000,— RM.
2. 45 000 t destilliertes Wasser . . . . 60 000,— »
3. Ätzkaliersatz und Betriebsmaterial . . . . 20 000,— »
4. Bedienung: 1 Meister, 6 Mann, 60 000 h zu je 1 RM. 60 000,— »
5. 15% Abschreibung und Verzinsung . . . . 350 000,— »

2 010 000,— RM.

$$\frac{\text{RM. 2 010 000.—}}{42,5 \text{ Mio m}^3 \text{ H}_2} = \text{rund } 4,75 \text{ Pf./m}^3 \text{ Wasserstoff.}$$

Bei dem von Pfleiderer[1]) entwickelten Zersetzungsgerät wird die erforderliche Überspannung durch Behandlung der Kathodenoberfläche mit Schwefel herabgesetzt. Hierfür soll die sehr geringe Schwefelmenge genügen, die bereits durch Eintauchen der Elektrode in Thiosulfatlösung haften bleibt.

Während man in Deutschland immer mehr dazu übergeht, die Bauform der Elektrolytzellen denen der Filterpressen anzugleichen, wird in England, den nordischen Staaten und Amerika weiterhin das Glockensystem bevorzugt. Eine der bekanntesten Ausführungsformen aus-

---

[1]) DRP. 411 518, 414 969, 421 784, 441 858.

ländischer Bauarten ist die Zelle von Knowles[1]). Als Elektroden dienen in diesem Falle Stahlbleche, die unipolar geschaltet und im oberen Teil von Gasauffangglocken aus Stahl umgeben sind. Die untere Fortsetzung derselben bilden unten offene Diaphragmen aus starkem Asbestpapier. Die Anoden sind auf ihrer Oberfläche stark vernickelt. Die Isolierung der Elektroden erfolgt durch Ebonitzwischenlagen, als Elektrolyt dient in der üblichen Weise etwa 15 proz. Natronlauge. Die Stromaufnahme einer Batterie beträgt bei einer Spannung von etwa 2,3 V 3000—10 000 A. Insgesamt sind zur Zeit etwa 100 Knowles-Wasserstoffgewinnungsanlagen in Betrieb, die größte derselben ist 1931 für die Consol. Mining and Smelting Co., Ltd., in Warfield (Kanada) errichtet worden. Diese besteht aus drei Batterien von je 6500 kW. Jede Zelle enthält 20 negative und 21 positive Elektroden, je 306 derselben bilden eine Batterie. Die parallel angeordneten Elektroden sind mit je 500 A belastet, jede Batterie demnach mit 10 000 A. Die stündliche Erzeugung der Anlage beträgt 4500 m³ Wasserstoff und 2250 m³ Sauerstoff, für den jedoch noch keine Verwendungsmöglichkeit besteht, der Stromverbrauch je m³ Wasserstoff 5,6 kWh. Bei anderen Knowles-Anlagen, die zum Teil seit zwanzig Jahren in Betrieb sind, hat sich gezeigt, daß die Haltbarkeit der Asbestpapierdiaphragmen etwa 5—7 Jahre, die der Elektroden 10—12 Jahre beträgt. Der Verbrauch der

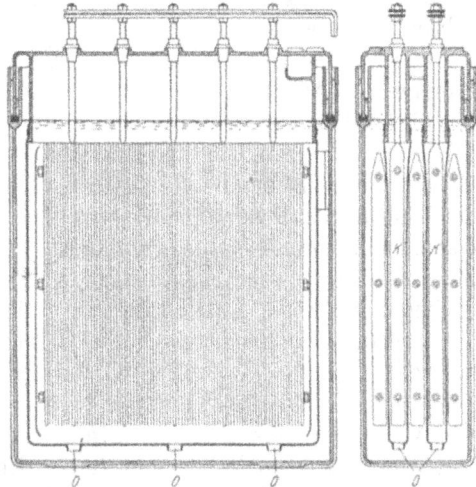

Abb. 70. Wasserstofferzeuger nach Holmboe.

Natronlauge infolge Karbonatbildung und sonstiger Verluste ist ebenfalls gering, die Lösung muß stets nach etwa 2 Jahren erneuert werden.

Schließlich sei noch auf eine Elektrolytzelle von Holmboe hingewiesen, die bei der »De Nordiske Fabriker A. S.« in Frederiksstad entwickelt wurde. Der Aufbau einer derartigen Zelle ist in der vorstehenden Abb. 70 wiedergegeben. Die Kathoden K sind von Diaphragmen umgeben, die frei im Elektrolyten schwimmen, gasdicht sind und nur am unteren Ende einige kleine Öffnungen O enthalten. Als Elektroden dienen stark vernickelte Metallgitter von besonders großer Oberfläche. Die hohe und schmale Bauform der Zellen wirkt stark platzsparend, in normalen Ausführungen besitzen sie eine Stromaufnahme von 1500

---

[1]) DRP. 453 685, 467 399; vgl. ferner Sander, Ztschr. f. kompr. u. flüss. Gase 24, 31 (1925), 27, 46 (1928).

bis 15000 A, der Stromverbrauch wird im Dauerbetrieb zu 4,4 kWh/m³ angegeben[1]) da die Stromausbeute nahezu 100% beträgt.

An weiteren bekannten Baufirmen für die Wasserstoffelektrolyse seien genannt die International Oxygen Co., die Ammonia Casale, S. A., in Rom, deren Tochtergesellschaft Soc. Italiana Ricerche Industriali (Siri) in Terni, die Maschinenfabrik Oerlikon in Oerlikon und die Hydroxygène, S. A. in Genf.

c) Elektrolytische Druckzersetzung von Wasser für die Erzeugung von Wasserstoff und Sauerstoff bei hohem Druck.

Die druckelektrolytische Erzeugung von Wasserstoff und Sauerstoff ohne Benötigung von Kompressoren ist bereits seit dem Jahre 1900 bekannt. Einer Einführung dieses Verfahrens standen jedoch lange Zeit viele Hemmnisse entgegen, deren Überwindung erst in den letzten Jahren gelang. Die Schwierigkeiten bestanden vor allem in konstruktiver Hinsicht bezüglich der Dichtheit, Festigkeit und Haltbarkeit der Druckzersetzer in Anwesenheit von Säuren oder Laugen bei hohen Drucken und erhöhter Temperatur sowie in einer genügenden Isolierung der Stromzuführungen, um die Entstehung von Blindströmen zu verhindern. Großer Sorgfalt bedarf ferner die Abführung der gebildeten Gase, um die Bildung explosiver Gemische zu verhindern. Die entnommenen Gasmengen müssen ferner stets dem Verhältnis 2 Vol. Wasserstoff : 1 Vol. Sauerstoff entsprechen. Geringe Änderungen dieses Verhältnisses bewirken bereits die Ausbildung wesentlicher Druckunterschiede, so daß leichtverletzliche Dichtungen und Diaphragmen sehr stark beansprucht werden. Bereits eine Änderung der Entnahme der beiden Gase gegenüber dem Verhältnis 2:1 um 10% bedingt bei einem Druck von 200 at die Ausbildung eines Druckunterschiedes zwischen dem Anoden- und Kathodengassammelraum von 20 at. Bei Druckzersetzern ohne Scheidewänden besteht die Gefahr, daß die an den Elektroden entwickelten Gasblasen durch Strömungen des Elektrolyten infolge Wärmeentwicklung oder ungleichmäßige Abzapfung der Gase sich vermischen.

Die theoretischen Grundlagen der bei der Druckelektrolyse vonstatten gehenden Vorgänge hat erstmalig Noeggerath[2]) durch eingehende Messungen und Untersuchungen geklärt. Die dabei erhaltenen Ergebnisse über die Beziehungen zwischen Spannung und Stromstärke in einer Druckzersetzungszelle bei verschiedenen Drucken und Temperaturen zeigt die Abb. 71. Die erforderliche Zersetzungsspannung fällt

---

[1]) Chem. Industrie 50, 500 (1927).
[2]) Ztschr. VDI 72, 373 (1928), Ztschr. f. angew. Chem. 41, 139 (1928). Diese Ergebnisse haben ferner eine weitgehende Bestätigung durch Cassel und Voigt (Ztschr. VDI 77, 636, 1933) gefunden, die ebenfalls feststellten, daß durch steigenden Druck die Strom-Spannungskurven eine Verschiebung im Sinne einer abnehmenden Überspannung erfahren.

mit steigendem Druck in wesentlich höherem Maße ab, als durch Erhöhung der Temperatur der Lauge bedingt ist. In einem Druckzersetzer
werden die Gase somit mit einem erheblich geringeren Leistungsaufwand
als bei atmosphärischem Druck erzeugt, da bei gleichbleibender Strom-

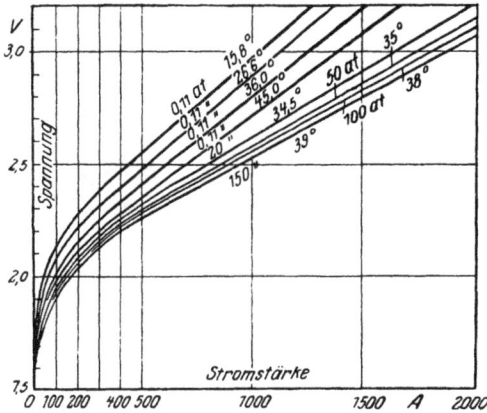

Abb. 71. Zusammenhänge zwischen Stromstärke und
Spannung der Zelle bei verschiedenen Temperaturen
und Drucken.

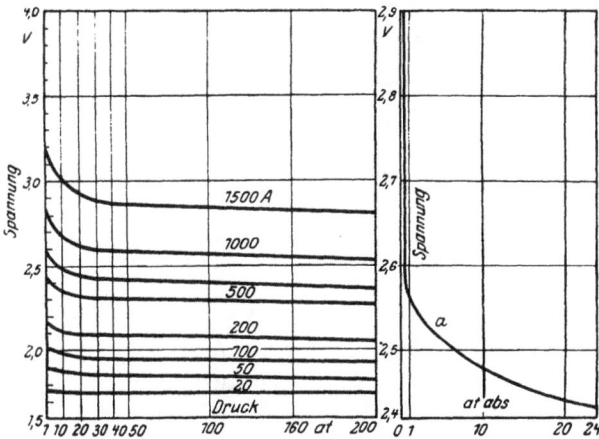

Abb. 72a und 72b. Einfluß der Drucksteigerung auf die Span
nung der Zelle bei verschiedenen Stromstärken.

a normale Belastung.

stärke die Spannungsverminderung ein direktes Maß für den Leistungsverbrauch darstellt. Dies ist für verschiedene Stromstärken in den
Abb. 72a und b wiedergegeben.

Bei der Druckelektrolyse wird also nicht nur der Leistungsaufwand
der Verdichteranlagen eingespart, sondern darüber hinaus wird noch eine

erhebliche Leistungsersparnis gegenüber der Elektrolyse bei atmosphärischem Druck erzielt. Dieser Leistungsgewinn bei der Druckelektrolyse hat mehrere Ursachen. Zunächst wird die notwendige Überspannung an den Elektroden gegenüber dem theoretischen Wert der
Knallgaskette von 1,23 V, der zu Beginn des Stromdurchganges vorhanden sein muß, mit steigendem Druck vermindert. Der elektrolytischen Verdichtung der Gase liegen folgende Vorgänge zugrunde.
Die in statu nascendi gebildeten Gasbläschen befinden sich sofort im
Augenblick ihrer Entstehung unter einem Gesamtdruck aus Druck im
Behälter und Oberflächenspannung. Sie werden daher zunächst überhaupt nicht verdichtet und bewirken infolge ihres geringen Rauminhaltes
auch keine meßbare weitere Erhöhung des Druckes. Mit dem weiteren
Wachstum dieser Bläschen vermindert sich die Oberflächenspannung

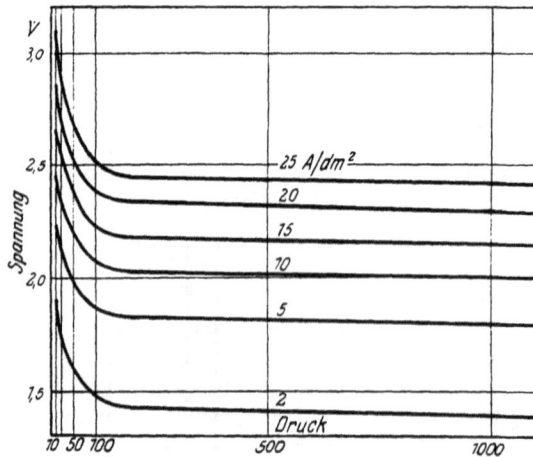

Abb. 73. Einfluß des Druckes auf die Spannung durch
Verdichtung der Gasblasen im Elektrolyten.

des umgebenden Elektrolyten sehr erheblich, so daß die unter außerordentlich hohem, der früheren Oberflächenspannung entsprechendem
Druck stehenden Gasblasen sich weiter auszudehnen vermögen. Erst
diese größer werdenden Gasbläschen verdichten durch ihr Eindringen
in den Elektrolyten die bereits abgelösten aufsteigenden Gasblasen
und die in den Sammelräumen enthaltenen Gase. Die Quelle der Verdichtung ist damit die Bläschenbildung vom ersten Augenblick ihrer
Entstehung bis zur Ablösung. Die Verdichtung des übrigen Gases erfolgt also ähnlich einer Kolbenwirkung, während früher das Vorliegen
einer adiabatischen Kompression angenommen wurde.

Hinsichtlich der Größenordnung der für die Verdichtung aufzu-
wendenden Energie gilt folgendes: In statu nascendi, wenn die Gas-
blase zunächst nur wenige Moleküle enthält, beträgt die Oberflächen-

spannung des die Bläschen umgebenden Elektrolyten Tausende von Atmosphären. Für diesen Teil des Arbeitsaufwandes wird daher nicht meßbar mehr Leistung benötigt, als bei der Elektrolyse unter Atmosphärendruck, wobei die Gase unter der Oberflächenspannung allein gebildet werden. Der Einfluß des Anwachsens der Spannung an der Elektrode, das je Zehnerpotenz Druckzuwachs 0,0288 V beträgt, ist demgegenüber praktisch bedeutungslos. Die Änderung der Spannung beim Stromdurchfluß durch einen Elektrolyten infolge der aufsteigenden Gasblasen zeigt die Abb. 73. Bei steigendem Druck verringert sich die Größe der Gasbläschen, damit wird die Versperrung des Weges der Ionen und damit auch der Gesamtwiderstand und die Spannung geringer. Ähnliches gilt für die Verminderung der spannungserhöhenden Polarisation unter Druck, soweit diese durch die Veränderung des Rauminhaltes der an den Elektroden haftenden Gasblasen bewirkt wird. Hinzu kommt ferner, daß der Widerstand eines Elektrolyten mit zunehmendem Druck infolge Erhöhung des Dissoziationsgrades geringer wird.

Die Messungen von Noeggerath haben dabei ergeben, daß im allgemeinen bei der Druckelektrolyse die durch die Drucksteigerung bewirkten Verkleinerungen der Anteile der Elektrodenspannung die spannungssteigernden Größen in so starkem Maße überwiegen, daß mit wachsendem Druck die Gesamtelektrodenspannung sinkt.

Ein Druckzersetzungsgerät nach Noeggerath, das unter Zugrundelegung der eben beschriebenen Erkenntnisse gebaut worden ist und sich im Dauerbetrieb sehr gut bewährt hat, zeigt die Abb. 74. In diesem erfolgt die Gewinnung des Wasserstoffs und Sauerstoffs bei normal 150 at. Die eigentlichen Zersetzerzellen werden durch die Druckrohre a gebildet, in denen sich axial hohle negative Nickelelektroden befinden, an denen die Bildung des Wasserstoffs erfolgt. Sie werden umschlossen von Scheidewänden und konzentrisch um diese herum befinden sich die Anoden, an denen der Sauerstoff entwickelt wird. Die Stromzuführung für die Anoden erfolgt bei b, den

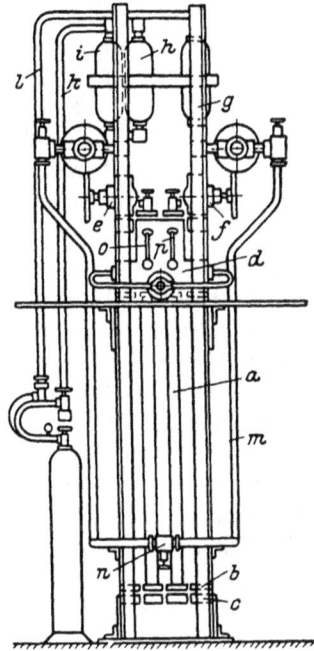

Abb. 74. Druckzersetzer nach Noeggerath. Betriebsdruck 150 at.

a Druckrohr,
b Stromzuführung zur Elektrode,
c Deckel,
d Schmiedeblock,
e, f Ventile vor den Wasserstoff- und Sauerstoffbehältern,
g Sauerstoffbehälter,
h, i Wasserstoffbehälter,
k, l Rohre zu den Füllflaschen,
m Ausgleichsleitung,
n Eintritt des zurückgeführten Wassers,
o, p Rückschlagventile.

weiteren Stromtransport übernimmt das Druckgefäß. Der Strom tritt durch eine in der Abbildung nicht ersichtliche Scheidewand in die negative Elektrode ein und wird am Deckel c der Zelle wieder entnommen. Als Elektrolyt dient 15- bis 20proz. Kalilauge. Je nach der Höhe der Betriebsspannung werden die einzelnen Zellen in bestimmter Reihenfolge elektrisch in Reihen geschaltet.

Der entwickelte Sauerstoff steigt im äußeren Teil der Druckrohre a nach oben, sammelt sich in Bohrungen des Schmiedeblockes d, gelangt über ein Ventil f in den Behälter g und schließlich über das Rohr l zu den Füllflaschen. Konzentrisch dazu perlt innerhalb der Scheidewände in den Rohren a der Wasserstoff nach oben, wird durch weitere Bohrungen in dem Block d gesammelt und nach Passieren des Ventils e über die Sammelräume h und i und das Rohr k seinen Füllflaschen zugeführt. Zwischen den beiden Elektrolytleitungen befindet sich eine Ausgleichsleitung m, durch die Druckschwankungen, die bei Undichtheit eines Ventils entstehen können, ausgeglichen werden und das bei der Elektrolyse verbrauchte Wasser als frisches destilliertes Wasser wieder zugeführt wird. Ein großes Fassungsvermögen von n verhindert ferner, daß bei Druckunterschieden der Elektrolyt, der sich nahe einer der beiden Elektroden befindet, nach dem anderen Elektrodenraum übertreten kann. Die Zuleitung für das Speisewasser ist dagegen sehr eng gewählt, um durch die Zuströmgeschwindigkeit des Speisewassers einen Eintritt von Gasen in die Ausgleichsleitung zu verhindern. Zur Sicherheit sind die Zellen ferner noch mit Rückschlagventilen o und p ausgerüstet, um bei sonstigen Störungen, wie Brüchen in der Verbraucherleitung, die Zersetzer vom Störungsgebiet sofort abtrennen zu können.

Der Reinheitsgrad der Gase ist ohne weitere Reinigung sehr hoch, er beträgt im Dauerbetrieb für den Wasserstoff 99,9%, für den Sauerstoff 99,1%. Der Stromverbrauch wurde durch Messungen der Deutschen Reichsbahn und der Technischen Hochschule Berlin-Charlottenburg bei Dauerversuchen zu 4,5—5,25 kWh je m³ Wasserstoff und 0,5 m³ Sauerstoff (bei 760 Torr, 20°, feucht) festgestellt.

Die Hauptvorzüge des elektrolytischen Druckzersetzers, dessen Leistungsaufwand etwa gleich ist dem von Großerzeugern bei Atmosphärendruck, sind folgende:

1. Die Kosten für die Verdichtungsarbeit entfallen.

2. Die Anschaffungskosten für die Kompressoren kommen in Wegfall.

3. Der Großteil der Bedienungskosten, nämlich die für die Wartung der Kompressoren, entfallen.

4. Kleinheit und Billigkeit der Anlagen. Die Anschaffungskosten der Druckzersetzer sind erheblich niedriger als die der Zersetzer, die bei Atmosphärendruck arbeiten; sie erreichen kaum die Höhe,

die andernfalls allein für die Kompressoren aufgewendet werden müssen.

5. Raumersparnis. Die für einen Druckzersetzer von 120 m³/h (1 Mio. m³ im Jahre) erforderliche Grundfläche beträgt nur knapp 2 m².

6. Die Wirtschaftlichkeit von Kleinanlagen, die nahe an die von großen Einheiten herankommt, ermöglicht eine weitgehende Dezentralisierung der Sauerstofferzeugung.

7. Der Reinheitsgrad der gewonnenen Gase entspricht sämtlichen an technische Gase gestellten Anforderungen.

Einzelheiten über das Verhältnis der Anlage- und Betriebskosten von Druckzersetzern und Zersetzern, die bei Atmosphärendruck arbeiten, enthält die Abb. 75. Wichtig ist dabei, daß der Wirkungsgrad des Druckzersetzers mit sinkender Belastung (vgl. Abb. 72) ansteigt, im Gegensatz zu den meisten sonstigen technischen Anlagen, bei denen eine Teilbelastung eine erhebliche Erniedrigung des Wirkungsgrades bedingt.

Schließlich ist noch auf eine Zusammenstellung der Spannungs- und Leistungsanteile hinzuweisen, die von Noeggerath an seinem Druckzersetzungsgerät für eine Stromstärke von 1500 A, d. h. die Stromstärke, die für die Erzeugung von 1 m³ Gas bei 760 Torr und 20° C erforderlich ist, ermittelt worden sind (Abb. 76). In diesem Schaubild wird gezeigt, daß gemäß dem Verhältnis der Größen G_1 zu E_1 die Elektrolyse bei Atmosphärendruck mit nachträglicher Verdichtung in dem gewählten Beispiel eine etwa 25°/o höhere Leistung erfordert als die Druckelektrolyse. Weitere Einzelheiten sind aus der nachstehenden Abbildung zu entnehmen.

Die Arbeiten von Noeggerath haben Anregungen zu der Entwicklung weiterer elektrolytischer Druckzersetzer gegeben. So besteht der von dem Chem.-Techn. Studienbureau[1]) nach Angaben von Lawaczeck erbaute Druckzersetzer aus einem Druckrohr, in dem mehrere Zellen in Hintereinanderschaltung angeordnet sind. Die einzelnen Zellen

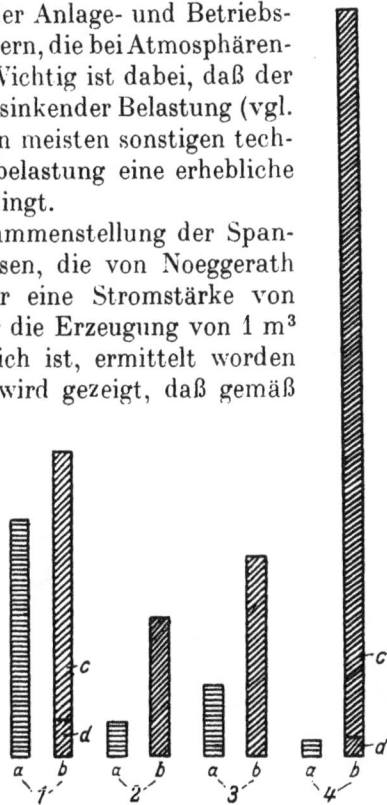

Abb. 75. Vergleich zwischen einem Druckzersetzer und einem Zersetzer bei Atmosphärendruck.

1 Leistungsverbrauch; 3 Anlagekosten;
2 Bedienungskosten; 4 Grundfläche;
a für den Druckzersetzer;
b für den atmosphärischen Zersetzer;
c Mittelwert für den atmosphärischen Zersetzer allein;
d Mittelwert für den Kompressor.

---

¹) DRP. 402150, 461688.

13*

bestehen aus gelochten Nickelelektroden mit einem jeweiligen Abstand von nur etwa 1,5 mm, die Scheidewände sind aus einem Gemisch von Zement und Asbest hergestellt. Infolge des nur geringen Querschnittes der Elektrolyträume bewirken die aufsteigenden Gase ein Mitreißen der Lauge, die oberhalb der Zellen in besonderen Abscheidern vom Gas abgetrennt wird und durch eine Umgehungsleitung, in der sie gekühlt

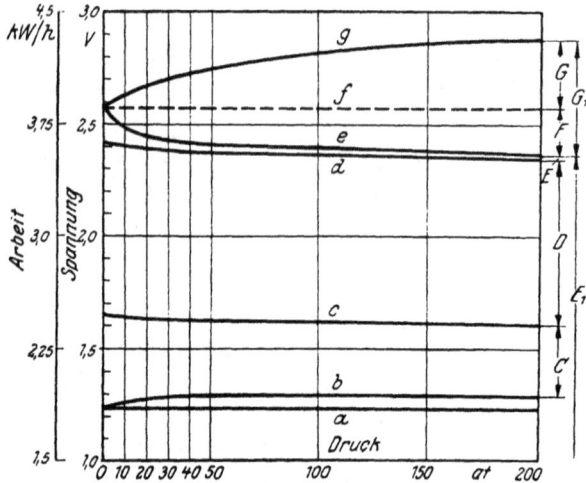

Abb. 76. Beeinflussung der verschiedenen Leistungs- und Spannungsanteile durch den Druck bei 1500 A.

a Verlauf der Spannung der Knallgaskette
b Anwachsen der Spannung nach der Zehnerpotenzlinie
c Verlauf der Überspannung
C Spannungsverbrauch des Stromes an den Elektroden über der Spannung der Knallgaskette und der Zehnerpotenzspannung einschl. des Polarisationseffekts, aber ohne den Joule-Verlust im Elektrolyten
d Spannung einschl. Spannungsabfall, bedingt durch den Widerstand des Elektrolyten, ohne Berücksichti-

gung der Wirkung des Druckes auf die aufsteigenden Gasblasen
D reiner ohmscher Spannungsabfall
e Maß für den Spannungs- und Leistungsverbrauch einer Druckzersetzungszelle für 1 m³ erzeugtes Gas
E Spannungsabfall im Elektrolyten, bedingt durch die Einwirkung des Druckes auf die Gasblasen
E₁ Gesamter Spannungs- und Energieverbrauch der Druckelektrolyse

f Leistungsverbrauch bei atmosphärischem Druck
F Gewinn an elektrischer Leistung gegenüber der Elektrolyse bei atmosphärischem Druck
g Kraftverbrauch der atmosphärischen Elektrolyse einschließl. Kompressoranlage
G Kraftverbrauch der Kompressoranlage
G₁ Energiegewinn der Druckelektrolyse gegenüber der atmosphärischen Elektrolyse mit nachträglicher Verdichtung

wird, in den Druckzersetzer zurückfließt. Der Ersatz des verbrauchten Wassers erfolgt durch destilliertes Wasser, das mittels Pumpen periodisch eingedrückt wird. Die Gleichmäßigkeit des Druckes in den Zersetzerzellen bei der Entnahme wird durch Membran- oder Motorregler gewährleistet. Eine erste Anlage in dieser Bauweise ist 1928 auf dem Gaswerk Moosach der Stadt München in Betrieb genommen, nach einiger Zeit jedoch wieder stillgesetzt worden.

6. Kosten der Wasserstofferzeugung.

Vornehmlich kommen für die Erzeugung von Wasserstoff folgende Verfahren in Betracht: das Wassergaskontaktverfahren der B.A.S.F.; die elektrolytische Zersetzung von Wasser, die Zerlegung von Koksofengas durch Tiefkühlung und die Spaltung von Koksofengas mit Wasserdampf mit nachfolgender Konvertierung des Kohlenoxyds. Die Anteile der einzelnen Verfahren für die Ammoniakwelterzeugung wurden im Jahre 1927 von Ernst und Sherman[1]) zu folgenden Werten geschätzt:

Wassergaskontaktverfahren 70%
Elektrolytwasserstoff 15%
Koksofengaszerlegung. 12%
Nebenproduktwasserstoff 3%
Eisenkontaktwasserstoff. . . . . —

Diese Verhältniszahlen dürften sich in den letzten Jahren nicht wesentlich verschoben haben, da bei den zwischenzeitlich errichteten Neuanlagen sämtliche dieser Verfahren weiter in Anwendung gekommen sind. In Deutschland steht vor allem das Wassergaskontaktverfahren durch die Schaffung des Winklergenerators, der bei mehreren Kohleverflüssigungsanlagen zur Gaserzeugung aus Braunkohle dient, weiterhin überragend an erster Stelle; im Ausland hat dagegen besonders die Zahl der Anlagen zur Erzeugung von Elektrolytwasserstoff und zur Koksofengaszerlegung zugenommen.

Allgemeingültige Angaben über die Höhe der Gestehungskosten je m^3 Wasserstoff können nicht gemacht werden, da diese wesentlich von der Größe der Anlage, den Energiekosten, dem Kohlepreis und sonstigen örtlichen Bedingungen abhängen. Bei Großanlagen ist mit einem Wasserstoffpreis von 3—6 Pf./m^3, bei kleineren Anlagen von 5—8 Pf./m^3 zu rechnen. Von Einfluß sind ferner die Anforderungen an die Reinheit des Wasserstoffs, die je nach dem Verwendungszweck verschieden sind. Bei einer großindustriellen Erzeugung von Wasserstoff dürfte bei dem Vorhandensein von Braunkohle als Ausgangsstoff das Wassergaskontaktverfahren das wirtschaftlichste sein, wobei die Gesamtkosten je m^3 Wasserstoff sogar bis auf 2 Pf./m^3 herabgesetzt werden können, etwas teurer ist das Verfahren mit Steinkohle oder Koks als Ausgangsstoffen, bei denen sie wohl nicht unter 2,5 Pf. gesenkt werden können. Bei der Tiefkühlung von Kokereigas betragen die Kosten für 1 m^3 reinen Wasserstoff etwa 3,5 Pf. unter Zugrundelegung eines Kokereigaspreises von 1,5 Pf./m^3 und von 3 Pf./kWh. Sie können noch etwas vermindert werden bei einer wirtschaftlichen Verwertung der Restgase. Die Ansichten über die Kosten der Wasserelektrolyse sind noch geteilt. Sie werden ausschlaggebend beeinflußt von den Kosten der aufzuwenden-

---

[1]) Ind. Eng. Chem. **19**, 196 (1927).

den elektrischen Energie. Die Wasserelektrolyse ist bei Großanlagen im Vergleich zu den eben genannten Verfahren wirtschaftlich nur bei einem Preis von weniger als 1 Pf./kWh und einer Verwertungsmöglichkeit wenigstens eines Teiles des gleichzeitig zwangsläufig anfallenden Sauerstoffs. Für kleinere Anlagen weist sie dagegen Vorzüge vor allem in der Einfachheit der Reinigung des Wasserstoffs von seinem einzigen Fremdbestandteil, dem Sauerstoff, sowie in dem völligen Fehlen von Schwefelverbindungen und damit der längeren Wirksamkeit beispielsweise von Nickelkatalysatoren bei der Öl- und Fetthärtung auf. Für den bei der Chloralkalielektrolyse als Nebenprodukt erhaltenen Wasserstoff können Gestehungskosten nicht genannt werden, sie werden bestimmt von der Marktlage der Alkalien. Eine Vergrößerung derartiger Anlagen, die vielleicht im ersten Augenblick zweckmäßig erscheint, ist aus dem gleichen Grunde abwegig, außerdem müßten andernfalls für das gleichzeitig anfallende Chlor neue Absatzmöglichkeiten erst geschaffen werden. Das Eisenkontaktverfahren stellt sich in seinen Betriebskosten auf etwa die gleiche Höhe wie die Kosten für Elektrolytwasserstoff und ist dem letzteren sogar überlegen bei höheren Strompreisen.

Für die Beurteilung der Frage des für einen bestimmten Verwendungszweck zweckmäßigsten Verfahrens sind somit die verschiedenartigsten Gesichtspunkte zu prüfen. Außer diesen kommt hinzu die Frage, in welch starkem Maße bei der Verwendung des Wasserstoffs dessen Kostenanteil die Gesamtkosten des Verfahrens beeinflußt. Während beispielsweise bei der Kohlehydrierung und der Ammoniaksynthese der Kostenanteil des Wasserstoffs von ausschlaggebender Bedeutung ist, spielt er bei anderen Verfahren, wie der Ölhärtung und sonstigen katalytischen Hydrierungen und Reduktionen zum Teil eine nur untergeordnete Rolle.

Zusammenfassende Literatur: Taylor, Industrial Hydrogen. New York 1921. — Billiter, Technische Elektrochemie. Bd. II, Halle a. S. 1924. — Stavenhagen, Der Wasserstoff. Braunschweig 1925. — Bräuer-D'Ans, Bd. I—III, Berlin 1921—1927. — Gmelins Handbuch der anorganischen Chemie. 8. Aufl. Wasserstoff. Berlin 1927. — Ullmanns Enzyklopädie der Technischen Chemie. 2. Aufl. Bd. X, S. 379. Berlin 1932. — Pincaß, Die industrielle Herstellung von Wasserstoff, Dresden 1933. — Schmidt, Das Kohlenoxyd. Leipzig 1935.

Sachverzeichnis.

Die erste Zahl vor dem Komma bezeichnet den Teil, die zweite Zahl hinter dem Komma bezeichnet die Seitenzahl.

HANDBUCH DER GASINDUSTRIE

Herausgegeben von **Dr.-Ing. Horst Brückner**

GASINSTITUT KARLSRUHE

Anlageplan und Mitarbeiter

Gasverteilung. Genormtes Stadtgas zwischen Erzeugung und Verbrauch. Herausgegeben von Dr. Wilhelm Bertelsmann und Mag.-Baurat i. R. Ernst Kobbert unter Mitwirkung von Dipl.-Ing. F. Flothow, Dr. H. Chr. Gerdes, Dr. techn. Dipl.-Ing. F. Schuster. 184 Seiten, 50 Abbildungen, 21 Zahlentafeln. Gr.-8⁰. 1935. In Leinen RM 9.60

Tankstellen für Stadtgas und Methan. Von Obering. A. Henke. 35 Seiten, 16 Abbildungen. Gr.-8⁰. 1936. RM. 2.—

Der Zündvorgang in Gasgemischen. Von Dr.-Ing. Georg Jahn. 76 Seiten, 25 Abbildungen, 11 Zahlentafeln. Gr.-8⁰. 1934. RM. 6.—

Reduktionstabelle für Heizwert und Volumen von Gasen. Von Obering. K. Ludwig. 4. Auflage. 16 Seiten. Lex.-8⁰. 1937. RM. 1.30

Gastechnische Rechentafel. Von Dipl.-Ing. R. Michel. 2. Auflage. 8 Seiten Text und 1 Tafel. 4⁰. 1930. RM. 2.—

Einrichtung und Betrieb eines Gaswerkes. Von Direktor Alwin Schäfer unter Mitarbeit von Dipl.-Ing. E. Langthaler. 4., vollständig neubearbeitete Auflage. 819 Seiten, 495 Abbildungen, 6 Tafeln. Gr.-8⁰. 1929. In Leinen RM. 39.60

Auftriebsverhältnisse bei Feuerungen unter besonderer Berücksichtigung der Gasfeuerstätten. Ein Beitrag zur Lösung der Kaminfrage. Von Baurat E. Schumacher. 148 Seiten, 80 Abbildungen, 1 Tafel. Gr.-8⁰. 1929. RM. 9.—

Schornstein-Handbuch. Von Dr. Ernst Schumacher
Band I: Die theoretischen Grundlagen. 141 Seiten, 38 Abbildungen. 8⁰. 1936. RM. 6.—, Lw. RM. 7.—

Kochen mit Elektrizität oder Gas. Von Dr. Rudolf Tautenhahn. 114 Seiten, 31 Abbildungen. Gr.-8⁰. 1933. RM. 6.—

Regler für Druck und Menge. Von Guido Wünsch. 215 Seiten, 190 Abbildungen. 8⁰. 1930. RM. 9.90, geb. RM. 11.70

GWF Das Gas- und Wasserfach. Wochenschrift des Deutschen Vereins von Gas- und Wasserfachmännern e. V., der Zentrale für Gasverwertung e. V. — Der Gasverbrauch G. m. b. H., der Wirtschaftlichen Vereinigung deutscher Gaswerke, Gaskokssyndikat A.-G. und der Vereinigung der Fabrikanten im Gas- und Wasserfach e. V., Mitteilungsblatt der Reichsgruppe Energiewirtschaft und der Wirtschaftsgruppe Gas- und Wasserversorgung. 80. Jahrgang 1937. Erscheint wöchentlich. Bezugspreis vierteljährlich RM. 7.50

VERLAG R. OLDENBOURG · MÜNCHEN 1 UND BERLIN

www.ingramcontent.com/pod-product-compliance
Lightning Source LLC
Chambersburg PA
CBHW081527190326
41458CB00015B/5479